SCIENCE OF SYNCHRONIZATION

同期現象の科学

位相記述によるアプローチ

蔵本由紀・河村洋史
YOSHIKI KURAMOTO　YOJI KAWAMURA

京都大学学術出版会

序

本書の前身となる『同期現象の数理』発刊から6年余が経過したが，久しく各方面から在庫切れを惜しむ声を聞くにつけ，それに応えられないもどかしさを著者らは感じてきた。このたび，幸いにも京都大学学術出版会より再出版が実現することとなり，この機会に前著の内容を一部刷新し，『同期現象の科学』としてここに上梓することとなった。

本書は，位相縮約あるいは位相記述とよばれる数理物理的概念に立脚して，結合リミットサイクル振動子系の理論を系統的に展開したものであり，初版からかなりの時を経た現在もその意義はいささかも減じるものではない。むしろ，その後の多くの研究を通じて，位相記述の有効性はますます広く認識されるようになり，現在ではこれに立脚するアプローチは結合振動子系を扱う最も標準的なアプローチとして確立されたといっても過言ではない。特に，振動子の大きな集団やネットワークに対しては，位相記述に拠らずその動的挙動を数理的に理解することはきわめて困難であろう。

旧版と比較して改良された主要な点は，旧版以後に現れた多くの関連文献の紹介である。それらの多くは，近年における応用分野の急速な拡大に対応しており，本書で述べられた基礎理論をより具体的な状況に適用するに際しての技法の開発や，その有効性の検証，理論の数学的基礎づけに関するものが大半である。これらに立ち入って解説することは種々の制約から不可能であったが，個別問題に興味のある読者にとっては最新の状況をラフに把握し，より深く探求するためのガイドの役割を果たすことができよう。また，旧版に含まれていた誤りや不正確な記述については，読者からの指摘を受け，また著者自身が気づいた限りにおいて修正されている。

結合振動子系の同期現象は，生命科学や工学を含む広範な学問分野で今後ますます重要性を増すものと思われるが，関連する諸分野の研究者にとって，また今後それらと関わりをもちうる研究者にとって，本書が有効に活用されることを切に願っている。

2016年10月

著者らしるす

『同期現象の数理』への序

自然は自発的に形や動きを生み出す。人工物も広い意味では人間から独立した自然の一部であり，適当な条件の下で自らが選び取ったその振舞は時に予想を超える巧妙さを示す。自然が潜めている自己組織力について，私たちはおそらくまだほんのわずかしか知らない。ごく控え目な人的介入によって，この潜在力をさまざまに顕在化できることを今日の科学は理解しはじめており，その可能性のはかりしれない大きさを人々は予感している。前世紀の後半から姿を現しはじめたこのような科学は，今世紀において本格的な発展を遂げるに違いない。

自然のなかに自発的な動きが生じるとき，その原初の姿は周期運動であり，数学的にはリミットサイクル振動によって表される。リミットサイクル振動の担い手である振動子は互いに同期する性質がある。すなわち歩調をそろえて振舞う性質がある。もちろん，同期条件がみたされなければ歩調はばらばらになる。同期と非同期は，このように動きと動きの間のつながりの形成とその切断を意味している。原子や分子が互いにつながったり離れたりすることで豊かな物質世界が創出されるように，動的な基本単位である振動子は，互いに同期したり積極的にそれを破ったりすることで多様な自己組織化模様を時空間に織り成していくのである。

35 億年余の進化の歴史の過程で，生命が振動子のこの単純にして可能性に富んだ性質を自らの存続のために利用しなかったはずはない。実際，生物の自己調節作用において同期・非同期が果たす役割の重要性は近年ますます明らかになりつつある。生命に似た自律分散的な制御を行う人工システムの開発においても，同期・非同期の機構を組み込んだシステムへの関心が高まりつつある。リミットサイクル振動子系の科学は，医学を含む生命科学と工学において今後とりわけ重要な役割を果たすのではないだろうか。

しかしながら，科学の一分科としての振動子系の理論は，諸科学の進展の早さに比べてその歩みが決して順調ではなかった。同期現象はもちろんのこと単一のリミットサイクル振動子でさえ数学的には容易に扱えない非線形な対象なので，そもそもの入り口でこの科学の足踏み状態が続いたとしても不思議ではない。1970 年以前は，現実問題に適用可能な理論的方法として弱非線形振動の漸近理論以外にはみるべき方法はなかったといえる。しかし，振動と同期の現象が生物界，無生物界を問わずいたるところで見出されてその理解を私たちに迫るようになると，数学的な困難にこだわって逡巡し続けることはもはや許されなくなる。

さいわい，発展法則の「縮約」という新しい見方が非線形現象一般を理解するために導入されるとともに，振動と同期の理論にも新しい可能性が開けてきた。代表的な縮約理論として，これまでに逓減摂動法ないし中心多様体縮約法とよばれる方法と，位相縮約法ないし位相記述法とよばれる方法の 2 つが知られている。前者は，系が不安定化しつつある状況において安定性がほぼ中立的なモードが出現するという事実に成立根拠をもつ縮約法である。後者は，系の連続対称性が破れた結果として位相という，これもまた中立安定な自由度が現れることを成立根拠とする縮約法である。

本書の目的は，これらの方法をリミットサイクル振動子系に適用可能な理論として紹介し，結合振動子系の多彩なダイナミクスを理解するうえでそれがどのように用いられるかを明らかにすることである。その意味では，著者の一人である蔵本が 1984 年に著したモノグラフ *Chemical Oscillations, Waves, and Turbulence* (Springer) と基本構造は同じである。しかし，前著以後四半世紀を経過して状況は大きく変わった。この間，基礎理論の面で少なからず進歩があったが，それにも増して縮約方程式の応用面や結合振動子系の実験，また，生命科学における同期現象のデータの蓄積などにおいて大きな進展がみられた。本書は基礎理論の解説を主目的としているが，このような時代の変化が十分反映されるように配慮している。また，広い分野の読者を念頭においたため記述は前著よりもかなり丁寧でやさしくなっている。

本書の内容は「自然現象の数理科学」に属するといえる。しかし，「自然現象を “数理モデル化” しその “解析” を行う」という二大作業からなるこの科学のイメージとはやや趣が異なっている。それは本書が縮約理論を土台に据えているからである。実は，数理モデル化とモデルの解析との間には縮約という広大な領域が存在するのである。あるいは，縮約によって 2 つの作業領域は切れ目のないひとつながりのものとなる。この考えは本書の底流をなしている。

全体は6つの章から構成されている。第1章では，本書の導入部として同期現象のさまざまな実例や振動子モデルの数々を紹介する。それと同時に，縮約理論を足場とする著者達の基本姿勢がそこでは明らかにされる。第2章では逓減摂動法を紹介し，第3章ではこの摂動法で得られた縮約方程式を振動場のパターンダイナミクスに適用する。第4章は位相縮約理論の解説にあて，第5章と第6章では振動子集団のダイナミクスへのその適用を述べる。第3章ですでに位相記述の初等的な考えをフルに活用していることもあり，本書全体としては2つの縮約法のうち位相記述により重点がおかれているといえる。

本書を書き終えるまでに直接間接にお世話になった方々は数知れない。ここではその執筆に関連して特にお世話になった何名かの方々にお礼を申し上げたい。本書の執筆を早くから薦められ，常に励ましをいただいた大阪市立大学名誉教授の中村勝弘氏には深く感謝申し上げる。また，本書の内容は北海道大学数学教室において蔵本が行ったレクチャーシリーズが下敷きになっている。COE 特任教授として同教室に受け入れていただきその貴重な機会を与えていただいた関係者の方々，特に西浦廉政教授と津田一郎教授には多大なご援助を賜った。北大を離れた後，本書の執筆にとって理想的な環境を与えていただいた ATR 波動工学研究所の原山卓久博士および京都大学数理解析研究所の高橋陽一郎教授には心よりお礼を申し上げたい。また，中尾裕也博士，郡宏博士らをはじめ，この分野の第一線で活躍されている研究者との過去数年にわたる活発な議論も著者達にとってはこのうえない刺激となった。培風館の岩田誠司氏には著者達の遅筆によって多大なご迷惑をおかけした。この間粘り強く著者達を叱咤激励し，本書の完成に導かれたことに深く感謝しつつまえがきにかえたい。

2010 年 4 月

著者らしるす

目 次 Contents

1 序論：振動と同期の普遍性

振動と同期をめぐる現象は生物界，無生物界，人工世界のいたるところに広く見出されている。本章では，この現象の現れ方の多様性を概観しながら，そこに潜んでいる普遍性を数理の言葉を用いてどのように切り出すことができるかについて一つの可能性を提示したい。その鍵概念は「縮約 (reduction)」である。縮約は多様性と普遍性をつなぐ最も重要な科学的概念の一つだといえる。縮約を行うことで多様さに潜む共通のコアが明らかとなり，互いに無縁と思われていた現象の間につながりがみえてくる。それは現象の理解を深め，予測を格段に容易にし，新しい現象の発掘を促し，新しい技術の開発にも貢献する。次章以降に展開される縮約理論の詳論に先立って，以下では振動と同期に関する具体的現象の数々をまず紹介したうえで，縮約概念に立脚した著者達の基本姿勢を明らかにしたい。後の章でたびたび用いられる用語の使用法に関する約束ごとや，縮約理論のテストのために使用される予定の理論モデルのいくつかも本章で紹介する。

1.1 結合振動子系の科学の可能性

周期運動のタイプ

「振動」という場合，広い意味では周期的な時間変動だけでなく非周期的な振動，たとえばカオス振動も含んでいる。しかし，本書で扱われるのはもっぱら周期的振動である。以下ではこれを単に振動とよぶ。よりくだけたいい方としてこれを「リズム」とよぶこともある。

周期運動を力学モデルで表すと，状態空間における 1 点 (状態点) が閉じた軌道上を規則正しく周回する運動として描かれる。自律的な周期運動，すなわち時間変化する外的影響を受けていない系 (自律系) が示す周期運動は，数学的にも物理的にも 2 つのクラスに大別できる。第一のクラスは**リミットサイクル振動** (limit-cycle oscillation) とよばれる振動であり，本書で扱われるのはこのクラスの振動である。リミットサイクル振動では閉軌道が状態空間に孤立して存在する。すなわち，一つの閉軌道の任意の近傍に別の閉軌道が存在するということはない。閉軌道から外れた状態点が時間とともにこの孤立した閉軌道に漸近し，その上を周回するようになるならこの閉軌道は安定，より正確には**漸近安定** (asymptotically stable) である。

不安定なリミットサイクルというものも存在するが，その場合は状態点が完全に閉軌道上に乗っていないかぎりそこから必ず逸脱していく。したがってそれが物理的に実現することはない。以下で断りなく「安定」あるいは「振動」というとき，それらは「漸近安定」や「リミットサイクル振動」をそれぞれ意味している。リミットサイクル振動を示す動的単位はリミットサイクル振動子である。これも以下では単に振動子とよぶ。リミットサイクル振動は，機械工学や流体力学では自励振動，自励発振 (self-excited oscillation) などともよばれている。

自然振り子の運動やなめらかなボウルの底点まわりの小球の周期運動は，もし空気抵抗も摩擦もまったくなければ減衰しない。このような非減衰振動はリミットサイクル振動とは違って振幅が異なる連続無限個の閉軌道をもっている。どの閉軌道が選ばれるかは初期条件によって決まる。振幅がまえもって一義的に決まっていないこのような振動が第二のクラスの振動である。振幅が十分小さいとき，この種の振動の単位はいわゆる調和振動子である。

これら 2 つのクラスの周期運動の違いは，振動が現れる物理状況の基本的違いを反映している。物理的には，リミットサイクル振動はエネルギーや物質の散逸をともなっているが，外部からそれらがたえず補われるために振動が持続する。「散逸」は「エントロピー生成」を含意している。生成されたエントロピーがエネルギーや物質とともに外部に排出され続ける一方で，低いエントロピー値をともなったエネルギーや物質がたえず系に取り込まれるのである。散逸と供給のこうしたつりあいの結果として，安定な振動のパターンが初期条件に関係なく一義的に決まる。

一方，第二のクラスの振動ではエネルギーの散逸も流入もなく，それが終始保存されることで振動が維持される。そこでは初期に与えられたエネルギーの大小に応じて振動の振幅も異なる。ハミルトン力学系に代表される保存力学系の振動はすべてこのような振動である。

空気抵抗によって減衰する振り子のように，エネルギーが散逸し続けるだけなら系はやがて熱平衡に達する。しかし，エネルギーを散逸させる一方で外部からそれがたえず供給されるなら，系は熱平衡から離れた状態にとどまることができる。エネルギーやそれを担う物質の排出と流入が持続的に進行するこうした過程の中に置かれた系は，一般に**非平衡開放系** (nonequilibrium open system) とよばれる。リミットサイクル振動は非平衡開放系に固有の振動である。それは時間的な**散逸構造** (dissipative structure) として最も基本的なものであるといえる (Glansdorff and Prigogine, 1971)。

もちろん，多くの非平衡開放系は振動することなく定常性を保っている。しかし，状況が変化してひとたびそれが不安定化すると，系は振動という新しいあり方を選択することで安定化しようとする。それがリミットサイクル振動である。このように，リミットサイクル振動は自然の自発的運動として最もプリミティブな運動様式だといえる。このプリミティブな運動の単位が寄り集まることで時間的・空間的な自己組織化の世界が開ける。科学の一領域として，その広がりの大きさと豊かさに我々はあらためて驚嘆しつつある (Pikovsky, Rosenblum, and Kurths, 2001) [1)]。

振動子系の科学の展開

リミットサイクル振動は非線形な方程式，とりわけ多くの場合に非線形微分方程式で記述される [2)]。非線形性のためにリミットサイクル解を解析的に得ることは一般に困難である。多数の振動子が相互に影響を及ぼしあうような状況ではなおさら数学的な困難がともなうであろう。しかし，リミットサイクル

1) 非専門家向けの読み物としては，Strogatz (2003)，蔵本 (2011) 等がある。

2) 本書では，リミットサイクル振動を含む力学系の予備知識を特に要求しないが，必要に応じて Strogatz (2001) や Guckenheimer and Holmes (1983)，郡・森田 (2011) 等を参照していただきたい。

振動は分子スケールから天体活動にいたるまであらゆる時間・空間スケールで現れ，その科学的理解を我々に迫っている。生命現象との関連では，それは遺伝子レベル (Elowitz and Leibler, 2000) から細胞，組織，個体，集団の各階層に現れる (Winfree, 1980)。無生物界や人工世界では，定常な流れが不安定化することで生じる振動流や機械振動として，またエレクトロニクスやレーザーにおける高周波の振動としてそれはよく知られている。自然科学のありとあらゆる分野にリミットサイクル振動が登場するといっても過言ではない。

それにもかかわらず，こうした現象の理解は久しく未熟な段階にとどまっていたといわざるをえない。この科学分野が大きく立ち遅れた主な原因は何だろうか。ミクロ志向性の強い現代科学の性格が災いしたとも考えられるが，何よりも非線形性による数学的取扱いの難しさが大きな障害となったことは確かであろう。しかし，さまざまな近似理論の開発と計算機の急速な発達があいまって，リミットサイクル振動子系の研究は近年大きく前進した。また，測定技術や制御技術の著しい進展は，実験と理論との間で相互促進の良好なフィードバックループを形成しつつある。

近年その有効性が認められつつある理論的アプローチとして，本書の主要内容である**縮約理論**がある。特に，第 3 章以降で展開される**位相記述法**は，その簡明さもあって生命科学や工学を横断する広い科学分野の共通言語になりつつあるといっても過言ではない。以下では，同期をめぐる現象の実例や振動子系のさまざまな理論モデルを紹介しながら，それらとの関連で縮約理論の意義に言及したい。

1.2 同期現象について[3)]

同期概念

リミットサイクル振動子は互いに同期する性質がある。すなわち，それらの自然周期 (固有周期) が違っていても相互作用の結果として完全に同じ周期で振動するようになる。周期的な外力を受けた振動子も外力に同期する。前者は**相互同期** (mutual synchronization) であり，後者は**強制同期** (forced synchronization) である。

もちろん，同期するためにはそれなりの条件がみたされなければならない。定性的には，相互作用の強さが一定なら固有周期が近ければ近いほど同期しやすく，固有周期の差が一定なら相互作用が強ければ強いほど同期しやすい。周期が一致することを上では同期とよんだが，2 つの周期が整数比 $m:n$ となるいわゆる $m:n$ 同期もある。しかし，以下で単に同期という場合には $1:1$ 同期を意味する。

混乱を生じないように注意したいが，**位相同期** (phase synchronization) という概念もある。単に周期が一致するだけでなく位相が一致した振舞をこうよぶ。位相とは正確には何を意味するかについてここでは問わないが，2 つの位相が比較可能な量でなければ位相がそろうとかそろわないとかには意味がない。たとえば，振動する化学反応系が周期的な光刺激に同期するような場合には，位相関係が固定されているということはいえても，位相差の有無や大きさについて述べることには意味がない。位相値を互いに比較できるのは似かよった振動子間においてのみである。

上に述べた位相同期は，より正確にいえば**同相同期** (in-phase synchronization) である。実際，2 つの振動子が同じ性質をもち，かつ対称に結合している場合，同期によって位相が一致するとはかぎらない。位相が互いに逆相に固定されて振舞う，すなわち互いに半周期分だけずれて振動する場合があり，これは**逆相同期** (anti-phase synchronization) とよばれる。同相でも逆

[3)] 本書で扱われる同期現象はすべてリミットサイクル振動子に関する同期であるが，カオス振動子の同期現象も近年の重要なテーマである。これに関しては Pikovsky, Rosenblum, and Kurths (2001), Mosekilde, Maistrenko, and Postnov (2002), Boccaletti *et al.* (2002), 蔵本 編 (2005) 等を参照していただきたい。

相でもない**異相同期** (out-of-phase synchronization) も起こりうる。どのような位相関係であれ，周期の一致によって位相関係が固定されることを**位相ロック** (phase locking) とよぶ。同期 (synchronization) とほぼ同義の**引き込み** (entrainment) という用語もある。本書では「同期」で統一するが，「引き込み」も**引き込み現象**，**引き込み転移**などのいい方で広く用いられる用語である。

同期現象の実例

強制同期や相互同期の例は無数にある。振動する実体が物理的によくわかっていて力学モデルによる記述が十分可能な同期現象からはじまって，およそ通常の力学的記述が成り立ちそうもないようなリズム間にみられる同期まで，同期現象は非常に広いスペクトルをもっている。単純な電子回路や機械，レーザー，化学反応，神経振動子などにおける同期は，複雑さの度合いはさまざまであるが前者に属し，物理的なモデルに基づく詳細な研究対象になりえるであろう。

同期現象をはじめて科学的な目で観察し記述した人は，17 世紀後半に 2 つの振り子時計の間に同期が起こることを発見した C. Huygens であるといわれる [4]。これに似た現象として，振り子時計の代わりに 2 つないし多数のメトロノームが支持台を通じて同期する現象が知られており，理論モデルによる解析がなされている (Pantaleone, 2002)。最近見出された身近な同期現象の興味深い例として，周期的にゆれるろうそくの炎の間に生じる同相同期や逆相同期がある (図 1.1 参照)。この現象に対しても物理的な理論モデルによる説明が試みられている (Kitahata *et al.*, 2009)。身近に見られる同期現象としては，これ以外にもたとえばペットボトルから流出する水の周期的変動がペットボトル間で同期するという現象が実験と理論モデルの両面から調べられている (Kohira *et al.*, 2012)。

コオロギの同期した唱和 (Walker, 1969)，交互に規則正しく発声する 2 匹のカエル (Aihara, 2009) やカエルの集団 (Aihara *et al.*, 2011, 2014) など，生物の

---

[4] Huygens の発見と振り子時計の同期の機構についてはいくつかの解説がある (Bennett *et al.*, 2002; Dilão, 2009; Kapitaniak *et al.*, 2012)。

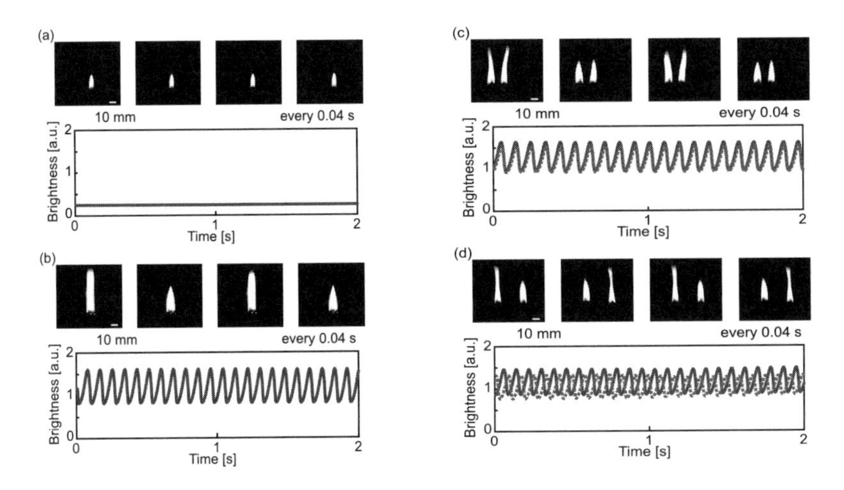

図 1.1　同期するろうそくの炎。(a) 一定の形状で燃焼するろうそくの炎。(b) 3 本のろうそくを 1 本に束ねて燃焼させると，炎は周期的に変動する。(c) 2 組の束ねたろうそくをある距離 L だけ離して燃焼させると，両者は同相に同期する。(d) L をある程度以上大きくすると，両者は逆相に同期する。(北畑裕之氏の提供による。)

個体間に生じるさまざまな同期現象も知られている。図 1.2 には逆相同期を示すカエルの発声パターンが示されている。逆相同期では，振動子の個数が 3 以上になると一般に複雑な同期パターンを示すが，カエルの発声に関しては最近このような研究までなされている (Aihara *et al.*, 2011, 2014)。動物のリズミックな行動の同期のように，通常の物理現象とは異質な現象に対しては，たとえ力学系のモデルがたてられるとしても「モデル」の意味は物理学でいわれるそれとはかなり違ってくるであろう。

このように，リズムの発生とリズム間相互作用の物理機構に関しては，比較的単純でよく解明がなされているものから，複雑すぎてほとんど未知なものまで広い範囲にわたっている。それにもかかわらず，面白いことに，どの場合でも同期現象は基本的に同じ単純さをもって現れる。特に，固有周期の違いと相互作用の強さという 2 つの基本要因のどちらが優位かによって同期・非同期が決まるという先に述べた単純な事実はすべてのレベルにあてはまる。それは Huygens による同期現象の発見以来，無数の実例が示してきた事実である。

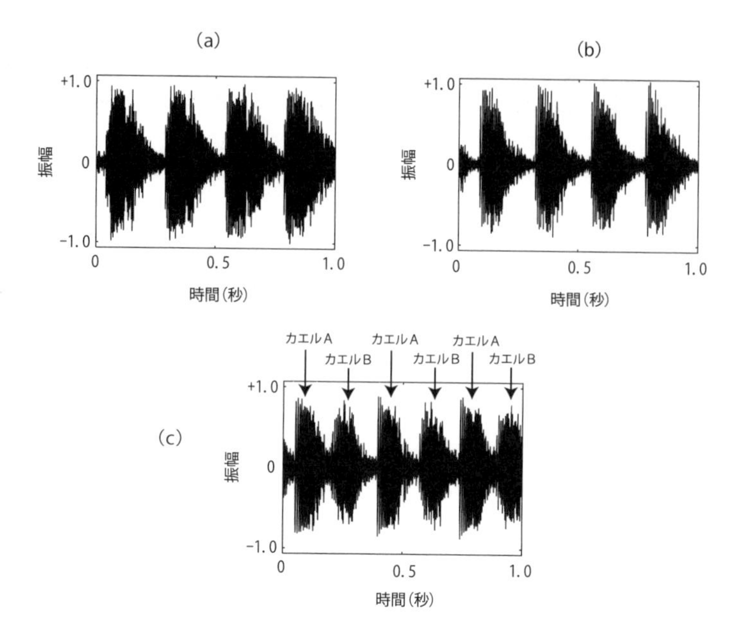

図 1.2　カエルの発声行動の同期。(a) カエル A の単独発声行動の波形。(b) カエル B の単独発声行動の波形。(c) 一定の距離をおいて向かい合ったカエル A とカエル B が逆相に同期した場合の発声行動の波形。(合原一究氏の提供による。)

対象が物理的にどんなに複雑でも，それに埋没しないでそこに潜んでいる単純さを取り出してみせることが同期現象の数理には求められている。一般に，対象の実体がわからないなら「わからなさ」の程度に応じた適切なモデル化というものが考えられる。複雑な自然現象に関わっている数理科学研究者にとって，このことは暗黙の共通認識になっていると思われる。この認識をもう一歩推し進めれば，対象の実体に関して十分な知識があってもなくても，あえてそこから距離をとることで現象の普遍性がみえてくるという考えに至る。これは縮約につながる基本的な考え方である。明確な理論的根拠に基づいてこれを系統的に実行するのが縮約理論だといえる。

集団同期

議論がややわき道に逸れたが，本題の同期現象に戻ろう。**集団同期**とよばれる重要な現象がある。振動子が大きな集団をなすと，リーダーがいなくても構成員間相互の同期によって集団全体が 1 個の巨大な振動子のように振舞うという現象である。これが起こるためには，振動子間結合は同相タイプでなければならないであろう。また，個別振動子の固有周期がランダムにばらついているとすると，与えられた結合の強さの下でそのばらつきの度合いがすぎれば集団同期は起こらないであろう。

自然界にみられる集団同期の例は多い。なかでも，木々に群がったアジア蛍の集団による同期した発光は劇的な例としてよく知られている (Smith, 1935; Buck and Buck, 1968; Moiseff and Copeland, 2010)。1 つのマクロな振動子のようにみえるものも無数の振動子からなる集団の内部同期の結果かもしれない。たとえば，哺乳類の**概日リズム** (circadian rhythms) は，視床下部の視交叉上核に存在する 1 万個程度の振動細胞群が集団同期することから生み出されることがわかっている (Reppert and Weaver, 2002)。概日リズムは，約 1 日周期で変動する遺伝子発現のリズムに由来するが，これよりはるかに短い分単位の周期で人為的に遺伝子発現を実現することが可能になっている。このような研究は，先にあげた Elowitz と Leibler の仕事 (Elowitz and Leibler, 2000) に始まるが，現在では同様の遺伝子操作によって得られたリズミックな細胞を多数用意して，集団レベルでの同期を実現することさえできるようになっている (Danino *et al.*, 2010; Mondragón-Palomino *et al.*, 2011)。

我々の心拍も集団同期の結果である。洞房結節を構成する，これもまた 1 万個オーダーの細胞の各々が固有のリズムをもち，それらの相互同期がマクロな電気的リズムを生み，刺激伝導系を通じて心筋に伝わることでそれを周期的に収縮させるのである。神経振動子の集団による集団同期は，癲癇発作やパーキンソン病の運動機能障害を引き起こすなど，時に生命活動にマイナスの効果をもたらす (Uhlhaas and Singer, 2006; Hammond, Bergman, and Brown, 2007)。このような場合には，適当な外部刺激によって振動子の位相を大規模に分散させ，集団同期を少なくとも一時的に停止させることも必要となる。パーキンソン病における神経振動子集団を，このように脱同期 (desynchronize) させることで行う治療法がある。実際 Tass らはこのような臨床上の要請から，本書で頻繁に現れる結合振動子の縮約モデルを解析し，その結果をヒントにして脱同期の有効な方法を探っている (Tass, 1999; Popovych, Hauptmann, and Tass, 2005, 2006)。より一般的な振動子モデルに対して集団同期・非同期を実現する効率的な制御法も提案されている (Rosenblum and Pikovsky, 2004a, 2004b)。望ましいか望ましくないかは別として，集団同期は生物にとって死活的な意義をもっている (Winfree, 1980)。

集団振動のもとになるリズミックな要素も，普通の意味で振動子とはよびがたい場合がある。たとえば，人の規則的な歩行のように，リミットサイクル振動とはよびにくいリズムでも，それらが同期することで集団振動が生まれる。吊り橋上の群衆の歩行が相互同期して橋を大きく揺らし，それが止まらなくなったために閉鎖に至ったという 2000 年 6 月のミレニアム橋 (ロンドン) の出来事 (Strogatz, 2003) は，このことを示す一例である。この現象に対しても振動子モデルに基づく理論が提出されている (Strogatz *et al.*, 2005; Eckhardt *et al.*, 2007)。2 振動子間の同期に関連してすでに述べたことであるが，集団同期についてもモノとしての系の差異をまったく度外視したかのように現れるその普遍性には感嘆する。

単細胞生物もしばしばリズミックに振舞い，その大集団は集団同期を示す。たとえば，細胞性粘菌では，個別細胞のリズムを確認した上で集団レベルの同期を論じた研究がなされている (Gregor *et al.*, 2010; Kamino *et al.*, 2011)。このような**生物振動子** (biological oscillators) の典型例として，酵母細胞については長い研究の歴史がある。酵母細胞の大集団が示す集団振動が実験室における厳密な制御の下で観察された例 (Danø, Sørensen, and Hynne, 1999) について以下で少し説明しよう。酵母細胞内では，ブドウ糖がピルビン酸などの有機酸に分解される過程，すなわち解糖反応 (glycolysis) が起こっている。この生化学反応は，1 分オーダーの周期で中間生成物の濃度が振動する反応として知られている。したがって，細胞の各々をリミットサイクル振動子とみなすことができる。

このような細胞のサスペンションを用いた実験で観測された集団振動が図 1.3 に示されている。反応に関与する蛍光物質 NADH の発光強度の時間変化から集団振動が観測される。振動する細胞間の相互作用は媒質に溶け込んだ

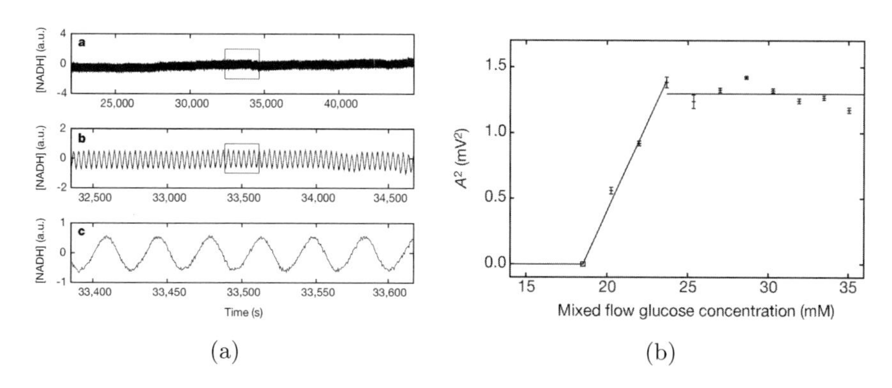

図 1.3　酵母細胞の集団振動。(a) 上から順次拡大された時間スケールで NADH 濃度の非減衰振動が示されている。(b) 集団振動の振幅の 2 乗がグルコースの注入速度とともに変化する様子。(S. Danø, P. G. Sørensen, and F. Hynne, Nature **402**, 320 (1999) より転載。)

アセトアルデヒドやブドウ糖自身によって媒介される。振動の周期より十分短い時間内にこれらの媒介物質が系全体に行き渡るように液がたえず攪拌されるので，相互作用は系の端から端に及ぶ大域的なものであるとみなしてよい。また，新鮮な細胞とその養分になるブドウ糖（グルコース）とを一定速度で外部から注入し続け，同時に同量の溶液を排出し続けるので，真正の非平衡開放系が実現している。注入の速度は，各細胞が平均としてその振動周期よりも十分長い時間にわたってキュベット内にとどまる程度に遅い。

図 1.3 のデータは，注入速度を変えていったときに集団振動の発生消失に関する転移が起こることを示している。ただしこの転移は，振動子の位相がそろうまたはばらつくことによる集団同期転移ではなく，個々の細胞が振動子としてアクティブに振舞うか否かに関する転移であると考えられている (De Monte *et al.*, 2007)。個々の細胞が周囲の細胞の混み具合 (数密度) を感知して自らの生物活性を変化させる現象は**クオラムセンシング** (quorum sensing) とよばれる。クオラムセンシングは，バクテリアや他の微生物が集団全体としての挙動を自律的に制御するための重要な機構と考えられているが，酵母細胞集団の上記のような転移現象もクオラムセンシングの一種とみなすことができる。

後でも述べるように，振動する化学反応を用いて**化学振動子** (chemical

oscillator) の離散集団を実際に作ることができる。そこでも，振動子の数密度を上げていくと，あるところで集団同期による集団振動が現れる (Toth, Taylor, and Tinsley, 2006)。集団振動の発生機構として集団同期によるものとクオラムセンシング的機構によるものがあると上に述べたが，この実験系では溶液の攪拌の速さを変えるだけでそのいずれもが実現される (Taylor *et al.*, 2009)。

物理系では，レーザー素子のアレイ (Kourtchatov *et al.*, 1995; Kozyreff, Vladimirov, and Mandel, 2000, 2001) や集団反跳原子レーザー (von Cube *et al.*, 2004; Javaloyes, Perrin, and Politi, 2008) において集団振動の可能性が論じられ，後者ではそれが実験的にも確認されている。また，集団振動が実験的に詳細に研究されているユニークな物理系として，64 個の**電気化学振動子**を結合させた系がある (Kiss, Zhai, and Hudson, 2002)。図 1.4(a) はその実験系の概念図である。そこでは硫酸溶液中の 64 個のニッケル電極の各々が振動子になる。すなわち，それらと参照電極との間に印加された一定の電圧の下で，各ニッケル電極の表面を流れる電流が周期的に変動するのである。図 1.4(a) に示したような，並列抵抗 R_{p} と直列抵抗 R_{s} を含む配線によって，すべての振動子が他のすべてと平等に結合する系ができる。その結合強度は $R_{\mathrm{s}}/R_{\mathrm{p}}$ に比例することがわかっており，これを自由に変化させることができる。振動子の自然振動数はランダムにばらついている。これを完全にそろえることは技術的に難しいということもあるが，電極ごとに R_{p} を微調整することで個別に振動数を変えることも可能である。

図 1.4(b) には，集団としての出力データから得られた集団振動の振幅が結合強度 K を変えたときどのように変化するかが示されている。結合強度がある臨界値 K_{c} を超えると集団振動が現れるという，熱力学的相転移に似た転移現象が確認されている。この場合，集団振動の発生は振動子の位相がそろうことによる転移であり，アクティブな振動子としての性質が臨界結合強度以上で現れるクオラムセンシング的機構によるものではない。周期運動よりも複雑な集団運動の可能性もあり，実験と理論の両面からその研究が進んでいる (Kiss *et al.*, 2007)。

集団振動としての概日リズムについても興味深い実験が次々に現れている。適当な光パルス刺激が与えられると概日リズムはしばらく停止することが知ら

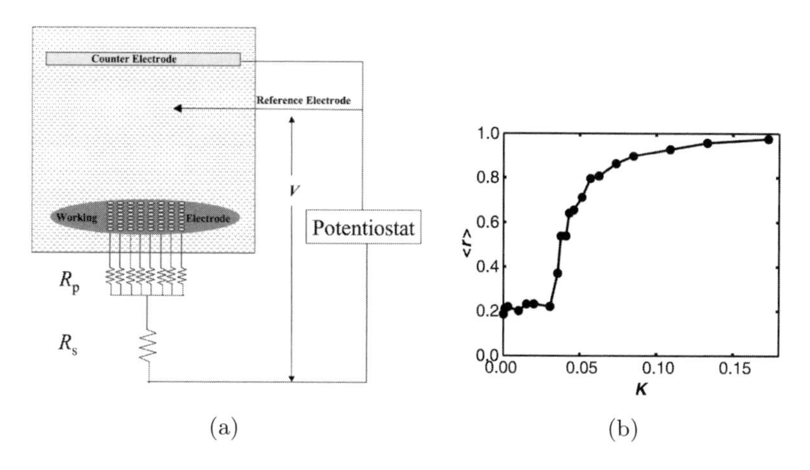

(a)　(b)

図 1.4　電気化学振動子の集団振動。(a) 実験装置の概念図。(b) 集団振動の振幅の目安となる秩序パラメタ $\langle r \rangle$ が結合強度 K とともに変化する様子。(I. Z. Kiss, Y. Zhai, and J. L. Hudson, Science **296**, 1676 (2002) より転載。)

れているが，マウスに対するこのような実験によれば，リズムの停止は電気化学振動子系と同様に個別振動子 (時計細胞) の位相が一過的に大きく分散することによるといわれている (Ukai *et al.*, 2007)。

振動場のパターン

多数の振動子からなる系は，集団として一体になって振舞うばかりでなく，さまざまな波動パターンも生じうる。パターンのダイナミクスに関心が向けられる場合には，振動子集団を**振動場**とよぶのが適当であろう。典型的な振動場としてこれまで最も精力的に研究がなされてきたものは振動する**反応拡散系**である。なかでも **Belousov-Zhabotinsky 反応** (以下，BZ 反応と略記) に関してはこれまでに数えきれないほど多くの研究があり，いくつかの総合報告 (たとえば，Mikhailov and Showalter, 2006) もだされている。この反応系でみられる代表的なパターンとして，**拡大する標的パターン** (expanding target patterns) と**回転するらせん波パターン** (rotating spiral waves) がある。BZ 反応に関するパターンの研究は，振動が停止したいわゆる興奮性の条件下で行

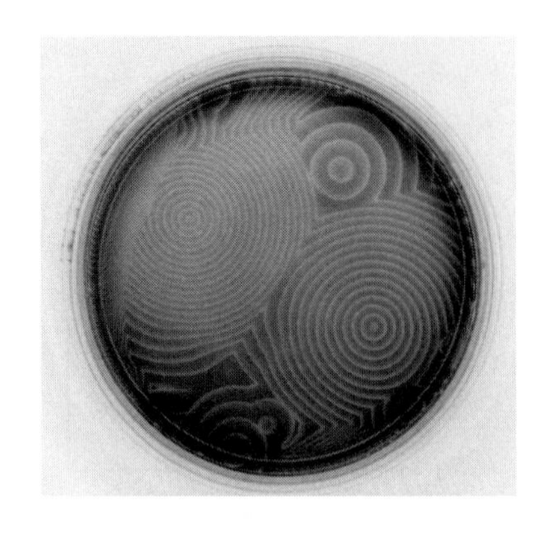

図 1.5 振動条件下の BZ 反応系における標的パターン。(宮崎淳氏の提供による。)

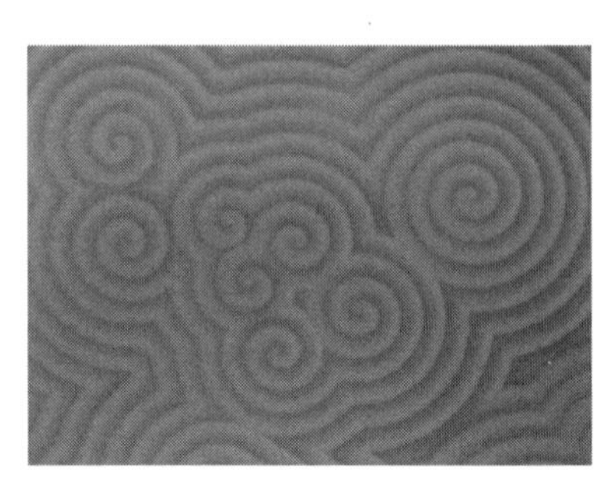

図 1.6 振動条件下の BZ 反応系におけるらせん波パターン。(宮崎淳氏の提供による。)

われる場合が多いが，図 1.5 と図 1.6 に示すものは振動条件下におけるパターンである。なお，この反応系の歴史的意義については次節でもふれる。

振動場の波動は生命現象との関連でも広くみられる現象である。近年に見出された興味深い一例として，植物における概日リズムが葉脈のネットワーク上で同期し，位相遅れが伝播する様子が観測されている (Fukuda *et al.*, 2007, 2011; Fukuda, Ukai, and Oyama, 2012; Fukuda, Murase, and Tokuda, 2013)。

ノイズによる同期

同期に関する比較的新しいトピックとして，**ノイズによる同期**という一見逆説的な現象がある。詳しくは第 4 章で論じるが，理論研究の発端となった実験の一つをここで紹介しておこう。それは神経生理学における Mainen と Sejnowski の実験である (Mainen and Sejnowski, 1995)。彼らはラットの大脳皮質から取り出した 1 個のニューロンのスパイク発火時系列を観察した。図 1.7 はその結果を示す。

このニューロンは，入力がなければ自発的には振動しない興奮性の機能単位であるが，閾値以上の直流電流の下ではリミットサイクル振動子となって自発的に興奮をくりかえす。図 1.7 の左上下 2 枚の図はその活動電位の時系列を示

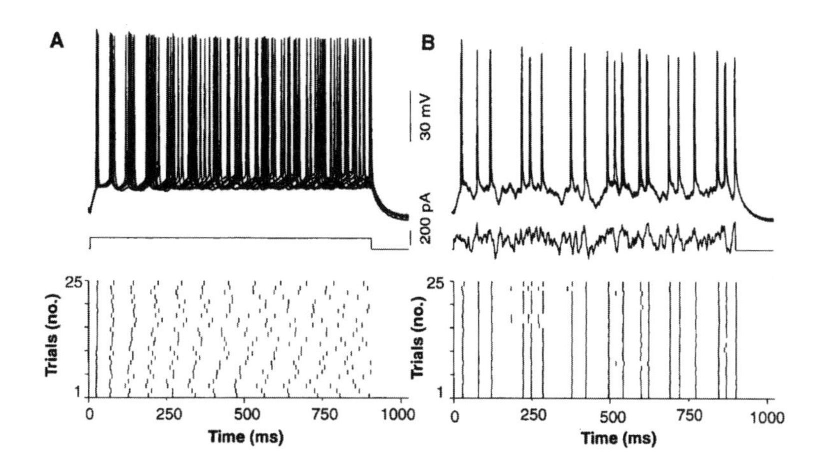

図 1.7　単一ニューロンの活動電位時系列。10 回の試行結果を重ね合わせたもの (上段) と，25 回の試行をラスタープロットで示したもの (下段)。(A) では入力として 900ms 間直流電流を注入。(B) では直流電流に加えて一定の不規則パターンをもつ変動電流を注入。(Z. F. Mainen and T. J. Sejnowski, Science **268**, 1503 (1995) より転載。)

している。左上の図は，このような試行を 10 回くりかえして得られた 10 の時系列を重ね合わせて示したものである。最初のスパイク発火のタイミングはそれらの間で一致させている。しかし，時間とともに発火のタイミングが試行間でばらついてくるのがわかる。初期時刻に位相を一致させても，十数回の発火の後には位相関係はほとんどランダムになっている。ランダム化の原因はニューロンに内在する微小なノイズによるものと考えられる。左下の図は，同じ実験をラスタープロットで示したもので，時間とともに発火タイミングがばらついてくる様子がよりはっきりわかるであろう。

上記は一定の入力の下での実験であるが，定電流に加えて不規則に変動する電流を入力とした場合にはどうなるだろうか。その結果が同図の右の 2 枚の図で示されている。この場合も，図は多数回の試行の結果を同時に示したものであるが，肝心な点は入力の不規則な時間パターンはすべての試行を通じて同一だということである。ランダムに駆動されているから，各試行におけるスパイク時系列の周期性は当然ながら大きく壊れている。しかし，注目すべきことは，試行間のスパイク発火のタイミングのずれがランダム外力なしの場合と比べて著しく減少していることである。

この実験結果は，共通のランダム外力を受けた複数の振動子が相互作用なしでも互いに位相同期することを暗示している。それは次の理由による。上の実験では 1 個のニューロンに対して n 回のくりかえし実験を行ったわけであるが，その代わりにまったく同じ性質をもつニューロンを n 個用意できるなら，相互作用のないこのアンサンブルを共通の入力下においてただ 1 回の実験を行っても同じ結果が得られるはずである。つまり，n 回の試行を 1 回の試行で済ませることができるわけである。図の実験データにおいて，m 回目の試行結果を単に m 番目のニューロンに対する結果と読み替えればよい。そのように見方を変えれば，独立な振動子を共通のノイズで駆動することで振動子間の位相同期が達成されることをこの実験は暗示している。

この実験の神経生理学な意義について，著者らは次のように述べている。すなわち，不規則な入力の内容を忠実に反映した応答をニューロンは示すことができるという意味において，「ニューロンは信頼できる動的単位 (reliable dynamical unit) である」と (Mainen and Sejnowski, 1995; Ermentrout, Galán, and Urban, 2008)。

1.3　振動子系の力学モデル

力学系モデル

本書を通じてリミットサイクル振動子は n 次元力学系

$$\frac{d\boldsymbol{X}}{dt} = \boldsymbol{F}(\boldsymbol{X}) \tag{1.1}$$

で表される。ここに，$\boldsymbol{X} = (X_1, X_2, \ldots, X_n)$ は n 次元ユークリッド空間の実ベクトルであり，$\boldsymbol{F}$ は $\boldsymbol{X}$ の非線形な実ベクトル関数である。このユークリッド空間を**相空間**または状態空間とよび，ある $\boldsymbol{X}$ 値に対応する相空間の 1 点を**代表点**または状態点とよぶ。

このような力学系を結合させたものが結合振動子系のモデルである。結合の様式にはさまざまなものが考えられる。代表的な結合振動子系として，(1.1)

に拡散項を付加した反応拡散モデル

$$\frac{\partial \boldsymbol{X}}{\partial t} = \boldsymbol{F}(\boldsymbol{X}) + \widehat{D}\nabla^2 \boldsymbol{X} \tag{1.2}$$

がある。以下ではこれを振動反応拡散系とよぶ。$\widehat{D}$ は $n \times n$ 行列で，通常は正または 0 の対角要素をもつ対角行列である。$\boldsymbol{X}(\boldsymbol{r}, t)$ は場の変数である。振動反応拡散系は，無数の局所的振動子が近傍の振動子と濃度差に比例した線形相互作用で結びついた場とみなすことができる。隣り合った振動子がバネで結びついたネットワークとしてこのような系をイメージすることができよう。

振動する神経細胞の集団にみられるような離散的な振動子の集団に対するモデルは，

$$\frac{d\boldsymbol{X}_j}{dt} = \boldsymbol{F}_j(\boldsymbol{X}_j) + \sum_{k=1}^{N} \boldsymbol{G}_{jk}(\boldsymbol{X}_j, \boldsymbol{X}_k) \tag{1.3}$$

によってかなり一般的に表されるであろう。しばしば考察される結合モデルとして，**大域結合**

$$\boldsymbol{G}_{jk} = N^{-1}\boldsymbol{G}(\boldsymbol{X}_k) \tag{1.4}$$

がある。これは各振動子が他のすべての振動子と等しく結合するモデルであり，相互作用の及ぶ距離が十分長い場合にふさわしいモデルである。この場合，N が十分大ならばいずれの振動子も共通の相互作用場 $N^{-1}\sum_{k=1}^{N} \boldsymbol{G}(\boldsymbol{X}_k)$ の中にあり，場の力は集団全体にわたる平均量になっている。そのため，大域結合は**平均場結合**ともよばれている。

拡散結合と大域結合は，結合距離の大小に関する両極限とみることができるが，中間的な結合距離をもつ系の研究もなされている。また，ランダムネットワークに関する近年の理論的発展を一つの契機として，さまざまなつながり方をもつネットワーク上に振動子を配置した振動子ネットワークの研究も盛んになりつつある。

以上では，振動子系のモデルに関するごく一般的な事実を述べたが，振動子に対する具体的な力学系モデルはさまざまである。以下に，比較的単純でしばしば用いられるモデルのいくつかを紹介しよう。

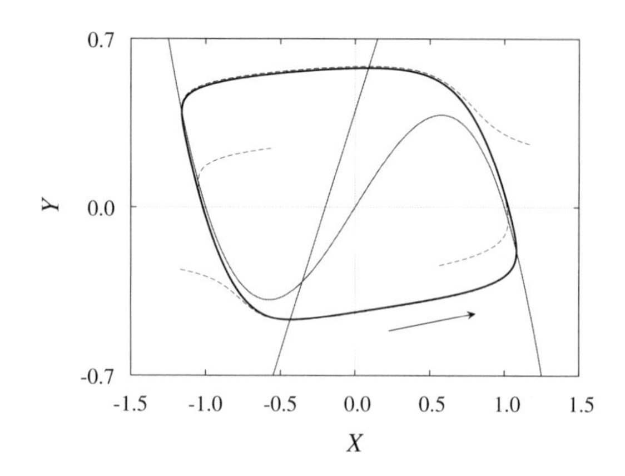

図 1.8　FitzHugh-Nagumo モデル (1.5a,b) のリミットサイクル軌道とヌルクライン。さまざまな初期点から出発した軌道は同一の閉軌道に巻き付いていく。$a = 0.2$, $b = 0.5$, $c = 10.0$.

FitzHugh-Nagumo モデル

図 1.8 で示したものは，**FitzHugh-Nagumo モデル** (以下，FN モデルと略記) とよばれる振動子モデルの解が描く軌道である (FitzHugh, 1961)。このモデルは 2 変数の 1 階微分方程式系

$$\frac{dX}{dt} = c\left(X - X^3 - Y\right), \tag{1.5a}$$

$$\frac{dY}{dt} = X - bY + a \tag{1.5b}$$

で表される。FN モデルは Bonhoeffer-van der Pol モデル (BVP モデル) ともよばれる。

このモデルにかぎらず，2 次元力学系の振舞を定性的に知るために $\dot{X}(X,Y) = 0$ および $\dot{Y}(X,Y) = 0$ で表される 2 本の曲線を相平面に描いておくのが便利である。これらの曲線は**ヌルクライン** (nullcline) とよばれる。ヌルクラインの交点は定常状態を与える。ヌルクラインによって区分された相平面の各領域は，$\dot{X}$ と $\dot{Y}$ の正負で特徴づけられるので，代表点の運動方向が領域間で定性的に区別できる。これによって相空間での大域的な流れの様子が大

まかに把握できる。

FN モデルは，ニューロンの電気生理学的なモデルとしてよく知られた Hodgkin-Huxley の 4 次元力学モデル (Hodgkin and Huxley, 1952) を簡略化したものとして知られる (FitzHugh, 1961)。$a = b = 0$ という特別の場合は **van der Pol 振動子**とよばれる。Y を消去して X と t のスケールを $X \to X/\sqrt{3}$ および $t \to t/\sqrt{c}$ と変えれば，van der Pol 方程式は単一の式

$$\frac{d^2X}{dt^2} + \sqrt{c}\left(X^2 - 1\right)\frac{dX}{dt} + X = 0 \tag{1.6}$$

で表される。この形を van der Pol 方程式とよぶ場合も多い。

FN モデルは非振動条件下で興奮性を示す。FN モデルを生体膜の電気生理学的なモデルとみるなら，膜の一過的興奮がこれに対応している。神経線維を興奮波が伝播する現象は，(1.5a) に拡散項を付け加えた 1 次元反応拡散系

$$\frac{\partial X}{\partial t} = c\left(X - X^3 - Y\right) + \frac{\partial^2 X}{\partial x^2}, \tag{1.7a}$$

$$\frac{\partial Y}{\partial t} = X - bY + a \tag{1.7b}$$

によって記述される (Nagumo, Arimoto, and Yoshizawa, 1962)。上式は神経伝導方程式 (nerve conduction equation) ともよばれている。後の章では，理論の正しさを確認するために FN 振動子モデルをさまざまな場面で用いる。

Belousov-Zhabotinsky 反応系のモデル

BZ 反応に対して Field らは FKN 機構とよばれる反応機構を提案し，これに基づく力学モデルを提出した (Field, Körös, and Noyes, 1972)。それは**オレゴネーター** (Oregonator) として知られる 3 変数モデルである。Tyson と Fife は，3 変数のうち最も速く変化する変数を実質的に他の変数に従属するものとして断熱消去し，オレゴネーターを 2 次元力学モデルに単純化した (Tyson and Fife, 1980)。その形は

$$\frac{dX}{dt} = \epsilon^{-1}\left[X - X^2 - \frac{bY(X-a)}{X+a}\right], \tag{1.8a}$$

$$\frac{dY}{dt} = X - Y \tag{1.8b}$$

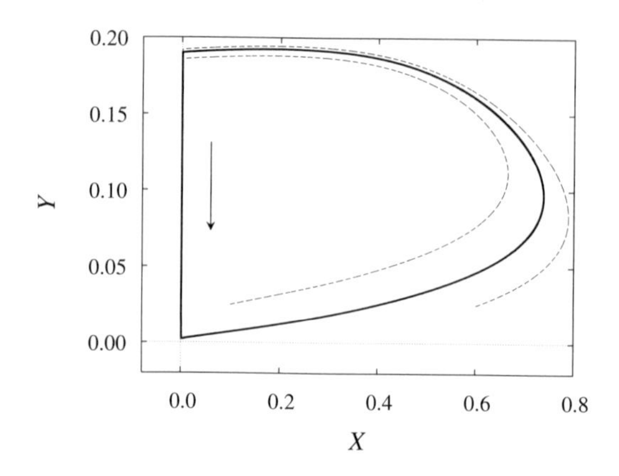

図 1.9　2 変数オレゴネーター (1.8a,b) のリミットサイクル軌道。パラメタ値は $a = 0.0008$, $b = 2.0$, $\epsilon = 0.04$.

で与えられる。このモデルが示すリミットサイクル軌道の一例を図 1.9 に示した。オレゴネーターを反応拡散系に拡張したものは

$$\frac{\partial X}{\partial t} = \epsilon^{-1}\left[X - X^2 - \frac{bY(X-a)}{X+a}\right] + \nabla^2 X, \tag{1.9a}$$

$$\frac{\partial Y}{\partial t} = X - Y \tag{1.9b}$$

であり，実験とも比較できる現実的なモデルとしてしばしば解析される。

BZ 反応系は非線形系に現れる自己組織化パターンの宝庫であり，過去 40 年以上にわたって非線形現象の科学の発展を牽引してきた最も重要な実験系の一つである。BZ 反応の多くの実験は，振動条件下よりも振動が停止した，いわゆる興奮性の条件下でなされており，理論モデルの解析も興奮性条件下でなされることが多い。興奮系のダイナミクスは本書で扱わないこともあり，BZ 反応系のパターンについて本書では深く立ち入らない。しかし，この実験系の歴史的意義はまことに大きいので，それについてここで一言述べておきたい。

多くの研究者の関心を引き付け，多方面からのエネルギーを集中的に投入できるような範例的な実験系というものの存在は科学の発展にとってきわめて重要である。特に，非線形現象の研究にとってそれがいえるであろう。BZ 反応系はこの事実をこのうえなくはっきりと実証してきた。BZ 反応系をめぐる研

究がこれほど長期にわたって新鮮さを失うことなく継続して今日に至っている背景には，BZ 反応系の新しいバージョンとしていくつかの革新的な実験系が過去に登場したことがあげられよう。

第一は，1980 年代中葉における光感受性 BZ 反応系の確立である (Kuhnert, 1986)。光に強く応答するルテニウム錯体を触媒として用いたこの BZ 反応系では，光を照射することで臭素イオンの濃度を変えることができ，これによって反応系の興奮のしやすさを制御したり振動の停止・発生に関する制御を行うこともできるようになる (三池 他, 1997)。しかも，単に時間的に一定で空間的にも一様な光照射だけでなく，照射強度を任意の時空パターンとして与えることができるために，濃度場の新奇なダイナミクスをさまざまに開発することが可能になった。

2001 年に Vanag と Epstein が開発した油中水型マイクロエマルジョン (微細乳濁液) を用いた BZ 反応系 (Vanag and Epstein, 2001) は，第二のイノベーションといえる。界面活性剤を加えると微小な水滴が油中に分散した乳濁液ができるが，この系では各水滴内で BZ 反応が進行する。通常の振動反応拡散系は連続場であるのに対して，ここでは振動子は離散集団をつくっている。その場合，振動子間の相互作用には 2 つの機構がある。一つは水滴どうしの衝突による物質交換であり，もう一つは媒質である油の中の物質拡散である。振動する細胞の集団や微生物集団を模した実験系としてこの系をみることもできよう。

この系では，波動パターンの空間スケールは振動子の離散性を無視できるほど大きい。パケットウェーブとよばれる，包みに封じ込められたようにある領域に局在した伝播波 (Vanag and Epstein, 2002) や，中心から波が湧き出る通常のらせん波とは逆に波が中心に吸い込まれていく逆らせん波 (anti-spiral) (Vanag and Epstein, 2001) など，従来の BZ 反応系にはみられない新奇なパターンの数々がそこでは見出されている。

BZ 反応を用いて離散的な振動子の集団を実現する方法としては，Toth らによって開発されたもう一つのやり方がある (Toth, Taylor, and Tinsley, 2006)。そこでは触媒のフェロインを添加したミクロサイズの多孔質粒子が用いられる。触媒を含まない BZ 反応試薬の中にこのような粒子を多数分散させると，粒子の各々が振動を示す振動子となり，媒質との間の物質拡散を通して他の振動子と相互作用する。媒質を持続的に攪拌すれば大域結合振動子系が実現するわけである。

CIMA 反応系のモデル

現実の反応拡散系のモデルをもう一つ示しておこう。BZ 反応系とは異質な挙動を示すことで注目されている化学反応系として CIMA(chlorite-iodide-malonic acid reaction) とよばれる系があり，実験的に詳しく調べられている。この反応系に対しては Lengyel-Epstein モデルとして知られるモデルがあり (Lengyel and Epstein, 1991)，対応する反応拡散系は

$$\frac{\partial X}{\partial t} = a - X - \frac{4XY}{1+X^2} + D_X \nabla^2 X, \tag{1.10a}$$

$$\frac{\partial Y}{\partial t} = b\left(X - \frac{XY}{1+X^2}\right) + D_Y \nabla^2 Y \tag{1.10b}$$

によって与えられる。CIMA は Turing パターンを示すことでよく知られている (Castets *et al.*, 1990; De Kepper *et al.*, 1991; Ouyang and Swinney, 1991)。しかし，条件によって振動場にもなり，逆らせん波が見出されることでも注目される (Shao *et al.*, 2008)。

ブラッセレーター

仮想的な化学反応の振動子モデルや数学的に理想化された振動子モデルは，実体とかけ離れているがゆえに有用性に乏しいモデルかというと，必ずしもそうではない。なぜなら，現実の振動現象の基本的性質の多くが系の見かけ上の差異を超えて普遍的にみられるのは明白な事実であり，そうであれば非現実的にみえる振動子モデルにも現実の系と同じ性質が共有されると期待するのはごく自然だからである。

仮想的な振動化学反応の 2 次元力学モデルとして，ブリュッセル自由大学のグループによって提出された**ブラッセレーター** (Brusselator) とよばれる振動

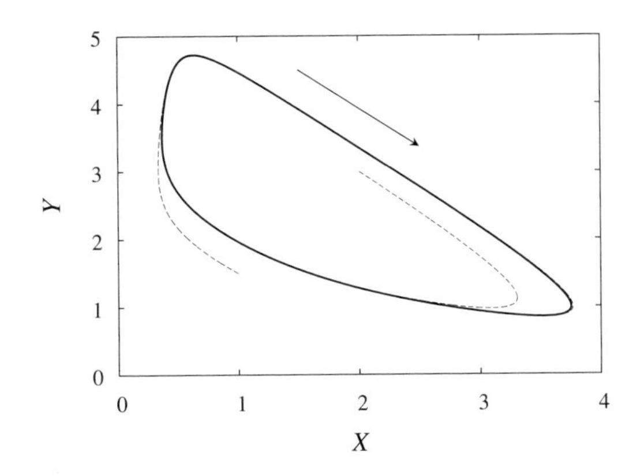

図 1.10　ブラッセレーター (1.11a,b) のリミットサイクル軌道。$a = 1$, $b = 3$.

子モデルがあり，それは次の形をもっている (Prigogine and Lefever, 1968)：

$$\frac{dX}{dt} = a - (b+1)X + X^2 Y, \tag{1.11a}$$

$$\frac{dY}{dt} = bX - X^2 Y. \tag{1.11b}$$

その軌道の一例を図 1.10 に示す。この振動子モデルに対応する反応拡散モデルは

$$\frac{\partial X}{\partial t} = a - (b+1)X + X^2 Y + D_X \nabla^2 X, \tag{1.12a}$$

$$\frac{\partial Y}{\partial t} = bX - X^2 Y + D_Y \nabla^2 Y \tag{1.12b}$$

である。

Prigogine や彼のグループが，散逸構造の概念をさまざまに例示したのもこのモデルの解析を通じてであった (Nicolis and Prigogine, 1977)。小振幅で振動する反応拡散系一般に対して成り立つ普遍的な縮約方程式として**複素 Ginzburg-Landau 方程式**があることは第 2 章で詳しく論じるが，それが最初に導出されたのはこの特殊な反応拡散モデルの縮約によってであった (Kuramoto and Tsuzuki, 1974)。範例的な実験系の重要性については先に述べたが，範例的な理論モデルも同様に研究を大きく進展させる原動力になる。現

実の系であろうと仮想的なモデルであろうと，一つの対象を深く掘り下げることは未知の普遍性という鉱脈を探りあてるための強力なアプローチなのである。

リミットサイクル振動を力学系で表すには，一般に 2 次元以上の相空間が必要である。しかし，閉軌道からの外れが小さくそれが無視できる場合には，閉軌道の次元と同じ 1 自由度で振動子を表すことができる。これはある意味で $\dot{\boldsymbol{X}} = \boldsymbol{F}(\boldsymbol{X})$ を**位相縮約**したモデルだとみることができよう。本書の主題である位相縮約との関係についてはあらためて述べるが，そのような 1 変数モデルとしてよく知られている 2 つのモデルを以下に紹介しよう。

LIF モデル

LIF モデル (leaky integrate-and-fire model) とよばれる神経振動子のモデルは，1 変数 X に対する式

$$\frac{dX}{dt} = a - X, \quad a > 1 \tag{1.13}$$

によって与えられる。ただし，X の変域は $[0, 1)$ であり，$X = 1$ となった瞬間に $X = 0$ にリセットされるという付加的ルールが (1.13) に課せられる。上では $a > 1$ という条件を課したので，図 1.11 に示すように，X はその変域内で指数関数的変化と跳躍を周期的にくりかえす。跳躍は，神経生理学的にはニューロンのスパイク発火に対応している。このモデルは数理生物学者 Peskin が心臓ペースメーカー細胞の動的モデルとして導入したものである (Peskin, 1975)。

数学的には $X = 1$ と $X = 0$ を同一の状態点とみなすのが便利である。これはちょうど角度 0 と 2π を同一とみなすことと似ており，X の運動を円周 1 をもつ円に沿った周回運動としてイメージすることができる。減速しつつ回転運動する X は，零点を通過するたびごとにその速度を飛躍的に回復するわけである。a が 1 よりわずかに小さい場合には安定な平衡点が存在するが，この平衡状態を X のプラス方向に弱くキックすることで一過的なスパイク発火を生じさせることができる。すなわち，これは興奮系の最も単純なモデルを与えている。

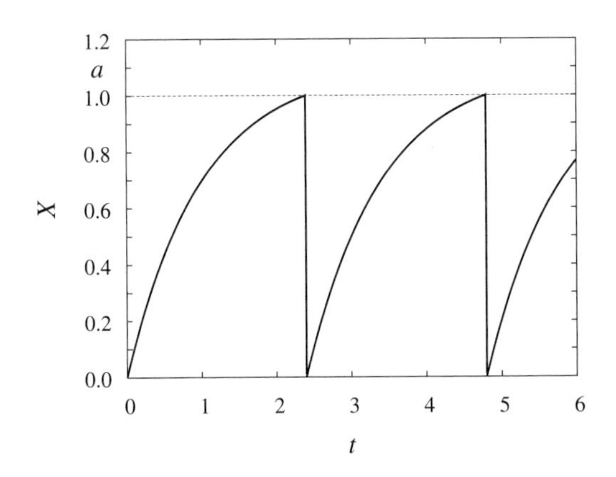

図 1.11　LIF 振動子の振動パターン。

Josephson 振動子

2 枚の超伝導薄膜で絶縁膜を挟むと，量子力学的なトンネル効果により超伝導体の間に超電流 (Cooper 対とよばれる電子対による電流) が流れる。この現象は Josephson 効果とよばれ，この超伝導接合体は Josephson 接合とよばれる (Josephson, 1962)。超伝導状態はマクロな波動関数で表されるのでマクロな位相をもち，トンネル電流の値は，2 枚の薄膜間の位相差 θ で決まる。

図 1.12(a) のように，Josephson 接合，抵抗値 r の抵抗，電気容量 C のコンデンサーを含む回路に外部から一定の電流 I を流すと，接合体には電流 $I_{\mathrm{c}} \sin\theta$ が流れ，電位差 $V = (\hbar/2e)\dot{\theta}$ が生じることが知られている。ここに，$\hbar = (\text{Planck 定数})/2\pi$ であり，e は電子の電荷である。また，コンデンサーを流れる電流は $C\dot{V}$ で与えられる。したがって Kirchhoff の法則から I は

$$I = I_{\mathrm{c}} \sin\theta + \frac{\hbar}{2er}\frac{d\theta}{dt} + \frac{C\hbar}{2e}\frac{d^2\theta}{dt^2} \tag{1.14}$$

で与えられる。C が無視できる場合には，時間を適当にスケールすると上式は

$$\frac{d\theta}{dt} = I - I_{\mathrm{c}} \sin\theta \tag{1.15}$$

となる。I/I_{c} は，LIF 振動子における a に似た役割をもつパラメタである。

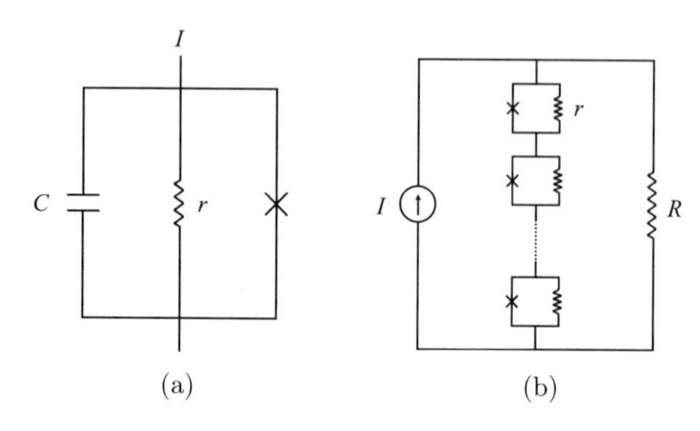

図 1.12　(a) Josephson 振動子。(b) 大域結合をもつ Josephson 振動子のアレイ。× は Josephson 接合体を表す。

これが 1 を超えると θ は単調に増大し，θ の周期関数であるすべての物理量は振動する。図 1.12(a) に示されたこのような能動機能素子が最も単純な **Josephson 振動子**である。図 1.12(b) には，このような振動子のアレイに並列な抵抗負荷をもつ回路が示されている。この回路や，並列抵抗に加えて LC 負荷を挿入したより一般的な回路は大域結合振動子系になっている (Hadley and Beasley, 1987; Tsang *et al.*, 1991; Strogatz and Mirollo, 1993; Wiesenfeld and Swift, 1995)。

1.4　縮約について

縮約の意義

前節で紹介した振動子モデルは，いずれもかなり単純化された力学モデルであった。それでも，2 自由度モデルではリミットサイクル解さえ解析的に表すことはできないし，結合系ともなると数学的にはなおさら手に負えない。数値シミュレーションはもちろん可能であり，実際，後の章ではたびたびモデル系のシミュレーションに言及する。しかしその場合，シミュレーションは一定の理論的な指針や予想の下になされている。前もっての見通しもなくやみくもに行われるシミュレーションからは，投入される労力に比べてきわめて限定的な成果しか得られないであろう。しかも，シミュレーションの結果が特定のモデルを超えてどれほど普遍性をもつかについてもはっきりしない。1 自由度振動子モデルに対しては，時間周期解を得ること自体は簡単であるが，その結合系については上と同様のことがいえるであろう。

オレゴネーターや Hodgkin-Huxley モデルのように，実体に即してたてられた優れた力学モデルがこれまでに果たしてきた役割の決定的重要性はあらためていうまでもない。それにもかかわらず，個々の力学モデルの解析に終始するアプローチの難点として，「解析的な取り扱いの難しさ」と「普遍性の確実な保障を得ることの難しさ」という 2 点は常につきまとうのである。そして，これらの難点をカバーする理論として縮約理論がある。

縮約理論はなぜこの要求に応えられるのであろうか。その理由を一言でいえば，千差万別の力学モデルを「単純」で「同一の形をもつ」力学モデルに圧縮することによって，隠れ潜んでいた共通のコアを抽出するのが縮約理論だからである。縮約方程式の「単純」さのおかげでそれは解析が容易であり，それが「同一の形をもつ」ことから，得られた結論は千差万別の系に潜む普遍性を表しているのである。では，縮約方程式はなぜこれら 2 つの望ましい特徴を兼ね備えるのか。それに答えるためには，縮約理論が「自由度の縮減」と「標準形への変換」という 2 本の柱から成り立っていることをまず指摘しなければならない。

第 2 章で論じる**逓減摂動法**についていえば，これは次のことを意味する。逓減摂動法は，**Hopf 分岐**とよばれるリミットサイクル振動発生の臨界点近傍に適用される縮約理論であり，そこでは不安定化しつつある 2 つの自由度のみが実質的に系のダイナミクスを支配する。したがって，自由度の縮減がなされるのは力学系の自由度が 3 以上の場合だけであり，2 次元力学系では，縮約はすなわち標準形への変換のみを意味している。

いずれにせよ，自由度 2 の実質的な相空間における振動子のダイナミクスは，一般に複素座標 z とその複素共役 $\overline{z}$ を用いて $\dot{z} = G(z, \overline{z})$ と書かれる。しかし，適当な変数変換 $z \to w$ を行えばこれを $\dot{w} = H(|w|)w$ の形に帰着させることが可能である。小さい $|w|$ に対しては $H(|w|)$ は $|w|$ の偶べきのみを含む級数に展開できる。Hopf 分岐点近傍の小振幅振動に対しては $|w|$ の 0 次と 2 次のみを考慮すれば十分であろう。よって，すべての力学系は Hopf 分岐点

近傍で $\dot{w} = (i\omega_0 + \mu\alpha)w - \beta|w|^2 w$ の形をもつ振動子に帰着する。μ は Hopf 分岐点からの距離を表す小さなパラメタであり，ω_0 は実定数，α と β は複素定数である。

このような単純きわまる振動子からなる結合系もまた単純な形をもつ。その代表例が振動反応拡散方程式の縮約形としての複素 Ginzburg-Landau 方程式

$$\frac{\partial w}{\partial t} = (i\omega_0 + \mu\alpha)w - \beta|w|^2 w + d\nabla^2 w \tag{1.16}$$

である。複素係数 $\mu\alpha, \beta$ および d の実部がすべて 1 になるように時間・空間のスケールと w のスケールを選び，変換 $w \to w\exp\{i\,[\omega_0 + \mathrm{Im}(\mu\alpha)]t\}$ によって回転系に移れば，残るパラメタは $c_1 = \mathrm{Im}\,d/\mathrm{Re}\,d$ と $c_2 = \mathrm{Im}\,\beta/\mathrm{Re}\,\beta$ のみになる。もともとは千差万別の振動子系が，ごく少数のパラメタを通してのみ互いに区別されるのである。

本書で最も広汎に議論される位相縮約法も，「自由度の縮減」と「標準形への変換」という 2 要素から理論は成り立っている。1 振動子を位相という自由度のみで記述するのが位相縮約であるから，自由度の縮減の意味はこの場合明らかである。位相縮約は，振動子が外部あるいは他の振動子から受ける影響が弱い場合に適用できる方法である。そこでは，系はほぼ閉軌道に乗った運動を行っていると仮定してよい。閉軌道に沿った 1 次元座標 ϕ を適当に導入すれば，リミットサイクル振動は常に 1 自由度の方程式 $\dot{\phi} = \omega$ で表される。前節では，2 種類の 1 自由度振動子モデルを紹介した。そこでは 1 自由度への縮減はなされているが，変化速度が常に一定となるような位相変数は用いられていない。しかし，適当な非線形変換 $X \to \phi$ または $\theta \to \phi$ を行えば，常に $\dot{\phi} = \omega$ と表すことができる。

すべてのリミットサイクル振動子をこのように個別性を完全に消し去った形に書いてしまっては意味がないとも思われよう。Hopf 分岐点近傍で縮約された振動子についても個別性はほとんど消し去られており，同様の疑問がわく。たしかに孤立した 1 振動子をみているかぎり振動子それぞれの特性はまったく失われている。しかし，他からの影響を受けた場合，それへの応答特性に振動子の特徴が現れる。実際，第 4 章で詳しく論じるように，(1.1) に弱い外的影響を表す項 $\boldsymbol{p}(t)$ が付け加わると，位相縮約された方程式は $\dot{\phi} = \omega + \boldsymbol{Z}(\phi)\cdot\boldsymbol{p}(t)$ となる。$\boldsymbol{Z}(\phi)$ は**位相感受性**とよばれる関数で，リミットサイクル軌道とその

近傍の力学的性質によって決まる。そこに振動子の特性が反映されている。もちろん，これもまた大規模に情報圧縮された形での反映には相違ない。

LIF 振動子 (1.13) や Josephson 振動子 (1.15) に摂動項 $p(t)$ が付加された式も，X または θ に対する適当な非線形変換によって**位相方程式**は $\dot{\phi} = \omega + Z(\phi)p(t)$ の形に書かれる。いずれにしても，消し去られたかにみえる振動子それぞれの性質が位相感受性という形で顔を出すのである。

ここで位相 ϕ_1 の振動子 1 が，同じ性質をもつ位相 ϕ_2 の振動子 2 から弱い影響を受ける場合を考えてみよう。この影響を表す項 $\boldsymbol{p}(t)$ は時刻 t における振動子 2 の状態で決まり，位相記述によればこれは $\phi_2(t)$ で決まるから，振動子 1 に対する位相方程式の形は $\dot{\phi}_1 = \omega + \boldsymbol{Z}(\phi_1) \cdot \boldsymbol{p}(\phi_2)$ となる。

第 4 章では，この位相方程式がさらに位相差のみに依存した結合をもつ式 $\dot{\phi}_1 = \omega + \Gamma(\phi_1 - \phi_2)$ に近似的に書き換えられることを示す。この近似的な書き換えが位相縮約における「標準形への変換」とよんだものにほかならない。これを行うことで，振動子の応答性と振動子間相互作用がまるごと 1 つの**位相結合関数** $\Gamma(\phi_1 - \phi_2)$ に圧縮されるのである。2 振動子系に対するこの結果は，性質にばらつきのある N 振動子の結合系に容易に拡張することができ，

$$\frac{d\phi_j}{dt} = \omega_j + \sum_{k=1}^{N} \Gamma_{jk}(\phi_j - \phi_k) \tag{1.17}$$

が得られる。位相のみで記述されたリミットサイクル振動子は**位相振動子**とよばれる。(1.17) の形の位相振動子モデルは後の章でもたびたび現れる。

「縮約方程式は単純な形をもつ」という場合，その「単純さ」とは何よりもまず力学系としての対称性の高さである。たとえば，複素 Ginzburg-Landau 方程式は複素平面での任意の回転 $w \to w \exp(i\psi)$ に対して不変である。また，位相方程式 (1.17) はすべての位相を $\phi_j \to \phi_j + \phi_0$ $(j = 1, 2, \ldots, N)$ のように一様にシフトさせても不変である。理論的な解析においてこのような対称性は大きな助けになる。

具体的問題への適用

以上では縮約方程式の意義をごく一般的に述べたが，縮約の有用性は具体的にどんな形で実証されるだろうか。以下でこれを例示的に述べてみたい。

前節で例示したような力学系モデルの一つを解析する必要が生じたとしよう。数値シミュレーションを行わざるをえないとしても，縮約方程式の助けを借りれば解析の目的に応じて狙いを絞ることができるであろう。たとえば，CIMA 反応系の実験でみられる現象を理解するために，あるいはそこで起こりうる現象を予測するために (1.10a,b) の解析を試みたとする。解析的にはほとんど何もできないので数値シミュレーションを行わざるをえないが，やみくもに多次元のパラメタ空間を探索するのはきわめて非効率である。しかし，$b = 3a/5 - 25/a$ で与えられる Hopf 分岐点の近傍にかぎれば，モデル方程式は複素 Ginzburg-Landau 方程式に帰着し，そこに含まれる本質的に重要なパラメタ c_1, c_2 は，$c_1(a, D_X/D_Y)$, $c_2(a)$ のように a と D_X/D_Y のみで表されている。複素 Ginzburg-Landau 方程式の解についての知識から，分岐点近傍の CIMA 反応拡散モデルの振舞はほぼわかり，実験的に期待される現象の予想もつく。分岐点から離れるにつれて複素 Ginzburg-Landau 方程式による記述は正しくなくなるので，数値解析を実行するとしよう。その場合，縮約方程式の知識をまったくもたない場合に比べてパラメタの選択に迷う度合いははるかに小さいであろう。実際，CIMA 反応系に対してまさに上に述べたようなアプローチが試みられている (Shao *et al.*, 2008)。

位相縮約の有用性を示す一例として，1.2 節でふれた電気化学振動子の集団を取り上げてみよう。適当な実験条件下でその系は弱い大域結合をもつリミットサイクル振動子系とみなすことができる。したがって，(1.17) の大域結合版

$$\frac{d\phi_j}{dt} = \omega_j + \frac{1}{N}\sum_{k=1}^{N}\Gamma(\phi_j - \phi_k) \tag{1.18}$$

は良い理論モデルを与えるはずである。

それを踏まえたうえで，実験において観測された集団挙動が理論的にいかに説明されるか，また逆に，理論の側から新しい集団挙動の可能性を示唆できないかという問題を考える。当然，実験事実と (1.18) の解析結果を比較検討したり，現実に起こりうる現象を (1.18) の解析結果から予測したりするわけであるが，その場合，位相結合関数 $\Gamma(\psi)$ の形をどのように仮定するかが問題である。実は，実験データのみに基づいて $\Gamma(\psi)$ を推定するいくつかの方法があり，その一つは第 4 章で紹介する。そこでは BZ 反応系に即して述べるが，そ

の方法は電気化学振動子系にも適用可能である。実験的に得られた $\Gamma(\psi)$ に基づいて解析された (1.18) の結果が実験事実に合致し，予想された現象が確認されれば，百パーセント理論的にではないにしても，系についての理解は相当に深められたといえよう。

電気化学振動子系に対する現実的な理論モデルがあれば，それに位相縮約を適用することで $\Gamma(\psi)$ を導出できる。実際，Haim らによるこのような理論モデルがある (Haim *et al.*, 1992)。電気的な結合を含む結合系の力学モデルもわかっている。その位相縮約から (1.18) が導出され，力学モデルに含まれるパラメタを用いて $\Gamma(\psi)$ を表すことができるはずである。実験条件に対応したパラメタの値がわかり，それに基づいて計算された $\Gamma(\psi)$ が実験的に決定された $\Gamma(\psi)$ とよく一致すれば，理論的説明としてはより完全であろう。なお，この実験系ではフィードバック制御を用いることで望みどおりの $\Gamma(\psi)$ を実験的に実現できることも最近明らかになった (Kiss *et al.*, 2007; Kori *et al.*, 2008)。結合関数のフィードバック制御が他の系でも可能になれば，位相縮約の有用性はさらに高まるであろう。

現象横断的な視点

上に述べたのとは異なり，現実の系や個別的な力学モデルには密着せず，現象を思い切り「遠目に見る」立場にたてば，縮約理論のもう一つの意義が明らかになる。縮約方程式の扱いやすさよりも，その解析結果がもつ普遍性に着目するのである。もちろん，それは理論的に明確に根拠づけられた普遍性というよりは，単なる期待にとどまる普遍性かもしれない。しかし，たとえば (1.18) の解析から集団同期の発生という現象が起こることが明らかとなれば，ホタルの集団的発光のリズムやミレニアム橋における歩行者の同期現象をこの理論的現象と二重写しに眺めることが意味をもつであろう。コンサートホールにおいて聴衆の拍手が意図することなく同期する現象も集団同期の一種として納得できるかもしれない (Néda *et al.*, 2000a, 2000b)。複素 Ginzburg-Landau 方程式の解析から得られる回転らせん波や拡大する標的パターンと，キイロタマホコリカビ (*Dictyostelium discoideum*) にみられる類似のパターン (Foerster, Müller, and Hess, 1990) とを類比的に眺めるのも同様であろう。現実との詳細な対応関係を問わなければ，縮約理論は現象を広く横断的に俯瞰する視点を提供するのである。

このような視点には実効性も期待できる。ちなみに，もしも集団同期の理論が橋の設計に関わった人々に広く知られていたなら，ミレニアム橋のトラブルは未然に防ぎえたのではないだろうか。

人工システムと縮約

縮約モデルは人工システムの開発や情報科学にも大きく寄与できる可能性をもっている (Arenas *et al.*, 2008)。実際，工学の分野では最近位相振動子モデルの応用が広がっている。たとえば，電力供給網を位相振動子のネットワークの一種とみなせることに着目した研究 (Motter *et al.*, 2013; Nishikawa and Motter, 2015)，四足動物の歩行の機構を位相振動子のネットワークモデルによって理解しようとする試み (Aoi, Yamashita, and Tsuchiya, 2011) や二足歩行の安定性に関する研究 (Funato *et al.*, 2016) などはその例である。また，どのような条件下で集団を構成する多数の動的エージェントが一致した値をとるかを問う，いわゆる**合意問題** (consensus problem) は幅広い応用性をもつが，位相振動子ネットワーク (1.17) の同期問題を合意問題の一つのモデルとみなすことができる (Olfati-Saber, Fax, and Murray, 2007)。

位相振動子ネットワークがもつ自己組織化能力をうまく引き出すことで，さまざまな自律分散的制御系を開発できる可能性がある。VSLI (超大規模集積回路) におけるクロック同期の新しい技術の一つとして，位相振動子の相互同期が応用可能であるという指摘もある (田中, 1997; 田中・大石, 1998)。上に触れた二足歩行の安定性にも関係するが，二足歩行ロボット (Milton, 2009) の制御や，非集中管理方式による交通信号機の制御 (西川, 2008) なども興味深い応用例としてあげられる。積極的に非同期状態をつくりだすことも場合によっては必要である。Tanaka らは，無線センサーネットワークにおいてパケット衝突を回避するための新しい方法として，非同期位相振動子のネットワークモデルの応用を試みている (Tanaka, Nakao, and Shinohara, 2009)。また，大量のデータに潜む有用な情報を抽出するための**データマイニング**とよばれる技術が近年その重要性を増しているが，位相振動子の相互同期をこれに適用する試み

がある (Miyano and Tsutsui, 2007)。

自然に存在するものを理解するのとは違って，ものを「つくる」という立場にたてば，位相結合関数 $\Gamma_{jk}(\psi)$ やネットワーク構造にも大きな選択の幅が生まれる。ハードウエアによって，あるいはコンピュータ上の仮想世界において実現できるかぎり，望ましい機能が発揮されるようにそれらをさまざまに設計する自由が我々に与えられているのである。

2 振動の発生と逓減摂動法

環境条件の変化とともに，定常な系がその安定性を失って小さな振幅をもつ振動が現れる。これは現実の非平衡開放系に広くみられる現象であり，数学的には Hopf 分岐とよばれる。力学系の定常解がパラメタの変化によって不安定化し，小振幅のリミットサイクル解が発生するのが Hopf 分岐である。この小振幅振動はきわめて単純で普遍的な形をもつ発展方程式で記述される。すなわち，そこではもとの力学系モデルが高度に縮約される。

本章では，まず最初に単一の振動子に対するこのような縮約法の概要とその背景にある考え方を述べる。次いで，さまざまな外部摂動を受けた振動子や結合振動子系に対して理論の拡張を行う。応用上重要なのは，むしろこのように拡張された縮約方程式である。得られた縮約方程式に基づく結合振動子系の具体的な振舞は次章で議論される。

2.1 縮約の考え方

逓減摂動法

非線形発展方程式を単純化された形に圧縮することを一般に**縮約**とよんでいる。振動子系に適用される縮約法として 2 つの代表的な方法が知られている (Kuramoto, 1984a)。それらを本書では**逓減摂動法** (reductive perturbation method) および**位相縮約法** (phase reduction method) とよぶ。逓減摂動法は，系の不安定化にともなって新しい状態が出現するという臨界状況に適用される方法である。逓減摂動法という用語は，元来は散逸のない場の非線形発展方程式から Korteweg-de Vries 方程式 (KdV 方程式) や非線形 Schrödinger 方程式など，普遍的なソリトン方程式を近似的に導出するための方法に対して命名されたものである (Taniuti and Wei, 1968; Taniuti, 1974)。同じ用語を本章の意味に転用したのは Kuramoto and Tsuzuki (1974) においてである。後者の意味での逓減摂動法は，数学における中心多様体理論 (center-manifold theory) と考え方のうえで重なるところが多いので，今日ではしばしば**中心多様体縮約法** (center-manifold reduction) ともよばれる。しかし，逓減摂動法の内実は，中心多様体理論の考え方を物理的な立場から再解釈し，数学的な厳密性をゆるめたうえで適用範囲を広げたものとみなせることから，本書では数学的な命名を避けている。

第二の縮約法である位相縮約法は，位相という自由度が存在する散逸系に適用できる方法であり，位相記述 (phase description) ともよばれる。本章以降では，振動子系に対してこれらの縮約理論がいかに定式化され，振動と同期に関する多様な現象を理解するうえでどのように役立つかを明らかにしていきたい。

本章と次章では，Hopf 分岐 [1]に関係した逓減摂動法の概略とその応用を解説し，第 4 章以降では位相縮約法とその応用を論じる。しかしながら，位相縮約の基本的なアイディアは次章ですでに現れる。そこでは，振幅自由度を**断熱消去**するという初等的な考え方を用いて縮約方程式をもう一段縮約し，そうして得られた式がいくつかのクラスの現象に対して有効であることが示される [2]。その意味で，次章は 2 つの縮約法の橋渡しとしての意味ももっている。

ごくかぎられた物理状況では，逓減摂動法をマニュアル化された計算方法として提示することも可能であり，これについては後でもふれる。しかし，現実に振動子系がおかれた物理状況はさまざまであり，この縮約法がそれぞれの状況に柔軟に対応できる方法としてその可能性を十分発揮できるためには，機械的な計算法よりもこの縮約法の根底にある考え方を理解しておくことが重要だ

---

[1] Hopf 分岐に関する教科書的な記述については，Strogatz (2001), Guckenheimer and Holmes (1983), Crawford (1991) 等を参照のこと。Hopf 分岐や中心多様体理論をめぐるさまざまな話題を収めた Marsden and McCracken (1976) には，Hopf の原論文と Kopell によるその興味深い批判的解説もある。

[2] 第 6 章では逆に位相縮約によって得られた発展方程式に逓減摂動法が適用される場合も扱う。

と思われる。本章ではこうした立場から，基本的な考え方の説明に多くのスペースを割いている。

本書における縮約理論とは独立に，くりこみ群理論に基づく縮約理論が近年展開されている (Chen, Goldenfeld, and Oono, 1994, 1996; Ei, Fujii, and Kunihiro, 2000; Nozaki and Oono, 2001; 西浦, 2009)。くりこみ群理論は，素粒子物理学における場の理論や統計物理学における相転移現象の理論において画期的な成果をもたらした理論として広く知られている。くりこみ群理論を支える思想が，マクロな現象を記述する非線形発展方程式の縮約という問題までカバーできるほど大きな射程をもっていることは驚きである。しかし，本書で論じる縮約理論との相互関係や利害得失に関しては，なお解明されるべき点が多いように思われる。

縮約理論の最大の有用性は最低次近似で得られた縮約方程式にあり，本章の主目的もその導出にある。理論をこのように最低次近似に限定する代わりに，さまざまな物理的効果を取り入れた縮約方程式が導出できるという大きな利点が得られる。縮約方程式のこのようなバリエーションは本章の後半で扱う。なお，逓減摂動法で得られた縮約方程式は**振幅方程式** (amplitude equation) あるいは**小振幅方程式** (small-amplitude equation) などとよばれている。

線形力学系

1 振動子を考え，それが力学系

$$\frac{d\boldsymbol{X}}{dt} = \boldsymbol{F}(\boldsymbol{X}, \mu) \tag{2.1}$$

で記述されるとする。前章に例としてあげた FitzHugh-Nagumo モデル (1.5a,b) に対しては，$\boldsymbol{X} = (X, Y)$, $F_X = c(X - X^3 - Y)$, $F_Y = X - bY + a$ である。そこで紹介した他のいくつかのモデルも FitzHugh-Nagumo モデルと同様に 2 次元力学系で与えられた。1 次元化した振動子モデルもそこでは紹介したが，閉軌道を埋め込むためには 2 次元以上の相空間が必要であるから，一般の振動子モデルでは $\boldsymbol{X}$ の次元 n は 2 以上である。μ は系に含まれるパラメタの一つを代表している。FitzHugh-Nagumo モデルでは，a, b, c のいずれか，あるいはそれらの適当な組み合わせを μ と考えればよい。

式 (2.1) の定常解[3]を $\boldsymbol{X}_{\mathrm{st}}(\mu)$ としよう。すなわち，$\boldsymbol{F}(\boldsymbol{X}_{\mathrm{st}}) = \boldsymbol{0}$ である。以下では，μ の変化によって $\boldsymbol{X}_{\mathrm{st}}$ が不安定化する状況を考えるが，表式を簡単化するために，$\boldsymbol{X}_{\mathrm{st}} = \boldsymbol{0}$ のように定常点を常に相空間の原点にとることにする。また，μ が負から正に変わるとき定常解が不安定化するものとする。一般に，系の不安定化にともなって新しい解がもとの解から枝分かれして現れることから，μ を**分岐パラメタ** (bifurcation parameter) とよぶ。

まず定常解 $\boldsymbol{0}$ の線形安定性，すなわちそこからの十分小さいずれに対する安定性について述べる。ずれは $\boldsymbol{X}$ そのものであるから，これに関して (2.1) を線形化した式は

$$\frac{d\boldsymbol{X}}{dt} = \widehat{L}\boldsymbol{X} \tag{2.2}$$

となる。$\widehat{L}$ は $\boldsymbol{X} = \boldsymbol{0}$ における $\boldsymbol{F}(\boldsymbol{X})$ の Jacobi 行列であり，$n \times n$ 実行列である。その ij 成分は $L_{ij} = (\partial F_i/\partial X_j)_{\boldsymbol{X}=\boldsymbol{0}}$ で与えられる。定常解の安定性は $\widehat{L}$ の固有値 λ で決まり，λ は n 次の代数方程式 $\det(\lambda\widehat{I} - \widehat{L}) = 0$ ($\widehat{I}$ は単位行列) の n 個の根で与えられる。これは実係数の代数方程式の根であるから，複素根が存在すればその複素共役な根も必ず存在する。

l 番目の固有値 λ_l に対応する固有ベクトルを $\boldsymbol{u}_l$ で表そう。すなわち，$\widehat{L}\boldsymbol{u}_l = \lambda_l\boldsymbol{u}_l$ である。n 個の固有ベクトルを基底ベクトルとして，$\boldsymbol{X}(t) = \sum_l a_l(t)\boldsymbol{u}_l$ のように $\boldsymbol{X}(t)$ を分解すれば，線形近似 (2.2) の下で各固有成分の振幅は $a_l(t) = a_l(0)\exp(\lambda_l t)$ のように固有成分ごとに独立に時間変化する。ただし，固有値に縮退はないとしている。すべての固有値が負の実部をもつなら，$t \to \infty$ で $\boldsymbol{X} \to \boldsymbol{0}$ となって定常状態は安定である。正の実部をもつ固有値が一つでも存在すれば，定常状態からのずれが指数関数的に増大するので定常解は不安定である。

固有値の分布は複素 λ 面における n 個の点の分布で表される。実固有値は実軸上に分布しており，複素固有値の分布は実軸に関して上下対称である。μ の変化とともに固有値の分布は一般に変化する。$\mu < 0$ では上記の安定性条件

---

[3] 「定常」という用語は，「定常な振動，回転」などのように動的な振舞を表すこともあるが，本書では時間的に一定の解を定常解とよび，場合により平衡解とよぶ。ただし，本書で現れる定常解は物理的にはすべて非平衡定常状態を表すので，「平衡解」は単なる数式上の議論の中でのみ用いられる。

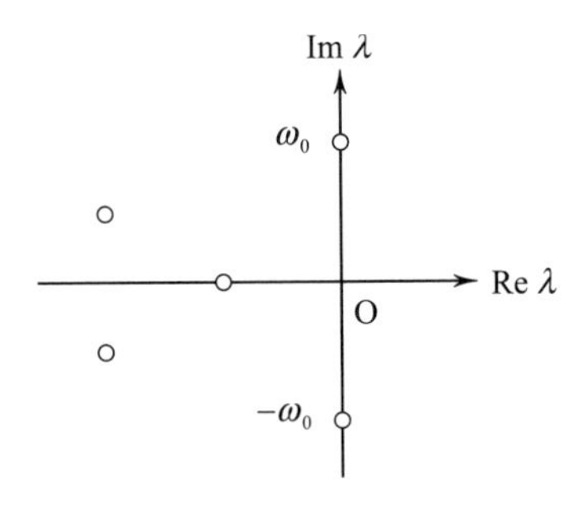

図 2.1　Hopf 分岐点における固有値の分布。

がみたされ，$\mu > 0$ ではそれが破れていると仮定した。したがって，前者では固有値はすべて複素平面の左半面に分布しており，後者では少なくとも 1 つの固有値が右半面に現れる。

μ の増大とともに固有値がはじめて右半面に現れるとき，その現れ方には一般に 2 通りの可能性がある。第一は，実軸上の固有値の一つが原点を右方に通過する場合である。第二は，一対の複素固有値が同時に虚軸を右方に横切る場合である。振動の発生は後者に対応している。その臨界点 (Hopf 分岐点) における固有値分布を図 2.1 に概念的に示した。以下ではこのタイプの不安定性を考える。

不安定化が起こると，$\boldsymbol{X}$ は振動しつつその振幅を指数関数的に増大させる。その結果，上の議論では無視した $\boldsymbol{X}$ の非線形効果が無視できなくなる。最初に効きはじめる非線形効果が，$\boldsymbol{X}$ の不安定成長を抑制する場合とそれを加速する場合とがある。結論からいえば，非線形性が抑制的に働くなら $\sqrt{\mu}$ に比例した小さな振幅をもつリミットサイクル振動が現れる。逆の場合には，いきなり有限の振幅をもつリミットサイクル振動が現れることが多いが，定常点近傍の局所的解析からは最終状態について確定的なことは何もいえない。与えられた $\boldsymbol{F}(\boldsymbol{X})$ がいずれの場合に該当するかは縮約方程式が導出できればわかる。以下では，μ と $\boldsymbol{X}$ がともに微小であるという条件の下で発展方程式 (2.1) の縮約形を導出する。縮約された結果だけをみればきわめて単純であるが，それに至る論理は以下に述べるように必ずしも単純ではなく，そこには広い応用性をもつ重要な考え方がいくつも含まれている。

その議論に入るにあたって，上述の線形化方程式の枠内で次のことを補足しておこう。Hopf 分岐点において $\widehat{L} = \widehat{L}_0$ とすると，分岐点での線形化方程式は

$$\frac{d\boldsymbol{X}}{dt} = \widehat{L}_0 \boldsymbol{X} \tag{2.3}$$

である。$\widehat{L}_0$ は虚軸上に一対の固有値 $\pm i\omega_0$ をもっている。これらに対応する固有ベクトルは特別な固有ベクトルなので，それぞれ大文字 $\boldsymbol{U}$ とその複素共役 $\overline{\boldsymbol{U}}$ で表そう。$\boldsymbol{U}$ と $\overline{\boldsymbol{U}}$ を以下では**臨界固有ベクトル**とよぶ。

臨界固有ベクトル成分以外のすべての固有ベクトルの成分は時間とともに振幅が 0 に減衰する。したがって $t \to \infty$ で (2.3) の解 $\boldsymbol{X}_0(t)$ は，

$$\boldsymbol{X}_0(t) = z\boldsymbol{U} + \overline{z}\,\overline{\boldsymbol{U}}, \tag{2.4a}$$

$$\frac{dz}{dt} = i\omega_0 z \tag{2.4b}$$

となる。ここに，z と $\overline{z}$ は互いに複素共役な振幅であり，(2.4b) はそれらが調和振動子として振舞うことを示している。その振幅は初期条件で決まる。$\boldsymbol{U}$ と $\overline{\boldsymbol{U}}$ で張られる相平面を**臨界固有平面**とよび，これを $\mathrm{E_c}$ で表す。力学系の次元が 2 の場合には $\mathrm{E_c}$ は相空間そのものである。

(2.4a,b) は**中立解** (neutral solution) とよばれる。それは安定でも不安定でもないという意味で中立な線形系 (2.3) の $t \to \infty$ における解を表しており，減衰も増大もしない不定の振幅 z を含んでいる。ごく大雑把にいえば，この任意定数が摂動効果によってゆっくり変化する変数に “化ける” のであり，その時間発展を支配する式が縮約方程式にほかならない。

縮約理論の出発点となる非摂動系の時間漸近解 ($t \to \infty$ のおける解) は常にこのような任意定数を含んでいる。位相縮約においてもそうであることは後の章で述べる。任意定数を含むような意味のある非摂動状態を見出せることが，縮約理論が成立するための必要条件であるといえる。任意定数が含まれるということは，非摂動状態が中立安定であることを意味する。自然界において，中立安定性をもつ普遍的な力学的自由度として「分岐点における臨界固有モード」と「位相」がある。それぞれ対応した縮約理論が逓減摂動法と位相記述法

である [4]。

自由度の縮減と標準形への変換

分岐点からわずかに離れた状況を考えよう。μ と $\boldsymbol{X}$ はともに微小量と仮定されているので，(2.1) の右辺をこれらに関して

$$\frac{d\boldsymbol{X}}{dt} = \widehat{L}_0\boldsymbol{X} + \mu\widehat{L}_1\boldsymbol{X} + \boldsymbol{M}(\boldsymbol{X},\boldsymbol{X}) + \boldsymbol{N}(\boldsymbol{X},\boldsymbol{X},\boldsymbol{X}) + \cdots \tag{2.5}$$

のようにべき展開する。$\boldsymbol{F}$ をこのように展開できることは以下では常に仮定している。$\mu\widehat{L}_1\boldsymbol{X}$ は分岐点からの微小なずれの効果に関して最も主要な項である。$\boldsymbol{M}(\boldsymbol{X},\boldsymbol{X})$, $\boldsymbol{N}(\boldsymbol{X},\boldsymbol{X},\boldsymbol{X})$ は $\boldsymbol{F}(\boldsymbol{X},0)$ を $\boldsymbol{X}$ で展開したときの 2 次および 3 次の非線形項をそれぞれ表す。後の議論では，これらの非線形項を一般化した量として，異なる引数をもつ量 $\boldsymbol{M}(\boldsymbol{u},\boldsymbol{v})$ および $\boldsymbol{N}(\boldsymbol{u},\boldsymbol{v},\boldsymbol{w})$ が現れる。それらの定義は

$$M_i(\boldsymbol{u},\boldsymbol{v}) = \sum_{j,k}\frac{1}{2!}\left(\frac{\partial^2 F_i}{\partial X_j \partial X_k}\right)_{\boldsymbol{X}=\boldsymbol{0}} u_j v_k, \tag{2.6a}$$

$$N_i(\boldsymbol{u},\boldsymbol{v},\boldsymbol{w}) = \sum_{j,k,l}\frac{1}{3!}\left(\frac{\partial^3 F_i}{\partial X_j \partial X_k \partial X_l}\right)_{\boldsymbol{X}=\boldsymbol{0}} u_j v_k w_l \tag{2.6b}$$

である。明らかに，これらのベクトルは $\boldsymbol{M}(a\boldsymbol{u}_1 + b\boldsymbol{u}_2,\boldsymbol{v}) = a\boldsymbol{M}(\boldsymbol{u}_1,\boldsymbol{v}) + b\boldsymbol{M}(\boldsymbol{u}_2,\boldsymbol{v})$ のように各引数に関して線形であり，また $\boldsymbol{N}(\boldsymbol{u},\boldsymbol{v},\boldsymbol{w}) = \boldsymbol{N}(\boldsymbol{v},\boldsymbol{w},\boldsymbol{u}) = \boldsymbol{N}(\boldsymbol{v},\boldsymbol{u},\boldsymbol{w})$ のように引数の任意の入れ替えに対して不変である。

逓減摂動法では (2.3) を非摂動系として扱い，(2.5) の右辺に現れる $\mu\widehat{L}_1\boldsymbol{X}$ 以下のすべての項をまとめて摂動 $\boldsymbol{P}(t)$ とみなす。$t \to \infty$ における非摂動系

---

[4] 原子分子間の弾性衝突において，質量，運動量の 3 成分，および運動エネルギーの各総量は保存される。このような物理的保存量も中立安定な自由度の一種とみなすことができる。この事実を成立根拠とする縮約理論として，気体運動に関する Boltzmann 方程式を流体力学方程式に縮約する Enskog-Chapman の理論がある。その場合，中立解は空間的に一様な Boltzmann 方程式の時間漸近解であり，それは一般に有限の平均速度をもつ Maxwell の速度分布関数で与えられる。そこには上記 5 つの保存量に対応して平均粒子数密度，平均速度の 3 成分，温度という計 5 つの任意定数が含まれている。伝播項 (streaming term) が摂動となってこれらの任意定数がゆっくり変化する場の変数に化ける。その時間発展を支配するのが流体力学方程式にほかならない。Enskog-Chapman 理論の構造は逓減摂動法や位相縮約の系統的理論と驚くほど似通っている (蔵本, 1987)。

の振舞は，(2.4a) で表される臨界固有平面上の調和振動 (2.4b) で与えられた。摂動を受けた系において (2.4b) は修正を受け，z は弱い非線形性を含む非線形発展方程式に従うと期待される。それを標準的な形に書き直したものが 1 振動子系に対する縮約方程式である。

縮約方程式の導出は 2 つの重要なステップを含んでいる。標語的にいえば，それらは「自由度の縮減」と「適切な変数の選択」である。数学的には，それぞれ中心多様体理論と標準形理論として知られている理論に対応している。以下では，物理的な言葉を用いてそれぞれのステップの意味を明らかにしよう。

まず，自由度の縮減が問題になるのは $n \geq 3$ の場合だけである。なぜなら，振動にとって自由度 2 は最低限必要だからである。3 次元以上の力学系では，分岐点における線形力学系 (2.3) が摂動 $\boldsymbol{P}(t)$ を受けることで，代表点は一般に臨界固有平面 $\mathrm{E_c}$ から離れる。そのような代表点の運動を z の運動として記述しようとすれば，$\mathrm{E_c}$ 上だけでなくその外部で座標 z が定義されていなければならない。すなわち，複素場 $z(\boldsymbol{X})$ が相空間で大域的に，あるいは少なくとも $\mathrm{E_c}$ の近傍で定義されていなければならない。$\mathrm{E_c}$ 上の $\boldsymbol{X}$ に対しては，z は臨界固有ベクトルでそれを表示したときのその振幅で定義されているのであるが，代表点が $\mathrm{E_c}$ の外部にある場合，そこにあらかじめ決まった z 値が用意されているわけではない。z が定義されているのはさしあたり $\mathrm{E_c}$ 上においてのみである。

非摂動系 (2.3) も過渡的には代表点は $\mathrm{E_c}$ の外部にあるが，この代表点に関係させるべき z 値については「定義」という必要もないほど自然な選択法がある。すなわち，$\boldsymbol{X} = z\boldsymbol{U} + \bar{z}\overline{\boldsymbol{U}} + \boldsymbol{\rho}$ のように，$\widehat{L}_0$ の臨界固有ベクトル成分とそれ以外の固有ベクトル成分からなる部分 $\boldsymbol{\rho}$ に分解したとき，$\boldsymbol{X}$ の $\boldsymbol{U}$ 成分の振幅 z を $\boldsymbol{X}$ に関係させればよい。

逓減摂動法では，非摂動系に関連して相空間に導入されたこの複素場 $z(\boldsymbol{X})$ をそのまま摂動 $\boldsymbol{P}(t)$ を受けた系に対しても用いる。すなわち，一般に摂動を受けた系において，図 2.2 のように状態ベクトル $\boldsymbol{X}$ を $\mathrm{E_c}$ 上の基準状態 $z\boldsymbol{U} + \bar{z}\overline{\boldsymbol{U}}$ とそれからのずれベクトル $\boldsymbol{\rho}$ の和で表したとする。このとき，$\boldsymbol{\rho}$ が臨界固有ベクトル成分を含まないように基準点 P を選ぶ。これにより，代表点 Q は P と同一の z をもつことになる。

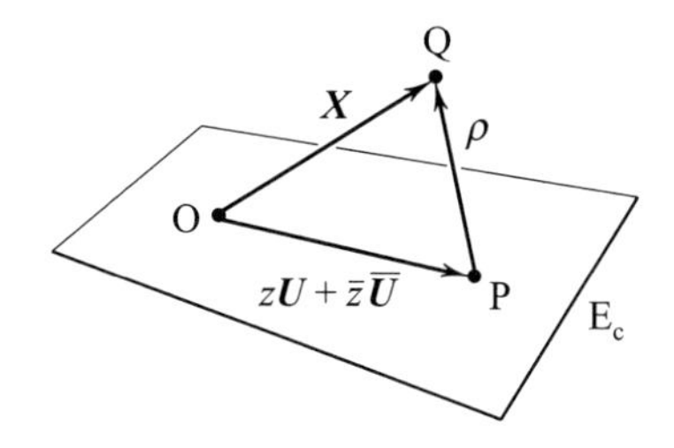

図 2.2 ずれベクトル $\boldsymbol{\rho}$ が臨界固有ベクトル成分を含まなければ，相空間の点 Q は臨界固有平面 $\mathrm{E_c}$ 上の基準点 P と同一の z 値をもつとみなされる。このようにして，相空間の任意の点に一義的に z の値を関係させることができる。

以上によって，$\boldsymbol{X}$ の運動は一義的に z の運動に投影される。しかし，これはまだ $\boldsymbol{X}$ の自由度 n を z の自由度 2 に縮減したことにはなっていない。なぜなら，$\boldsymbol{X}$ の時間変化は $\boldsymbol{X}(z(t),t)$ のように，z を通じての変化のみならずあらわな時間依存性も一般にもつからである。$z(\boldsymbol{X})=$ 一定 をみたす $n-2$ 次元面を I_z とすると，I_z 上の代表点の運動がこのあらわな時間依存性に対応している。

そこで重大な仮定が導入される。すなわち，系の長時間振舞に関するかぎり $\boldsymbol{X}$ はあらわな時間依存性を含まず，z を通じてのみ時間変化するという仮定である。このような仮定を物理学では**汎関数仮説** (functional ansatz) とよんでいる。数学的にはこれは中心多様体定理 (center-manifold theorem) に対応している。I_z に沿う運動がなく，常に $\boldsymbol{X}(t)=\boldsymbol{X}(z(t))$ と表されるなら，代表点は $\mathrm{E_c}$ をわずかに変形させた 2 次元曲面上に常に存在することになる。このような曲面 M の (局所的な) 存在証明が中心多様体定理とよばれるものである。

汎関数仮説の下に, 摂動を受けた z の M 上における運動は $\dot{z}=i\omega_0 z+f(z,\bar{z})$ のように調和振動が修正された**弱非線形振動**として表されるであろう。もとの力学系が 2 次元の場合には $\boldsymbol{\rho}=\boldsymbol{0}$ なので，常に $\boldsymbol{X}=z\boldsymbol{U}+\bar{z}\overline{\boldsymbol{U}}$ と状態表示することができるが，この表示の下に摂動を受けた z の運動はやはりこのような弱非線形振動の方程式で表されるはずである。

そこで第二の問題がでてくる。z に対するこの弱非線形発展方程式は，はたして “最良の” 形をもっているかという問題である。仮にこの問題を問わないとしたら，2 次元力学系の縮約はないに等しい。

発展方程式の形が変数の選択に依存することはいうまでもない。いまの場合，z が最良の選択だとはいえない。適当な変数変換 $z \to w$ によって，z に対する弱非線形発展方程式をより単純で普遍的な形に書き換えることができるはずである。その詳細については次節以降で論じることにする。

逓減摂動法においては，上記の 2 つの基本的問題が順を追って段階的に解かれるわけではない。両問題は並行して解かれ，事実そうするのが最も効率が良く自然でもある。しかし，そのためにこの理論によってなされていることの意味がわかりにくくなっているのも事実である。そこで，次節ではまず自由度の縮減をともなわない縮約問題として，弱い非線形性をもつ 2 自由度振動子系を標準形に書き換えるという問題を扱ってみよう。そのうえで，自由度の縮減をともなう縮約理論を述べれば混乱ははるかに少なくなるであろう。

2.2　弱非線形振動の摂動理論

弱非線形振動子のモデル

調和振動子に弱い非線形性が導入された系はしばしば次式で記述される：

$$\frac{d^2X}{dt^2} + \omega_0^2 X = \mu g\left(X, \frac{dX}{dt}\right). \tag{2.7}$$

右辺は調和振動子にかかる摂動とみなされ，非線形性だけでなく弱い線形成長項または減衰項も含むとする。μ は小さい摂動パラメタであるが，いまの場合はそれが右辺全体にかかっているので，(2.5) の μ とは違い分岐パラメタではない。上式を 2 自由度力学系の形に書き直せば，

$$\frac{dX}{dt} = -\omega_0 Y, \tag{2.8a}$$

$$\frac{dY}{dt} = \omega_0 X - \mu\omega_0^{-1} g(X, Y) \tag{2.8b}$$

となる。van der Pol 方程式 (1.6) はこの系の一例になっている。実際，(2.8b) で $g = -\omega_0(1 - X^2)Y$ とおいた系は，(1.6) において $t \to \omega_0 t$, $\sqrt{c} = \omega_0^{-1}\mu$ とした系と同一である。

複素変数 $z \equiv X + iY$ を用いると，上の 2 自由度系は

$$\frac{dz}{dt} = i\omega_0 z + \mu f(z, \overline{z}) \tag{2.9}$$

となる。ここに，$f = -i\omega_0^{-1}g$ は z と $\overline{z}$ の多項式で表されるとする。van der Pol 方程式に対しては

$$f(z, \overline{z}) = \frac{1}{2}(z - \overline{z}) - \frac{1}{8}\left(z^2 + \overline{z}^2 + 2|z|^2\right)(z - \overline{z}) \tag{2.10}$$

である。以下では，複素表示された (2.9) に基づいてこの式がいかに縮約されるかを考える。

上に注意したように，(2.9) では調和振動に働く摂動項の全体に微小パラメタ μ がかかっている。一方，分岐点近傍では，対応する方程式 (2.5) において摂動項のうち非線形項には微小な分岐パラメタはかかっていない。分岐の問題では，弱い線形成長と非線形効果のつりあいから振幅が微小量になると仮定することに十分な根拠があり，それゆえ $\boldsymbol{X}$ 自体が暗黙の微小量 (分岐パラメタ μ の微小性によって誘発されるような微小量) となっている。そのため，因子 μ がかかっていない非線形項をも摂動として扱うことができるのである。μ が非線形項にもかかる本節の問題では，振幅を微小量とする理由は何もない。微小振幅のような暗黙の微小パラメタが理論に含まれないために，以下の理論は次節の縮約問題よりもかなり単純になっている。

近恒等変換

$$z = Be^{i\theta}, \qquad \omega_0 t = \theta \tag{2.11}$$

とおこう。複素振幅 B の時間変化は摂動のみによって引き起こされるのでその変化は遅く，実際，

$$\frac{dB}{dt} = \mu f\left(Be^{i\theta}, \overline{B}e^{-i\theta}\right)e^{-i\theta} \tag{2.12}$$

のように，右辺全体に微小パラメタ μ がかかっている。しかし，ゆっくり変化する量 B に対するこの発展方程式のなかに速く振動する量 $\exp(\pm i\theta)$ が入っている。(2.12) の右辺を調和展開すれば，さまざまな調和項 $\exp(i\nu\theta)$ が現れるであろう。以下で行うことは，z を新しい複素変数

$$w = Ae^{i\theta} \tag{2.13}$$

に変換することで，$\nu = 0$ 以外のすべての調和項を発展方程式から消し去ることである。この変換を $z = w + \mu S(w, \overline{w})$，または

$$z = Ae^{i\theta} + \mu S\left(Ae^{i\theta}, \overline{A}e^{-i\theta}\right) \tag{2.14}$$

としよう。これによって (2.9) が

$$\frac{dA}{dt} = \mu G\left(A, \overline{A}\right) \tag{2.15}$$

のように速い変化を含まない形に書けることを要求するのである。未知関数 S と G はなお μ を含んでいて，

$$S\left(A, \overline{A}, \theta\right) = S_1\left(A, \overline{A}, \theta\right) + \mu S_2\left(A, \overline{A}, \theta\right) + \mu^2 S_3\left(A, \overline{A}, \theta\right) + \cdots, \tag{2.16a}$$

$$G\left(A, \overline{A}\right) = G_1\left(A, \overline{A}\right) + \mu G_2\left(A, \overline{A}\right) + \mu^2 G_3\left(A, \overline{A}\right) + \cdots \tag{2.16b}$$

のように μ でべき展開できるものとする。

(2.15) が我々の見出したい縮約方程式である。その形について次のことに注意する。A と $\overline{A}$ はどのような量のなかに現れるにせよ，常に $A\exp(i\theta)$ またはその複素共役を通じて現れる。したがって，G が θ を含まないということは，それが A と $\overline{A}$ の多項式で表されるかぎり $G(A, \overline{A}) = H(|A|^2)A$ という形をもつことを意味する。G のこの性質によって，発展方程式 (2.15) は複素面における任意の回転 $A \to A\exp(i\psi)$ に関して不変であり，この振動子は複素 A 面で完全に等方的な性質をもつ。リミットサイクルが存在するなら，それは等速円運動でなければならない。

(2.14) で与えられる z から w への変換または B から A への変換は，恒等変換に近い変換であり，以下ではこれを**近恒等変換** (near-identity transformation) とよぶ。この変換によって，新しい複素座標はもとの複素座標をわずかに歪めたものになり，その代わりにダイナミクスは完全な対称性をもつようになるのである。なお，近恒等変換が位相縮約理論にも現れることは第 4 章でみる。

未知量 $S(A, \overline{A}, \theta)$ と $G(A, \overline{A})$ を求めるために，(2.14) を (2.9) に代入する。(2.9) 左辺の時間微分は θ, A, $\overline{A}$ を通じての時間微分であるから，次のような置き換えを行えばよい：

$$\frac{d}{dt} \to \omega_0 \frac{\partial}{\partial\theta} + \mu\left(G\frac{\partial}{\partial A} + \overline{G}\frac{\partial}{\partial\overline{A}}\right). \tag{2.17}$$

これにより (2.9) は

$$\left[\omega_0\frac{\partial}{\partial\theta}+\mu\left(G\frac{\partial}{\partial A}+\overline{G}\frac{\partial}{\partial\overline{A}}\right)-i\omega_0\right]\left(Ae^{i\theta}+\mu S\right)$$
$$=\mu f\left(Ae^{i\theta}+\mu S,\,\overline{A}e^{-i\theta}+\mu\overline{S}\right) \tag{2.18}$$

となる。これを整理すると

$$\omega_0\left(\frac{\partial}{\partial\theta}-i\right)S=-Ge^{i\theta}+b \tag{2.19}$$

となって，形式的には 2π 周期関数 $S(\theta)$ に対する非斉次線形微分方程式の形が得られる。(2.19) の右辺全体を非斉次項とみなすのである。ここに，b は

$$b=-\mu\left(G\frac{\partial S}{\partial A}+\overline{G}\frac{\partial S}{\partial\overline{A}}\right)+f\left(Ae^{i\theta}+\mu S,\,\overline{A}e^{-i\theta}+\mu\overline{S}\right) \tag{2.20}$$

で与えられる。

b は S 自身を含んでいるので，(2.19) の右辺はもちろん真の非斉次項ではない。しかし，$\mu=0$ とおいた最低次近似では b は S を含まず，既知量だけで書かれている。以下ではこの事実を用いて，(2.19) を逐次近似的に解いていく。それを手際よく行うために，b も S や G と同様に

$$b=b_1+\mu b_2+\mu^2b_3+\cdots \tag{2.21}$$

のように μ でべき展開しておこう。これにより，(2.19) を μ の次数ごとの等式 (バランス方程式)

$$\omega_0\left(\frac{\partial}{\partial\theta}-i\right)S_\nu=-G_\nu e^{i\theta}+b_\nu \tag{2.22}$$

に分けて書くことができる。(2.22) と (2.20) が逐次的に解を得るための基本式である。

可解条件と縮約方程式

まず，b_ν を既知と仮定したうえで，線形微分方程式 (2.22) から 2 つの未知量 S_ν と G_ν が同時に求められることを示そう。同式左辺には微分演算子 $\partial/\partial\theta-i$ が現れているが，2π 周期性をみたすその固有関数が $\exp(im\theta)$ $(m=\pm1,\pm2,\ldots)$ で与えられることに注意する。特に $m=1$ に対しては

$(\partial/\partial\theta - i)\exp(i\theta) = 0$ が成り立つから，$\exp(i\theta)$ は固有値 0 の固有関数 (以下では**零固有関数**とよぶ) になっている。

(2.22) の左辺に零固有関数成分は決して現れないから，右辺にも現れてはならない。ところが，右辺の第一項はまさに $-G_\nu$ を係数とする零固有関数成分にほかならない。したがって，この項は b_ν に含まれる同成分と打ち消しあわなければならない。そのための条件は

$$G_\nu = \frac{1}{2\pi}\int_0^{2\pi} d\theta\, b_\nu(\theta)e^{-i\theta} \tag{2.23}$$

である。これによって未知量の一つである G_ν が求められた。(2.23) を**可解条件** (solvability condition) とよぶ。線形微分方程式 (2.22) が S_ν に関して解きうるための条件という意味である。この条件の下に，(2.22) の両辺に $(\partial/\partial\theta - i)^{-1}$ を作用させることができて，

$$S_\nu = \omega_0^{-1}\left(\frac{\partial}{\partial\theta} - i\right)^{-1}\left(-G_\nu e^{i\theta} + b_\nu\right) \tag{2.24}$$

となってもう一つの未知量 S_ν が得られる。実際には，(2.22) の両辺を調和展開することで S_ν を求めればよい。ただし，S_ν に基本波成分 $\exp(i\theta)$ が含まれるなら，その振幅は決まらない。しかし，この振幅は最初から 0 としてよい。このように，近恒等変換 (2.14) は 1 つの付加条件を課さなければ一意に決まらない。実際，(2.14) において基本波成分はすでに第一項の $A\exp(i\theta)$ に含まれている。基本波成分をもし S_ν にも含めるなら，それを振幅 A に繰り込んだものをあらためて A と記したと考えておけばよい。

上の議論では b_ν を既知とした。最低次の $\nu = 1$ に対しては

$$b_1 = f\left(Ae^{i\theta}, \overline{A}e^{-i\theta}\right) \tag{2.25}$$

であるから，これはたしかに既知量である。これより S_1 と G_1 が見出された。

次に $\nu = 2$ に対して (2.22) を解く。(2.20) から容易にわかるように，b_2 は S_1 と G_1 を含むが S_ν と G_ν $(\nu \geq 2)$ は含まない。したがって b_2 も既知量となる。これより (2.22) は $\nu = 2$ に対しても $\nu = 1$ の場合と同様に可解条件を要求することで解かれ，S_2 と G_2 が求められる。以下ロジックは同様であり，任意の ν に対して S_ν と G_ν を求めることができる。要は，b_ν が $S_{\nu'}$ と

$G_{\nu'}$ $(\nu' < \nu)$ のみを含むことから，逐次代入的に問題を解くことができるのである。

最低次近似での振幅方程式は

$$\frac{dA}{dt} = \mu G_1\left(A, \overline{A}\right) = \frac{\mu}{2\pi}\int_0^{2\pi} d\theta\, b_1 e^{-i\theta}$$
$$= \frac{\mu}{2\pi}\int_0^{2\pi} d\theta\, f\left(Ae^{i\theta}, \overline{A}e^{-i\theta}\right) e^{-i\theta} \tag{2.26}$$

で与えられる。ちなみに，van der Pol 方程式に対しては (2.10) を用いて

$$\frac{dA}{dt} = \mu\left(\frac{A}{2} - \frac{|A|^2 A}{8}\right) \tag{2.27}$$

となる。あるいは，最低次近似で成立つ式 $z = A\exp(i\omega_0 t)$ を使えば

$$\frac{dz}{dt} = \left(i\omega_0 + \frac{\mu}{2}\right) z - \frac{\mu}{8}|z|^2 z \tag{2.28}$$

となる。

なお，本節の議論は，弱非線形振動の漸近的方法 (Bogoliubov and Mitropolsky, 1961) として知られている理論に基づいているが，次節に論じる Hopf 分岐点近傍における縮約理論へ自然につながる形で述べられている。

変数変換の利害得失

本節の締めくくりとして，変数変換によって発展方程式の形を単純化することの利害得失について一言述べておこう。一般に，非線形発展方程式の縮約においては，力学変数がもつ物理的意味のわかりやすさよりも発展方程式の形の単純さが優先される。上の例でいえば，もし (2.8a,b) がある物理系のモデルだとすると，変数 X と Y あるいは z は明確な物理的意味をもっているであろう。しかし，近恒等変換によって導入された新しい曲線座標は，基本的にはもとの変数の物理的意味を保持しているものの，異種の物理量がわずかながら混入することでそれだけ意味があいまいになっている。これは発展法則の簡潔さのために支払われる代償と考えるべきである。

変数の物理的意味よりも発展法則の簡潔さを優先する理由は何だろうか。これは非線形現象の科学の基本思想にかかわる問題なので，軽々しくは答えられ

ない。しいていえば，非線形現象は概して複雑であり，複雑現象の理解のためには「定性的理解」が何よりもまず重んじられるべきだから，と答えられるであろう。この場合，定性的理解を重んじるとは，「現象の見方をさまざまに変えても不変にとどまるような性質が基本的に重要である」とする現象理解の姿勢を意味する。たとえば，リミットサイクル振動という現象は，力学変数をさまざまに取り換えても同じ周期と安定性をもつリミットサイクル振動に変わりはないであろう。2 個のリミットサイクル振動子が同期しているか否かは力学変数の選び方にはまずよらない。BZ 反応系における回転らせん波パターンは，異種の化学物質の濃度変数を混合した新しい濃度変数で表現しても，同じように回転らせん波パターンに見えるに違いない。

いろいろ見方を変えても不変な数理構造をもつ現象は，見かけ上まったく異なった物理的対象に共通してみられる現象である場合が多い。たとえば，リミットサイクル振動や同期現象は生物にも無生物にもみられ，回転らせん波パターンもまたしかりである。複雑な現象の世界に潜む普遍的な現象，法則，概念を発見することが非線形現象の科学に求められているとするなら，発展法則の簡潔さを徹頭徹尾優先するという指導原理はきわめて理にかなったものといえる。

2.3　Hopf 分岐点近傍における縮約

縮 約 形

(2.5) の縮約という本題に戻ろう。μ と $\boldsymbol{X}$ はともに微小量とする。議論が不必要に複雑にならないよう，以下では (2.5) の右辺にあらわに書かれている項以外は無視する。すなわち，Hopf 分岐点からのずれに関して最も重要な項 $\mu L_1 \boldsymbol{X}$ と，最も重要な非線形項 $\boldsymbol{M}$ および $\boldsymbol{N}$ のみを考慮する。$\boldsymbol{N}$ は $\boldsymbol{M}$ より高次の微小量なので縮約方程式への寄与に関してもそうであるかにみえるが，両者は同程度に重要である。なぜなら，最低次近似で評価された $\boldsymbol{M}$ は縮約方程式への寄与が 0 であり，一段上の近似で評価された $\boldsymbol{M}$ が最低次近似で評価された $\boldsymbol{N}$ と同程度に縮約方程式に効いてくるからである。4 次以上の非線形

項や μ の 2 次以上の項，および非線形項の μ 依存性などは，最低次の縮約方程式には寄与しないので無視する。

以下の摂動論では，状態量の展開の基底となるベクトルとして $\widehat{L}_0$ の固有ベクトル $\boldsymbol{u}_l$ を用いる。$\boldsymbol{u}_l$ についてはすでにある程度述べたが，新しい事項も含めてここであらためて整理しておこう。$\boldsymbol{u}_l$ の固有値を λ_l とする。特に，固有値 $\pm i\omega_0$ をもつ臨界固有ベクトル対を 2.1 節と同様に大文字 $\boldsymbol{U}$ および $\overline{\boldsymbol{U}}$ と記す。すなわち

$$\widehat{L}_0\boldsymbol{u}_l = \lambda_l\boldsymbol{u}_l, \tag{2.29a}$$

$$\widehat{L}_0\boldsymbol{U} = i\omega_0\boldsymbol{U}, \quad \widehat{L}_0\overline{\boldsymbol{U}} = -i\omega_0\overline{\boldsymbol{U}}. \tag{2.29b}$$

これらはいわゆる右固有ベクトルである。行列 $\widehat{L}_0$ は一般に自己随伴ではないので，その随伴行列の固有ベクトル，あるいは同じことだが $\widehat{L}_0$ の左固有ベクトルも導入しておく必要がある。これを $\boldsymbol{u}_l^*$ と記し，**臨界左固有ベクトル**のみ特別に $\boldsymbol{U}^*$ および $\overline{\boldsymbol{U}}^*$ と記そう。すなわち

$$\boldsymbol{u}_l^*\widehat{L}_0 = \lambda_l\boldsymbol{u}_l^*, \tag{2.30a}$$

$$\boldsymbol{U}^*\widehat{L}_0 = i\omega_0\boldsymbol{U}^*, \quad \overline{\boldsymbol{U}}^*\widehat{L}_0 = -i\omega_0\overline{\boldsymbol{U}}^*. \tag{2.30b}$$

なお，$\widehat{L}_0$ は実行列なので，その随伴行列は転置行列 $\widehat{L}_0^{\mathrm{t}}$ に等しい。以下の議論では，表式に現れるベクトルが縦ベクトルか横ベクトルかはほぼ自明なので，両者に対して常に同一記号を用い，ベクトルの成分表示においてはすべて横ベクトルで統一する。

固有値に縮退はなく，固有ベクトルは規格化条件および直交条件をみたすものとしている。すなわち

$$(\boldsymbol{u}_l^* \cdot \boldsymbol{u}_{l'}) = \delta_{ll'}, \tag{2.31a}$$

$$(\boldsymbol{U}^* \cdot \boldsymbol{U}) = 1, \quad \left(\overline{\boldsymbol{U}}^* \cdot \boldsymbol{U}\right) = (\boldsymbol{u}_l^* \cdot \boldsymbol{U}) = 0. \tag{2.31b}$$

$\delta_{ll'}$ はクロネッカーのデルタである。

ここで (2.5) を次のように書き表そう：

$$\left(\frac{d}{dt} - \widehat{L}_0\right)\boldsymbol{X} = \boldsymbol{P}, \qquad \boldsymbol{P} = \mu\widehat{L}_1\boldsymbol{X} + \boldsymbol{M}(\boldsymbol{X},\boldsymbol{X}) + \boldsymbol{N}(\boldsymbol{X},\boldsymbol{X},\boldsymbol{X}). \tag{2.32}$$

以下では上式の $\boldsymbol{P}$ を摂動として扱う。2.1 節で予告したように，汎関数仮説を用いて，(2.32) の解の長時間振舞を次の形におく：

$$\boldsymbol{X} = z\boldsymbol{U} + \overline{z}\,\overline{\boldsymbol{U}} + \boldsymbol{\rho}\,(z, \overline{z})\,, \tag{2.33a}$$

$$\frac{dz}{dt} = i\omega_0 z + f\,(z, \overline{z})\,. \tag{2.33b}$$

ここに，$\boldsymbol{\rho}$ は臨界固有ベクトル成分を含まない。すなわち

$$(\boldsymbol{U}^* \cdot \boldsymbol{\rho}) = \left(\overline{\boldsymbol{U}}^* \cdot \boldsymbol{\rho}\right) = 0. \tag{2.34}$$

2 次元力学系では $\boldsymbol{\rho} = \boldsymbol{0}$ であるが，以下ではその場合を含めて一般的に扱う。(2.33a,b) において $\boldsymbol{\rho}$ と f は未知の微小量と仮定されているが，因子 μ を付していない。それは，いまの場合 μ 以外に z という暗黙の微小量があり，その微小性が μ の微小性とどのような関係にあるかがまえもってわからず，したがってすべての量を単純に μ でべき展開できないからである。以下に示すように，$\boldsymbol{\rho}$ や f を単に微小量とみなすだけで何ら不都合は生じない。

(2.33a,b) を (2.32) に代入すれば未知量 $\boldsymbol{\rho}$ と f とを近似的に求めることができるが，これを実行する必要はなく，これらが未知のままでただちに変数変換に移る。新しい複素変数を $w = A\exp(i\theta)$ として，z から w への近恒等変換

$$z = Ae^{i\theta} + S\left(Ae^{i\theta}, \overline{A}e^{-i\theta}\right) \tag{2.35}$$

を行うのである。前節と同様に，S は基本波成分 $\exp(\pm i\theta)$ を含まないとする。この変換によって，(2.33a) は

$$\boldsymbol{X} = Ae^{i\theta}\boldsymbol{U} + \overline{A}e^{-i\theta}\overline{\boldsymbol{U}} + \boldsymbol{\sigma}\left(A, \overline{A}, \theta\right) \tag{2.36}$$

の形となる。ここに，

$$\boldsymbol{\sigma}\left(A, \overline{A}, \theta\right) = S\boldsymbol{U} + \overline{S}\,\overline{\boldsymbol{U}} + \boldsymbol{\rho}\left(Ae^{i\theta} + S,\, \overline{A}e^{-i\theta} + \overline{S}\right) \tag{2.37}$$

である。また，(2.33b) は

$$\frac{dw}{dt} = i\omega_0 w + g\,(w, \overline{w}) \tag{2.38}$$

の形に変換されるが，これを A で書いたとき

$$\frac{dA}{dt} = G\left(A, \overline{A}\right) \tag{2.39}$$

のように θ を含まない発展方程式になることを要求する。(2.36) と (2.39) が (2.32) の縮約形である。縮約理論としては，最初からこの縮約形を仮定して未知量 $\boldsymbol{\sigma}$ と G を求めることに集中すればよかったのである。しかし，そうすると「自由度の縮減」と「適切な変数の選択」という二段階の存在がわかりにくくなるので，形式上は不必要な前段階を上述のようにあえて示したのである。

逐次代入による解法

(2.36) と (2.39) を (2.32) に代入して未知量 $\boldsymbol{\sigma}(A, \overline{A}, \theta)$ と $G(A, \overline{A})$ を求める手続きを以下に示す。これを行うにあたって注意すべきことは，(2.37) からわかるように，$\boldsymbol{\sigma}$ は $\boldsymbol{\rho}$ と違って臨界固有ベクトルの成分を含むということである。しかし，$\boldsymbol{\sigma}$ の臨界固有ベクトル成分を θ の 2π 周期関数として調和展開するとき，基本波成分は含まない。したがって，$\boldsymbol{\sigma}$ に対する条件を

$$\frac{1}{2\pi}\int_0^{2\pi} d\theta\, (\boldsymbol{U}^* \cdot \boldsymbol{\sigma})\, e^{-i\theta} = \frac{1}{2\pi}\int_0^{2\pi} d\theta \left(\overline{\boldsymbol{U}}^* \cdot \boldsymbol{\sigma}\right) e^{i\theta} = 0 \tag{2.40}$$

とすることができる。このように，力学系の次元が 2 でも 3 以上でも理論の形式は変わらなくなる。

前節で行ったように，時間微分を

$$\frac{d}{dt} \to \omega_0 \frac{\partial}{\partial\theta} + G\frac{\partial}{\partial A} + \overline{G}\frac{\partial}{\partial \overline{A}} \tag{2.41}$$

と置き換えれば，(2.32) は次の形に整理される：

$$\mathcal{L}_0 \boldsymbol{\sigma} = G e^{i\theta} \boldsymbol{U} + \overline{G} e^{-i\theta} \overline{\boldsymbol{U}} - \boldsymbol{b}\left(A, \overline{A}, \theta\right). \tag{2.42}$$

ここに，

$$\mathcal{L}_0 = \widehat{L}_0 - \omega_0 \frac{\partial}{\partial\theta}, \tag{2.43a}$$

$$\boldsymbol{b} = \mu \widehat{L}_1 \boldsymbol{X} + \boldsymbol{M}(\boldsymbol{X}, \boldsymbol{X}) + \boldsymbol{N}(\boldsymbol{X}, \boldsymbol{X}, \boldsymbol{X}) - G\frac{\partial \boldsymbol{\sigma}}{\partial A} - \overline{G}\frac{\partial \boldsymbol{\sigma}}{\partial \overline{A}} \tag{2.43b}$$

である。前節の考え方に従って，形式的に (2.42) を 2π 周期のベクトル関数 $\boldsymbol{\sigma}(\theta)$ に対する非斉次線形微分方程式とみなそう。右辺は $\boldsymbol{\sigma}$ を含むので真の非斉次項ではないが，最低次近似では真の非斉次項になることもまえと同様である。

そこで，$\boldsymbol{b}$ を既知と仮定して，線形微分方程式 (2.42) から $\boldsymbol{\sigma}$ と G を同時に見出すことを考える。可解条件からまず G を決めたうえで $\boldsymbol{\sigma}$ について同式を解く，というのがそのやり方である。

$\exp(i\theta)\boldsymbol{U}$ と $\exp(-i\theta)\overline{\boldsymbol{U}}$ はともに $\mathcal{L}_0$ の零固有関数になっている。(2.40) は，$\boldsymbol{\sigma}$ がこれら零固有関数を含まないという条件を表している。ところが，(2.42) の右辺では，未知量 G と $\overline{G}$ がまさにこれら零固有関数の係数として現れている。このことから，可解条件

$$\frac{1}{2\pi}\int_0^{2\pi} d\theta\ (\boldsymbol{U}^* \cdot (2.42)\ \text{の右辺})\, e^{-i\theta} = \frac{1}{2\pi}\int_0^{2\pi} d\theta\ \left(\overline{\boldsymbol{U}}^* \cdot (2.42)\ \text{の右辺}\right) e^{i\theta}$$
$$= 0 \tag{2.44}$$

を適用することで G と $\overline{G}$ が得られ，したがって残る未知量 $\boldsymbol{\sigma}$ も得られる。未知量をすべて無視し，既知量だけで書かれた $\boldsymbol{b}$ を出発点とすれば，逐次代入的にこの問題を解くことができよう。

これを具体的に実行するには，2π 周期関数 $\boldsymbol{b}(\theta)$ および $\boldsymbol{\sigma}(\theta)$ を

$$\boldsymbol{b}(\theta) = \sum_{\nu=-\infty}^{\infty} \boldsymbol{b}^{(\nu)} e^{i\nu\theta}, \tag{2.45a}$$

$$\boldsymbol{\sigma}(\theta) = \sum_{\nu=-\infty}^{\infty} \boldsymbol{\sigma}^{(\nu)} e^{i\nu\theta} \tag{2.45b}$$

のように調和展開しておくのが便利である。これにより，(2.44) から

$$G = \left(\boldsymbol{U}^* \cdot \boldsymbol{b}^{(1)}\right), \tag{2.46}$$

およびその複素共役 $\overline{G}$ が得られる。

上記の可解条件の下に，もう一つの未知量 $\boldsymbol{\sigma}$ は (2.42) の両辺に $\mathcal{L}_0^{-1}$ を作用させることで得られる。すなわち，

$$\boldsymbol{\sigma}^{(\nu)} = -\left(\widehat{L}_0 - i\nu\omega_0\right)^{-1} \boldsymbol{b}^{(\nu)} \qquad (\nu \neq \pm 1), \tag{2.47a}$$

$$\boldsymbol{\sigma}^{(1)} = -\left(\widehat{L}_0 - i\omega_0\right)^{-1} \left(G\boldsymbol{U} - \boldsymbol{b}^{(1)}\right), \tag{2.47b}$$

$$\boldsymbol{\sigma}^{(-1)} = -\left(\widehat{L}_0 + i\omega_0\right)^{-1} \left(\overline{G}\,\overline{\boldsymbol{U}} - \boldsymbol{b}^{(-1)}\right). \tag{2.47c}$$

$\boldsymbol{b}$ の表式 (2.43b) において，微小な未知量である $\boldsymbol{\sigma}$ と G をともに無視したものが $\boldsymbol{b}$ に対する最低次近似 $\boldsymbol{b}_0$ であり，

$$\boldsymbol{b}_0 = \mu \widehat{L}_1 \boldsymbol{X}_0 + \boldsymbol{M}(\boldsymbol{X}_0, \boldsymbol{X}_0) + \boldsymbol{N}(\boldsymbol{X}_0, \boldsymbol{X}_0, \boldsymbol{X}_0) \tag{2.48}$$

で与えられる。$\boldsymbol{b}_0$ の基本波成分 $\boldsymbol{b}_0^{(1)}$ は

$$\boldsymbol{b}_0^{(1)} = \mu A \widehat{L}_1 \boldsymbol{U} + 3|A|^2 A \boldsymbol{N}\left(\overline{\boldsymbol{U}}, \boldsymbol{U}, \boldsymbol{U}\right) \tag{2.49}$$

で与えられるから，それを (2.46) に適用すると

$$G = \mu A \left(\boldsymbol{U}^* \cdot \widehat{L}_1 \boldsymbol{U}\right) + 3|A|^2 A \left(\boldsymbol{U}^* \cdot \boldsymbol{N}\left(\overline{\boldsymbol{U}}, \boldsymbol{U}, \boldsymbol{U}\right)\right) \tag{2.50}$$

となり，この近似では振幅方程式 (2.39) は

$$\frac{dA}{dt} = \mu\alpha A - \beta |A|^2 A, \tag{2.51a}$$

$$\alpha = \left(\boldsymbol{U}^* \cdot \widehat{L}_1 \boldsymbol{U}\right), \tag{2.51b}$$

$$\beta = -3\left(\boldsymbol{U}^* \cdot \boldsymbol{N}\left(\overline{\boldsymbol{U}}, \boldsymbol{U}, \boldsymbol{U}\right)\right) \tag{2.51c}$$

となる。$\mu > 0$ で非振動状態 $A = 0$ が不安定という仮定から，$\mathrm{Re}\,\alpha > 0$ である。

(2.51a,b,c) は，最低次近似の振幅方程式として正しいだろうか。実は β の表式 (2.51c) は正しくない。すでに予告したように，2 次の非線形項 $\boldsymbol{M}$ がこの段階ではまったく効いていない。$\boldsymbol{\sigma} = \boldsymbol{0}$ として $\boldsymbol{b}$ を評価したために，$\boldsymbol{M}$ が $\nu = 1$ 成分をもたないのである。しかし，最低次近似で $\boldsymbol{\sigma}$ を求め，それを $\boldsymbol{b}$ の表式 (2.43b) に代入することで補正された $\boldsymbol{b}$ を $\boldsymbol{b}_1$ とすれば，そこに含まれる $\boldsymbol{M}$ には $\nu = 1$ 成分が生じ，3 次の非線形項 $\boldsymbol{N}$ の $\nu = 1$ 成分と同程度の寄与を与えるのである [5]。具体的には以下のとおりである。

$\boldsymbol{\sigma}$ による $\boldsymbol{b}$ の補正は，(2.43b) において $\boldsymbol{M}$ 以外の 4 つの項にも現れるが，それらは振幅方程式の高次の補正を与えるにすぎないので無視できる。したがって，以下では $\boldsymbol{\sigma}$ によって補正された $\boldsymbol{M}$ から生じる基本波成分にのみ注目する。

---

[5] この点が逓減摂動法の計算で唯一わずらわしい点である。μ のみが微小パラメタであった前節の縮約問題ではこのわずらわしさは生じない。

$\boldsymbol{b}_0$ を調和成分 $\boldsymbol{b}_0^{(\nu)}$ に分解すると，$|\nu|=0,1,2,3$ 以外はすべて 0 となる。このうち以下で重要になる $\nu=0,2$ 成分のみを書き下すと，

$$\boldsymbol{b}_0^{(0)} = 2|A|^2\boldsymbol{M}(\boldsymbol{U},\overline{\boldsymbol{U}}), \tag{2.52a}$$

$$\boldsymbol{b}_0^{(2)} = A^2\boldsymbol{M}(\boldsymbol{U},\boldsymbol{U}) \tag{2.52b}$$

である。これを (2.47a) に適用すると，

$$\boldsymbol{\sigma}^{(0)} = -2|A|^2\widehat{L}_0^{-1}\boldsymbol{M}(\boldsymbol{U},\overline{\boldsymbol{U}}), \tag{2.53a}$$

$$\boldsymbol{\sigma}^{(2)} = -A^2\left(\widehat{L}_0 - 2i\omega_0\right)^{-1}\boldsymbol{M}(\boldsymbol{U},\boldsymbol{U}) \tag{2.53b}$$

となる。$\boldsymbol{\sigma}^{(\nu)}$ の効果によって $\boldsymbol{M}$ から生じる基本波成分 $\boldsymbol{M}^{(1)}$ は，$\boldsymbol{X}_0$ の基本波成分 $\boldsymbol{X}_0^{(1)}=A\boldsymbol{U}$, $\boldsymbol{X}_0^{(-1)}=\overline{A}\overline{\boldsymbol{U}}$ および $\boldsymbol{\sigma}^{(0,2)}$ を用いて，

$$\begin{aligned}\boldsymbol{M}^{(1)} &= 2\boldsymbol{M}\left(\boldsymbol{X}_0^{(1)},\boldsymbol{\sigma}^{(0)}\right) + 2\boldsymbol{M}\left(\boldsymbol{X}_0^{(-1)},\sigma^{(2)}\right)\\ &= -4|A|^2A\boldsymbol{M}\left(\boldsymbol{U},\widehat{L}_0^{-1}\boldsymbol{M}\left(\boldsymbol{U},\overline{\boldsymbol{U}}\right)\right)\\ &\quad -2|A|^2A\boldsymbol{M}\left(\overline{\boldsymbol{U}},\left(\widehat{L}_0-2i\omega_0\right)^{-1}\boldsymbol{M}\left(\boldsymbol{U},\boldsymbol{U}\right)\right)\end{aligned} \tag{2.54}$$

となる。これによって補正された $\boldsymbol{b}^{(1)}$ を用いると，振幅方程式は (2.51a) となお同形であるが，3 次の非線形項の係数 β が次のように修正される：

$$\begin{aligned}\beta = &-3\Big(\boldsymbol{U}^*\cdot\boldsymbol{N}\left(\boldsymbol{U},\boldsymbol{U},\overline{\boldsymbol{U}}\right)\Big) + 4\left(\boldsymbol{U}^*\cdot\boldsymbol{M}\left(\boldsymbol{U},\widehat{L}_0^{-1}\boldsymbol{M}\left(\boldsymbol{U},\overline{\boldsymbol{U}}\right)\right)\right)\\ &+2\Big(\boldsymbol{U}^*\cdot\boldsymbol{M}\Big(\overline{\boldsymbol{U}},\left(\widehat{L}_0-2i\omega_0\right)^{-1}\boldsymbol{M}\left(\boldsymbol{U},\boldsymbol{U}\right)\Big)\Big).\end{aligned} \tag{2.55}$$

以上の議論から，振幅方程式に現れる最も重要な項は，(2.51b) と (2.55) をそれぞれ係数としてもつ $\mu\alpha A$ と $-\beta|A|^2A$ の二項でつくされており，逐次代入によって現れる他のすべての項は，これら二項のいずれかよりも高次の微小量となっていることがほぼ理解できたと思う。

しかし，これら 2 つの最重要項の大小関係についてはまだ何も述べていない。むしろ，μ と A が互いに独立な微小パラメタであるかぎり，これらの項の大小関係を単に式の上から云々することはできない。できるとするならば，そ

れは我々がどのような物理的状況に関心をもっているかということと関係している。

ϵ 展開による方法

$\mu>0$ ならば，十分微小な初期値から出発した振幅 A は不安定増大する。$\mathrm{Re}\,\beta>0$ ならば，この増大は非線形項で抑制される。このようにして，これら二項が同程度の大きさでつりあった状況に通常我々の物理的関心がある。系の長時間振舞としてはそのような状況が実現すると期待される (後述のように，そうならない場合もある)。だとすれば，2 つの基本的微小量の間には

$$A=O\left(|\mu|^{1/2}\right) \tag{2.56}$$

なる関係が生じる。

注目する物理状況をこのように限定することで，独立な微小パラメタは μ のみとなる。すべての量を μ でべき級数に展開すれば，上記よりも手際よく計算を実行することができよう。以下にこれを具体的に示すが，このような定式化はあくまでも結果から逆推量することではじめて成り立つ定式化であり，しかも，我々の物理的関心のおきどころと無関係には成り立たない定式化であることを承知しておかなければならない [6)]。

$\mu>0$ の領域に主な関心があるので $\sqrt{\mu}=\epsilon$ とおき，ϵ を唯一の微小パラメタとみなす。また，微小振幅 A を以下では ϵA と書きあらため，A 自身は普通の大きさの量とする。同様に $\boldsymbol{X}_0$ も $\epsilon\boldsymbol{X}_0$ と書き直しておく。縮約形 (2.36) および (2.39) は ϵ による次のような展開形で求められる：

$$\boldsymbol{X}=\epsilon\left(Ae^{i\theta}\boldsymbol{U}+\overline{A}e^{-i\theta}\overline{\boldsymbol{U}}\right)+\epsilon^2\boldsymbol{\sigma}_2\left(A,\overline{A},\theta\right)+\epsilon^3\boldsymbol{\sigma}_3\left(A,\overline{A},\theta\right)+\cdots, \tag{2.57a}$$

$$\frac{dA}{dt}=\epsilon^2G_2\left(A,\overline{A}\right)+\epsilon^3G_3\left(A,\overline{A}\right)+\cdots. \tag{2.57b}$$

上式を (2.32) に代入し，右辺に現れる $\boldsymbol{b}$ も

$$\boldsymbol{b}=\epsilon\boldsymbol{B}_1+\epsilon^2\boldsymbol{B}_2+\cdots \tag{2.58}$$

---

6) 縮約に関する既存の理論でこの点に注意を促したものは少ないように思われる。

のように ϵ で展開しておく。これより，ϵ のべきごとの非斉次線形微分方程式

$$\mathcal{L}_0 \boldsymbol{\sigma}_m = G_m e^{i\theta} \boldsymbol{U} + \overline{G}_m e^{-i\theta} \overline{\boldsymbol{U}} - \boldsymbol{B}_m \left(A, \overline{A}, \theta\right) \qquad (m \geq 2) \tag{2.59}$$

が得られる。$\boldsymbol{b}$ の展開において大文字 $\boldsymbol{B}_m$ を用いたのは，先の議論で現れた $\boldsymbol{b}_0$, $\boldsymbol{b}_1$ などとの混同を避けるためである。逐次代入の各ステップは ϵ 展開の各次数には一般に対応せず，同一ステップに ϵ の異なるべきが混在するのである。

$\boldsymbol{B}_m$ をさらに調和展開して，

$$\boldsymbol{B}_m = \sum_{\nu=-\infty}^{\infty} \boldsymbol{B}_m^{(\nu)} e^{i\nu\theta} \tag{2.60}$$

と書いておこう。可解条件 (2.46) および (2.47a,b,c) は

$$G_m = \left(\boldsymbol{U}^* \cdot \boldsymbol{B}_m^{(1)}\right), \tag{2.61}$$

および

$$\boldsymbol{\sigma}_m^{(\nu)} = -\left(\widehat{L}_0 - i\nu\omega_0\right)^{-1} \boldsymbol{B}_m^{(\nu)} \qquad (\nu \neq \pm 1), \tag{2.62a}$$

$$\boldsymbol{\sigma}_m^{(1)} = -\left(\widehat{L}_0 - i\omega_0\right)^{-1} \left(G_m \boldsymbol{U} - \boldsymbol{B}_m^{(1)}\right), \tag{2.62b}$$

$$\boldsymbol{\sigma}_m^{(-1)} = -\left(\widehat{L}_0 + i\omega_0\right)^{-1} \left(\overline{G}_m \overline{\boldsymbol{U}} - \boldsymbol{B}_m^{(-1)}\right) \tag{2.62c}$$

と表される。これらを $m = 2$ から順に解いていけばよい。

まず，

$$\boldsymbol{B}_2 = \boldsymbol{M}\Big(A\exp(i\theta)\boldsymbol{U} + \overline{A}\exp(-i\theta)\overline{\boldsymbol{U}}, A\exp(i\theta)\boldsymbol{U} + \overline{A}\exp(-i\theta)\overline{\boldsymbol{U}}\Big) \tag{2.63}$$

によって $\boldsymbol{B}_2^{(1)} = \boldsymbol{0}$ となる。したがって，$G_2 = 0$ である。$\boldsymbol{\sigma}_2^{(0,2)}$ は (2.53a,b) と同じ表式で与えられ，$\boldsymbol{\sigma}_2$ の他の調和成分の表式も容易に書き下すことができる。$\boldsymbol{\sigma}_2^{(0,2)}$ の表式を用いると，$\boldsymbol{B}_3^{(1)}$ が次式によって表されることがわかる：

$$\begin{aligned}\boldsymbol{B}_3^{(1)} = A\widehat{L}_1 \boldsymbol{U} - |A|^2 A\Big[&-3\boldsymbol{N}\left(\overline{\boldsymbol{U}}, \boldsymbol{U}, \boldsymbol{U}\right) + 4\boldsymbol{M}\left(\boldsymbol{U}, \widehat{L}_0^{-1} \boldsymbol{M}\left(\boldsymbol{U}, \overline{\boldsymbol{U}}\right)\right) \\ &+ 2\boldsymbol{M}\left(\overline{\boldsymbol{U}}, \left(\widehat{L}_0 - 2i\omega_0\right)^{-1} \boldsymbol{M}\left(\boldsymbol{U}, \boldsymbol{U}\right)\right)\Big].\end{aligned} \tag{2.64}$$

よって，$G_3 = (\boldsymbol{U}^* \cdot \boldsymbol{B}_3^{(1)})$ より，先に得られた振幅方程式 (2.51a,b), (2.55) が再確認される。

普遍的な振動子

振幅方程式 (2.51a) において，$\mu > 0$, $\mathrm{Re}\,\beta > 0$ と仮定すると，それは普遍的なリミットサイクル振動子を表している。時間 t と振幅 A のスケールを変えて $t \to (\mu \mathrm{Re}\,\alpha)^{-1} t$, $A \to (\mu \mathrm{Re}\,\alpha / \mathrm{Re}\,\beta)^{1/2} A$ と置き換えると，振幅方程式 (2.51a) は

$$\frac{dA}{dt} = (1 + ic_0)A - (1 + ic_2)|A|^2 A \tag{2.65}$$

となる。ここに，

$$c_0 = \frac{\mathrm{Im}\,\alpha}{\mathrm{Re}\,\alpha}, \tag{2.66a}$$

$$c_2 = \frac{\mathrm{Im}\,\beta}{\mathrm{Re}\,\beta} \tag{2.66b}$$

である。(記号 c_1 は後で使うので確保しておく。) 変換 $A \to A \exp(ic_0 t)$ によって回転座標に移れば $ic_0 A$ 項も消え，c_2 を唯一のパラメタとする系になる。しかし，「振動子らしさ」が失われないように $ic_0 A$ 項は当面残しておこう。

(2.65) の解の振舞はきわめて単純である。極座標 $A = R \exp(i\Theta)$ を用いれば，動径 R と偏角 Θ に対して

$$\frac{dR}{dt} = R - R^3, \tag{2.67a}$$

$$\frac{d\Theta}{dt} = c_0 - c_2 R^2 \tag{2.67b}$$

が成り立つ。第一式の一般解は任意の初期条件に対して容易に求められるが，ここでは $R = 1$ が唯一の安定な平衡解であることを確認しておけば十分であろう。したがって，$t \to \infty$ で $(R, \Theta) = (1, (c_0 - c_2)t)$ となり，これは $X \equiv \mathrm{Re}\,A$ と $Y \equiv \mathrm{Im}\,A$ で張られる XY 平面に描かれる単位円上の等速円運動を表している。任意の初期条件から出発した代表点はこの運動に漸近する。

振動子の個別の性質は本質的に唯一のパラメタ c_2 に押し込められている。(2.65) を $\dot{A} = (1 - R^2)A + i(c_0 - c_2 R^2)A$ と書き直せばはっきりするように，

c_2 は角速度 (振動数) の振幅依存性を表している。たとえば，外部からの影響で振動子が振幅 R が変化すると，過渡的に振動が速くなったり遅くなったりする。この効果の物理的重要性は孤立した 1 振動子をみているかぎりわからないが，結合振動子系の同期現象やパターン形成現象を論じる中で明らかになる。

このような単純きわまるリミットサイクル振動子が振動の発生点近傍で普遍的に現れるという事実は，考えてみれば驚くべきことである。この振動子モデルは後の議論でたびたび用いられるので，**Stuart-Landau 振動子**と名づけておこう。この呼称は，流体における流れの不安定性を Landau や Stuart がこれと同じ形の方程式を用いて論じたことにちなんでいる (Landau, 1944; Stuart, 1960)。

上の議論は，(2.51a) において $\mathrm{Re}\,\beta > 0$ と仮定した場合についてである。$\mathrm{Re}\,\beta < 0$ の場合には，再スケールされた振幅方程式は

$$\frac{dA}{dt} = (1 + ic_0)A + (1 - ic_2)|A|^2 A \tag{2.68}$$

となる。この場合, 非線形項は線形項による $|A|$ の不安定成長を加速し, $t \to \infty$ で $|A|$ は発散する。与えられた力学モデルに対して $\mathrm{Re}\,\beta < 0$ がわかること自体は重要であるが，それ以外の点では振幅方程式 (2.68) の意義は薄い。振幅の不安定成長が加速された結果としてどのような状態が実現するかは，相空間の大域的構造に関係しているので，上述のような局所的解析からは何もいえない。実際にしばしば起こることは，μ が負から正に変わるとただちに有限振幅のリミットサイクル振動が現れるという現象である。物質の相転移との類比でいえば，一次相転移に類似の現象である。振幅が ϵ に比例して現れる $\mathrm{Re}\,\beta > 0$ の場合は，二次相転移に対応する。分岐現象では二次相転移，一次相転移とよぶ代わりにそれぞれ**超臨界分岐** (supercritical bifurcation) および**亜臨界分岐** (subcritical bifurcation) とよんでいる。超臨界分岐は**正常分岐** (normal bifurcation)，亜臨界分岐は**逆分岐** (inverted bifurcation) ともよばれる。亜臨界分岐の場合，$\mu < 0$ の領域で再スケールされた振幅方程式が

$$\frac{dA}{dt} = (-1 + ic_0)A + (1 - ic_2)|A|^2 A \tag{2.69}$$

となることは明らかであろう。したがって，このパラメタ領域 (亜臨界領域)

で振幅 $|A|=1$ のリミットサイクル解が存在する。しかし，それは不安定な解なので物理的に実現されることはない。

2.4 拡張された振幅方程式

一般的な考え方

前節では 1 個の振動子を扱い，それが Hopf 分岐点近傍で単純な普遍的振動子に縮約されることをみた。現実問題として興味があるのは，さまざまな外部刺激に対する振動子の応答や結合振動子系の振舞であり，縮約方程式をそうした状況に拡張できてこそ逓減摂動法は真に有用な理論になる。摂動を受けたこのような振動子を

$$\frac{d\boldsymbol{X}}{dt}=\boldsymbol{F}(\boldsymbol{X})+\boldsymbol{q}(\boldsymbol{X},t) \tag{2.70}$$

としよう。あるいは，(2.32) に対応した形で書けば，

$$\left(\frac{d}{dt}-\widehat{L}_0\right)\boldsymbol{X}=\boldsymbol{P},\quad \boldsymbol{P}=\mu\widehat{L}_1\boldsymbol{X}+\boldsymbol{M}(\boldsymbol{X},\boldsymbol{X})+\boldsymbol{N}(\boldsymbol{X},\boldsymbol{X},\boldsymbol{X})+\boldsymbol{q}(\boldsymbol{X},t) \tag{2.71}$$

である。$\boldsymbol{q}$ が他の振動子との結合力を表す場合には，$\boldsymbol{q}$ の引数 t は相手方の振動子の運動を通じての時間変化を意味する。

以下では，摂動 $\boldsymbol{q}$ の最低次の効果にのみ関心がある。したがって，$\boldsymbol{q}$ の効果は Stuart-Landau 方程式の右辺に独立な付加項として現れ，拡張された振幅方程式の形は

$$\frac{dA}{dt}=\mu\alpha A-\beta|A|^2A+\gamma\left(A,\overline{A},t\right) \tag{2.72}$$

となるはずである。$\boldsymbol{q}$ が $\boldsymbol{q}=\boldsymbol{q}_1+\boldsymbol{q}_2+\cdots$ のようにいくつかの摂動項からなっているなら，対応する振幅方程式は

$$\frac{dA}{dt}=\mu\alpha A-\beta|A|^2A+\gamma_1\left(A,\overline{A},t\right)+\gamma_2\left(A,\overline{A},t\right)+\cdots \tag{2.73}$$

の形をもつであろう。摂動項間の干渉効果は高次の微小量なので無視できるのである。

このように，摂動効果ごとにその効果は独立であることから，γ の表式を求めることはきわめて容易である。実際，Stuart-Landau 方程式の導出において摂動として扱ったすべての項を 0 とおいた式，すなわち Hopf 分岐点における強制線形系

$$\frac{d\boldsymbol{X}}{dt} = \widehat{L}_0\boldsymbol{X} + \boldsymbol{q}(\boldsymbol{X}, t) \tag{2.74}$$

を考えるだけで γ の表式がわかる。近恒等変換も最低次近似では単なる恒等変換としてよい。すなわち，(2.35) で $S = 0$ とし，(2.33a) を

$$\boldsymbol{X} = Ae^{i\theta}\boldsymbol{U} + \overline{A}e^{-i\theta}\overline{\boldsymbol{U}} + \boldsymbol{\rho} \tag{2.75}$$

としてよい。ここに，$(\boldsymbol{U}^* \cdot \boldsymbol{\rho}) = (\overline{\boldsymbol{U}}^* \cdot \boldsymbol{\rho}) = 0$ である。$\boldsymbol{q}$ 自体も最低次近似で評価してよいので，そこに含まれる $\boldsymbol{X}$ は (2.75) で置き換えられるのはもちろんのこと，$\boldsymbol{\rho}$ や場合によっては $\boldsymbol{X}$ そのものも $\boldsymbol{0}$ とおいてよい。これらのことは $\boldsymbol{q}$ の具体的な形に即して判断すればよい。

よって，(2.74) の両辺と $\boldsymbol{U}^*$ のスカラー積をとれば，

$$\frac{dA}{dt} = \gamma\left(A, \overline{A}, t\right), \tag{2.76a}$$

$$\gamma\left(A, \overline{A}, t\right) = (\boldsymbol{U}^* \cdot \boldsymbol{q})\, e^{-i\theta} \tag{2.76b}$$

となる。これは Stuart-Landau 方程式が摂動 $\boldsymbol{q}$ によって次式に一般化されることを意味する：

$$\frac{dA}{dt} = \mu\alpha A - \beta|A|^2 A + \gamma\left(A, \overline{A}, t\right). \tag{2.77}$$

以下に示すいくつかの例では，最後に示す例を除いて $\boldsymbol{q}$ が

$$\boldsymbol{q} = \sum_{\nu=-\infty}^{\infty} \boldsymbol{q}^{(\nu)} e^{i\nu\omega_0 t} \tag{2.78}$$

のように調和展開され，展開係数 $\boldsymbol{q}^{(\nu)}$ は A と同様に周期 $2\pi/\omega_0$ にわたってほとんど変化しない遅い変数 (slow variable) になっている。$\boldsymbol{q}$ の調和展開に対応して，γ も

$$\gamma = \sum_{\nu=-\infty}^{\infty} \gamma^{(\nu)} e^{i\nu\omega_0 t} \tag{2.79}$$

のように調和展開され，$\gamma^{(\nu)}$ は同様に十分ゆっくり変化する係数である。$\boldsymbol{q}$ と γ の展開係数の間には次の関係式がある：

$$\gamma^{(\nu)} = \left(\boldsymbol{U}^* \cdot \boldsymbol{q}^{(\nu+1)}\right). \tag{2.80}$$

γ の調和展開のなかで振幅方程式 (2.77) に効くのは $\gamma^{(0)}$ のみである。なぜなら，A の遅いダイナミクスに対しては，$\nu \neq 0$ の調和項は時間平均化されて最低次近似では効力をもたないからである。よって振幅方程式は

$$\frac{dA}{dt} = \mu\alpha A - \beta|A|^2 A + \gamma^{(0)}\left(A, \overline{A}, t\right) \tag{2.81}$$

となる。

時間平均化の代わりに，近恒等変換

$$A = \widetilde{A} - i\omega_0^{-1} \sum_{\nu \neq 0} \nu^{-1} \gamma^{(\nu)} e^{i\nu\omega_0 t} \tag{2.82}$$

を (2.77) に適用することでも近似的に $\nu \neq 0$ の調和項を消去できる。この変換によって $\nu \neq 0$ の調和項が消去される以外に種々の影響が現れるが，それらはすべて高次の微小効果なので無視できる。以下では，種々の摂動 $\boldsymbol{q}$ による Stuart-Landau 方程式の拡張版を導出しよう。

反応拡散系

振動反応拡散系は，(2.70) において

$$\boldsymbol{q} = \widehat{D}\nabla^2 \boldsymbol{X} \tag{2.83}$$

とおいたものである。$\boldsymbol{q}$ は $\boldsymbol{X}$ そのものの関数ではなく $\boldsymbol{X}$ の空間微分を含んでいるが，これまでの議論の本質は変わらない。ただし，拡散項を小さい摂動とみなせる事前の保障は何もない。これは，前節で $\boldsymbol{X}$ の非線形項を小さい摂動とみなせる保障が事前になかったのと似ている。これらの効果の小ささは事後的にかつ物理的にのみ確認できる。

(2.83) において $\boldsymbol{X} = A\exp(i\theta)\boldsymbol{U} + \overline{A}\exp(-i\theta)\overline{\boldsymbol{U}}$ と近似すると，

$$\boldsymbol{q}^{(1)} = \widehat{D}\nabla^2 A\boldsymbol{U}, \tag{2.84}$$

すなわち

$$\gamma^{(0)} = \left(\boldsymbol{U}^* \cdot \widehat{D}\boldsymbol{U}\right) \nabla^2 A \tag{2.85}$$

となる。したがって縮約方程式は

$$\frac{\partial A}{\partial t} = \mu\alpha A + d\nabla^2 A - \beta|A|^2 A, \tag{2.86a}$$

$$d = \left(\boldsymbol{U}^* \cdot \widehat{D}\boldsymbol{U}\right) \tag{2.86b}$$

となる。$\boldsymbol{X}$ は場の変数 $\boldsymbol{X}(\boldsymbol{r}, t)$ であるが，縮約の考え方としては，拡散 $\widehat{D}\nabla^2\boldsymbol{X}$ が一種の外部摂動として働いている 1 局所振動子として系を扱っていることになる。

$\widehat{D}$ の対角要素がすべて等しい場合は，d は対角要素そのものに等しいが，一般には d は複素数である。係数 α と β は (2.51b) と (2.55) でそれぞれ与えられている。変数を再スケールして分岐パラメタを消去した形では，(2.65) が一般化されて

$$\frac{\partial A}{\partial t} = (1 + ic_0)A + (1 + ic_1)\nabla^2 A - (1 + ic_2)|A|^2 A \tag{2.87}$$

となる。ここに，

$$c_1 = \frac{\operatorname{Im} d}{\operatorname{Re} d} \tag{2.88}$$

である。(2.86a) ないし (2.87) は**複素 Ginzburg-Landau 方程式** (complex Ginzburg-Landau equation)(以下，複素 GL 方程式と略記) とよばれ，扱いやすく普遍的なモデル方程式として振動場の研究においてきわめて大きな役割を果たしてきた。その解のさまざまな振舞については次章で論じる [7]。

[7] Segel は熱対流の発生点近傍において，Stuart-Landau 方程式と同様に 3 次の非線形項をもつ常微分方程式を導出した (Segel, 1962)。Newell と Whitehead は，発生した小振幅の熱対流パターンがゆるやかな空間的変調を受けた状況をも記述するために，Segel の方程式を偏微分方程式に拡張した (Newell and Whitehead, 1969)。振動反応拡散系において複素 GL 方程式を最初に導出した Kuramoto と Tsuzuki の理論も Newell-Whitehead 理論の考え方に基づいている (Kuramoto and Tsuzuki, 1974, 1975)。しかし，熱対流の発生は Hopf 分岐ではない。Hopf 分岐による流れの不安定化の典型例としては平面 Poiseuille 流が知られている。この系において Segel の方程式に対応する式が Stuart-Landau 方程式であり，それに対して Newell-Whitehead と同様の拡張を行ったのが Stewartson と Stuart である (Stewartson and Stuart, 1971)。Stewartson-Stuart 方程式は複素 GL 方程式と本質的に同形であるが，平面 Poiseuille 流の不安定化は亜臨界分岐であるために，その解は $t \to \infty$ で発散する。

(2.86a) において，拡散項が他の二項と μ に関して同じオーダーになるような状況が物理的に最も意味のある状況だと考えられる。それは，振幅 A の空間変化が $O(1/\sqrt{\mu})$ の長い特性波長をもつような状況である。分岐点近傍でのこうした物理状況に我々の関心を限定することで，拡散項 $\widehat{D}\nabla^2\boldsymbol{X}$ を微小量として扱う上記のような取り扱いが許されるのである。

振動子の離散集団

離散的な振動子集団や振動子ネットワークも，連続的な振動場とともに広く興味をもたれる対象である。これらに対する縮約法は 2 つの結合振動子を考えるだけでほぼ明らかになる。

拡散相互作用を空間的に離散化すると濃度差に比例した線形相互作用になる。そのような結合をもつ一対の振動子を考えよう。振動子は同一の性質をもち，Hopf 分岐点のすぐ上にあるとする。それぞれの状態ベクトルを $\boldsymbol{X}_1$ と $\boldsymbol{X}_2$ で表し，その他の量についても添字 1 と 2 で振動子を区別する。振動子 1 に対する方程式を

$$\left(\frac{d}{dt} - \widehat{L}_0\right)\boldsymbol{X}_1 = \boldsymbol{P}, \tag{2.89a}$$

$$\boldsymbol{P} = \mu\widehat{L}_1\boldsymbol{X}_1 + \boldsymbol{M}(\boldsymbol{X}_1, \boldsymbol{X}_1) + \boldsymbol{N}(\boldsymbol{X}_1, \boldsymbol{X}_1, \boldsymbol{X}_1) + \widehat{K}\left(\boldsymbol{X}_2 - \boldsymbol{X}_1\right) \tag{2.89b}$$

と表そう。(2.89b) の最後の項が結合項であり，$\widehat{K}$ は係数行列である。この結合項を振動子 1 に対する摂動の一種とみなすのである。振動子 2 に対しては上式で添字 1 と 2 を入れ替えた式が成り立つ。

反応拡散系では，場の空間変化が分岐点近傍では長波長変化となることから，拡散項を摂動として扱うことができた。いまの場合も，分岐点近傍で振幅差が小さくなるなら結合項を摂動として扱うことができよう。あるいは，振幅差は通常の大きさで $\widehat{K}$ が微小と仮定してもよい。結合項が実質的に微小であれば，振幅差と $\widehat{K}$ のいずれが微小であっても結果は変わらない。

この弱結合が，最低次で Stuart-Landau 方程式にどのような付加項をもたらすかについての議論は，ほとんどこれまでのくりかえしになる。この場合も

$\boldsymbol{q}^{(1)}$ のみが振幅方程式に寄与し，

$$\boldsymbol{q}^{(1)} \simeq \widehat{K}\,(A_2 - A_1)\,\boldsymbol{U} \tag{2.90}$$

としてよい。したがって，振動子 1 の振幅方程式には新しい項として

$$K\,(A_2 - A_1)\,, \qquad K = \left(\boldsymbol{U}^* \cdot \widehat{K}\boldsymbol{U}\right) \tag{2.91}$$

が付け加わる。K は一般に複素定数である。結合系の振幅方程式は

$$\frac{dA_1}{dt} = \mu\alpha A_1 - \beta|A_1|^2 A_1 + K(A_2 - A_1), \tag{2.92a}$$

$$\frac{dA_2}{dt} = \mu\alpha A_2 - \beta|A_2|^2 A_2 + K(A_1 - A_2) \tag{2.92b}$$

となる。

上記の単純な拡張として，相互結合 $\widehat{K}_{jk}(\boldsymbol{X}_k - \boldsymbol{X}_j)$ をもつ N 個の振動子からなるネットワークを考えることができる。これに対して縮約方程式が

$$\frac{dA_j}{dt} = \mu\alpha A_j - \beta|A_j|^2 A_j + \sum_{k=1}^{N} K_{jk}(A_k - A_j) \qquad (j = 1, 2, \ldots, N) \tag{2.93}$$

の形となることはほとんど説明を要しないであろう。(2.93) の特別な場合として，すべての振動子が他のすべてと平等に相互作用する大域結合系

$$\frac{dA_j}{dt} = \mu\alpha A_j - \beta|A_j|^2 A_j + KA_{\mathrm{av}} \qquad (j = 1, 2, \ldots, N) \tag{2.94}$$

がある。ここに，A_{av} は全系にわたっての A_j の平均値であり，$A_{\mathrm{av}} = N^{-1}\sum_{j=1}^{N} A_j$ で与えられる。K は複素結合定数である。ただし，上式では $-KA_j$ 項を結合項に含める代わりに線形項 $\mu\alpha A_j$ に繰り込まれたものとみなしている。

大域結合は一見非現実的にみえるが必ずしもそうではない。周期的に発光するホタルの集団のように，長距離相互作用をもつ振動子集団が存在するという事実がある。さらに，大域的なフィードバックをかけた振動子系のさまざまな実験が行われている (Kim *et al.*, 2001; Kiss *et al.*, 2007)。たとえば，反応拡散系にこのようなフィードバックをかけた場合，拡散相互作用とともに大域的相互作用を含む振幅方程式

$$\frac{\partial A}{\partial t} = \mu\alpha A + d\nabla^2 A - \beta|A|^2 A + KA_{\mathrm{av}} \tag{2.95}$$

は一つの有用なモデルを与えるであろう (Battogtokh and Mikhailov, 1996; Kawamura and Kuramoto, 2004)。

神経振動子のネットワークのように，結合が時間遅れを含む場合がある。大域結合や大域的フィードバック制御でも時間遅れを含んでよく，実際，実験的には系をさまざまに制御するためのパラメタの一つとしてしばしば時間遅れを利用している。振動子対に即していえば，$\boldsymbol{X}_1(t)$ に対する方程式 (2.89a,b) において $\boldsymbol{X}_2(t)$ の代わりに $\boldsymbol{X}_2(t-\tau)$ を考えることになる。したがって最低次近似では，$A_2(t)\exp(i\omega_0 t)$ が $A_2(t-\tau)\exp(i\omega_0(t-\tau))$ に置き換えられるだけである。さらに，A_2 のゆっくりした変化によって，$A_2(t-\tau)$ は $A_2(t)$ で近似してよい。その結果得られる振幅方程式は，たとえば (2.92a) においては KA_2 が $KA_2\exp(-i\omega_0\tau)$ に置き換えられ，(2.92b) においては KA_1 が $KA_1\exp(-i\omega_0\tau)$ に置き換えられる。大域結合系では，(2.95) において K が $K\exp(-i\omega_0\tau)$ に置き換えられる。いずれにしても，方程式はもはや時間遅れを含まない。フィードバック制御においては，τ を変えることで複素結合係数の偏角を自由に変えられる系が得られたことになる。

なお，結合項に関して最低次のみを考慮した振幅方程式は力学系として特別な対称性をもっている。そのため，振動子集団としての重要な現象が見失われる可能性があることを指摘しておこう。たとえば，5.3 節で述べるような集団のクラスター化現象は最低次の振幅方程式では説明できないが，結合の 2 次の効果をとりいれた拡張された振幅方程式によって説明できる (Kori *et al.*, 2014)。

非局所結合をもつ振動場

空間的に広がった振動場は，リミットサイクル振動子間の相互作用距離の違いによって，(1) 局所結合系，(2) 大域結合系，およびそれらの中間としての (3) 非局所結合系，の 3 タイプに分類することができる。局所結合とは，各振動子がそれらの近傍の振動子とのみ結合する場合を指し，拡散結合はその代表的なものである。逆に，系の端から端に及ぶような長距離相互作用の極限が大域結合である。両者の中間，すなわち相互作用の及ぶ範囲が有限ではあるが系の広がりより十分小さい場合を，以下では非局所結合とよぶことにする。連続

場の場合，非局所結合の形として線形結合

$$\boldsymbol{q} = \int d\boldsymbol{r}'\, \widehat{g}\,(\boldsymbol{r}-\boldsymbol{r}')\,\boldsymbol{X}\,(\boldsymbol{r}') \tag{2.96}$$

が便利なモデルとしてしばしば考察される。この場合，$\boldsymbol{q}^{(1)}$ は

$$\boldsymbol{q}^{(1)} \simeq \int d\boldsymbol{r}'\, \widehat{g}\,(\boldsymbol{r}-\boldsymbol{r}')\,A(\boldsymbol{r}',t)\boldsymbol{U} \tag{2.97}$$

で与えられる。結合核 $\widehat{g}$ が微小な弱結合系では縮約が可能で，縮約方程式は

$$\frac{\partial}{\partial t}A(\boldsymbol{r},t) = \mu\alpha A - \beta|A|^2 A + \int d\boldsymbol{r}'\,\gamma\,(\boldsymbol{r}-\boldsymbol{r}')\,A\,(\boldsymbol{r}',t), \tag{2.98a}$$

$$\gamma\,(\boldsymbol{r}-\boldsymbol{r}') = (\boldsymbol{U}^* \cdot \widehat{g}\,(\boldsymbol{r}-\boldsymbol{r}')\,\boldsymbol{U}) \tag{2.98b}$$

となる。

結合が局所的か非局所的かが見方によって分かれる場合がある。たとえば，次のような反応拡散系を考えてみよう (Kuramoto, 1995)：

$$\frac{\partial \boldsymbol{X}}{\partial t} = \boldsymbol{F}(\boldsymbol{X}) + k\boldsymbol{p}S, \tag{2.99a}$$

$$\tau\frac{\partial S}{\partial t} = -S + D\nabla^2 S + h(\boldsymbol{X}). \tag{2.99b}$$

ここに，$\dot{\boldsymbol{X}} = \boldsymbol{F}(\boldsymbol{X})$ はリミットサイクル振動子を表す。したがって上式は，空間的に一様に分布したこのような振動子が濃度変数 S で表されるある化学物質 S によって間接的に結合しているような系を表している。振動子間の直接的な結合はない。数学的には，このモデルは 3 またはそれ以上の成分をもつ振動反応拡散系である。各振動子のダイナミクスは S の局所濃度に依存しており，それが $k\boldsymbol{p}S$ 項で表されている。S 自体は線形法則に従って単純に崩壊し拡散していく物質であり，S の変化速度を特徴づけるパラメタとして τ を挿入している。S の消失を補うべく各振動子は S を生成する。それが $h(\boldsymbol{X})$ 項で表され，生成速度は局所振動子の状態 $\boldsymbol{X}$ に依存している。

$\boldsymbol{X}$ と S を変数の組とする局所力学系は，拡散を通じてのみその近傍と結合しているので，その意味ではこれは局所結合系である。しかし，(2.99a,b) から S を消去すればわかるように，振動子間相互作用は実質的に非局所的である。特に，S の変化が十分速く $\tau \to 0$ としてよい場合には，振動子間結合は

(2.96) の形になる。その場合，$\widehat{g}(|\boldsymbol{r}|)$ は

$$g(|\boldsymbol{r}|) \propto \int d\boldsymbol{\xi} \, \frac{e^{i\boldsymbol{\xi}\cdot\boldsymbol{r}}}{D\xi^2 + 1} \tag{2.100}$$

で与えられる。空間次元が 1 の場合には $\widehat{g}(|r|) \propto \exp(-|r|/\sqrt{D})$ となる。

$\boldsymbol{kpS}$ が微小な弱結合系に対しては，局所振動子の Hopf 分岐点近傍で (2.99a,b) は非局所結合複素 GL 方程式に縮約されることがわかっている (Tanaka and Kuramoto, 2003)。ただし，τ が有限の場合には，(2.98b) において $\widehat{g}$ は (2.100) を一般化した式

$$g(|\boldsymbol{r}|) \propto \int d\boldsymbol{\xi} \, \frac{1 + i\omega_0\tau}{D\xi^2 + 1 + i\omega_0\tau} e^{i\boldsymbol{\xi}\cdot\boldsymbol{r}} \tag{2.101}$$

で与えられる。

(2.98a) は，離散的な振動子集団に対しては

$$\dot{A}_j = \mu\alpha A_j - \beta|A_j|^2 A_j + \sum_k \gamma(\boldsymbol{r}_j - \boldsymbol{r}_k) A_k \tag{2.102}$$

の形となる。$\sum_k \gamma(\boldsymbol{r} - \boldsymbol{r}_k) A_k \equiv \mathcal{M}(\boldsymbol{r})$ は非局所結合による場の強度分布を表している。Tanaka は，個別振動子が空間的に固定されず

$$\dot{\boldsymbol{r}}_j \propto -\left(\overline{A}_j \nabla \mathcal{M}|_{\boldsymbol{r}=\boldsymbol{r}_j} + \text{c.c.}\right) \tag{2.103}$$

のように内部場 $\mathcal{M}$ の勾配に駆動されつつ運動するモデルを考えた (Tanaka, 2007)。このような系に対してはさらに第 4 章で述べる位相記述が適用できる。Tanaka の解析によれば，この振動子の群れ (swarm oscillators) は驚くほど多彩なパターンダイナミクスを示す。

周期外力を受けた振動子

1 振動子に振動数 Ω の弱い周期外力がかかっている場合を考えよう。周期外力 $\boldsymbol{q}(\Omega t)$ は Ωt の 2π 周期関数である。$\boldsymbol{q}(\boldsymbol{X}, \Omega t)$ のように，$\boldsymbol{q}$ は $\boldsymbol{X}$ に依存してもよい。最低次近似では $\boldsymbol{X} = \boldsymbol{0}$ とおいてよいので，これを単に $\boldsymbol{q}(\Omega t)$ と書いている。

一般の周期をもつ外力は Hopf 分岐点近傍では実質的に効力をもちえないので，以下では意味のある一ケースとして振動子とほぼ共鳴関係にある場合，す

なわち外力の振動数と臨界振動数との差 $\Delta\omega = \Omega - \omega_0$ が小さい場合を考えよう。$\boldsymbol{q}(\Omega t) = \boldsymbol{q}(\Delta\omega t + \theta)$ を $\theta = \omega_0 t$ の周期関数とみて，これを

$$\boldsymbol{q}(\Omega t) = \sum_{\nu=-\infty}^{\infty} \boldsymbol{q}^{(\nu)} \exp(i\nu\Delta\omega t) \exp(i\nu\theta) \tag{2.104}$$

のように調和展開する。γ も同様に調和展開され，振幅方程式に寄与するその唯一の成分は

$$\gamma^{(0)} = h \exp(i\Delta\omega t + i\chi), \qquad h\exp(i\chi) = \left(\boldsymbol{U}^* \cdot \boldsymbol{q}^{(1)}\right) \tag{2.105}$$

で与えられる。h が微小という仮定の下に，この項がそのまま振幅方程式に現れる。さらに変換 $A \to A\exp(i\Delta\omega t + i\chi)$ を行うと，

$$\frac{dA}{dt} = (\mu\alpha - i\Delta\omega)A - \beta|A|^2 A + h \tag{2.106}$$

となる。上式は，周期外力の振動数を 0 とみるような表示，すなわち振動数 Ω で回転する複素座標系での発展方程式である。したがって，上式に定常解が存在する場合には，それは振動子が外力に同期した状態を表している。

周期外力が 2 倍高調波に近い場合，すなわち $\Omega = 2\omega_0 + \Delta\omega$ において $\Delta\omega$ が小さい場合も興味深い。その場合は $\boldsymbol{q}$ の $\boldsymbol{X}$ 依存性が重要である。なぜなら，$\boldsymbol{q}$ のあらわな時間依存性のみからは基本波成分 $\boldsymbol{q}^{(1)}$ は現れず，振幅方程式に寄与すべき唯一の項 $\gamma^{(0)}$ が 0 となるからである。よって，最も重要な項は $\boldsymbol{q}(\boldsymbol{X}, \Omega t)$ を微小振幅 $\boldsymbol{X}$ で展開したときの線形項であり，

$$\boldsymbol{q} = \widehat{f}(\Omega t)\boldsymbol{X} \tag{2.107}$$

としてよい。

行列 $\widehat{f}(\Omega t) = \widehat{f}(\Delta\omega t + 2\theta)$ を調和展開したとき，$\widehat{f}^{(1)} \exp(i\Delta\omega t)\exp(2i\theta)$ が唯一の重要な項である。対応する $\boldsymbol{q}^{(1)}$ は

$$\boldsymbol{q}^{(1)} = \overline{A}\widehat{f}^{(1)}\overline{\boldsymbol{U}} \exp(i\Delta\omega t) \tag{2.108}$$

で与えられ，振幅方程式には

$$\overline{A}h\exp(i\chi)\exp(i\Delta\omega t), \qquad h\exp(i\chi) = \left(\boldsymbol{U}^* \cdot \widehat{f}^{(1)}\overline{\boldsymbol{U}}\right) \tag{2.109}$$

が現れる。さらに変換 $A \to A\exp[i(\Delta\omega t + \chi)/2]$ を行うことで，振幅方程式は

$$\frac{dA}{dt} = (\mu\alpha - i\Delta\omega/2)A - \beta|A|^2 A + h\overline{A} \tag{2.110}$$

となる。上式は振動数 $\Omega/2$ で回転する座標系での式になっている。したがって，その定常解は外力の 2 倍周期で外力に同期した状態を表している [8)]。

上記では 1 つの振動子に周期外力がかかった場合を考えたが，振動反応拡散系など結合振動子系に周期外力がかかる場合も同様に縮約が可能である。振動子間結合と外力とをともに摂動とみなせるなら，まえにも述べたように最低次近似では各摂動の効果が和の形で振幅方程式に寄与する。たとえば，振動反応拡散系に空間的に一様で共鳴条件に近い周期外力がかかった場合，および 2 倍高調波に近い周期外力がかかった場合の振幅方程式はそれぞれ

$$\frac{\partial A}{\partial t} = (\mu\alpha - i\Delta\omega)A + d\nabla^2 A - \beta|A|^2 A + h, \tag{2.111}$$

および

$$\frac{\partial A}{\partial t} = (\mu\alpha - i\Delta\omega/2)A + d\nabla^2 A - \beta|A|^2 A + h\overline{A} \tag{2.112}$$

で表される。

ノイズを受けた振動子

最後に，$\boldsymbol{q}(t)$ がランダムノイズを表す場合を考えよう。この場合はただちに (2.76b) が適用できて，振幅方程式にはノイズ項

$$\gamma(t) = (\boldsymbol{U}^* \cdot \boldsymbol{q}(t))\, e^{-i\omega_0 t} \tag{2.113}$$

が現れる。$\boldsymbol{q}(\boldsymbol{X}, t)$ のように $\boldsymbol{q}$ が $\boldsymbol{X}$ を含んでいる場合も，$\boldsymbol{q}(0, t)$ を $\boldsymbol{q}(t)$ と考えればよい。因子 $\exp(-\omega_0 t)$ によってノイズのスペクトルは $-\omega_0$ だけシフトする。ノイズの相関時間が振動子の周期より十分短いなら，すなわちノイズの特徴的な振動数が ω_0 よりはるかに大きい場合には，このようなスペクトルシフトはないに等しい。このようにして，たとえばノイズを含む複素 GL 方程式

$$\frac{\partial A}{\partial t} = \mu\alpha A + d\nabla^2 A - \beta|A|^2 A + \gamma(t) \tag{2.114}$$

が成立する。

---

8) より一般に，Ω と ω_0 の比が整数比に近い場合，すなわち m, n を互いに素な整数として $\Delta\omega = \Omega - n\omega_0/m$ が微小な場合には，縮約方程式は $\dot{A} = (\mu\alpha - im\Delta\omega/n)A - \beta|A|^2 A + h\overline{A}^{n-1}$ の形となることが知られている (Gambaudo, 1985; Coullet and Emilsson, 1992a, 1992b)。

3 振動場のパターンダイナミクス

前章では，Stuart-Landau 方程式を拡張した縮約方程式として複素 Ginzburg-Landau 方程式とそのさまざまな変形版を逓減摂動法によって導出した。これらの方程式は，リミットサイクル振動場の研究にとって非常に貴重なモデルになっている。本章では，これらのモデルに位相記述の考えを援用しつつ，振動場に現れる波動パターンの多様な姿を明らかにしたい。

基礎となる発展方程式の具体的な形に依存しない一般的な位相記述の理論は，次章の主題となる。本章では，縮約方程式に含まれる振幅と位相の自由度のうち前者を断熱消去するという平易な考え方を用いて，位相のみによる記述を行う。得られた位相方程式は解析的に扱うことができ，具体的現象に広く適用することができる。振幅自由度が決定的に重要となるために位相記述が破綻するいくつかの場合についても述べる。

複素 GL 方程式に関するこれまでの研究は，高次元系におけるその数値シミュレーションや方程式のさまざまな拡張版の解析を含めると膨大な量にのぼっている [1)]。本章では，基本的に重要でしかも比較的容易に理論解析ができるいくつかの現象に的を絞り，それ以外は文献に委ねることにした。複素 GL 方程式は時空カオス (spatio-temporal chaos) も示す。これについてはカオス力学系の理論とも関係するが，紙幅の制約や本書の目的を考慮しこれに関する議論も最小限にとどめた。

1) このテーマを詳しく扱ったレビュー論文や著書も少なくない (Ipsen, Kramer, and Sørensen, 2000; Aranson and Kramer, 2002; Bohr *et al.*, 2005; Mikhailov and Showalter, 2006; García-Morales and Krischer, 2012)。

3.1 平面波解

以下では，(2.87) の形で表された複素 GL 方程式に基づいて議論を進めよう。そこでは，時間，空間，振幅のスケールを適当にとることで係数の実部がすべて 1 に規格化されている。前章でみたように，パラメタ c_0 は回転系に移ることで消去できる。しかし，そうすると振動子としてイメージしにくくなるのでこれは消去せず，$c_0 > 0$ としておく。

本章では Hopf 分岐点近傍という特別の状況は忘れて，振動場を考察するうえで一つの便利なモデルとして複素 GL タイプの方程式を扱うことにする。拡散行列が非対角要素をもつという点を除けば，複素 GL 方程式は 2 成分反応拡散モデルの一種であり，その複素表示とみなすことができる。そこでは複素振幅 $A = X + iY$ の実部 X と虚部 Y が濃度場の変数とみなされる。また，本章を通じて系の空間的広がりは十分大きいと仮定している。

無限に広がった系における (2.87) の特解として，次の**平面波解**が存在することは容易に確かめられる：

$$A(\boldsymbol{r}, t) = A_k(\boldsymbol{r}, t) = \sqrt{1 - k^2} \exp\left[i(\boldsymbol{k} \cdot \boldsymbol{r} + \omega_k t)\right],$$

$$\omega_k = c_0 - c_2 + (c_2 - c_1)k^2, \quad k = |\boldsymbol{k}|. \tag{3.1}$$

複素振幅 A を $A = R\exp(i\phi)$ のように動径 R と偏角 ϕ で表せば，この解は

$$R = \sqrt{1 - k^2}, \tag{3.2a}$$

$$\phi = \boldsymbol{k} \cdot \boldsymbol{r} + \omega_k t \tag{3.2b}$$

と表される。以下では動径 R を振幅，偏角 ϕ を位相ともよぶ。次章の位相縮約理論における位相の定義に照らせば，ϕ を位相とよぶことは必ずしも適当とはいえないが，本章の議論に関するかぎり混乱を生じるおそれはないであろう。

k は $0 \leq k < 1$ をみたす任意のパラメタである。(3.1) は波数ベクトル $\boldsymbol{k}$ をもつ進行平面波を表し，その振動数は ω_k，振幅は $\sqrt{1 - k^2}$ である。$k = 0$ の解は空間的に一様な振動を表しており，その振幅 $R = 1$ は平面波中最大である。平面波の波長が短くなるとともに振幅は減少し，$k = 1$ で 0 になる。平面

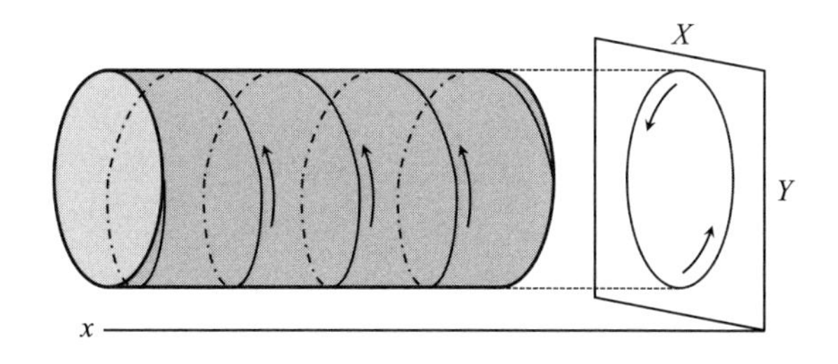

図 3.1　1 次元平面波解。回転する円柱に巻き付いた 1 本のらせんで表される。

波解は 1 次元的な解であるから，以下しばらくは 1 次元系に議論をかぎることにしよう。ただし，波の伝播方向を区別するために k は正負の値をとりうるものとする。

1 次元平面波解のイメージを図 3.1 に示した。そこでは，空間軸 x と XY 相平面をあわせた 3 次元空間を用いて系の状態が表示されている。空間点 x に存在する局所振動子の瞬間的状態は，この 3 次元空間の 1 点 (x, X, Y) で与えられ，すべての局所振動子の状態点をつないで得られる 1 本の連続曲線は，振動場の瞬間的状態を表している。この表示によれば，ある瞬間における平面波解は，内径 $2\sqrt{1-k^2}$ の円筒に一定のピッチで巻き付いたらせんで表される。その動きまで表すには，この円筒を角速度 ω_k で回転させればよい。その結果，らせん曲線が円筒に張り付いているとすればそれは波動として x に沿って進行し，X と Y は正弦波として伝播する。伝播方向はらせんが右巻きか左巻きかで逆になる。これは k の正負に対応している。

平面波解の位相は $\phi(x, t) = kx + \omega_k t$ で与えられた。したがって，振幅 R の如何を問わなければ，平面波は一定の勾配を保ったままある速度で上方にドリフトする位相パターンで表される (図 3.2 参照)。以下では，平面波解に対応するこの単純な位相パターンをも平面波とよぶことにする。勾配 0 の位相パターンは一様振動に対応し，平面波の波数に比例して勾配が大きくなる。

位相パターンの上昇速度，すなわち平面波の振動数 ω_k が $|k|$ とともに増大するか減少するかは，$c_2 - c_1$ の符号による。前章で注意したように，c_2 は個別振動子の振動数が振幅によって変化する効果を表しており，$c_2 > 0$ なら振幅が小さいほど振動数は高い。現実の振動子系や理論モデルでは，多くの場合

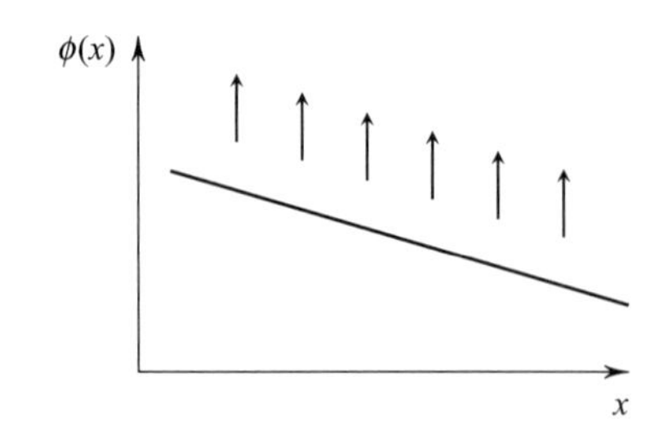

図 3.2　一定の勾配 k をもち，k で決まるドリフト速度 ω_k で上昇する位相のパターン。平面波解に対応している。

$c_2 > 0$ となることが知られている。したがって，以下では常に

$$c_2 > 0 \tag{3.3}$$

を仮定しよう。平面波についても，振幅が小さいほど (波数が大きいほど) 高い振動数をもつという事実が広く成り立っている。よって (3.3) とともに以下では

$$c_2 - c_1 > 0 \tag{3.4}$$

も仮定する。前章の縮約理論によれば，c_1 は (2.88) で与えられた。同式からただちにわかるように，縮約を行う以前の反応拡散系において拡散行列が $\widehat{D} = D\widehat{I}$ で表されるなら，すなわちすべての化学物質の拡散係数が等しい値 D をもつなら，$c_1 = 0$ である。

一群の平面波解はリミットサイクル振動場の波動パターンを理解するうえで最も基本的な解である。以下にみるように，それはさまざまな波動パターンの骨格をなしている。

音波や電磁波，水面に立つ小振幅の波など，線形波動方程式で記述される波動に対しては重ね合わせの原理が成り立ち，したがって波の干渉という現象がある。これらとは異なり，複素 GL 方程式の平面波は散逸系の非線形波であり，平面波解の一次結合はもはや解になっていない。それどころか，後でみるように，2 つの平面波が共存する場合には，それらはシャープな境界で隔てられたそれぞれの領域をもち，互いに相手方の領域にまったく干渉することができない。

平面波解は必ずしも安定ではない。安定性の条件については次節であらためて述べるが，結果からいえば，波長が長いほど安定性が高い。しかし $k=0$ の解，すなわち最も安定性が高い一様振動解も，c_2 と c_1 の値によっては不安定になりうる。安定であるにせよ，弱い不安定性のために多少の乱れがともなうにせよ，さまざまな波長と振動数をもつ平面波が適当な初期条件・境界条件の下で場に生じうるのは事実である。すなわち，さまざまな振動数で振動する可能性を場が潜在的にもっているわけであり，それは場の動的柔軟性を暗示している。孤立した振動場や均一な構造をもつ振動場ではなく，外部刺激にさらされたり不均一性を含む振動場を考えたとき，このような動的柔軟性が顕在化する。たとえば，場は平面波を生じることでその振動数を変化させ，周期的に変動する外部刺激に自らを同期させることができるであろう。また，場に不均一性が存在するために振動数の空間的不均一性が生じたとしても，適当な位相勾配を生じることで局所的な振動数は微妙に調整され，広域的な同期状態を保つことが可能になるであろう。

3.2 平面波の安定性

一般次元の系における平面波解の安定性は詳しく調べられている (Stuart and DiPrima, 1980)。その詳細は文献に委ねることとして，ここでは 1 次元系について平面波の安定性を調べよう。そのために

$$A(x,t)=A_k(x,t)+u(x,t)\exp\left[i(kx+\omega_k t)\right] \tag{3.5}$$

とおいて，平面波からの小さな撹乱の振幅 $u(x,t)$ に関して (2.87) を線形化する。これにより次式を得る：

$$\begin{aligned}\frac{\partial u}{\partial t}=&\left[-(1+ic_2)(1-k^2)-2(c_1-i)k\frac{\partial}{\partial x}+(1+ic_1)\frac{\partial^2}{\partial x^2}\right]u\\&-(1+ic_2)(1-k^2)\overline{u}.\end{aligned} \tag{3.6}$$

ここで $\overline{u}$ は u の複素共役を表す。

$u(x,t)$ を次式のように空間に関してフーリエ分解しよう：

$$u(x,t) = \int_{-\infty}^{\infty} dq\, u_q(t) \exp(iqx). \tag{3.7}$$

フーリエ振幅を用いると，(3.6) とその複素共役の式から u_q と $\overline{u}_{-q}$ に関して閉じた形の方程式

$$\frac{d}{dt}\begin{pmatrix} u_q \\ \overline{u}_{-q} \end{pmatrix} = \widehat{L}\begin{pmatrix} u_q \\ \overline{u}_{-q} \end{pmatrix} \tag{3.8}$$

が得られる。$\widehat{L}$ は 2×2 の複素行列である。各フーリエ振幅は $u_q(t) \propto \exp(\lambda t)$ のように時間発展し，線形成長率 λ は $\widehat{L}$ の固有値で与えられる。λ は方程式

$$\det\left(\lambda\widehat{I} - \widehat{L}\right) = 0 \tag{3.9}$$

をみたし，したがって，複素係数の 2 次方程式

$$\lambda^2 + (a_1 + ia_2)\lambda + b_1 + ib_2 = 0 \tag{3.10}$$

の根で与えられる。ここに，

$$a_1 = 2\left(1 - k^2 + q^2\right), \tag{3.11a}$$

$$a_2 = 4c_1 kq, \tag{3.11b}$$

$$b_1 = 2\left(1 + c_1 c_2\right)\left(1 - k^2\right)q^2 + \left(1 + c_1^2\right)q^4 - 4\left(1 + c_1^2\right)k^2 q^2, \tag{3.11c}$$

$$b_2 = 4\left(c_1 - c_2\right)\left(1 - k^2\right)kq \tag{3.11d}$$

である。波数 k の平面波が安定であるための必要十分条件は，与えられた k に対して，固有値 $\lambda(q)$ の実部がどのような q に対しても正にならないことである。この条件がみたされるか否かを一般の k について調べるにはやや煩雑な計算を要する。

空間的に一様な撹乱 $(q = 0)$ に対しては，λ に対する 2 次方程式は $\lambda^2 + 2(1-k^2)\lambda = 0$ となる。これより，固有値の一つ λ_+ は必ず 0 であり，他の固有値 λ_- は負である。固有値 0 に対応する撹乱は物理的には平面波の空間並進を表している。実際，(3.1) からわかるように，空間並進は $A_k \to A_k \exp(i\varphi)$ のように A_k に一定の位相因子 $\exp(i\varphi)$ を乗じることと等価であり，前者が複素 GL 方程式の解なら後者もまたその解であることは明らかである。したがっ

て，このような特別な撹乱に対して平面波はまったく回復力をもたず，撹乱の成長率 λ_+ は 0 であることが理解される。もう一つの固有値 λ_- に対応する撹乱は，振幅をその定常値 $\sqrt{1-k^2}$ から変化させるので 0 に減衰する。

λ_+ と λ_- に対応する固有モードをそれぞれ位相モードと振幅モードとよぶことにする。有限波数 q をもつ撹乱に対しても，$q=0$ からの延長として位相モードと振幅モードがあり，これらに対応する固有値スペクトルの分枝 $\lambda_+(q)$ および $\lambda_-(q)$ をそれぞれ**位相分枝** (phase-like branch) および**振幅分枝** (amplitude-like branch) とよぶ。

平面波が不安定になるとすれば，それは位相モードの長波長撹乱に対してであることがわかっている。以下ではその前提にたって議論を進めよう。そこで，(3.10) の 2 次方程式の根のうち λ_+ の表式を小さい $|q|$ に対して計算する。結果は次式で与えられる：

$$\lambda_+(q) = 2i\,(c_2 - c_1)\,kq + \frac{1}{1-k^2}\left[-\,(1+c_1c_2) + \left(3 + c_1c_2 + 2c_2^2\right)k^2\right]q^2 + O\left(q^3\right). \tag{3.12}$$

これより，安定な平面波の波数 k は次式をみたすことがわかる：

$$k^2 < \frac{1+c_1c_2}{3+c_1c_2+2c_2^2}. \tag{3.13}$$

上式からただちにわかることとして，最大波数 $|k|=1$ に十分近い波数をもつ平面波は常に不安定である。このような平面波は非常に小さい振幅をもつが，振幅 0 の非振動状態が不安定であるという事実から考えて，このような小振幅平面波が安定でありえないことは直観的にも理解できる [2)]。

より長い波長の平面波に対して安定性は一般に高くなることも (3.13) からわかる。したがって，もし一様振動解が不安定ならすべての平面波解は不安定となる。これが起こるための条件は特に重要である。なぜなら，場が完全に位相をそろえて振動する状態が不安定化し，かつどのような平面波も安定に存在しえない場合，どのような状態が現れるのかということは非常に興味がもたれ

2) 一般的な振動反応拡散系に対して，不安定定常状態のまわりに平面波解が存在し，振幅が十分小さい平面波解が常に不安定であることをはじめて証明したのは Kopell と Howard である (Kopell and Howard, 1973)。

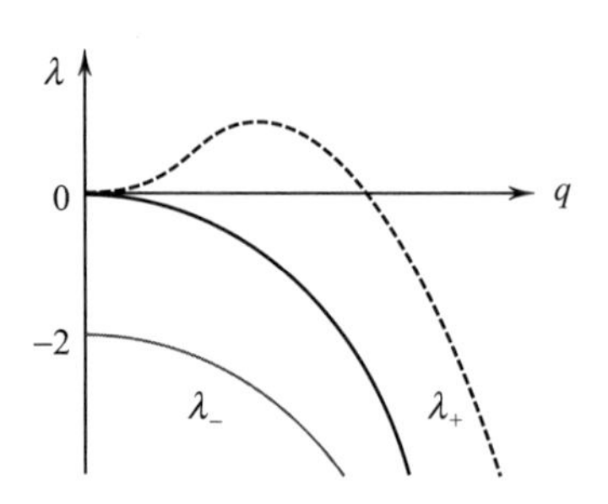

図 3.3　一様振動解のまわりの固有値スペクトル。λ_+ および λ_- はそれぞれ位相分枝と振幅分枝を表す。破線は Benjamin-Feir 不安定化した位相分枝。

るからである。そのための条件が $1+c_1c_2<0$ で与えられることは (3.13) から明らかであるが，一様振動解まわりのダイナミクスに関しては一般の q に対して安定性解析が容易に行えるので，それに基づいてこの不安定化現象を少し詳しく調べてみよう。

一様振動状態の不安定化

$k=0$ に対して (3.10) の解は

$$\lambda_\pm(q) = -\left(1+q^2\right) \pm \left[\left(1+q^2\right)^2 - 2\left(1+c_1c_2\right)q^2 - \left(1+c_1^2\right)q^4\right]^{1/2} \tag{3.14}$$

となる。安定性に関係するのは位相分枝 $\lambda_+(q)$ であり，その実部の符号が問題になるのは小さな q，すなわち長波長の位相撹乱に対してであった。$\lambda_+(q)$ を q でべき展開すると，

$$\lambda_+(q) = -\left(1+c_1c_2\right)q^2 - \frac{1}{2}c_1^2\left(1+c_2^2\right)q^4 + \cdots \tag{3.15}$$

となる。$\lambda_-(q)$ も同様に展開できる。長波長領域での両分枝の模式図を図 3.3 に示した。

すでにみたように，安定性条件は

$$1+c_1c_2>0 \tag{3.16}$$

で与えられる。この条件が破れる場合，それを **Benjamin-Feir 不安定性** (以

下，BF 不安定性と略記) とよぶ [3)]。

固有値スペクトルを機械的に計算する上記のやり方からは，BF 不安定性がどのような物理的機構で起こるのかはわかにくい。以下では，物理的な見方からこの不安定性が起こる理由を解釈してみたい。

そのためには，一様振動解 $A_0(t)$ のまわりの小さな撹乱を (3.5) の形ではなく，次式のように振幅撹乱 $\rho(x,t)$ と位相撹乱 $\psi(x,t)$ を用いて表すのが適当である：

$$\begin{aligned} A(x,t) &= A_0(t)\left[1+\rho(x,t)\right]e^{i\psi(x,t)} \\ &\simeq A_0(t)\left[1+\rho(x,t)+i\psi(x,t)\right]. \end{aligned} \tag{3.17}$$

A の位相 ϕ は $\phi=(c_0-c_2)t+\psi$ である。上式を (2.87) に代入し，ρ と ψ に関して線形化すると

$$\frac{\partial\rho}{\partial t}=\left(-2+\frac{\partial^2}{\partial x^2}\right)\rho-c_1\frac{\partial^2\psi}{\partial x^2}, \tag{3.18a}$$

$$\frac{\partial\psi}{\partial t}=\left(-2c_2+c_1\frac{\partial^2}{\partial x^2}\right)\rho+\frac{\partial^2\psi}{\partial x^2} \tag{3.18b}$$

となる。$\rho=\rho_0\exp(iqx+\lambda t)$, $\psi=\psi_0\exp(iqx+\lambda t)$ とおけば，上式から固有値 λ に対する方程式

$$\det\left(\lambda\widehat{I}-\widehat{L}\right)=0, \tag{3.19a}$$

$$\widehat{L}=\begin{pmatrix} -(2+q^2) & c_1q^2 \\ -(2c_2+c_1q^2) & -q^2 \end{pmatrix} \tag{3.19b}$$

が得られ，その根が (3.14) と一致することは容易に確かめられる。

BF 不安定性が起こるためには，c_1 と c_2 が異符号であることが必要であった。以下では $c_2>0$, $c_1<0$ と仮定しよう。これらの正負が逆転する場合も，以下の論法は本質的にそのままあてはまる。

[3)] Benjamin-Feir 不安定性という用語は，もともと深水波の変調不安定性に関する Benjamin と Feir の研究 (Benjamin and Feir, 1967) に由来するもので，複素 GL 方程式とは直接の関係はない。しかし，不安定化機構の数学的類似性から同じ名称でよばれるようになっている。複素 GL 方程式に関連してこの不安定性条件をはじめて明示したのは Newell である (Newell, 1974)。

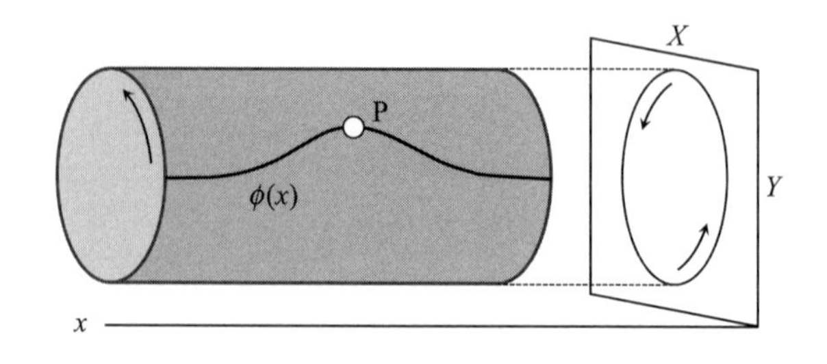

図 3.4　図 3.1 と類似の状態表示による位相 $\phi(x)$ のプロフィール。位相が最も進んだ点 P では $\phi(x)$ が負の曲率をもつので，位相拡散は P を減速させて位相パターンを平坦化させる効果をもつ。しかし，この効果に対抗して P を加速する機構が存在すれば BF 不安定性が起こりうる。$\phi(x)$ の曲率が有限であるために P が円筒の内部に押し込まれ，これによって P が加速されることで後者の機構が生じる。

ある瞬間に位相 $\phi(x,t)$ または $\psi(x,t)$ の局所的なプロフィールが図 3.4 のようになっているとしよう。そこでは P 点で位相が最も進んでいる。初期状態では振幅攪乱 ρ は 0，すなわちすべての局所振動子は半径 1 の円筒表面上にあるとする。この状況から出発して，位相が最も進んでいる P 点近傍の $\phi(x)$ がその後どう変形するかを考える。

ϕ の空間変化の曲率，すなわち ψ のそれはそこで負になっている。以下では ϕ の代わりに ψ のパターンに即して述べる。仮に $c_1 = 0$ なら，(3.18a) からわかるように ρ は 0 のままであり，(3.18b) によって ψ は単純な拡散方程式に従うので $\psi(x)$ は平坦化し，一様振動状態が回復されるであろう。しかし，いま仮定しているように $c_1 < 0$ なら，(3.18a) の右辺最終項は負である。したがって ρ は 0 にとどまることはできず，P 点はリミットサイクル軌道の内側 (図 3.4 では円筒の内部) に押し込まれることになる。そして，ρ がこのように負の値をもつことで (3.18b) における $-2c_2\rho$ 項が正となり，これは P 点での位相の増大を加速する効果をもつ。もちろん位相拡散の項はこれに対抗し，拡散が支配的なら $\psi(x)$ は平坦化するであろう。逆に，加速効果が勝れば P 点付近の位相はますます進み，$\psi(x)$ はいっそう不均一化するであろう。これが不安定化機構の物理的解釈である。

不安定化の条件式 $1 + c_1c_2 < 0$ は，上記の物理的解釈を簡潔に表現してい

る。初項 1 は位相の拡散による平坦化の効果を表しており，c_1 または c_2 が 0 ならこれに対抗する効果はない。不安定化は，c_1 および c_2 によって代表される 2 つの物理的効果の協力によって可能になる。すなわち，ψ が空間的に非一様性であるためにリミットサイクル振動の振幅が変化するという効果 (c_1 による) と，振幅の変化によって位相の増大が加速される効果 (c_2 による) との協力である。複素 GL 方程式に縮約される以前の反応拡散系に立ち帰って考えると，c_1 はいくつかの濃度変数の間で拡散の速さに違いがあるために生じる量であった。拡散速度に違いがあると，位相パターン $\phi(x)$ の曲率が有限のところでリミットサイクル振動の振幅が局所的に変化し，その結果，振動数が局所的に変化するのである。以上の議論では負の曲率をもつ $\phi(x)$ を考えたが，曲率が正の場合には，上記の 2 つの物理的効果の協力によって「位相の遅れた部分ではその増大にブレーキがかかるためにますます位相が遅れる」といい直されるだけで，議論の本質は変わらない。

3.3 位相方程式の導出

振幅自由度の断熱消去

位相縮約の一般的な考え方については次章で論じるが，ここでは断熱消去という物理的な考え方を用いて複素 GL 方程式から振幅自由度を消去し，位相のみでダイナミクスを記述する方法 (Kuramoto and Tsuzuki, 1976) を説明しよう。簡単のため引き続き空間次元は 1 と仮定するが，一般次元でも考え方はまったく同じである。

(3.18a,b) は，一様振動解からの振幅のずれ ρ と位相のずれ ψ に関する線形化方程式であった。非線形効果を含む正確な式は次式で表される：

$$\left(\frac{\partial}{\partial t} + 2 - \frac{\partial^2}{\partial x^2}\right)\rho + c_1 \frac{\partial^2 \psi}{\partial x^2} = f_\rho(\rho, \psi), \tag{3.20a}$$

$$\left(2c_2 - c_1 \frac{\partial^2}{\partial x^2}\right)\rho + \left(\frac{\partial}{\partial t} - \frac{\partial^2}{\partial x^2}\right)\psi = f_\psi(\rho, \psi). \tag{3.20b}$$

ここに，f_ρ と f_ψ は非線形項であり，それぞれ

$$f_\rho = -(1+\rho)\left(\frac{\partial\psi}{\partial x}\right)^2 - c_1\rho\frac{\partial^2\psi}{\partial x^2} - 2c_1\frac{\partial\rho}{\partial x}\frac{\partial\psi}{\partial x} - \rho^2(3+\rho), \tag{3.21a}$$

$$f_\psi = -c_1\left(\frac{\partial\psi}{\partial x}\right)^2 - c_1\frac{\rho}{1+\rho}\frac{\partial^2\rho}{\partial x^2} + \frac{2}{1+\rho}\frac{\partial\rho}{\partial x}\frac{\partial\psi}{\partial x} - c_2\rho^2 \tag{3.21b}$$

で与えられる。

場の空間変化が十分ゆるやかな状況を考えよう。空間変化がまったくなければ，(3.20a) は微小な ρ に対して $\dot{\rho} = -2\rho$ となって ρ は有限の減衰率で減衰する。ゆるやかな空間変化や非線形性があってもこの事実は基本的に変わらない。一方，ψ は有限の減衰率をもたず，場のゆるやかな空間変化に起因するごく遅い運動があるのみである。

このように，ρ と ψ とでは変化速度はまったく異なる。その場合，速く減衰する ρ は，十分ゆっくり変化する ψ の時々刻々の値に断熱的に追随すると期待される。すなわち，時々刻々の ψ は ρ にとっては時間的に一定とみなされ，その下で ρ はすみやかに平衡値に達してしまうのである。その結果，ρ はもはや独立変数ではなくなり，ψ のみで閉じた発展方程式が成り立つことになる。

(3.20a) から，大きな減衰率 -2 をもつ ρ は，ψ がほとんど変化しない間に準平衡値

$$\rho = -\frac{1}{2}\left[c_1\frac{\partial^2\psi}{\partial x^2} + \left(\frac{\partial\psi}{\partial x}\right)^2\right] \tag{3.22}$$

に達するとしてよい。この近似式は次のようにして得られる。まず，場の空間変化がゆるやかなので，空間微分 $\partial/\partial x$ を多数回含む項ほど高次の微小量になることに注意する。これをはっきりさせるため，空間微分を 1 回多く含むごとに微小性が ϵ だけ増すとして置き換え $\partial/\partial x \to \epsilon\partial/\partial x$ を行う。ただし，最終的には $\epsilon = 1$ に戻す。その結果，(3.22) の右辺の二項はともに ϵ の 2 次の微小量となり，無視された項はすべて 3 次以上の微小量になっていることがわかる。

(3.22) を (3.20b) に代入し，ϵ に関する最低次，すなわち ϵ^2 項のみを残すと，

$$\frac{\partial\psi}{\partial t} = \nu\frac{\partial^2\psi}{\partial x^2} + \mu\left(\frac{\partial\psi}{\partial x}\right)^2 \tag{3.23}$$

が得られる。ここに係数 ν, μ は

$$\nu = 1 + c_1 c_2, \tag{3.24a}$$

$$\mu = c_2 - c_1 \tag{3.24b}$$

で与えられる。

拡散方程式への変換

(3.23) は，振動場における最も基本的な発展方程式の一つである。以下ではこの方程式を**非線形位相拡散方程式**とよぼう。$\partial\psi/\partial x = v/2$ とおけば $\partial v/\partial t = \nu\partial^2 v/\partial x^2 + \mu v\partial v/\partial x$ となる。この形は **Burgers 方程式**として知られている (Burgers, 1974)。それゆえ (3.23) 自身を Burgers 方程式とよぶこともある。

Hopf-Cole 変換とよばれる変数変換

$$\psi = \mu^{-1}\nu \ln Q \tag{3.25}$$

によって，非線形拡散方程式 (3.23) は単純な拡散方程式

$$\frac{\partial Q}{\partial t} = \nu\frac{\partial^2 Q}{\partial x^2} \tag{3.26}$$

に帰着し，これに対しては完全な解析が可能である。この事実を利用した具体的なパターンダイナミクスの議論は次節以降になされる。

一様振動解の安定性条件は (3.16) で与えられたが，それは**位相拡散係数** ν が正であることと等価である。負の拡散係数をもつ拡散方程式は物理的に無意味であり，これを導出した上記の議論の前提が破綻する。負の拡散によって，その導出のために必要であった「ゆるやかな空間変化」という前提条件が破れるからである。

現象論的導出による高次の位相方程式

ρ の断熱消去による位相方程式の導出方法は初等的でわかりやすいが，それほどすっきりしたものではない。この方程式を導出するためのより一般的な方法は第 4 章に述べる位相縮約法である。しかし，断熱消去法とも異なり，次章

の位相縮約法とも異なる現象論的な方法 (Kuramoto, 1984b) があり，それは以下のように述べられる。

位相方程式が

$$\frac{\partial \psi}{\partial t} = G\left(\frac{\partial \psi}{\partial x}, \frac{\partial^2 \psi}{\partial x^2}, \cdots\right) \tag{3.27}$$

の形をもつと仮定しよう。G は一般に ψ のあらゆる空間微分を含み，それぞれの空間微分項でべき展開できるとする。もちろん，あらゆるクロスタームも現れる。長波長現象を考えているので，$\partial/\partial x$ を多数回含む展開項ほど微小である。G は ψ 自身を含んでいない。それは，$\psi \to \psi + \psi_0$ のような位相シフトに対して (3.27) のもとになる複素 GL 方程式が不変だからである。同じ不変性は縮約方程式においても保持されるはずである。

G を ψ のさまざまな空間微分でべき展開したとき，空間反転 $x \to -x$ に対して方程式が不変でなければならないという条件から，$\partial/\partial x$ を偶数回含む項しか現れない。空間反転対称性がなぜ成り立つかというと，それもまた複素 GL 方程式自身がその対称性をもっていること，すなわち変換 $x \to -x$ に対して不変であるということからきている。しかし，それだけでは不十分で，G の展開の起点になっている一様振動解が同様に空間反転対称性をもっているという事実も必要である。ちなみに，展開の起点がこの対称性を破っている場合，たとえば $k \neq 0$ の平面波という空間反転対称性が破れた解のまわりでの展開では，$\partial/\partial x$ を奇数回含む項が現れる。

先の議論と同様に，$\partial/\partial x \to \epsilon\partial/\partial x$ と置き換えておく。これによって (3.27) は

$$\frac{\partial \psi}{\partial t} = \epsilon^2 a \frac{\partial^2 \psi}{\partial x^2} + \epsilon^2 b \left(\frac{\partial \psi}{\partial x}\right)^2 + O\left(\epsilon^4\right) \tag{3.28}$$

となり，ϵ の最低次近似では非線形位相拡散方程式が得られる。

(3.28) において $\epsilon = 1$ に戻し，$O(\epsilon^4)$ 項は無視しよう。$a = \nu$, $b = \mu$ となることは以下の考察からわかる。線形近似の範囲では (3.28) は解 $\psi(x,t) \propto \exp(\lambda t + iqx)$ をもち，$\lambda = -aq^2 + O(q^4)$ となる。λ のこの表式は固有値スペクトル (3.14) における位相分枝 $\lambda_+(q)$ を q でべき展開したもの (3.15) に一致するはずである。これより $a = 1 + c_1c_2 = \nu$ が示された。もう一つの係数 b を決めるために，(3.28) が複素 GL 方程式の平面波解に対応する解を

もつことに注意する。これは先にみたように ψ が一定の勾配 k をもつ解である。k が十分小さいときそれは $\psi = kx + bk^2 t$ で与えられ，したがってその振動数は一様解と bk^2 だけ違っている。複素 GL 方程式の平面波解 (3.1) からわかるように，このずれは $(c_2 - c_1)k^2$ に等しくなければならない。よって $b = c_2 - c_1 = \mu$ が示された。なお，1 次元系に対する上記の議論はただちに高次元系に一般化することができ，(3.23) の代わりに

$$\frac{\partial \psi}{\partial t} = \nu \nabla^2 \psi + \mu \left(\nabla \psi\right)^2 \tag{3.29}$$

が得られる。

非線形位相拡散方程式が破綻する $\nu < 0$ の場合でも，位相記述自体が破綻するわけでは必ずしもない。その場合にも成り立つような位相方程式が導出できれば，位相不安定化の結果として何が起こるかを詳しく知ることができるであろう。$|\nu|$ が十分微小な場合には実際これが可能である。上記の現象論的方法に従ってこれを実行してみよう。

問題は，(3.28) のような微分展開において残すべき最も主要な項は何かということである。結果からいえば

$$\frac{\partial \psi}{\partial t} = \nu \frac{\partial^2 \psi}{\partial x^2} + \mu \left(\frac{\partial \psi}{\partial x}\right)^2 - \kappa \frac{\partial^4 \psi}{\partial x^4} \tag{3.30}$$

が正しい答えである。非線形位相拡散方程式を現象論的に導いた上記の議論と同様に，κ は固有値スペクトル $\lambda_+(q)$ を q でべき展開したときの q^4 の係数に一致しなければならない。このことから

$$\kappa = \frac{1}{2} c_1^2 \left(1 + c_2^2\right) > 0 \tag{3.31}$$

となる。

では，方程式 (3.30) の右辺で残された 3 つの項を最も重要な項とする理由は何であろうか。仮に $\partial/\partial x$ のみが微小性を代表すると考えると，同式では右辺の 3 つの項がこの微小性 ϵ について同じオーダーになっておらず，最終項と同じオーダーの項が他にも存在する。しかし，いまの場合もう一つの微小パラメタ $|\nu|$ が存在するために，場の空間変化のスケールや ψ 自身のスケールが $|\nu|$ の微小性と物理的に独立でなくなる。それゆえ，各項の評価は注意深く行う必要がある。

まず，(3.30) が正しく，そこに現れる項がすべて同じオーダーの微小量であると仮定してみよう。すると，2 階微分と 4 階微分の項の大きさのバランスから場の特性波長は $O(|\nu|^{-1/2})$ となる。また，左辺とのバランスから時間スケールは $O(|\nu|^{-2})$ である。さらに，$\nu > 0$ の場合と同様に右辺の唯一の非線形項が無視できないとすれば，この項と他の二項とのバランスから ψ の特性振幅は $O(|\nu|)$ とならなければならない。

その結果，$\widetilde{x} = |\nu|^{1/2}x$, $\widetilde{t} = |\nu|^2 t$ によって再スケールされた空間座標 $\widetilde{x}$ と時間 $\widetilde{t}$ を用いると，(3.30) の解はスケーリング形 $\psi(x,t) = |\nu|\widetilde{\psi}(\widetilde{x},\widetilde{t})$ をもつ。このスケーリング形を仮定すると，(3.30) で無視された項を含めてすべての展開項の大きさを評価することができる。具体的には，(3.30) に現れるすべての項は $O(|\nu|^3)$ であり，無視された他のすべての項がこれより高次の微小量であることは容易にわかる。たとえば，$\partial/\partial x$ を 4 回含む項として $(\partial\psi/\partial x)^4$, $(\partial\psi/\partial x)^2\partial^2\psi/\partial x^2$, $(\partial^3\psi/\partial x^3)\partial\psi/\partial x$, $(\partial^2\psi/\partial x^2)^2$ が無視されているが，これらはそれぞれ $O(|\nu|^6)$, $O(|\nu|^5)$, $O(|\nu|^4)$, $O(|\nu|^4)$ である。このようにして，(3.30) が最も支配的な項を考慮した方程式として少なくとも無矛盾であることが示された。

方程式 (3.30) は 3 つのパラメタを含んでいるが，x, t および ψ のスケールを適当に選ぶとそれらはすべて 1 に規格化される。具体的には，置き換え $x \to (\kappa/|\nu|)^{1/2}x$, $t \to |\nu|^{-2}\kappa t$ および $\psi \to \mu^{-1}|\nu|\psi$ によってパラメタを含まない式

$$\frac{\partial\psi}{\partial t} = -\frac{\partial^2\psi}{\partial x^2} + \left(\frac{\partial\psi}{\partial x}\right)^2 - \frac{\partial^4\psi}{\partial x^4} \tag{3.32}$$

が得られる。(3.30) または (3.32) は **Kuramoto-Sivashinsky 方程式** (以下，KS 方程式と略記) として知られており，後にみるように，その解は時間的空間的に不規則な挙動 (**時空カオス**) を示す。位相場の時空カオスは**位相乱流** (phase turbulence) ともよばれる。KS 方程式も一般空間次元に容易に拡張でき，その無次元化された形は

$$\frac{\partial\psi}{\partial t} = -\nabla^2\psi + (\nabla\psi)^2 - \nabla^4\psi \tag{3.33}$$

である。

スケーリングの考えに基づいて KS 方程式を導いた上記の議論は，位相方程

式が (3.27) の形をもつかぎり一般的に成り立ち，もとの方程式が複素 GL 方程式であるかどうかには関係がない。現象論的方法によらない KS 方程式の導出法については第 4 章で示す [4]。

参考までに述べておくと，(2.98a,b) および (2.101) で与えられる非局所結合複素 GL 系では，上記とは別のタイプの位相乱流が現れる。結合の非局所性のために位相分枝のスペクトルが図 3.3 とは異なり，長波長では BF 安定であるにもかかわらず有限波数 $q = q_{\mathrm{c}}$ においてはじめて不安定化が起こる場合がある。不安定化したこのモードがほぼ中立安定な長波長の位相ゆらぎと結合し，それが時空カオスを引き起こすのである。q_{c} が小さい場合には，この不安定点の近傍で位相縮約が実行でき，1 次元系に対しては **Nikolaevskii 方程式**として知られる方程式

$$\frac{\partial\psi}{\partial t} = -\frac{\partial^2}{\partial x^2}\left[\epsilon - \left(1 + \frac{\partial^2}{\partial x^2}\right)^2\right]\psi - \left(\frac{\partial\psi}{\partial x}\right)^2 \tag{3.34}$$

が導かれる (Tanaka, 2004)。この方程式の解が時空カオスを示すことについては，上記の考えによるその導出に先立っていくつかの研究がある (Tribelsky and Tsuboi, 1996; Tribelsky and Velarde, 1996; Matthews and Cox, 2000)。

---

[4] 複素 GL 方程式の解も当然ながら BF 不安定性の条件下で時空カオス的振舞を示す (Kuramoto and Yamada, 1976a)。弱い BF 不安定性の下で複素 GL 方程式から位相方程式 (3.33) を最初に導出したのは Kuramoto and Tsuzuki (1976) においてであり，次いでこの位相方程式の解も同様に時空カオス的振舞を示すことが見出された (Yamada and Kuramoto, 1976a; Kuramoto, 1978)。これら一連の研究とは独立に，Sivashinsky は振動場とは無関係な燃焼過程という物理的文脈から同じ形の位相方程式を得た (Sivashinsky, 1977)。そこでは，位相 ϕ は炎のフロントの位置を表し，1 次元的なフロントの形状 $\phi(x,t)$ の不規則なダイナミクスが数値的に調べられた (Michelson and Sivashinsky, 1977)。実験的には，振動場の BF 不安定性による時空カオス的現象は，白金表面における CO の酸化反応で見出されている (Jakubith *et al.*, 1990; Imbihl and Ertl, 1995; Kim *et al.*, 2001)。

3.4　ショック解

振動場であることをはっきりさせるために，ψ に対する方程式 (3.23) の代わりにもとの位相 ϕ で表した方程式

$$\frac{\partial \phi}{\partial t} = \omega + \nu \frac{\partial^2 \phi}{\partial x^2} + \mu \left(\frac{\partial \phi}{\partial x} \right)^2 \tag{3.35}$$

によって議論を進める。一様振動は安定，すなわち $\nu > 0$ とし，その振動数 $c_0 - c_2$ を ω とした。また，(3.4) によって $\mu > 0$ も仮定されている。

(3.35) は平面波解をもち，それは

$$\phi(x,t) = kx + \omega_k t, \qquad \omega_k = \omega + \mu k^2 \tag{3.36}$$

で表される。Hopf-Cole 変換 $\phi = \mu^{-1} \nu \ln Q$ あるいは

$$Q = \exp\left(\mu \nu^{-1} \phi \right) \tag{3.37}$$

によって，(3.26) の代わりに

$$\frac{\partial Q}{\partial t} = \omega \mu \nu^{-1} Q + \nu \frac{\partial^2 Q}{\partial x^2} \tag{3.38}$$

が成り立つ。$Q(x,0) > 0$ ならばすべての $t > 0$ に対して $Q(x,t) > 0$ であり，このような解のみが物理的意味をもつ。

Q を用いて平面波解 (3.36) を表すと，

$$Q(x,t) = \exp\left[\mu \nu^{-1} (kx + \omega_k t) \right] \tag{3.39}$$

となる。平面波解は非線形波なので重ね合わせ原理は成り立たない，と以前に述べたが，線形方程式 (3.38) に対してはもちろん (3.39) の形の解の一次結合も解になっている。特に，2 つの平面波解 $Q_\pm = \exp\left[\mu \nu^{-1} (k_\pm x + \omega_\pm t) \right]$, $\omega_\pm = \omega + \mu k_\pm^2$ に対して，その合成 $Q = Q_+ + Q_-$ は (3.38) の解である。位相 ϕ で表せばこの解 ϕ_{s} は

$$\phi_{\mathrm{s}}(x,t) = \mu^{-1} \nu \ln \left\{ \exp\left[\mu \nu^{-1} \left(k_+ x + \omega_+ t \right) \right] + \exp\left[\mu \nu^{-1} \left(k_- x + \omega_- t \right) \right] \right\} \tag{3.40}$$

となる。$x \to +\infty$ で $k = k_+$，$x \to -\infty$ で $k = k_-$ の平面波解が支配的になるとして，$k_+ > k_-$ とする。ln のなかの 2 つの指数関数の大小関係が入れ換

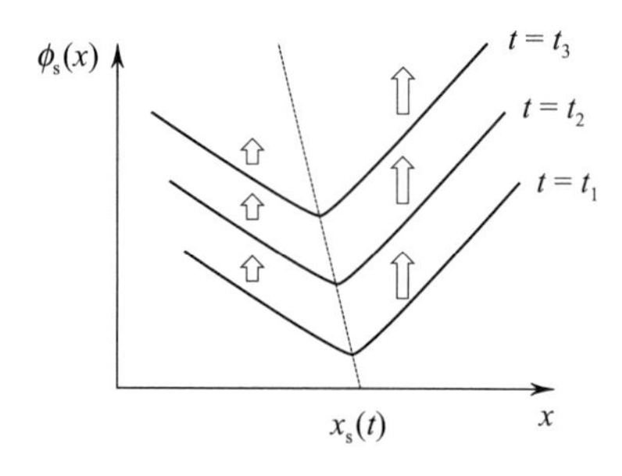

図 3.5 時間とともに上昇するショック解の位相パターン。左右 2 つの平面波の波長はそれぞれの位相勾配で表されるが，それらが異なれば境界 x_s は右または左に一定速度でドリフトする。

わる空間点は

$$x_s(t) = -\mu (k_+ + k_-) t \tag{3.41}$$

で与えられる。図 3.5 からわかるように，この大小関係の変化は比較的狭い範囲で急激に起こるので，上記の解は 2 つの平面波が $x = x_s(t)$ で衝突したようなパターンを表している。Burgers 方程式を流体運動のモデルとみなしたとき，これに対応する解が**ショック解** (衝撃波解) とよばれることから，(3.40) もショック解とよばれている。

2 つの平面波の接合点 $x_s(t)$ は一定速度でドリフトする。$k_+ > k_-$ および (3.41) から明らかなように，$|k_+/k_-| > 1$ なら (すなわち $\omega_+ > \omega_-$ なら) x_s は左にドリフトし，$|k_+/k_-| < 1$ なら右にドリフトする。いずれにしても，$\mu > 0$ であるかぎり相対的に高い振動数をもつ平面波領域が一定速度で拡大し，低振動数領域を侵食する。同期という言葉を用いるなら，ショック解は高振動数領域が低振動数領域を自らの振動数に同期させていく過程を表している。$t \to \infty$ では高振動数の平面波だけが残る。

図 3.6 には，図 3.5 と同様に $k_+ > 0$ かつ $k_- < 0$ の場合についてショックパターンの一例が示されている。同図からわかるように，$k_+ > 0$ 領域では波は左に伝播し，$k_- < 0$ 領域では右に伝播する。したがって，遷移領域で波は衝突し，そこで対消滅する。このように，k_+ と k_- が異符号のとき遷移領域は波の吸入口になっている。

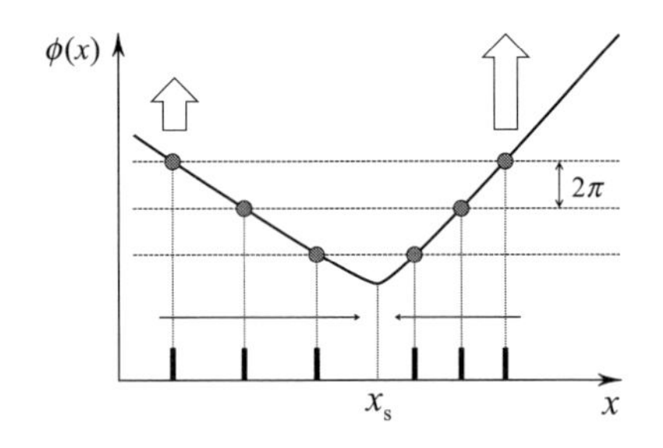

図 3.6　ショック解の位相パターンを表す曲線 $\phi(x)$ と，それを 2π 間隔で横切る水平線群の交点が波列のピークに対応しているとする。曲線 $\phi(x)$ は上方にドリフトし，水平線群は固定されているから，平面波の伝播方向は $x > x_s$ では左，$x < x_s$ では右であることがわかる。したがって，この場合ショック領域は波の吸入口になっている。

なお，本章では常に $\mu > 0$ を仮定しているが，$\mu < 0$ に対して上と同様の考察を行うと，結果は以上に述べたのとは逆になる。すなわち，低振動数領域が高振動数領域を侵食しつつ拡大する。また，$k_+k_- < 0$ のとき遷移領域は波の湧出口になる。

3.5　拡大する標的パターン

振動場における標的パターンの諸特徴

リミットサイクル振動場や興奮場では，しばしば同心円状に広がっていく波動パターンがみられる。これは**標的パターン** (target pattern) とよばれる。BZ 反応系や細胞性粘菌でみられる標的状のパターンはよく知られている。振動場においては，このパターンは非線形位相拡散方程式に基づいて理解できる (Kuramoto and Yamada, 1976b; Kuramoto, 1984a)。その概略を以下に示そう。

2 次元振動場における標的パターンの生成発展の過程は次のように描写できるであろう。一様に振動している場の 1 点を湧出口として，円形波が一定の周期で発生しはじめる。後にあらためて述べるが，媒質にたまたま混入した局所的な不均一性のためにその付近の振動数が高くなり，それが波の発生源となっているのである。局在した高振動数の振動子を**ペースメーカー**とよぶ。

各円形波の波面はほぼ一定速度で広がっていくので，ほぼ等間隔の同心円からなる標的状のパターンが形成される。したがって，標的領域内の振動数 ω_{p} は，一様に振動している外部領域の振動数 ω より高くなっている。最外縁の円形波は，外部領域が 1 振動するごとに消失する。しかし，$\omega_{\mathrm{p}} > \omega$ によって，この周期の間に円形波は 1 波長以上進むので，標的領域自体は一歩一歩拡大することになる。要するに，このような過程は，相対的に速く振動する標的領域が外部領域を自らに同期させつつその領域を拡大していく過程であるといえる。

一般に，場には複数の標的パターンが共存し，それぞれ異なった ω_{p} をもっている。ω_{p} が大きいほど同心円間の間隔は小さい。各標的パターンは拡大し続けるので，2 つの標的パターンの最外円の間に必然的に衝突が起こる。波は衝突によって対消滅しショックをつくることはすでにみた。いま考えている 2 次元系では，2 つの円形波は接触する端から互いの波面を消去しあっていく。その結果，波面が鋭く折れ曲がったカスプ状の構造ができる。一対の円形波が衝突しはじめてから次の一対が衝突を開始するまでに衝突面は一般に移動する。なぜなら，波面と波面の間隔は標的パターンごとに異なるのに波の進行速度はほぼ同じだからである。波長が短く，したがって速く振動する標的領域が振動の遅い標的領域を侵食するように衝突面が動くのである。このようにして，最も速く振動するペースメーカーによってつくられる標的領域が，最終的に全領域を覆うことになる。

不均一性を含む位相方程式とその近似解法

上に列記したこの現象の諸特徴は，非線形拡散方程式 (3.35) に振動数の局所的な不均一性を考慮した位相方程式

$$\frac{\partial \phi}{\partial t} = \omega + \nu \nabla^2 \phi + \mu \left(\nabla \phi\right)^2 + s\left(\boldsymbol{r}\right) \tag{3.42}$$

によってほぼ満足に説明される。以下では空間次元を 2 とし，$\nu, \mu > 0$ とする。自然振動数の不均一性を表す $s(\boldsymbol{r})$ はごく狭い領域 (ペースメーカー領域) で正の値をもち，それ以外では 0 とする。不均一性を含むこのようなモデルをここでは現象論的なモデルとみなしているが，振動反応拡散系や複素 GL 方程式に弱い不均一性を含ませた式を位相縮約することによってもそれは容易に導

出できる。

Hopf-Cole 変換 (3.37) によって，(3.42) は次式のように表される：

$$\frac{\partial Q}{\partial t} = \nu \left[\mu\nu^{-2}\omega + \nabla^2 - U(\boldsymbol{r})\right] Q, \tag{3.43a}$$

$$U(\boldsymbol{r}) = -\mu\nu^{-2} s(\boldsymbol{r}). \tag{3.43b}$$

$U = 0$ なら上式は平面波に対応する解 (3.39) をもつが，$U \neq 0$ に対しては平面波を一般化した次の形で解を求めてみよう：

$$Q(\boldsymbol{r}, t) = q(\boldsymbol{r}) \exp\left[\left(\mu\nu^{-1}\omega + \nu\lambda\right) t\right]. \tag{3.44}$$

上式を (3.43a) に代入すると，$q(\boldsymbol{r})$ がみたすべき式

$$\lambda q(\boldsymbol{r}) = \left[\nabla^2 - U(\boldsymbol{r})\right] q(\boldsymbol{r}) \tag{3.45}$$

が得られる。

(3.45) は，ポテンシャル $U(\boldsymbol{r})$ のなかでの 1 粒子の量子力学的運動に関する固有値問題と同じ形をもっている。仮定によって，ペースメーカー領域では $U < 0$ であるから，このポテンシャルは引力ポテンシャルである。正の固有値 λ が存在すれば束縛状態が存在することになる。(3.43a) の一般解は，固有状態の重ね合わせ

$$Q(\boldsymbol{r}, t) = \sum_n q_n(\boldsymbol{r}) \exp\left[(\mu\nu^{-1}\omega + \nu\lambda_n)t\right] \tag{3.46}$$

で与えられる。

量子力学的波動関数が時間的に振動するのに対して，波動関数に対応する量 Q は指数関数的に増大する。これは保存力学系と散逸力学系との違いに起因している。この違いのために，Q の長時間挙動は最大固有値をもつ固有状態 (基底状態に対応する) で支配される。

まず，単一のポテンシャル井戸，すなわち単一のペースメーカーが原点 $\boldsymbol{r} = 0$ 近傍に存在する場合を考えよう。井戸が十分深ければ束縛状態が存在すると期待され，そのとき Q の指数関数的成長率には λ に比例した項 $\nu\lambda t$ が付加される。この付加項による Q の成長速度の増大は，物理的には場の振動数の増大を意味している。このように，ペースメーカーの強度が十分大きいなら，場は振動数を高めることでペースメーカーに同期するのである。逆に，ペースメー

カーの強度が弱く，ポテンシャルが束縛状態をもちえない場合には，最大固有値はペースメーカーが存在しない $U=0$ の場合と同じく $\lambda=0$ であり，場の振動数は変わらない。すなわち，ペースメーカーが場に同期する。

ペースメーカーによる場の同期過程を記述するために，初期段階では場はほぼ一様に振動しているとしよう。すなわち，(3.46) において零固有値の状態が支配的で，ごく狭いペースメーカー領域を除いて

$$Q(\boldsymbol{r},t)=Q_0\exp\left(\mu\nu^{-1}\omega t\right) \tag{3.47}$$

となっている。もし束縛状態が存在すれば，時間とともにそれが Q に効いてくる。なかでも最大固有値をもつ束縛状態からの寄与がやがて圧倒的に大きくなると期待される。十分遠方ではなお零固有値状態が支配的と考えられるから，これと上記の束縛状態との重ね合わせ

$$Q(\boldsymbol{r},t)=\exp\left(\mu\nu^{-1}\omega t\right)\left[Q_0+q(\boldsymbol{r})\exp\left(\nu\lambda t\right)\right] \tag{3.48}$$

によって場は近似的に記述される。束縛状態の波動関数 $q(\boldsymbol{r})$ は，ペースメーカー領域の外部では

$$\left(\nabla^2-\lambda\right)q=0 \tag{3.49}$$

をみたすとしてよい。2 次元空間では，この解は 0 次の第 2 種変形 Bessel 関数 $K_0(\sqrt{\lambda}\,|\boldsymbol{r}|)$ によって与えられる。中心から十分離れたところでは，この関数の漸近形が $\exp(-\sqrt{\lambda}\,|\boldsymbol{r}|)/\sqrt{|\boldsymbol{r}|}$ であることを用いて，

$$q(\boldsymbol{r})=Q_1\exp\left[-\sqrt{\lambda}\cdot|\boldsymbol{r}|+O(\ln|\boldsymbol{r}|)\right] \tag{3.50}$$

としてよい。上式を (3.48) に代入し，さらに変換 (3.25) によって位相 ϕ で表せば，

$$\phi(\boldsymbol{r},t)=\omega(t-t_0)+\mu^{-1}\nu\ln\left\{1+\exp\left[\nu\lambda(t-t_0)-\sqrt{\lambda}\,|\boldsymbol{r}|+O(\ln|\boldsymbol{r}|)\right]\right\} \tag{3.51}$$

となる。ここに，$t_0=-(\nu\lambda)^{-1}\ln(Q_1/Q_0)$ はペースメーカーの活動の開始時刻と解釈されるが，以下ではこれを 0 とする。

ショック解 (3.40) において，2 つの指数関数項の大小関係が $x=x_{\mathrm{s}}$ を境に急激に入れ替わったのと同様に，(3.51) において対数のなかの二項の大小関係

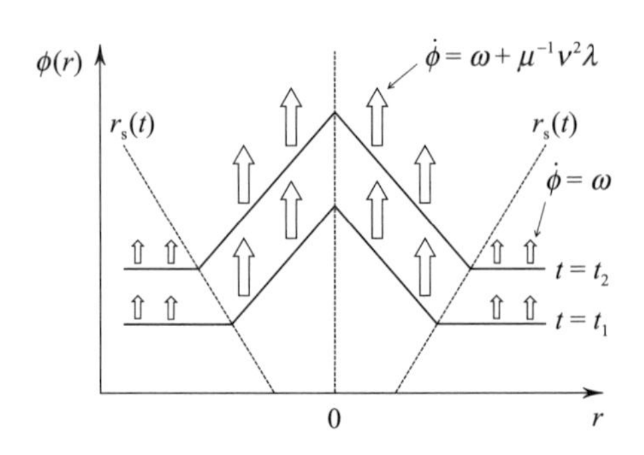

図 3.7　拡大する標的パターンの動径方向に沿ってみた位相プロフィール。左右一対のショックパターンが中心のペースメーカーによって維持されている。

はある $|\boldsymbol{r}|$ を境に急激に変化し，いずれか一方のみで近似できる。境界を代表する $|\boldsymbol{r}|$ は

$$r_{\mathrm{s}}(t) = \nu\sqrt{\lambda}t \tag{3.52}$$

で与えられ，これを用いて (3.51) は近似的に

$$\phi(\boldsymbol{r}, t) = \begin{cases} \omega t & \left(|\boldsymbol{r}| > r_{\mathrm{s}}(t)\right), \\ (\omega + \mu^{-1}\nu^2\lambda)t - \mu^{-1}\nu\sqrt{\lambda}\,|\boldsymbol{r}| & \left(|\boldsymbol{r}| < r_{\mathrm{s}}(t)\right) \end{cases} \tag{3.53}$$

と書かれる。

(3.53) で与えられる位相パターンとその時間発展を動径方向に沿ってみたものを図 3.7 に示した。これは中心のペースメーカーによって維持された左右一対のショックからなるパターンを表している。高い振動数 $\widetilde{\omega} = \omega + \mu^{-1}\nu^2\lambda$ をもつテント状の中央領域が，一定速度 $\nu\sqrt{\lambda}$ でその幅を広げつつ一様振動領域を同期させていく様子が図からわかる。

図 3.8 には，同じ位相パターンによる波の伝播の様子が示されている。図 3.6 と同様に，ある位相値 (図では 2π 間隔の水平線で表した位相レベル) が波のピークに対応するとすれば，位相パターンの上昇運動とともに中心から湧き出た波が $|\boldsymbol{r}| = r_{\mathrm{s}}$ に達したところで消滅することがわかる。

2 次元系では，このテント状の位相プロフィールを中心軸まわりに回転させたものを考えればよい。これによって円錐状の位相パターンが得られるが，その上昇運動によって円錐の底面は拡大し続ける。この円錐を 2π 間隔で固定さ

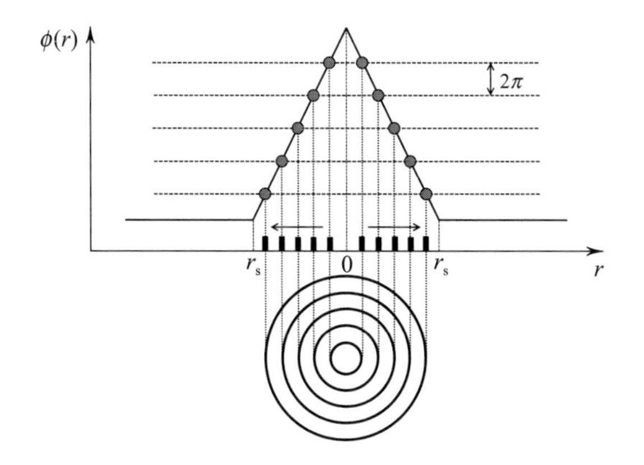

図 3.8 テント状の位相プロフィールをその中心軸まわりに回転すると円錐形の位相パターンが得られる。これを 2π 間隔の水平面群で切った切り口を底面に投影すると同心円となる。

れた水平面で切れば，その切り口を底面に投影したものが波面を表している。それはまさに拡大する標的パターンであり，先に述べた標的パターンの特徴をすべて備えている。

複数のペースメーカーが存在する場合に上の議論を拡張することは容易である。$\boldsymbol{r} = \boldsymbol{r}_1$, $\boldsymbol{r}_2$ にそれぞれペースメーカーが存在するとしよう。ペースメーカー領域の広がりに比べて両者が十分離れていれば，2 つの独立なポテンシャル問題を解き，各々の最大固有値に対応する固有状態を一様振動状態に重ね合わせたものが近似解になる。よって，それぞれのポテンシャルの最大固有値を λ_1, λ_2 とすると，(3.48) を一般化した式

$$Q(\boldsymbol{r},t) = \exp\left(\mu\nu^{-1}\omega t\right)\left[Q_0 + Q_1 \exp\left(\nu\lambda_1 t\right) q_1(\boldsymbol{r}) + Q_2 \exp\left(\nu\lambda_2 t\right) q_2(\boldsymbol{r})\right] \tag{3.54}$$

が得られる。その近似形は

$$\phi(\boldsymbol{r},t) = \omega t + \mu^{-1}\nu \max\left[0,\, \nu\lambda_1 t - \sqrt{\lambda_1}|\boldsymbol{r}|,\, \nu\lambda_2 t - \sqrt{\lambda_2}|\boldsymbol{r}|\right] \tag{3.55}$$

である。上式で表される位相パターンを図 3.9 に模式的に示した。それは，2 つのペースメーカーを結ぶ直線に沿った位相パターンの断面を表している。同図では，左のペースメーカーが右のそれよりも高い振動数をもっている。波面

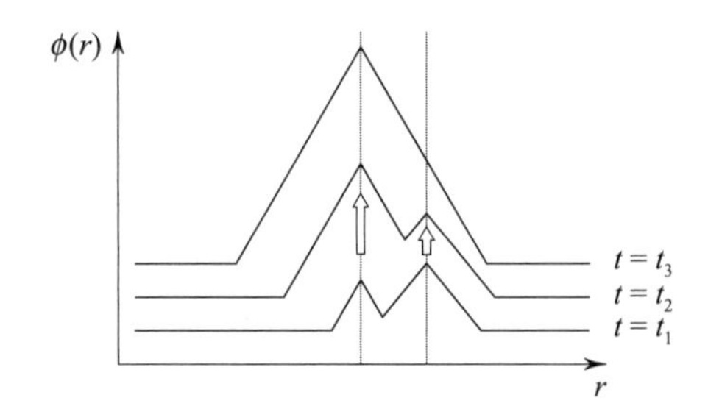

図 3.9　　2 つのペースメーカーがつくる標的パターンの位相プロフィール。ペースメーカーの振動数が異なれば，速いペースメーカーによる標的領域のみが最終的に残る。

が衝突によって対消滅すること，速いペースメーカーによる標的領域が遅いペースメーカーによるそれをしだいに呑み込んでいくなど，先に述べたパターンの特徴はほぼすべてこれによって説明される。

3.6　2 次元回転らせん波

位相方程式の破綻

回転らせん波とよばれる渦巻状に回転する波動パターンも，標的パターンと同様に興奮性の場にもリミットサイクル振動場にも現れる。標的パターンと違って，場に不均一性が含まれる必要はなく，適当な初期条件が与えられればそれは自律的に形成されていく。

図 3.10(a) には，複素 GL 方程式から得られたらせん波パターンが示されている。同図 (b) には，このらせん波パターンに対して，ある時刻における無数の局所振動子の状態分布が相空間における点集合で表されている。らせん波パターンの特徴として，この瞬間的な相ポートレットは単連結の領域をつくる。仮にすべての振動子がリミットサイクル軌道からそれほど離れていないとするなら，この点集合がつくる領域はリミットサイクル軌道をなぞるようなリング状の領域になるはずであり，単連結には決してならない。

単連結のこのような相ポートレットは，位相が定義できない局所状態 $A = 0$

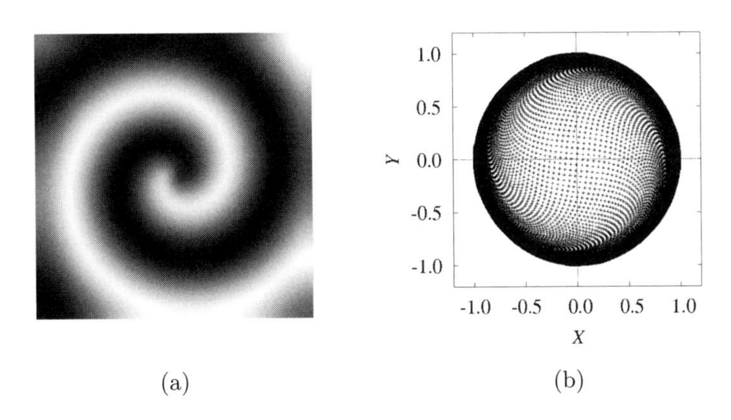

図 3.10　(a) 複素 GL 方程式から得られる 2 次元回転らせん波。(b) 回転らせん波の瞬間的相ポートレット。$c_1 = 0.0$, $c_2 = 1.0$.

を必ず含み，それはらせん波の回転中心に対応している。**位相特異点**となっているこの空間点は一種の**トポロジカルな欠陥**であり，この点を囲む任意の閉曲線に沿って 1 周するときに，位相は 2π または -2π だけ変化する。すなわち，電荷に似てこのトポロジカルな欠陥には正負 2 種類ある。

複素 GL モデルにおいて 2 次元らせん波パターンが生成されるための典型的な初期状態分布を図 3.11 に示す。そこでは，2 本の等濃度線 $X(x, y) = 0$ と $Y(x, y) = 0$ が交叉している。したがって，$A = 0$ という位相が定義できない空間点が存在し，そのまわりを 1 周すると位相は 2π だけ変化する。この初期分布に対応する相ポートレットは，すでに点 $A = 0$ を含む単連結の点集合となっている。振動場を撹乱した結果，局所的に図 3.11 のような濃度分布が生じたとしよう。2 本の等濃度線 $X(x, y) = 0$ と $Y(x, y) = 0$ の交叉が生じる場合，交点は一般に対生成される。2 つの交点がひとたびある程度以上離れるなら，それらは安定化し，それぞれの交点を中心にしてらせん波が生じる。その一つは時計回りに，他の一つは反時計回りに回転する。

3 次元系では，2 枚の等濃度面の交叉によって生じる位相特異集合は，孤立した点ではなく 1 次元的なフィラメント状のオブジェクトとなる。それを中心軸として回転するらせん波の波面は巻紙に似ていることから，**スクロール波**とよばれる。特に，リング状に閉じたフィラメントを中心とするスクロール波は

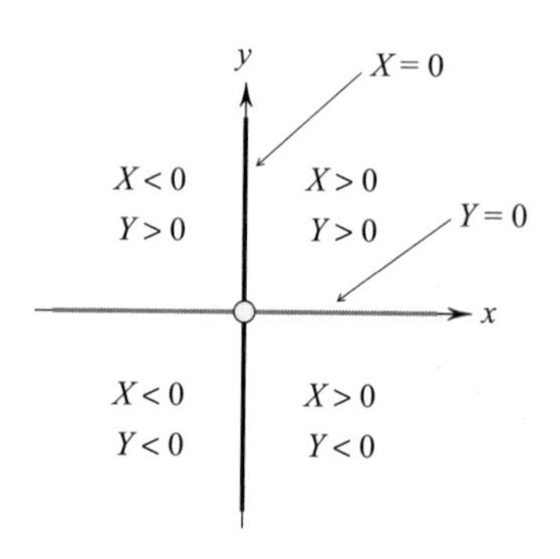

図 3.11　らせん波が生成されるための濃度 $X(x, y)$, $Y(x, y)$ の初期分布。孤立した位相特異点 $X = Y = 0$ が存在しなければならない。

スクロールリングとよばれる。回転らせん波のこのような 3 次元版についても多くの研究がある (Aranson and Kramer, 2002)。

以下では，複素 GL 方程式に基づく 2 次元回転らせん波について議論するが，上の事実からわかるように，このパターンにとっては振幅自由度の役割が決定的に重要である。標的パターンに対して成功した位相自由度のみによる記述は，いまの場合には破綻することが予想される。しかし，位相記述がどのように破綻するかをみることは大変教訓的である。そこで，2 次元系の位相方程式

$$\frac{\partial \phi}{\partial t} = \omega + \nu \nabla^2 \phi + \mu \left(\nabla \phi\right)^2 \tag{3.56}$$

に基づいてらせん波解の構成を試み，どこに困難が現れるかをみよう。当然ながらこの試みは成功しないが，以下にみるように，そのような理論をただ 1 点において修正するだけで正しい理論が得られる。

前節と同様に ν, $\mu > 0$ とする。変換 (3.37) によって，(3.56) は

$$\frac{\partial Q}{\partial t} = \nu \left(\mu \nu^{-2} \omega + \nabla^2\right) Q \tag{3.57}$$

となる。これは，標的パターンの議論の基礎となった式 (3.43a) において $U = 0$ とした式と同じである。しかし，標的パターンにはなかったパターンのトポロジカルな性質のために，以下のように実効的なポテンシャル項が現れる。

中心点まわりに位相が 2π だけ変化するという条件をみたす (3.56) の解を，極座標 (r,θ) による表示で次の形に求めてみよう：

$$\phi(r,\theta)=\theta+f(r)+\Omega t. \tag{3.58}$$

一般に，らせん波は中心からの距離とともに波面の曲率が小さくなり，平面波に近づく。これは，位相が動径 r に沿って一定の勾配 k をもつようになり，パターンが振動数 $\omega+\mu k^2$ で振動することを意味する。すなわち，

$$f(r)\to kr \qquad (r\to\infty), \tag{3.59}$$

$$\Omega=\omega+\mu k^2 \tag{3.60}$$

となることが期待される。遠方のみでなく，もし全域で (3.59) が成り立つなら，「$\phi(r,\theta,t)=$ 一定」をみたす等位相線 $\theta(r,t)$ は，角速度 Ω で時計回りに回転するアルキメデスらせんとなる。位相方程式自身は座標変換 $\theta\to-\theta$ に関して不変であるから，その対称性を破る (3.58) が位相方程式の解ならば，θ の符号を逆転させた $\phi(r,\theta)=-\theta+f(r)+\Omega t$ もまた解でなければならない。

(3.58) を Q で表せば

$$\begin{aligned}Q(r,\theta)&=\exp\left[\mu\nu^{-1}(\theta+f(r)+\Omega t)\right]\\&=q(r)\exp\left(\mu\nu^{-1}\theta+\mu\nu^{-1}\Omega t\right),\end{aligned} \tag{3.61a}$$

$$q(r)=\exp\left[\mu\nu^{-1}f(r)\right] \tag{3.61b}$$

となる。これを (3.57) に代入して

$$\Omega=\omega+\mu^{-1}\nu^2\lambda \tag{3.62}$$

とおけば，標的パターンに対して得られた方程式 (3.45) と類似の式

$$\lambda q(r)=\left[\nabla_r^2-U_0(r)\right]q(r) \tag{3.63}$$

が得られる。ここに，∇_r^2 は 2 次元ラプラシアンの動径部分 $\nabla_r^2=d^2/dr^2+r^{-1}d/dr$ であり，

$$U_0(r)=-\frac{\mu^2}{\nu^2r^2} \tag{3.64}$$

である。

標的パターンとは異なり，ペースメーカーが存在しないにもかかわらず，ϕ の θ 依存性から引力ポテンシャル $U_0(r)$ が現れたことに注意したい。もしこのポテンシャルが束縛状態をもち，その最低エネルギーが有限なら (すなわち，最大固有値 λ が正の有限値なら)，$U_0(r)$ が実質上消える遠方では，(3.45) の解は

$$q(r) \sim \frac{\exp\left(-\sqrt{\lambda}r\right)}{\sqrt{r}} \tag{3.65}$$

のように振舞うであろう。よって

$$f(r) = -\mu^{-1}\nu\sqrt{\lambda}r + O(\ln r), \tag{3.66a}$$

$$\Omega = \omega + \mu^{-1}\nu^2\lambda = \omega + \mu k^2 \tag{3.66b}$$

となって，遠方でアルキメデスらせんに漸近する回転らせん波解が得られたことになる。位相のみではらせん波は記述できないという先の予想に反して，らせん波解が得られたかのようにみえる。どこに矛盾があるのだろうか。

上記の議論における問題点は，λ の最大値を有限とした点にある。逆 2 乗引力ポテンシャルの束縛状態は $-\infty$ のエネルギーをもち，λ の最大値は $+\infty$ である。実際，ある $q(r)$ が固有値 λ の束縛状態を表しているなら，任意の α に対して $q(r/\alpha)$ が固有値 $\alpha^2\lambda$ の固有状態になっていることは (3.63) から明らかである。よって λ に上限はない。結局，解 (3.66a,b) は意味をもたない。

振幅自由度の取り込み

このように，位相方程式 (3.56) から系の全域で成り立つ回転らせん波解を見出そうとすると矛盾が生じる。したがって，複素 GL 方程式 (2.87) そのもの，あるいはそれを R と ϕ に関する連立微分方程式で表した系

$$\frac{\partial R}{\partial t} = R - R^3 + \nabla^2 R - R\left(\nabla\phi\right)^2 - c_1\left(2\nabla R\nabla\phi + R\nabla^2\phi\right), \tag{3.67a}$$

$$\frac{\partial \phi}{\partial t} = c_0 - c_2 R^2 + \nabla^2\phi - c_1\left(\nabla\phi\right)^2 + R^{-1}\left(2\nabla R\nabla\phi + c_1\nabla^2 R\right) \tag{3.67b}$$

に戻って考え直す必要がある。このような理論として Hagan による詳細な解析がある (Hagan, 1982)。ただし，そこでは $c_1 = 0$ が仮定され，また c_2 を微小

パラメタとしてらせん波解を c_2 に関する摂動展開の形で求めている。Hagan はまた，多重アームをもつらせん波，すなわち回転中心のまわりに位相が 2π の整数倍だけ変化する一般化されたらせん波解の摂動論的構成も行っている。これらについては Hagan の論文を参照していただくこととして，以下ではポテンシャル問題としてらせん波解を求めるという，先に述べた立場をいま一歩進めてみたい。実際，前述の理論的枠組みを少し修正して振幅自由度を取り込むことは可能であり (Yamada and Kuramoto, 1976b)，以下に示すように，らせん波パターンを矛盾なく説明することができる。

回転らせん波解においては，振幅 R は定常で等方的と仮定しよう。すなわち $R(r,\theta,t)=R(r)$ とおく。そこで，(3.67a) の右辺を 0 とおき，(3.67b) から R^2 を消去する。その結果，

$$\frac{\partial\phi}{\partial t}=\omega+\nu\nabla^2\phi+\mu\left(\nabla\phi\right)^2+2\nu R^{-1}\nabla R\nabla\phi-\mu R^{-1}\nabla^2 R \tag{3.68}$$

が得られる。上式を位相方程式 (3.56) と比較すると，新しく現れる最後の二項のために一見扱いにくくみえる。しかし，(3.37) と類似の変換

$$Q=R\exp\left(\mu\nu^{-1}\phi\right) \tag{3.69}$$

を行うと，比較的単純な式

$$\frac{\partial Q}{\partial t}=\nu\left[\mu\nu^{-2}\omega+\nabla^2-\left(1+\frac{\mu^2}{\nu^2}\right)\frac{\nabla_r^2 R}{R}\right]Q \tag{3.70}$$

が得られる。再び ϕ を (3.58) の形に仮定し，(3.61b) の代わりに

$$q(r)=R(r)\exp\left[\mu\nu^{-1}f(r)\right] \tag{3.71}$$

とすれば，(3.63) と同形の式

$$\lambda q(r)=\left[\nabla_r^2-U(r)\right]q(r) \tag{3.72}$$

が得られる。ポテンシャル $U(r)$ は

$$U(r)=U_0(r)+\left(1+\frac{\mu^2}{\nu^2}\right)R^{-1}\nabla_r^2 R \tag{3.73}$$

となって，振幅効果を取り入れたことで U_0 が修正されたものになる。もしこの修正項が斥力ポテンシャルで，強い引力ポテンシャル U_0 を打ち消すことで最大固有値が有限にとどまるなら，先に述べた矛盾は基本的に解決されたこと

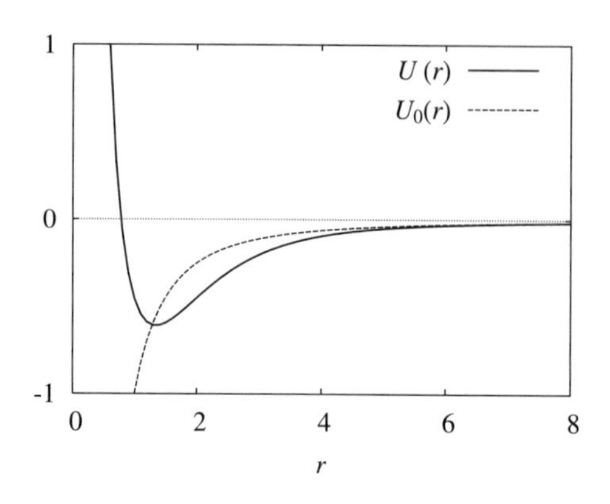

図 3.12　複素 GL 方程式のらせん波解をポテンシャル問題の解とみなしたときのポテンシャル $U(r)$ は，引力部分と斥力部分からなる。振幅効果を無視した位相記述では，ポテンシャル $U_0(r)$ は強い引力ポテンシャルとなって最大固有値が発散し，意味のある解が得られない。$c_1 = 0.0$, $c_2 = 1.0$.

になる。結論からいえば事実そうなる。もっとも $R(r)$ は未知であり，それは $\phi(r,\theta)$ 自身によって決まる量なので，方程式 (3.72) はもはや線形ではなく，ポテンシャル自身が固有状態によって変化する非線形固有値問題になっている。

Hagan が行ったように，$c_1 = 0$ で c_2 が微小という特別な状況に着目するとか，原点近傍あるいは十分遠方での解の漸近的振舞を調べるなど，適当な仮定の下に近似的な解析を (3.72) に対して行うことは可能であろう。しかし，ここではその議論は省略し，数値解析から得られた振幅パターン $R(r)$ を用いて $U(r)$ を計算し，それがまさに上記の期待どおりになっていることのみを示したい。

数値的に得られた $U(r)$ が図 3.12 に示されている。明らかに，引力ポテンシャル $U_0(r)$ は打ち消され，小さい r では逆に強い斥力ポテンシャルとなっている。短距離でのこの強い斥力と，中間領域での弱い引力をもつ $U(r)$ は原子間ポテンシャルに類似しており，有限の束縛エネルギーをもつ基底状態の存在が示唆される。

振幅 $R(r)$ と位相 ϕ の r 依存部分 $f(r)$ の曲線を図 3.13 に示す。すでに述べたように $R(0) = 0$ である。遠方ではパターンは平面波に漸近するので，その波数を k とすれば $R(r)$ は $\sqrt{1-k^2}$ に漸近し，$f(r)$ は kr に漸近する。R と f

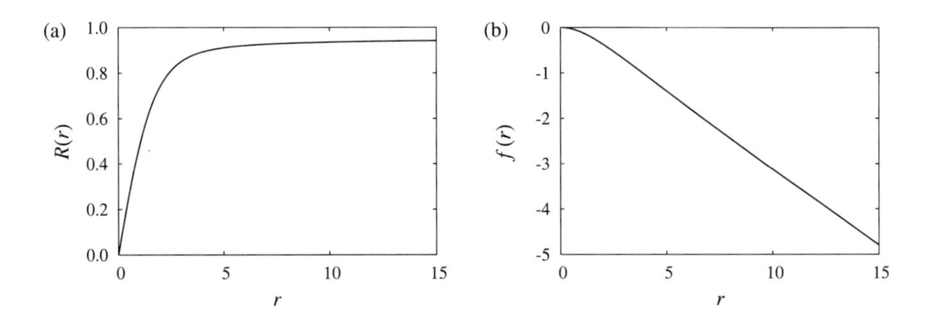

図 3.13 (a) 複素 GL 方程式のらせん波解の振幅 $R(r)$. (b) 位相の r 依存部分 $f(r)$. $c_1 = 0.0$, $c_2 = 1.0$.

がこの漸近形から大きくずれた中心付近の領域は**コア**とよばれる。

系の空間的広がりが無限なら，上記の回転らせん波パターンの複素 A 面における相ポートレットは，明らかに円盤状の領域 $|A| < \sqrt{1-k^2}$ で与えられ，時間的に不動の位相特異点 $A = 0$ を含んでいる。これは図 3.10 に関連して先に述べたとおりである。振動場においても興奮媒質においても，一般に回転らせん波の相ポートレットは 2 次元の単連結領域で与えられ，らせん波が定常回転している場合にはこの領域内の 1 点は時間的に不動であり，他のすべての点はこの不動点を中心にしてリジッドに回転する。

2 次元らせん波の安定性についていえば，パラメタ c_1 と c_2 によってそれは安定でも不安定でもありうる。系が BF 不安定領域 $1 + c_1c_2 < 0$ に入っていれば平面波に近い外部領域は当然不安定である。不安定性が十分強ければ，らせん波パターンは崩壊することが数値的に確認されている (Chaté and Manneville, 1996)。このような条件下で行った数値シミュレーションの一例が図 3.14 である。一方，BF 安定領域でもらせん波は崩壊し，カオス化しうる (Kuramoto and Koga, 1981)。実際，$c_1 = 0$ なら常に BF 安定であるが，c_2 が十分大ならその場合でもらせん波は不安定化する。図 3.15 はそのような場合におけるらせん波の崩壊過程を示している。

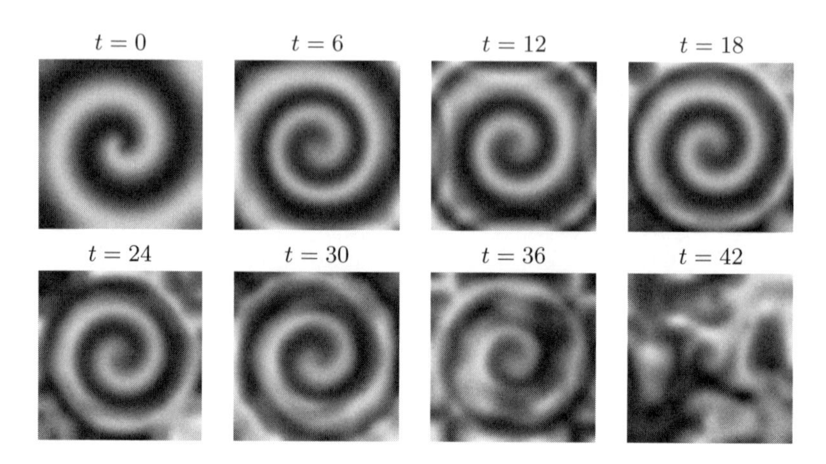

図 3.14　　BF 不安定領域における回転らせん波の崩壊。$c_1 = -2.0$, $c_2 = 1.0$.

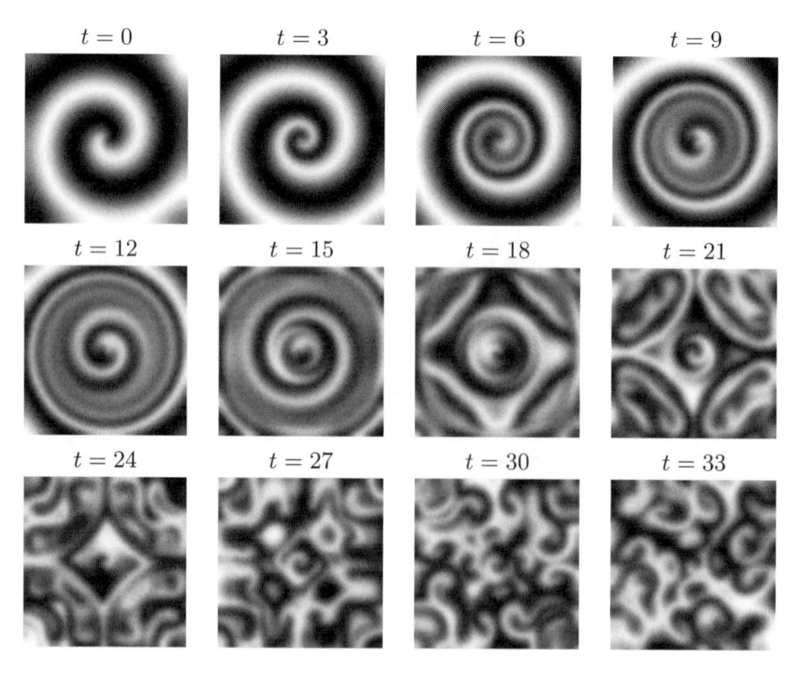

図 3.15　　BF 安定領域におけるらせん波の崩壊。$c_1 = 0.0$, $c_2 = 3.5$.

3.7 ホール解

複素 GL 方程式の 3 つの複素係数において，虚部が十分大で実部 1 がすべて無視できる場合には，同式はソリトン解をもつ非線形 Schrödinger 方程式に帰着する。ソリトン解として R が局所的に窪み (ホール) をもついわゆるダークソリトンが知られているが，1 次元複素 GL 方程式の解として 1 次元非線形 Schrödinger 方程式のダークソリトンにつながる解が存在する。それは**ホール解**または **Bekki-Nozaki 解**とよばれ，ソリトン解を求める強力な方法として知られる Hirota の方法を複素 GL 方程式に適用することでその解析解が見出された (Bekki and Nozaki, 1985)。ホール解の導出とその安定性解析のためには多大な数式と議論を要するので，以下では主要な結果を手短に述べ，いくつかの関連文献をあげるにとどめよう。

ホール解は R の局在した窪みをもち，そこが自発的に形成されたペースメーカーのように波の湧出口となっている。波は遠方では平面波に漸近する。ホール解はホールの伝播速度 v を連続パラメタとする解の一族であり，動座標 $\xi = x - vt$ を用いると次の一般的な形をもっている：

$$A_v(\xi) = \widetilde{A}_v(\xi) \exp\left[i\left(\Phi_v(\xi) - \Omega_v t\right)\right]. \tag{3.74}$$

ここに，$\widetilde{A}_v$ と $\Phi_v(\xi)$ は

$$\widetilde{A}_v = z_1 + z_2 + \tanh(\kappa\xi), \tag{3.75a}$$

$$\frac{d}{d\xi}\Phi_v(\xi) = \frac{1}{2}(Q_1 + Q_2) + \frac{1}{2}(Q_1 - Q_2)\tanh(\kappa\xi) \tag{3.75b}$$

で与えられ，実パラメタ Q_1, Q_2, κ, Ω_v および複素パラメタ z_1, z_2 はすべて v に関係した定数である。この形からわかるように，R の空間変化は κ^{-1} 程度の広がりをもつ領域に局在している。その外部では，解は実質的に平面波 A_{Q_1} $(\xi > 0)$ および A_{Q_2} $(\xi < 0)$ になっている。

ホール解の安定性についても詳しく調べられている。複素 GL 方程式の数値シミュレーションから，ホールが安定なパラメタ領域の存在が示されている (Sakaguchi, 1991)。ホール解のまわりの線形化方程式に基づいた安定性の議論によれば，不安定性には 2 つのタイプがある (Chaté and Manneville, 1992;

Sasa and Iwamoto, 1993)。それらは，**位相不安定性**および**コア不安定性**とよばれている。前者は，空間的に広がった擾乱に対する安定性の破れであり，実質的には遠方での漸近解である平面波の不安定性を意味する。後者は，ホール近傍に局在し遠方では距離とともに指数関数的に減衰するような擾乱に対する不安定性である。

このような安定性の議論とは独立に，$v \neq 0$ の伝播ホール解は**構造不安定** (structurally unstable) であることが知られている (Popp *et al.*, 1993, 1995)。すなわち，このような解は複素 GL 方程式に内在する特別の対称性に由来するものであり，方程式の形がわずかに変わっただけで解として存在しえなくなるということである。複素 GL 方程式は，回転変換 $A \to Ae^{i\phi}$ によって不変という対称性をもっている。しかし，ここでいう構造不安定性は，この特別の対称性をもつ発展方程式のクラス内での構造不安定性であり，たとえば，小さな係数をもつ 5 次の項 $|A|^4 A$ を複素 GL 方程式に付け加えると伝播ホール解がもはや存在しないということを意味している。もっとも，過渡的には伝播ホール解的な構造は存在しうるので，この解が物理的にまったく無意味というわけではない。

静止ホール解の具体的な形は比較的単純なので，それのみ示すと

$$A_{\rm h} = \sqrt{1-Q^2}\tanh(\kappa x)e^{i[\Phi(x)+\omega_Q t]} \tag{3.76}$$

となる (図 3.16 参照)。ここに κ は次式の根である：

$$[4(c_2-c_1)+18c_1(1+c_1^2)]\kappa^4 - [4(c_2-c_1)+9c_1(1+c_1c_2)]\kappa^2 + c_2 - c_1 = 0. \tag{3.77}$$

κ が与えられれば Q, Φ, ω_Q は次式によって決まる：

$$Q = \frac{2\kappa^2-1}{3\kappa c_1}, \tag{3.78a}$$

$$\frac{d\Phi}{dx} = -Q\tanh(\kappa x), \tag{3.78b}$$

$$\omega_Q = c_0 - c_2 + (c_2-c_1)Q^2. \tag{3.78c}$$

このように，静止ホールは $x=0$ に静止した位相特異点をもち，$x \to \pm\infty$

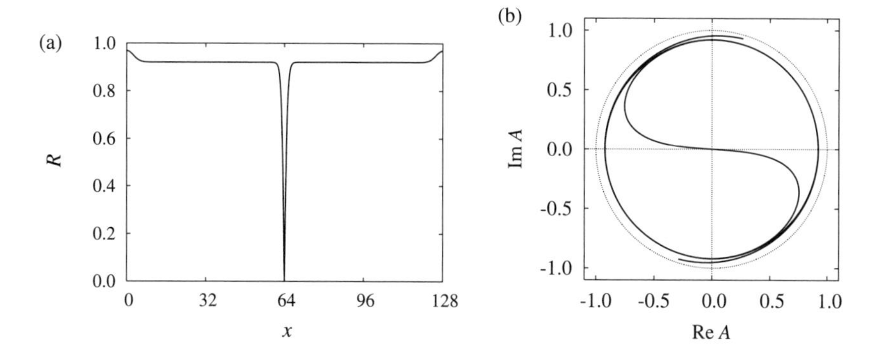

図 3.16　複素 GL 方程式のシミュレーションから得られる静止ホールの動径パターン (a) と相ポートレット (b)。Neumann 境界条件 $\partial A/\partial x = 0$ を課したために両境界付近にショック構造ができている。$c_1 = 0.5$, $c_2 = 2.0$.

では波数 $\mp Q$ の平面波 $\pm\sqrt{1-Q^2}\exp(\mp iQx + i\omega_Q t)$ に漸近する。一方，伝播ホール解はその中心が真の位相特異点になっておらず，また $\xi \to +\infty$ と $\xi \to -\infty$ とで異なる大きさをもつ平面波に漸近する。

系に自発的な乱れが生じる時空カオス状態においては，ホール的な構造が過渡的に現れたり消えたりする。これは振幅の乱れが重要な強い時空カオスにおいて生じる現象である。特に**時空間欠性** (spatio-temporal intermittency) とよばれる特徴的な振舞がみられる状況下では，ホールは時空パターンの構成要素をなすといえる。

ホール解に対応すると思われるパターンは Rayleigh-Bénard 対流系の実験でも見出されている。Lega らは，円環の形状をもつ容器を用いた実験において円形のロールパターンが振動不安定化した場合に，ロールに沿って伝播するホール的な構造を見出した (Lega *et al.*, 1992)。まっすぐな長い形状をもつ系における同様の実験において Burguete らが見出したホール的構造はより詳細に解析されている (Burguete *et al.*, 1999)。この実験は Hopf 分岐点近傍で行われている。そこでは複素 GL 方程式が近似的に成り立つと仮定して，本質的な理論パラメタである c_1 と c_2 を実験データから評価し，解析的なホール解と見出された構造との定量的比較を行っている。

3.8 時空カオス

位相乱流の統計的諸性質

3.3 節では，弱い BF 不安定条件下で Kuramoto-Sivashinsky 方程式 (3.32) を導出した。すでに予告したように，その解は位相乱流とよばれる時空カオスを示す。変数 $u = 2\partial\psi/\partial x$ を用いて KS 方程式を

$$\frac{\partial u}{\partial t} = -\frac{\partial^2 u}{\partial x^2} - \frac{\partial^4 u}{\partial x^4} + u\frac{\partial u}{\partial x} \tag{3.79}$$

と表す場合も多い。図 3.17 は，この方程式の解 $u(x,t)$ が示す時空パターンと，弱い BF 不安定性条件の下で複素 GL 方程式の解が示すそれとを比較して示している。両パターンは非常によく似ており，縮約方程式としての KS 方程式の正しさが示唆される。2 次元 KS 方程式の時空カオスに関しても，それを 2 次元複素 GL 方程式のそれと比較することで位相記述の妥当性と限界が調べられている (Manneville and Chaté, 1996)。

複素 GL 方程式と同様に，KS 方程式に関する研究も膨大な量にのぼる (Hyman and Nicolaenko, 1986; Manneville, 1990; Cross and Hohenberg, 1993; Bohr *et al.*, 2005)。以下では，数値シミュレーションから得られたこの系の統計的性質に関して特に重要と思われる結果のいくつかを紹介する。なお，系の長さ L は十分大とし，周期境界条件を課している。

数値シミュレーションから，十分大きな広がりをもつ系の統計性は空間的に均一であることが示唆される。これはマクロな物質を構成する原子分子集合体の統計性によく似ている。このような大自由度系のゆらぎを特徴づける最も基本的な統計量として**波数スペクトル**がある。波数スペクトル g_q は，場に含まれるさまざまな波数成分の強度分布を表している。すなわち，$u(x,t)$ を空間的にフーリエ展開したときのフーリエ振幅

$$u_q(t) = \frac{1}{\sqrt{L}} \int_0^L dx\, u(x,t) \exp(-iqx) \tag{3.80}$$

を用いて，g_q は

$$g_q = \left\langle \left| u_q \right|^2 \right\rangle \tag{3.81}$$

で与えられる。$\langle \cdots \rangle$ は統計平均を表し，実際には長時間平均から計算される。

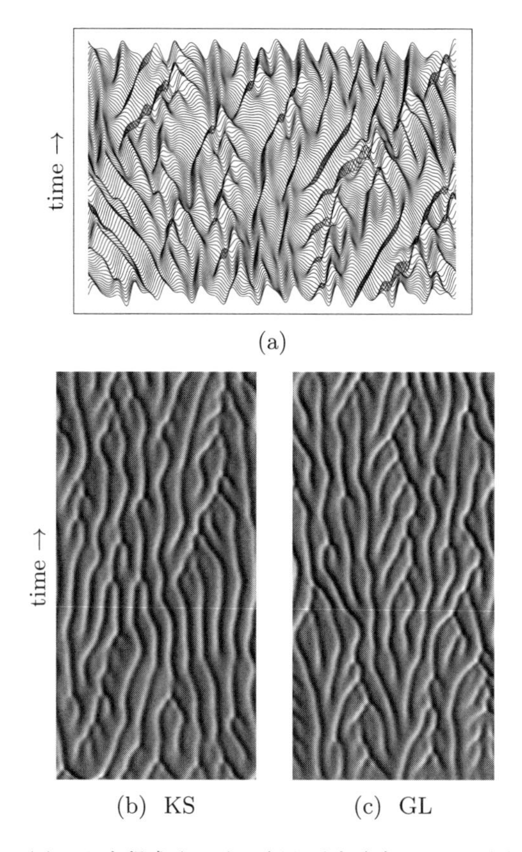

図 3.17　(a) KS 方程式 (3.79) の解が示す時空カオス。(b) ではこれを u のグレースケールで示し，複素 GL 方程式に対するシミュレーションから得られた位相勾配の時空パターン (c) と比較している。(c) では BF 不安定性は弱く，$c_1 = -1.05$, $c_2 = 1.05$ としている。

図 3.18 は，KS 方程式に対して計算した g_q を示している。そこにみられる以下の 2 つの特徴に注意しよう。第一は，g_q がある波数でピークをもつことである。u_q の線形成長率は $\lambda_q = q^2 - q^4$ で与えられ，$q = 1/\sqrt{2}$ において最大となるが，波数スペクトルのピークはほぼこの波数に一致している。

g_q にみられるもう一つの特徴は，低波数領域でほぼ一定値をとることである。これは $u(x)$ の空間相関が有限の距離をもっていること，すなわち系全体にわたるコヒーレンスが失われていることを意味している。実際，$u(x)$ の空間相

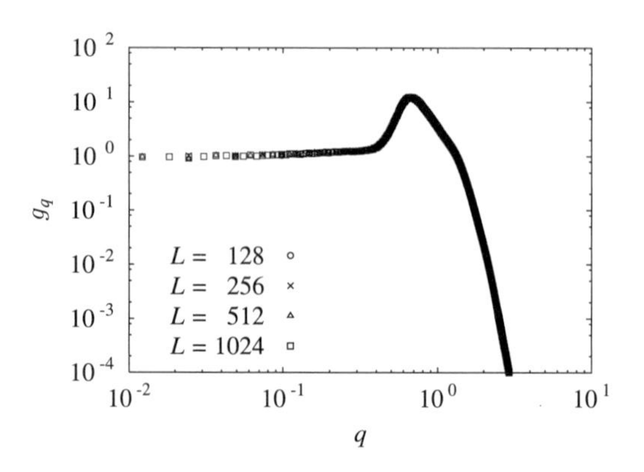

図 3.18　KS 方程式の時空カオスにおける波数スペクトル。異なるシステムサイズ $L\,(=N/2)$ に対してスペクトルの形はほぼ同一である。

関距離を x_{c} とすると，それより十分長い波長をもつ波の強度 g_q $(q \ll 2\pi/x_{\mathrm{c}})$ に対して

$$g_q = \int_0^L dx\ \langle u(0)u(x)\rangle \exp(-iqx) \sim \int_0^{x_{\mathrm{c}}} dx\ \langle u(0)u(x)\rangle \tag{3.82}$$

が成り立ち，たしかに g_q は q によらず一定である。$\phi(x)$ の言葉に翻訳すれば，この事実は次のように解釈できる。距離 x だけ離れた 2 点間の位相差は

$$\begin{aligned}\phi(x) - \phi(0) &= \frac{1}{2}\int_0^x dx'\, u\,(x') \sim \int_0^x dx' \int dq\, u_q \exp\,(iqx') \\ &\sim \int_0^x dx' \int_0^{x^{-1}} dq\, u_q \sim x \int_0^{x^{-1}} dq\, u_q\end{aligned} \tag{3.83}$$

と評価される。したがって，$x \gg x_{\mathrm{c}}$ に対して

$$\left\langle |\phi(x) - \phi(0)|^2 \right\rangle \sim x^2 \int_0^{x^{-1}} dq\ \left\langle |u_q|^2 \right\rangle \sim x \tag{3.84}$$

が成り立つ。ブラウン運動を行っている粒子の実質的な移動距離が時間 t に関して $\sqrt{t}$ 法則に従うのと同様に，距離 x とともにランダムに増減する位相のパターンは $\sqrt{x}$ 法則に従って原点から離れるということを上の議論は示している。

系を u の場とみたとき，相関距離 x_{c} は有限であることがわかった。これは，

系全体をサイズ x_c のブロックに均等に分割したとき，ブロックが互いに統計的に独立とみなせることを意味している。系は L/x_c 個のほぼ独立なブロックからなっており，系の実質的な自由度はこの数にほぼ等しいといえる。

系が統計的に独立なブロックを十分多数含むなら，系のサイズ，すなわちブロックの総数を変化させても波数スペクトルの形は不変である。温度や圧力などマクロな物質の内部的な性質 (示強性) が物質の量とは無関係であるのと同様に，位相乱流場においても，それが十分な広がりをもつかぎり波数スペクトルのような内部的性質は系のサイズによらないと考えられるのである。

熱力学的な系に似たこのような性質については，KS 方程式を大自由度のカオス力学系とみる立場からも考察することができる。そのために，連続空間の代わりに長さ L で N 個の格子点からなる 1 次元格子を考え，KS 方程式を N 次元の連立常微分方程式系によって近似しよう。ただし，隣接格子点間の距離 a_0 はパターンの特性波長より十分小さくとっておく。この離散化によって，KS 方程式の $t \to \infty$ における解を N 次元力学系のカオスアトラクターとみなすことができる。以下では a_0 は固定し，システム長 L または $N = L/a_0$ をさまざまに変化させた場合の統計性について述べる。KS 方程式や結合写像格子 (coupled map lattice) などの高次元カオス力学系を統計的に特徴づける基本量として，以下の議論にも現れる **Lyapunov 密度**，**Kaplan-Yorke 次元**，**次元密度**などの概念がある [5)]。

まず，カオス軌道の不安定性の指標である **Lyapunov 指数**を考える。N 次元力学系の軌道は N 個の Lyapunov 指数をもち，その分布を **Lyapunov スペクトル**とよぶ。KS 方程式の Lyapunov スペクトルに関して Manneville は次のような解析を行った (Manneville, 1985)。Lyapunov 指数を大きさの順に並べ，$\lambda_{\max} \equiv \lambda_1 > \lambda_2 > \cdots > \lambda_N \equiv \lambda_{\min}$ とする。格子定数 a_0 を一定に保ったまま系のサイズ L を変化させたとき，Lyapunov スペクトルはどうなるかを考える。L が十分大であるかぎり $\lambda_{\max}$ と $\lambda_{\min}$ の値はほぼ不変で，指数の分布の密度が L に比例して変化するだけで，スペクトルの形そのものはほぼ同一になると期待される。図 3.19 はまさにそうなることを示している。図では，いろいろな L に対して λ_i と $i/N_{\geq}$ との関係が示されている。ここに，

5) これらの概念については，たとえば Bohr *et al.* (2005) を参照のこと。

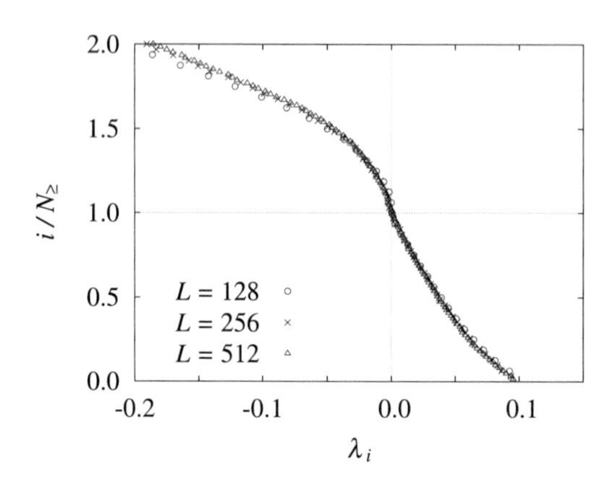

図 3.19　異なるシステムサイズ $L\,(=N/2)$ に対する KS 方程式の Lyapunov スペクトル。Lyapunov 指数を大きさの順に $\lambda_1, \lambda_2, \ldots, \lambda_N$ として，λ_i と $i/N_{\geq}$ との関係を示す。$N_{\geq}$ は正または 0 の Lyapunov 指数の総数である。システムサイズによらず，データはほぼ同一曲線に乗る。

$N_{\geq}$ は正または 0 の Lyapunov 指数の総数である。λ_i を i に対してではなく $i/N_{\geq}$ に対してプロットすることで系のサイズによらないスペクトルの同一性が一目でわかるのである。

$i/N_{\geq}$ は，値が λ_i 以上であるような Lyapunov 指数の個数の $N_{\geq}$ に対する割合を表している。$L \to \infty$ では，この量は Lyapunov 指数 λ の連続な関数 $n(\lambda)$ に漸近すると期待される。図 3.19 は $L \to \infty$ において 1 本の連続な普遍曲線が存在することを示唆しているが，それが $n(\lambda)$ にほかならない。

$$n(\lambda) = \int_{\lambda}^{\lambda_{\max}} d\lambda' \, \mathcal{D}\,(\lambda') \tag{3.85}$$

と書けば，$\mathcal{D}(\lambda)$ は Lyapunov 指数の数密度を表しており，これを **Lyapunov 密度** (Lyapunov density) とよぶ。$n(\lambda)$ や $\mathcal{D}(\lambda)$ は熱力学的な系における示強変数に対応する量とみなされる。

系の実質的な自由度の指標として **Kaplan-Yorke 次元**という量が知られている。この量 D_λ は

$$D_\lambda = J + \frac{\sum_{i=1}^{J} \lambda_i}{|\lambda_{J+1}|} \tag{3.86}$$

によって定義される。ここに J は $\sum_{i=1}^{J} \lambda_i \geq 0$ を満足する最大の整数である。したがって，$J < D_\lambda < J+1$ であり，$J = O(N)$ となる大自由度系では $D_\lambda = J$ と近似できる [6)]。

系の単位長さあたりの Kaplan-Yorke 次元

$$\delta_\lambda = \frac{D_\lambda}{L} \tag{3.87}$$

は**次元密度** (dimension density) とよばれ，これもまた示強変数である。u_q の線形成長率 λ_q が $0 < q < q_0 \,(=1)$ で正，$q > q_0$ で負とすると，$\delta_\lambda \simeq 0.23 q_0$ となることが数値解析から知られている (Manneville, 1990)。このことは $D_\lambda = L\delta_\lambda \simeq 0.23 L q_0$ が波数領域 $q < q_0$ に含まれる不安定モードの数 $q_0 L/2\pi$ に近い量であることを示している。

振 幅 効 果

以上では，振幅 R の変動が無視できる位相乱流について述べた。複素 GL 方程式において BF 不安定領域に深く入ると R のゆらぎも大きくなり，$R(x,t) = 0$ となるホール的な構造欠陥も出没するようになる。このような時空カオス状態は**欠陥乱流**あるいは**振幅乱流**とよばれる (Egolf and Greenside, 1995)。図 3.20 に示す $R(x,t)$ の時空プロットはこのような強い乱流である。

逆に，このような強い乱流状態から出発し，パラメタを連続的に変化させて $\nu = 1 + c_1 c_2$ を 0 に近づけ，さらに $\nu > 0$ としたとしよう。具体的には c_1 は固定し，c_2 を変化させたとする。このとき，欠陥乱流 → 位相乱流 → 一様振動，という可逆的なシナリオが成り立つか否かは c_1 の値による。詳しい数値解析によれば，$c_1 \simeq 1.9$ を境として c_1 がそれ以上では可逆的であり，それ以下では可逆的ではない (Shraiman *et al.*, 1992)。後者の場合，BF 安定領域に入っても欠陥乱流は持続する。すなわち，同じパラメタ条件の下で一様振動と欠陥

---

6) カオスアトラクターの次元にはさまざまな定義があり，それらは一般に異なる値をもつ。なかでも実用上便利な次元として相関次元 (correlation dimension) とよばれる量がある。Kaplan-Yorke 次元は相関次元の上限を与えることが知られている (Grassberger and Procaccia, 1983)。カオスアトラクターにかぎらず，フラクタル性をもつ対象に関するさまざまな次元の定義は次元スペクトル (dimension spectrum) という概念で統一することができる (Ott, 2002)。

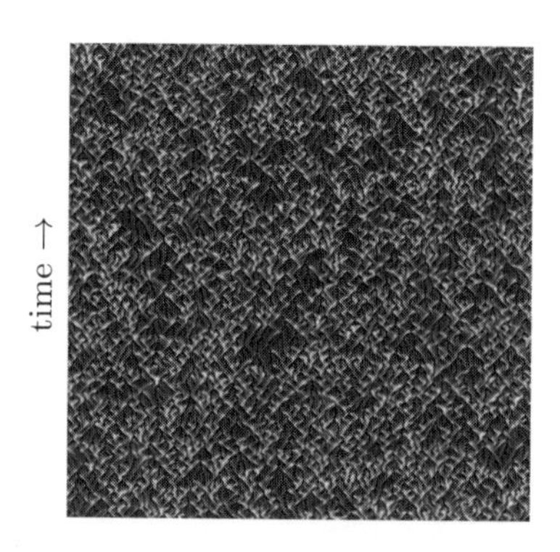

図 3.20　複素 GL 方程式における強い時空カオス状態 (振幅乱流)。振幅 $|A|$ がグレースケールで表されている。$c_1 = -1.0$, $c_2 = 2.0$.

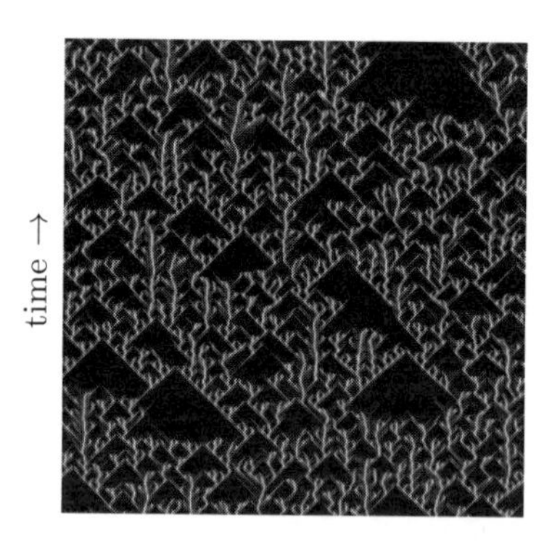

図 3.21　BF 安定条件下において複素 GL 方程式の解が示す時空間欠的パターン。振幅 $|A|$ がグレースケールで表されている。$c_1 = 0.0$, $c_2 = 2.0$.

乱流状態が共存する。BF 安定領域での欠陥乱流は，乱れが時間的空間的に局在した時空間欠性とよばれる特徴を示す (Gil, 1991; Chaté, 1994)。図 3.21 に示した時空プロットはこのタイプの乱流である。なお，BF 安定領域でも強い時空カオス状態が現れることは 2 次元系においても同様であり，回転らせん波の崩壊に関連したその一例を前節でみた。

次節のテーマとも関係するが，BF 不安定条件下で場の振動にほぼ共鳴する周期外力をかけると，時空カオスは抑制されて空間的な周期構造をもつ定在波が現れる。2 次元系の場合には六方晶パターンがシミュレーションによって

見出されている (Coullet and Emilsson, 1992a, 1992b)。

3.9 周期外力を受けた振動場

前章では，周期外力の効果を含む一般化された複素 GL 方程式を導出した。その解に関しては多くの研究がある (Mikhailov and Showalter, 2006; Coullet *et al.*, 1990; Coullet and Emilsson, 1992a, 1992b)。 以下では，解析的な取り扱いが比較的容易な場合として，空間次元 1 でかつ位相記述が適用できる場合について主に述べる。振幅自由度が無視できない場合や，2 次元系におけるより複雑なパターンダイナミクスについても手短にコメントする。

位相キンク

共鳴条件に近い弱い周期外力を受けた振動反応拡散系のモデルとして，複素 GL 方程式の変形版 (2.111) がある。時間，空間，複素振幅 A のスケールを適当に選んで同式を次の形に書こう：

$$\frac{\partial A}{\partial t} = (1 + i\delta)A + (1 + ic_1)\nabla^2 A - (1 + ic_2)|A|^2 A + h. \qquad (3.88)$$

上式は外力の振動数で回転する座標系で記述した振幅方程式であったことに注意する。したがって，上式に定常解が存在するなら，それは振動場が周期外力に同期した状態を表している。

(3.88) には，c_1 と c_2 の外に振動数の不一致に関係した量 δ と外力強度 h がパラメタとして含まれている。h を微小量とすると (3.88) を位相方程式で近似できるので，その事実を用いてこの系の振舞を調べてみよう。ただしその場合は，外力の振動数と振動子の固有振動数の差，すなわち $|\delta - c_2|$ が h と同程度に小さい場合にのみ非自明な現象が期待できる。したがって，以下ではこれも仮定する。

$h = 0$ のとき，A の位相 ϕ に対する近似的な発展方程式は，1 次元系では (3.35) によって表された。ただし $\omega = \delta - c_2$ である。$h \neq 0$ に対しては，こ

れに新しい項が加わり，

$$\frac{\partial \phi}{\partial t} = \delta - c_2 + \nu \frac{\partial^2 \phi}{\partial x^2} + \mu \left(\frac{\partial \phi}{\partial x} \right)^2 + H(\phi) \tag{3.89}$$

の形になる。$H(\phi)$ を見出すには空間的に一様な場合を考えれば十分である。そこで，まず $A = R\exp(i\phi)$ とおくと，R と ϕ に対する発展方程式

$$\frac{dR}{dt} = R - R^3 + h\cos\phi, \tag{3.90a}$$

$$\frac{d\phi}{dt} = \delta - c_2 R^2 - R^{-1} h \sin\phi \tag{3.90b}$$

が得られる。すぐ後で確認するように，h が小さいため ϕ は R よりもはるかにゆっくり時間変化する。したがって，(3.90a) の右辺を 0 とおいて R を断熱的に消去できる。すなわち，その近似解 $R = 1 + (1/2)h\cos\phi$ を (3.90b) に代入するのである。これによって位相方程式

$$\frac{d\phi}{dt} = \delta - c_2 + H(\phi) = \delta - c_2 - h\sqrt{1 + c_2^2}\sin(\phi + \phi_0) \tag{3.91}$$

が得られる。ここに，$\phi_0 = \arctan c_2$ である。$\delta - c_2 = O(h)$ という仮定によって $\dot{\phi} = O(h)$ であり，断熱消去の前提として仮定したとおり ϕ はゆっくり変動する量になっている。結局，空間的に非一様な系に対する式 (3.89) は，具体的には

$$\frac{\partial \phi}{\partial t} = \delta - c_2 + \nu \frac{\partial^2 \phi}{\partial x^2} + \mu \left(\frac{\partial \phi}{\partial x} \right)^2 - h\sqrt{1 + c_2^2}\sin(\phi + \phi_0) \tag{3.92}$$

となる。

(3.91) の定常解は，一様な振動状態または孤立した 1 振動子が外力に同期した状態を表している。定常解は

$$h > |h_{\mathrm{c}}|, \qquad h_{\mathrm{c}} = \frac{\delta - c_2}{\sqrt{1 + c_2^2}} \tag{3.93}$$

をみたす外力強度に対して存在する。その場合，2 つの定常解

$$\phi_{\mathrm{st}} = -\phi_0 + \arcsin\left(\frac{h_{\mathrm{c}}}{h} \right), \tag{3.94a}$$

$$\phi'_{\mathrm{st}} = -\phi_0 - \arcsin\left(\frac{h_{\mathrm{c}}}{h} \right) + \pi \tag{3.94b}$$

が存在し，このうち $\phi_{\rm st}$ は安定，$\phi'_{\rm st}$ は不安定である。これらの解のまわりで (3.91) を線形化してみれば，安定性は容易に確認できる。

定常解には 2π の整数倍だけの不定性があるので，安定定常解を

$$\phi_{\rm st}^{(n)} = \phi_{\rm st} + 2\pi n \tag{3.95}$$

と書いておこう。個々の振動子にとっては，これらはすべて同一の物理的状態を表しているが，以下にみるように，振動子間の位相関係まで考えると n の違いが物理的な意味をもってくる。

(3.92) は解析的に扱うことができるが，ここではそのごく基本的な事項にのみふれておこう。(3.37) と同様の Hopf-Cole 変換

$$Q = \exp\left[\mu\nu^{-1}(\phi + \phi_0)\right] \tag{3.96}$$

を行うと，(3.92) は

$$\frac{\partial Q}{\partial t} = w(Q) + \nu\frac{\partial^2 Q}{\partial x^2} \tag{3.97}$$

となる。ここに

$$w(Q) = \mu\nu^{-1}\left[\delta - c_2 - h\sqrt{1+c_2^2}\sin\left(\nu\mu^{-1}\ln Q\right)\right]Q \tag{3.98}$$

である。$w(Q) = 0$ をみたす Q は個別振動子の定常解を表しているが，$\phi_{\rm st}^{(n)}$ に対応する安定な解は

$$Q_{\rm st}^{(n)} = \exp\left[\mu\nu^{-1}\left(\phi_{\rm st}^{(n)} + \phi_0\right)\right] \tag{3.99}$$

で与えられる。

多重安定状態 $Q_{\rm st}^{(n)}$ をもつ要素が拡散によって結合した系に対する単純化されたモデルとして，スカラー方程式 (3.97) は典型的な形をもっている。このモデルの解析上の利点は，それがいわゆる**勾配力学系** (gradient dynamical system) になっているという点にある。具体的には，個別要素の運動が

$$\frac{dQ}{dt} = -\frac{dV(Q)}{dQ}, \tag{3.100a}$$

$$V(Q) = \int_0^Q dQ'\, w\left(Q'\right) \tag{3.100b}$$

のようにポテンシャル $V(Q)$ の勾配によって駆動されるので，Q はポテンシャルを極小にする状態を目指して運動する。このような要素の拡散結合系 (3.97) に対しては，汎関数ポテンシャル

$$F[Q] = \int dx \left[V(Q) + \frac{\nu}{2} \left(\frac{\partial Q}{\partial x} \right)^2 \right] \tag{3.101}$$

が存在し，Q の空間パターンは

$$\frac{\partial Q}{\partial t} = - \frac{\delta F[Q]}{\delta Q(x,t)} \tag{3.102}$$

に従って時間発展する。すなわち，$F[Q]$ の極小値を目指してパターンが発展する。

このような系に現れる基本的に重要なパターンとして，2 つの定常状態が狭い境界層をはさんで共存する**キンク**構造がある。2 つの安定定常状態として $Q_{\rm st}^{(0)}$ と $Q_{\rm st}^{(1)}$ を考えよう。周期外力への同期が後者では 1 周期だけ進んでいる。1 周期分位相がずれた 2 つの同期状態が共存した状態を考えていることになる。このようなキンク構造は**位相キンク**とよばれている。

境界条件として，$x = -\infty$ で $Q = Q_{\rm st}^{(1)}$ とし，$x = +\infty$ で $Q = Q_{\rm st}^{(0)}$ とした場合，図 3.22(a) に示すように両状態間の遷移層として安定なキンクが形成される。

キンクは一般にある速度で伝播する。伝播方向は全系のポテンシャル F を

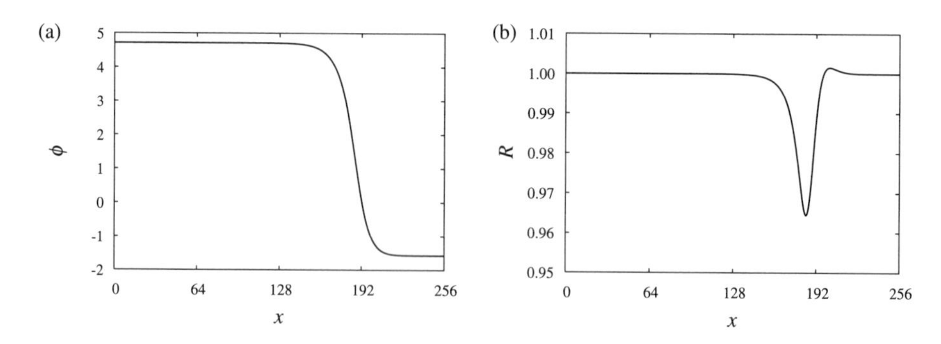

図 3.22　複素 GL 方程式 (3.88) から得られる 1 次元位相キンクの位相パターン (a) と振幅パターン (b)。$\delta = 0.98$, $c_1 = 0.0$, $c_2 = 1.0$, $h = 0.02$.

減少させるような方向であり，したがって $V(Q_{\rm st}^{(1)})$ と $V(Q_{\rm st}^{(0)})$ の大小関係で決まる。すなわち，$V(Q_{\rm st}^{(1)}) < V(Q_{\rm st}^{(0)})$ なら右に伝播し，不等号が逆なら左に伝播する。いずれにしても低ポテンシャル状態が最終的に系全体を覆い尽くす。

誤解を生じないために次のことに注意する。$\phi_{\rm st}^{(1)}$ と $\phi_{\rm st}^{(0)}$ は物理的に同一の状態を表すと先に述べた。$Q_{\rm st}^{(1)}$ と $Q_{\rm st}^{(0)}$ も物理的に同一の状態を表す。しかし，式のうえでは $Q_{\rm st}^{(1)} \neq Q_{\rm st}^{(0)}$ であることから，ポテンシャル $V(Q)$ は両状態で異なり，その大小関係が位相キンクの伝播方向を決めた。これは奇異に思えるかもしれない。しかし，次のことに注意すればこれは何ら矛盾ではない。すなわち，V は熱力学的ポテンシャルと異なり，局所的な物理状態のみによってはそこでの V は決まらず多価となるのであるが，異なる空間点間の V の大小関係は物理的に意味をもつ。すなわち，状態間のつながり方まで考慮することで局所状態ごとの V の不定性は取り除かれるのである。いまの場合，$x = -\infty$ と $+\infty$ とで系はたしかに同一の物理的状態 $\phi_{\rm st}$ にあるのだが，$x = -\infty$ から $+\infty$ に至る間に位相が 2π だけ進むか遅れるかによって両状態のポテンシャルはその大小関係が逆転する。上では，$x = -\infty$ における $\phi_{\rm st}^{(1)}$ から出発して，x とともにその位相を連続的に遅らせることで $x = +\infty$ における $\phi_{\rm st}^{(0)}$ につながるという状況を考えた。$\phi_{\rm st}^{(1)}$ の位相を進めることでも $\phi_{\rm st}^{(0)}$ と物理的に等価な $\phi_{\rm st}^{(2)}$ につなげることはできるが，いま考えている状況はそれではない。

上記では位相方程式に基づいて位相キンクを議論したが，位相が急激に変化する遷移領域では，A の振幅 R もその飽和値 1 からのずれが顕著になる。図 3.22(b) にそれが示されている。特に，振動数の不一致を表す $|\delta - c_2|$ が大きくなると，同期条件をみたすためにはそれに応じた強い周期外力が必要になる。それとともに振幅の効果が無視できなくなり，位相のみによる記述はついに破綻する。図 3.23 にはいくつかの異なる外力強度 (およびそれに比例したミスマッチパラメタ) に対する位相キンクの瞬間的な相ポートレットが示されている。それぞれの相ポートレットは閉曲線を描くが，それがもとのリミットサイクル軌道に近いほど位相記述は良い記述になっている。逆に，閉曲線が大きく変形するようになると位相記述は悪くなり，ついには突然安定性を失って崩壊し，キンクは存在できなくなる。

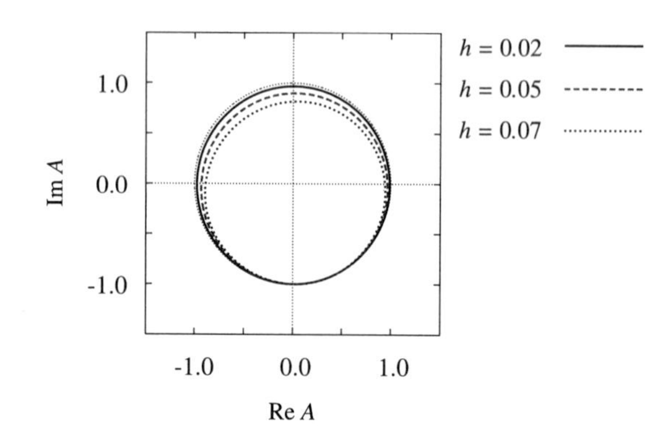

図 3.23　異なる外力強度 h に対する位相キンクの瞬間的相ポートレット。h の増大とともに振幅効果が顕著になる。$c_1 = 0.0$, $c_2 = 1.0$, $\delta = c_2 - h$.

位相方程式 (3.92) の解として，位相キンクがさまざまな空間的周期で周期的に配列した波列の解もある。その伝播速度は一般に空間周期とともに変わるが，ある空間周期を境にして伝播方向が逆転する場合がある。そのような条件の下では，次のような現象が生じる。すなわち，ある方向から次々にやってくる位相キンクがキンク間間隔を狭めるにつれて減速し，ついには停止し，一定の間隔をおいた定常な波列が蓄積されていくという現象である。2 次元系でも同様の現象が起こり，これが回転らせん波とからむと新規なパターンダイナミクスを生じる (Rudzick and Mikhailov, 2006)。

Bloch 壁と Ising 壁

自然振動数の約 2 倍の振動数をもつ外力で一様に駆動された振動反応拡散モデルとして，(2.112) を前章で導出した。変数のスケールを変えて，それを次式のように (3.88) と類似の形に書くことができる：

$$\frac{\partial A}{\partial t} = (1 + i\delta)A + (1 + ic_1)\nabla^2 A - (1 + ic_2)|A|^2 A + h\overline{A}. \tag{3.103}$$

外力項が $\overline{A}$ を含む点が (3.88) と大きく異なっている。再び位相記述によってこの系の振舞を調べてみよう。

(3.91) と (3.92) を導出したのとまったく同じ論法によって,

$$\frac{d\phi}{dt} = \delta - c_2 - h\sqrt{1+c_2^2}\sin\left[2(\phi+\phi_0)\right], \tag{3.104}$$

および

$$\frac{\partial\phi}{\partial t} = \delta - c_2 + \nu\frac{\partial^2\phi}{\partial x^2} + \mu\left(\frac{\partial\phi}{\partial x}\right)^2 - h\sqrt{1+c_2^2}\sin\left[2(\phi+\phi_0)\right] \tag{3.105}$$

が得られる。ただし, $\phi_0 = (1/2)\arctan c_2$ である。定常解の存在条件, すなわち, 周期外力との間に 2 : 1 同期が可能であるための条件は, 1 : 1 同期の場合と同じく (3.93) で与えられる。

この系に対しても 2 つの同期状態をつなぐキンク解が存在する。しかし, 位相キンクの場合と異なり, 個別振動子の同期解として物理的に異なる安定定常解が 2 つあることに注意しなければならない。それらは位相が互いに π だけ異なる状態であり,

$$\phi_{\mathrm{st}}^{(1)} = -\phi_0 + \frac{1}{2}\arcsin\left(\frac{h_{\mathrm{c}}}{h}\right), \tag{3.106a}$$

$$\phi_{\mathrm{st}}^{(2)} = \phi_{\mathrm{st}}^{(1)} + \pi \tag{3.106b}$$

で与えられる。これら $\phi_{\mathrm{st}}^{(1)}$ と $\phi_{\mathrm{st}}^{(2)}$ がシャープな遷移層を境にして共存するような解が (3.105) に存在する。これを磁性体における類似の構造にちなんで **Bloch 壁**とよんでいる。

このような解を考えるために, Hopf-Cole 変換 (3.96) を (3.105) に適用しよう。その結果, (3.97) と同じ形の式が得られ, $w(Q)$ は

$$w(Q) = \mu\nu^{-1}\left[\delta - c_2 - h\sqrt{1+c_2^2}\sin\left(2\nu\mu^{-1}\ln Q\right)\right]Q \tag{3.107}$$

で与えられる。$\phi_{\mathrm{st}}^{(1)}, \phi_{\mathrm{st}}^{(2)}$ に対応する上式の定常解を

$$Q_{\mathrm{st}}^{(1,2)} = \exp\left[\mu\nu^{-1}\left(\phi_{\mathrm{st}}^{(1,2)} + \phi_0\right)\right] \tag{3.108}$$

としよう。ポテンシャル $V(Q)$ を (3.100b) によって定義すると, Bloch 壁の伝播方向は再び $V(Q_{\mathrm{st}}^{(1)}) - V(Q_{\mathrm{st}}^{(2)})$ の符号で決まり, 系全体としてポテンシャルを小さくする方向にそれは移動する。位相キンクに関連して注意したように, 2 つの状態 $\phi_{\mathrm{st}}^{(1)}$ と $\phi_{\mathrm{st}}^{(2)}$ をどのような経路でつなぐかによって伝播方向は

逆になる。上のように $Q_{\rm st}^{(2)} > Q_{\rm st}^{(1)}$ ととれば $\phi_{\rm st}^{(2)}$ は $\phi_{\rm st}^{(1)}$ より位相が π だけ進んだ状態であり，π だけ遅れた状態ではない。図 3.24 には，複素 GL 方程式 (3.103) の数値シミュレーションから得られた 1 次元 Bloch 壁の一例が示されている。同図にみるように，x とともに $\phi_{\rm st}^{(2)}$ から $\phi_{\rm st}^{(1)}$ に状態遷移する場合，経路として 2 つの可能性があり，伝播方向は互いに逆になっている。

強い外力に対しては，この場合も位相記述は正しい記述ではなくなる (Coullet *et al.*, 1990)。位相キンクの場合は，外力強度がある限界を超えるとキンク構造そのものが崩壊して消えた。いまの場合は，キンクは物理的に異なる 2 状態をつないでいるので，局所的な状態変化でこれが消失することはない。この場合に起こる崩壊は **Ising-Bloch 分岐**とよばれる転移現象である。Bloch 壁に対しては，上にみたように 2 状態間をつなぐ経路が 2 種類存在した。このような解が消失すると，相空間で対称な経路をもつ (したがって経路が位相特異点を通る) **Ising 壁**とよばれる構造が現れる (図 3.25 参照)。Bloch 壁では，x とともに相空間で状態点が時計回りに回転するか反時計回りに回転するかという非対称性があった。Ising 壁ではそのような非対称性がない。別の言葉でいえば，Ising 壁はいわゆるカイラル対称性を備えた構造であり，Bloch 壁はこの対称性が自発的に破れた状態である。カイラル対称性をもつ Ising 壁は (3.103) の解として常に存在するのであるが，十分強い外力に対してのみそれは安定であり，ある外力強度以下では不安定な解となって一対の Bloch 壁に分岐する。その一方が対称性を破って実現され，同時に壁は右または左に移動しはじめるのである。

1 次元複素 GL 方程式の定常な Ising 壁の解は，Hopf 分岐を通じて振動する場合がある。振動する Ising 壁は，さらに gluing bifurcation とよばれるタイプの逐次分岐 (Arneodo, Coullet, and Tresser, 1981) を通じてカオスに至る (Mizuguchi and Sasa, 1993)。カオス化したこのような解は，長時間にわたる統計平均としてカイラル対称性を保つ場合とそれが破れる場合とがあり，前者では界面は拡散則によってランダムに動き，後者では平均として有限のドリフト速度をもつ (Kobayashi and Mizuguchi, 2006)。

2 次元系では，Bloch 壁から複雑なパターンダイナミクスが生じうる。たとえば，ある方向に一定速度で伝播する直線状の半無限 Bloch 壁と，逆方向に伝

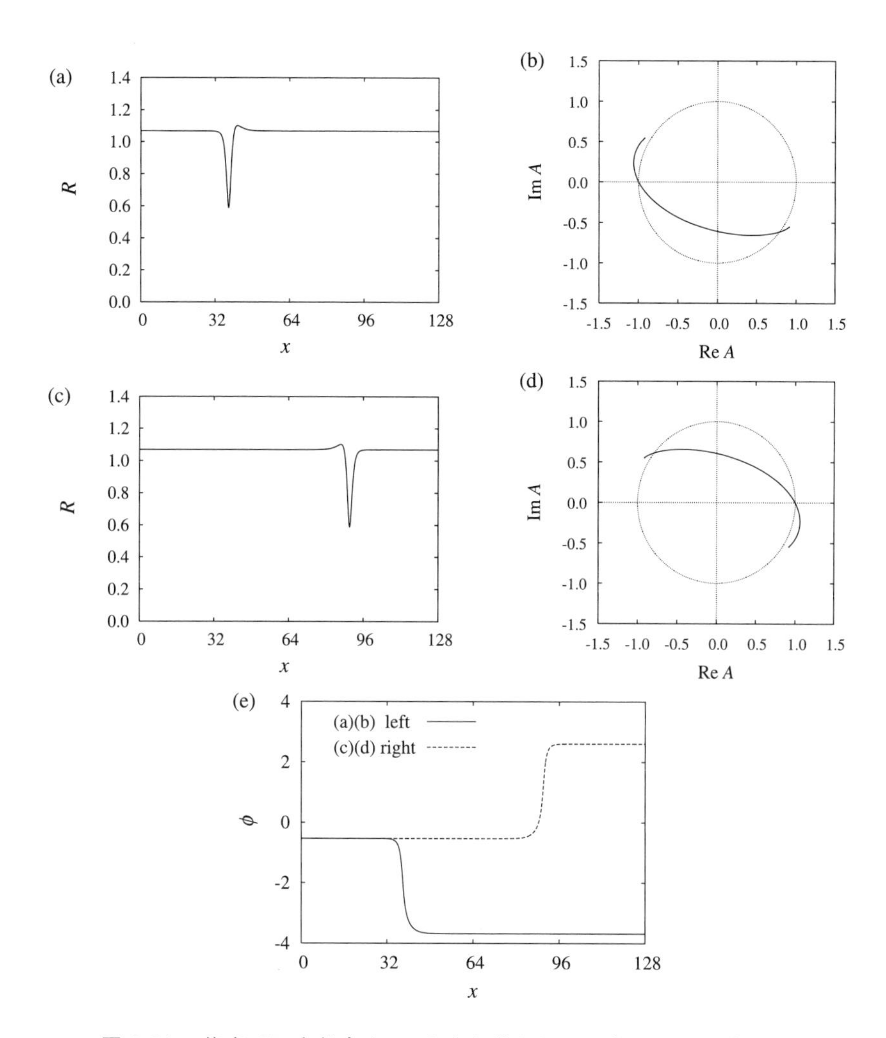

図 3.24　複素 GL 方程式 (3.103) から得られる 1 次元 Bloch 壁。Ising 壁のカイラル対称性が破れた結果として 2 種類の解が存在する。(a) と (b) はそのうちの一つが示す振幅 R のパターンとその相ポートレットであり，(c) と (d) はもう一つの解の振幅パターンとその相ポートレットである。前者の位相パターンは (e) の実線で与えられ，後者のそれは同図の破線で与えられる。left および right はそれぞれの進行方向を示す。$\delta = -0.15$, $c_1 = -0.1$, $c_2 = 0.1$, $h = 0.3$.

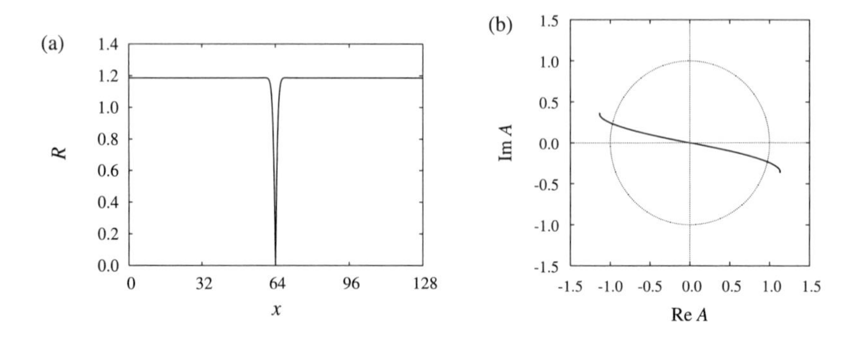

図 3.25　複素 GL 方程式 (3.103) から得られる 1 次元 Ising 壁。振幅パターン (a) とその相ポートレット (b) を示す。$\delta = -0.15$, $c_1 = -0.1$, $c_2 = 0.1$, $h = 0.5$.

播する同じく直線状の半無限 Bloch 壁を接合して 1 本の界面をつくると，接合点を横断する界面のみは Ising 壁になっている。したがって，接合点自体は位相特異点 $|A| = 0$ になっており，これを中心にして回転らせん波パターンが形成される (Coullet and Emilsson, 1992a)。外力強度を弱めていくと，この Ising 壁が Hopf 分岐を起こすことでらせん波は不安定化し，さらに周期が逐次倍加していく典型的シナリオに従って分岐をくりかえし，カオス的振舞に至る。

4 位相記述法

リミットサイクル振動子系を理論的に扱ううえで，本章の主題である位相記述法または位相縮約法とよばれる方法はほとんど不可欠といえる。複素 Ginzburg-Landau 方程式に位相記述を適用してさまざまな波動現象が理解できることは前章でみた。これを通じて位相記述の考え方と有用性はかなり理解されたと思う。本章では，複素 GL モデルのような特別なモデルにかぎらない一般的なリミットサイクル振動子を考え，位相という量を再定義したうえで結合振動子系に広く適用できる位相縮約法を定式化する。

位相縮約法は，個々の振動子に働く外部からの影響が弱い場合に成り立つ理論である。ここに，「外部」とは個別振動子にとっての外部であり，結合振動子系の場合なら結合相手からの影響も含んでいる。したがって，位相縮約法は何よりもまず弱結合振動子系に適用できる方法である。

本章で紹介する理論は，第 2 章で述べた逓減摂動法と同様に主として摂動の最低次の効果のみを正しく考慮した理論である。多くの具体的問題ではこの範囲で十分満足すべき結果が得られる。振動反応拡散系に対しては，摂動の高次の効果を正しく取り入れた系統的な位相縮約法が定式化できるが，それについては最終節で述べる。

4.1 位相の大域的定義

n 次元力学系

$$\frac{d\boldsymbol{X}}{dt} = \boldsymbol{F}(\boldsymbol{X}) \tag{4.1}$$

において，周期 T をもつ安定なリミットサイクル解を $\boldsymbol{\chi}(\omega t)$ で表し，対応するリミットサイクル軌道を C としよう。ここに，$\boldsymbol{\chi}(\omega t)$ は $\boldsymbol{\chi}(\omega t)=\boldsymbol{\chi}(\omega t+2\pi)$ をみたす周期関数であり，したがって ω は振動数を表す。

現実の周期現象を観測する立場からは，位相 ϕ は通常次のように定義される。すなわち，それは一定速度で増加し，1 周期 (たとえば観測値のあるピークから次のピークまでの時間) で 2π だけ変化する量である。理論の立場からもこの経験的な定義に矛盾しないように ϕ を定義することが望ましい。そこで，ϕ は閉軌道 C 上の位置を表す座標であるとし，C 上の周回運動とともに ϕ が

$$\frac{d\phi}{dt}=\omega \tag{4.2}$$

に従って変化する量として定義する。

C 上の任意の点を位相の原点 $\phi=0$ に選んでよい。また，m を任意の整数として，$\phi+2\pi m$ は ϕ と同一の点を表す。閉軌道上の位相の原点を $\boldsymbol{\chi}(0)$ とすると，$\boldsymbol{\chi}(\phi)$ は位相 ϕ の閉軌道上の点を表している。ϕ を 0 から 2π まで変化させることで $\boldsymbol{\chi}(\phi)$ は閉軌道 C を描くから，関数 $\boldsymbol{\chi}(\phi)$ はパラメタ ϕ によるリミットサイクル軌道の表示を与える。なお，以下では ϕ の変域を場合によって $0\le\phi<2\pi$ としたり $-\pi<\phi\le\pi$ としたりする。また，$(-\infty,\infty)$ に広げる場合もある。これらはすべて便宜上の理由によるが，混乱のおそれがないかぎり断りなしに変域の使い分けを行う。

振動子は，外部から影響を受ければ多少とも軌道 C から外れるであろう。このような状況をなお位相変数で記述しようとすれば，位相が C の外部でも定義されていなければならない [1]。位相記述は振動子に働く外力が弱い場合の理論であり，そこでは代表点が C の近傍に滞在する場合に主要な関心がある。したがって，位相も C の近傍で定義しておけば十分であろう。しかし，大域的に ϕ を定義するほうがむしろ描像として受け入れやすいと思われるので，以下ではまずそのようにし，実際問題にあたっては主として C の近傍での局所的定義を用いることする。

大域的な定義といっても，相空間の構造が単純でなく，たとえば C 以外にも

1) 第 2 章の逓減摂動法で複素量 z が臨界固有平面の外部でも定義されなければならなかったのと同様である。

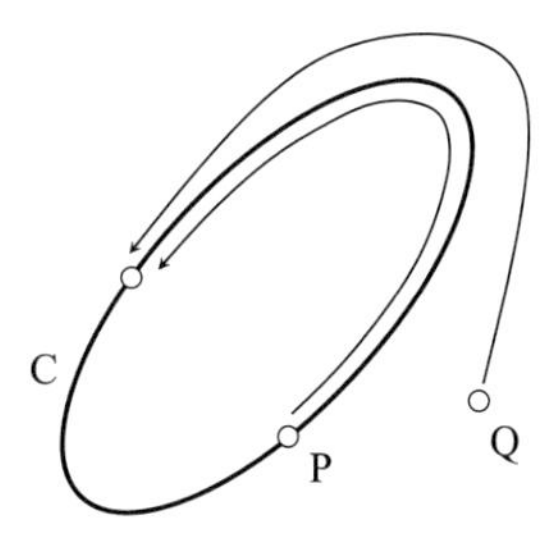

図 4.1　点 P, Q を初期点とする 2 つの代表点が $t \to \infty$ で閉軌道上を運動する 1 点に収束すれば，P と Q は同一の位相をもつ。

安定なリミットサイクル軌道や安定定常点などのアトラクターが存在するかもしれない。そのような場合には，相空間の全域ではなく，C のアトラクター・ベイスン，すなわち，時間とともに C に漸近するような初期点の全体からなる相空間の領域 D において ϕ を定義する。

ϕ を D において定義するとは，D にスカラー場 $\phi(\boldsymbol{X})$ を導入することである。すなわち，D 内の各点に一定のスカラー量 ϕ を対応させるということである。C 上での ϕ の定義をこのように拡張する最も自然なやり方は次のようなものであろう。C 上のある点 P と C 外のある点 Q を考える (図 4.1 参照)。P と Q を初期状態として，(4.1) に従って運動する 2 つの代表点を同時追跡する。$t \to \infty$ では，一般にそれらは C 上を運動する別々の点になる。しかし，たまたまこれらが C 上で 1 点に収束したとしよう。その場合，初期点 Q は P と同一の位相をもつとみなすのである。その結果，初期時刻のみならずその後の任意の時刻においてこれら 2 つの代表点は同一の位相をもつことになる。よって，振動子が C 上になくても，その位相 $\phi(\boldsymbol{X})$ は (4.2) に従って変化する。D において勝手に 1 点を選ぶと，上の意味でそれと同位相の点は C 上に必ず存在する。このようにして，D の任意の点において位相は確定する。以下では大域的な位相をこのような量として扱う。$\phi(\boldsymbol{X})$ は，数学的には asymptotic phase として知られているものである (Coddington and Levinson, 1955)。

代表点の ϕ は $\boldsymbol{X}$ を通じてのみ時間変化するから，

$$\frac{d\phi}{dt} = \mathrm{grad}_{\boldsymbol{X}}\phi \cdot \boldsymbol{F}(\boldsymbol{X}) \tag{4.3}$$

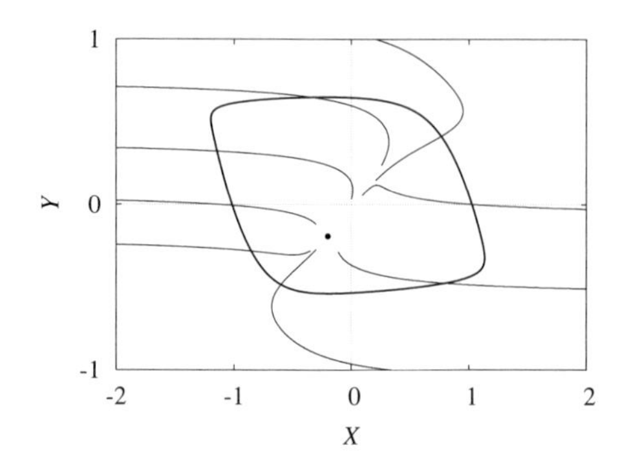

図 4.2　FitzHugh-Nagumo 振動子 (1.5a,b) の閉軌道とアイソクロン。アイソクロンは $\pi/4$ 間隔で表示している。$a = 0.2$, $b = 0.0$, $c = 10.0$.

である。したがって，位相場 $\phi(\boldsymbol{X})$ は恒等的に次式をみたさなければならない：

$$\mathrm{grad}_{\boldsymbol{X}}\phi \cdot \boldsymbol{F}(\boldsymbol{X}) = \omega. \tag{4.4}$$

アイソクロン

$\phi(\boldsymbol{X}) =$ 一定 となるような等位相曲面は $n-1$ 次元の超曲面 (多様体) であり，これを**アイソクロン** (isochron) とよぶ。図 4.2 は FitzHugh-Nagumo 振動子に対するアイソクロンを示している。一般に，位相 ϕ のアイソクロンを I_ϕ で表そう (図 4.3 参照)。I_ϕ と C は 1 点 $\boldsymbol{\chi}(\phi)$ で交わる。その交点を P とすれば，それと同じ位相をもつ点 Q の全体が I_ϕ を与える [2)]。アイソクロンの自明な性質として次のことがいえる。同じアイソクロン上の複数の代表点を考えよう (図 4.4 参照)。これらを初期点として (4.1) に従って同時に時間発展させたとする。明らかに，代表点の集団は常に共通のアイソクロン上に見出される。そして，それらは C に近づくとともに 1 点に収束する。

ベクトル $\mathrm{grad}_{\boldsymbol{X}}\phi$ は，状態点 $\boldsymbol{X}$ においてスカラー場 ϕ の最急上昇方向に向かうベクトルであり，したがって I_ϕ に直交する (図 4.5 参照)。その大きさ

2)　「同時」を意味するアイソクロンという用語は Winfree によってはじめて用いられた (Winfree, 1974)。

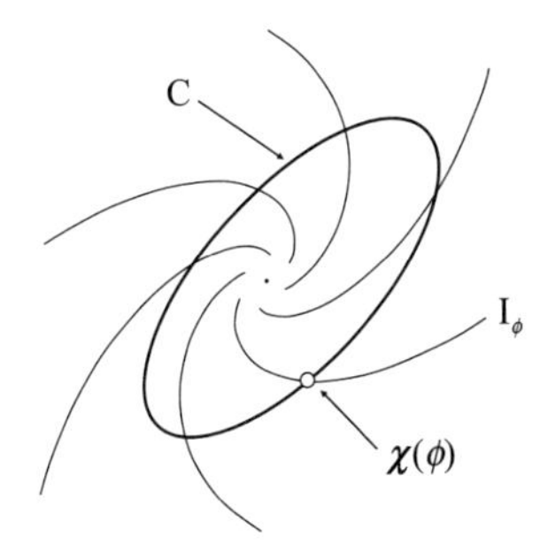

図 4.3　アイソクロン I_ϕ は $n-1$ 次元の超曲面であり，閉曲線 C とは 1 点 $\boldsymbol{\chi}(\phi)$ で交わる。

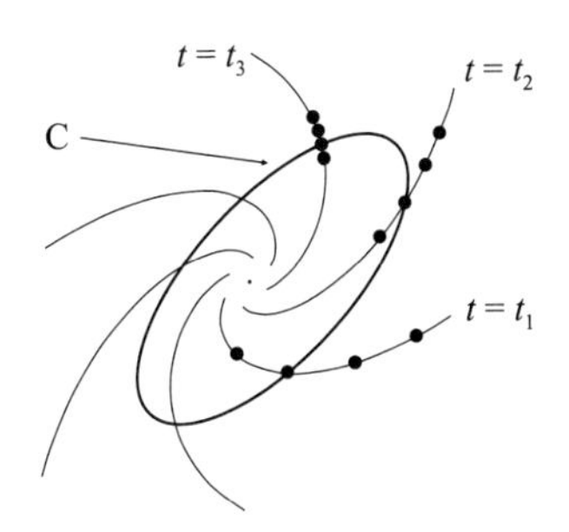

図 4.4　同一のアイソクロン上から出発した代表点のアンサンブルは，常に共通のアイソクロン上にあり，$t\to\infty$ で閉軌道 C を周回する 1 点に収束する。

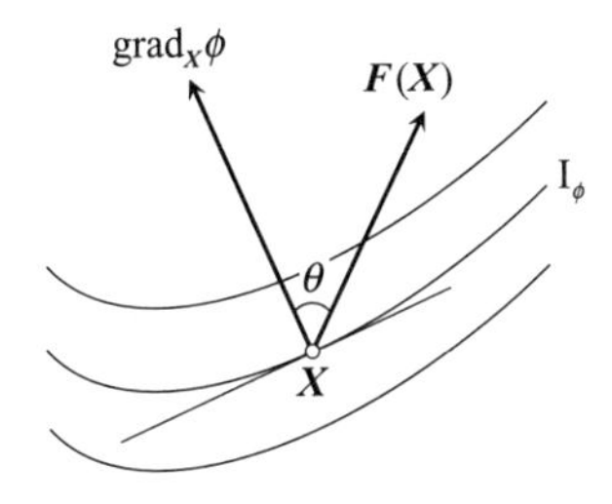

図 4.5　$\mathrm{grad}_{\boldsymbol{X}}\phi$ はアイソクロン I_ϕ に垂直なベクトルであり，このベクトルと $\boldsymbol{F}(\boldsymbol{X})$ とのスカラー積は ϕ の変化速度 ω に恒等的に等しい。

$|\mathrm{grad}_{\boldsymbol{X}}\phi|$ は等位相面 I_ϕ の局所的な面密度 $\sigma(\phi)$ に等しい。一方，$\mathrm{grad}_{\boldsymbol{X}}\phi$ と $\boldsymbol{F}(\boldsymbol{X})$ とのなす角を θ とすると，$\boldsymbol{F}(\boldsymbol{X})\cos\theta$ が ϕ の変化速度にとって有効な $\boldsymbol{F}(\boldsymbol{X})$ の成分である。(4.4) は，この有効成分と $\sigma(\phi)$ との積が ϕ の変化速度 ω を与えるという当然の関係を表している。

位相特異集合

アイソクロンは互いに交叉することはできない。しかし，アイソクロンが集中する極限的な集合 (位相特異集合) は存在する。ごく一般的な状況として，定常点 S が不安定フォーカス，すなわち振動不安定な定常点になっていて，その

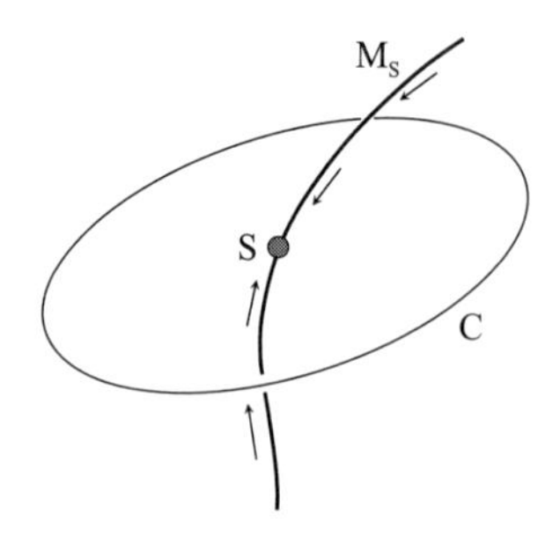

図 4.6　不安定フォーカス S とその安定多様体 M_S は位相特異集合となっている。

まわりに安定なリミットサイクルが生じているという状況を考えよう (図 4.6 参照)。S に関係した固有値のうち 2 つが正の実部をもち，他の $n-2$ 個は負の実部をもつという典型的な場合には，後者に対応する $n-2$ 次元固有空間を非線形領域に拡張したものとして S の**安定多様体** M_S が存在する。図 4.6 に概念的に示すように，時間とともに M_S 上の任意の代表点は M_S に沿いつつ S に漸近し，決して C に漸近することはない。しかし，初期点 Q がわずかでも M_S から外れれば代表点は必ず C に漸近する。したがって，このような Q はいずれかのアイソクロン上になければならない。しかし，直観的にも明らかなように，それがどのアイソクロン上にあるか，すなわち，どのような ϕ をもつかは Q が M_S に近ければ近いほど予想しがたく，初期点のわずかな違いで ϕ はどのようにでも変化するであろう。このことは，M_S がすべてのアイソクロンの集中する軸になっていることを意味している。すなわち，M_S と S はそこで位相を定義できない**位相特異集合**を与える。

相空間の次元 n より 2 だけ低い M_S の次元を**余次元** 2 とよぶ。余次元という概念は，たとえば，生物振動子のように n の値を云々することがほとんど意味をなさない場合や $n=\infty$ の場合にも有用である。そのような場合でも余次元の値 2 は十分に現実的な意味をもつ。その一例は 4.6 節で示される [3]。

---

[3] アイソクロンの大域的な構造，特に位相特異集合については Guckenheimer による数学的な考察がある (Guckenheimer, 1975)。それは，Winfree によって提起されたいくつかの疑問 (Winfree, 1974) への回答という形で論じられている。

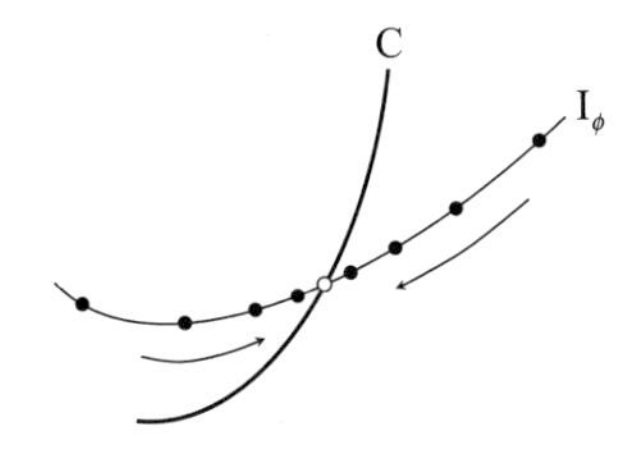

図 4.7　周期 T ごとのストロボ的描像では，代表点は同一のアイソクロンに沿って閉軌道 C に漸近する。

4.2　固有ベクトルとの関係

離散時間で記述された振動子の固有値と固有ベクトル

アイソクロンの性質として次に述べる事柄は特に重要である。領域 D の任意の 1 点から出発した代表点の運動を，$t = 0, T, 2T, 3T, \ldots$ のように振動の周期 T ごとにストロボ的に観測したとしよう。このような離散的観測では，代表点が常に同じアイソクロン上に見出されることは明らかである (図 4.7 参照)。したがって，時間が離散化されたこの力学系において，アイソクロンは $n-1$ 次元の不変多様体になっている。すなわち，初期時刻に代表点がその上にあれば，任意の離散時刻においても代表点はその上に見出される。代表点は時間とともに C に漸近するから，この不変多様体は C の安定多様体である。

アイソクロン I_0 と閉軌道 C との交点 $\boldsymbol{\chi}(0)$ における I_0 の接空間 を E_0 としよう。E_0 は安定多様体 I_0 の線形近似を与える。いい換えれば，リミットサイクル解のまわりの線形系を考えると，E_0 は上記ストロボ的観測における系の固有空間を与えている。特に，それは負の実部をもつ $n-1$ 個の固有値に対応する $n-1$ 次元固有空間である。上記では I_0 を考えたが，任意の I_ϕ に対してもまったく同様の議論が成り立つ。以下では，このような線形系の一般的性質に関してもう少し説明を加える。

リミットサイクル解のまわりで (4.1) を線形化しよう。$\boldsymbol{X}(t) = \boldsymbol{\chi}(\omega t) + \boldsymbol{\rho}(t)$ とおき，$\boldsymbol{\rho}$ に関する線形化方程式を

$$\frac{d\boldsymbol{\rho}}{dt} = \widehat{L}\,(\omega t)\,\boldsymbol{\rho} \tag{4.5}$$

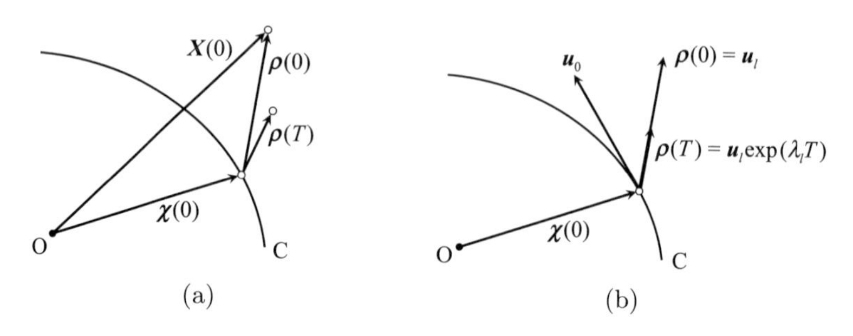

図 4.8　(a) 閉軌道 C 上の 0 位相点からのずれベクトル $\boldsymbol{\rho}(0)$ が 1 周期後に $\boldsymbol{\rho}(T)$ に変換される。(b) 固有ベクトル $\boldsymbol{u}_l$ のイメージ (ただし λ_l が実固有値の場合)。零固有ベクトル $\boldsymbol{u}_0$ は C の接線ベクトルで与えられる。

と書く。$\widehat{L}$ は 2π 周期性 $\widehat{L}(\omega t+2\pi)=\widehat{L}(\omega t)$ をもつ $n\times n$ 行列で，その (i,j) 要素は $L_{ij}=\partial F_i(\boldsymbol{\chi}(\omega t))/\partial\chi_j(\omega t)$ で与えられる。周期的に変動する係数行列をもつこのような線形方程式系に関する理論は，Floquet 理論として知られている。しかし，ここではその内容に立ち入る必要はなく，以下に述べるように通常の固有値問題に帰着することだけが理解されれば十分である。

(4.5) を通常の固有値問題に変換するために，周期 T ごとのストロボ的観測を行う。C 上のある位相点，たとえば $\phi=0$ の点 $\boldsymbol{\chi}(0)$ から測った十分小さいずれベクトルの初期値を $\boldsymbol{\rho}(0)$ とし，1 周期後にそれが $\widehat{L}$ で決まるある変換行列 $\widehat{M}$ によって $\boldsymbol{\rho}(T)=\widehat{M}\boldsymbol{\rho}(0)$ と変換されたとしよう (図 4.8(a) 参照)。m 周期後には $\boldsymbol{\rho}(mT)=\widehat{M}^m\boldsymbol{\rho}(0)$ となる。以下では，$\widehat{M}$ の代わりに $\widehat{M}=\exp(\widehat{\Lambda}T)$ で定義される行列 $\widehat{\Lambda}$ を用いて，

$$\boldsymbol{\rho}(T)=\exp(\widehat{\Lambda}T)\boldsymbol{\rho}(0) \tag{4.6}$$

と書く。$\widehat{\Lambda}$ の固有値 λ_l と固有ベクトル $\boldsymbol{u}_l(0)$ は

$$\widehat{\Lambda}\boldsymbol{u}_l(0)=\lambda_l\boldsymbol{u}_l(0) \qquad (l=0,1,2,\ldots,n-1) \tag{4.7}$$

によって導入される。図 4.8(b) には固有ベクトル (ただし，実ベクトルの場合) の直観的イメージが示されている。$\boldsymbol{\rho}(0)=\boldsymbol{u}_l(0)$ なら，それは 1 周期後に大きさが $\exp(\mathrm{Re}\,\lambda_l T)$ 倍になり，$\boldsymbol{\rho}(0)$ と $\boldsymbol{\rho}(T)$ の方向は同一である。

上記では，C 上の位相点 $\phi=0$ に関連して固有ベクトルが導入されたが，まったく同様の議論は C 上の任意の位相点で成り立つ。その場合，$\widehat{\Lambda}$ および

その固有ベクトル $\boldsymbol{u}_l$ は一般に ϕ に依存するので，これらは本来 $\widehat{\Lambda}(\phi)$, $\boldsymbol{u}_l(\phi)$ と記されるべきである。以下では，簡単のため $\widehat{\Lambda}(0)$ を単に $\widehat{\Lambda}$ と記すことにする。

リミットサイクル軌道は安定と仮定しているから，1 つの固有値 (λ_0 とする) を除いてすべての固有値は負の実部をもたなければならない。$\lambda_0 = 0$ であり，これに対応する $\widehat{\Lambda}(\phi)$ の固有ベクトル $\boldsymbol{u}_0(\phi)$ は，点 $\boldsymbol{\chi}(\phi)$ における閉軌道 C の接線方向をもつ。なぜなら，閉軌道に沿った位相のずれはストロボ的観測では不変，すなわち $\exp(\lambda_0 T) = 1$ だからである。以下では，零固有ベクトルとよばれるこの固有ベクトル $\boldsymbol{u}_0(\phi)$ を特に $\boldsymbol{U}(\phi)$ と記し，

$$\boldsymbol{U}(\phi) = \frac{d\boldsymbol{\chi}(\phi)}{d\phi} \tag{4.8}$$

ととることにする。

$\boldsymbol{u}_l(\phi)$ と $\boldsymbol{u}_l(0)$ の関係については一般に次のことがいえる。ストロボ的見方ではなく連続時間で考えると，(4.6) の指数関数的変化は一般に周期 T の周期的変調を受けるはずである。この周期的変調を変換行列 $\widehat{S}(\omega t)$ で表すと，

$$\boldsymbol{\rho}(t) = \widehat{S}(\omega t)\exp(\widehat{\Lambda}t)\boldsymbol{\rho}(0) \tag{4.9}$$

となる。ここに，$\widehat{S}(0) = \widehat{S}(2\pi) = \widehat{I}$ (単位行列) である。このことから $\boldsymbol{u}_l(\phi)$ は $\boldsymbol{u}_l(0)$ に変換 $\widehat{S}(\phi)$ をほどこしたベクトル，すなわち

$$\boldsymbol{u}_l(\phi) = \widehat{S}(\phi)\boldsymbol{u}_l(0) \tag{4.10}$$

となることがわかる。

$\widehat{\Lambda}$ の左固有ベクトル，すなわち $\widehat{\Lambda}$ の随伴行列の固有ベクトルも導入しておく必要がある。これを $\boldsymbol{u}_l^*(0)$ で表そう。$\widehat{\Lambda}$ は実行列だからその随伴行列は転置行列 $\widehat{\Lambda}^{\mathrm{t}}$ である。よって，

$$\widehat{\Lambda}^{\mathrm{t}}\boldsymbol{u}_l^*(0) = \lambda_l \boldsymbol{u}_l^*(0) \qquad (l = 0, 1, 2, \ldots, n-1). \tag{4.11}$$

$\widehat{\Lambda}$ が自己随伴，すなわち $\widehat{\Lambda} = \widehat{\Lambda}^{\mathrm{t}}$ の場合は，右固有ベクトルと左固有ベクトルは同じ向きをもつ。

$\boldsymbol{u}_l(0)$ が $\boldsymbol{u}_l(\phi)$ に一般化されたように，$\boldsymbol{u}_l^*(0)$ も以下のように $\boldsymbol{u}_l^*(\phi)$ に一般化される。固有値 0 の左固有ベクトル $\boldsymbol{u}_0^*(\phi)$ を特に $\boldsymbol{U}^*(\phi)$ で表し，これを左

零固有ベクトルとよぼう。固有値に縮退はなく，n 個の固有ベクトルは規格直交系をつくっているとする。すなわち

$$\bigl(\boldsymbol{u}_l^*(\phi)\cdot\boldsymbol{u}_{l'}(\phi)\bigr)=\delta_{ll'}, \tag{4.12a}$$

$$\bigl(\boldsymbol{U}^*(\phi)\cdot\boldsymbol{U}(\phi)\bigr)=1, \tag{4.12b}$$

$$\bigl(\boldsymbol{U}^*(\phi)\cdot\boldsymbol{u}_l(\phi)\bigr)=\bigl(\boldsymbol{u}_l^*(\phi)\cdot\boldsymbol{U}(\phi)\bigr)=0 \quad (l\neq 0) \tag{4.12c}$$

が成り立つとする。これらの規格直交条件が任意の ϕ に対してみたされるための条件から

$$\boldsymbol{u}_l^*(\phi)=\boldsymbol{u}_l^*(0)\widehat{S}^{-1}(\phi) \tag{4.13}$$

となることがわかる。

演算子

$$\mathcal{L}=\widehat{L}(\phi)-\omega\frac{d}{d\phi} \tag{4.14}$$

および

$$\mathcal{L}^*=\widehat{L}^{\mathrm{t}}(\phi)+\omega\frac{d}{d\phi} \tag{4.15}$$

を導入すると，$\boldsymbol{u}_l(\phi)$ と $\boldsymbol{u}_l^*(\phi)$ はそれぞれ

$$\mathcal{L}\boldsymbol{u}_l(\phi)=\lambda_l\boldsymbol{u}_l(\phi), \tag{4.16a}$$

$$\mathcal{L}^*\boldsymbol{u}_l^*(\phi)=\lambda_l\boldsymbol{u}_l^*(\phi) \tag{4.16b}$$

をみたしており，これらの演算子の固有関数になっている。上式を示すには，まず $\omega t=\theta$ とおき，(4.9) を (4.5) に代入する。その結果

$$\left[\widehat{L}(\theta)\widehat{S}(\theta)-\omega\frac{d\widehat{S}(\theta)}{d\theta}-\widehat{S}(\theta)\widehat{\Lambda}\right]\exp(\widehat{\Lambda}t)\boldsymbol{\rho}(0)=0, \tag{4.17}$$

すなわち

$$\widehat{S}^{-1}(\theta)\left[\widehat{L}(\theta)-\omega\frac{d}{d\theta}\right]\widehat{S}(\theta)=\widehat{\Lambda} \tag{4.18}$$

を得る。上式の両辺を $\boldsymbol{u}_l(0)$ に作用させ，$\theta=\phi$ とおけば (4.16a) が得られる。また，(4.16b) は恒等式

$$\bigl(\boldsymbol{u}_l^*(\phi)\cdot\mathcal{L}\boldsymbol{u}_m(\phi)\bigr)=\bigl(\mathcal{L}^*\boldsymbol{u}_l^*(\phi)\cdot\boldsymbol{u}_m(\phi)\bigr)=\lambda_l\delta_{lm} \tag{4.19}$$

の結果である。上式の最初の等式は，$\boldsymbol{u}_l(\phi)$ と $\boldsymbol{u}_l^*(\phi)$ がそれぞれ (4.10) と (4.13) の形をもっていることと，自明な恒等式 $d\{S^{-1}S\}/d\phi = 0$ からでてくる。特に $l = 0$ に対して (4.16b) は有用な式であり，それは 4.7 節で用いられる。

$\boldsymbol{Z}(\phi)$ と左零固有ベクトルの同一性

C 上の点 $\boldsymbol{\chi}(\phi)$ で計算された位相勾配ベクトルは，位相記述の核心をなすきわめて重要な量である。今後の議論でしばしば現れるこの量を

$$\mathrm{grad}_{\boldsymbol{X}}\phi\Big|_{\boldsymbol{X}=\boldsymbol{\chi}(\phi)} = \boldsymbol{Z}(\phi) \tag{4.20}$$

と表しておこう。

この $\boldsymbol{Z}(\phi)$ は，左零固有ベクトルに一致するという重要な事実がある。すなわち

$$\boldsymbol{Z}(\phi) = \boldsymbol{U}^*(\phi). \tag{4.21}$$

その理由は以下のとおりである。まず，直交条件 (4.12c) から，$\boldsymbol{U}^*(\phi)$ が E_ϕ に直交することは明らかである。したがって，$\boldsymbol{U}^*(\phi)$ は点 $\boldsymbol{\chi}(\phi)$ においてアイソクロンに直交する。すなわち，$\boldsymbol{U}^*(\phi)$ と $\boldsymbol{Z}(\phi)$ の方向は一致している。両者が同じ大きさと向きをもつことを示すためには $(\boldsymbol{Z}(\phi)\cdot\boldsymbol{U}(\phi)) = 1$ を示せばよい。図 4.9 を参照しながらこれを示そう。$\boldsymbol{Z}(\phi)$ がアイソクロンの面密度に等しい大きさをもつこと，すなわち $\boldsymbol{X} = \boldsymbol{\chi}(\phi)$ において $|\boldsymbol{Z}(\phi)| = \sigma(\phi)$ であったことに注意する。$\boldsymbol{U}(\phi)$ と $\boldsymbol{Z}(\phi)$ のなす角を η とすると，$|\boldsymbol{U}(\phi)| = |d\boldsymbol{\chi}(\phi)/d\phi| = |d\phi/d\boldsymbol{\chi}(\phi)|^{-1} = [\sigma(\phi)\cos\eta]^{-1}$ は明らかである。よって $(\boldsymbol{Z}(\phi)\cdot\boldsymbol{U}(\phi)) = |\boldsymbol{Z}(\phi)|\cdot|\boldsymbol{U}(\phi)|\cos\eta = 1$ が示された。

(4.20) と (4.21) から，リミットサイクル軌道上のある点 $\boldsymbol{X}_0(\phi_0)$ の近傍の点 $\boldsymbol{X}$ における位相 $\phi(\boldsymbol{X})$ を $\boldsymbol{U}^*(\phi_0)$ を用いて局所表示することができる。この局所表示は $\boldsymbol{X} = \boldsymbol{X}_0(\phi_0) + \delta\boldsymbol{X}$, $\phi = \phi_0 + \delta\phi$ としたときの $\delta\boldsymbol{X}$ と $\delta\phi$ の間の関係式にほかならない。よって，$\phi(\boldsymbol{X}_0 + \delta\boldsymbol{X}) = \phi_0 + \delta\phi$ より明らかに

$$\delta\phi = \boldsymbol{Z}(\phi_0)\cdot\delta\boldsymbol{X} = \boldsymbol{U}^*(\phi_0)\cdot\delta\boldsymbol{X} \tag{4.22}$$

が成り立つ。

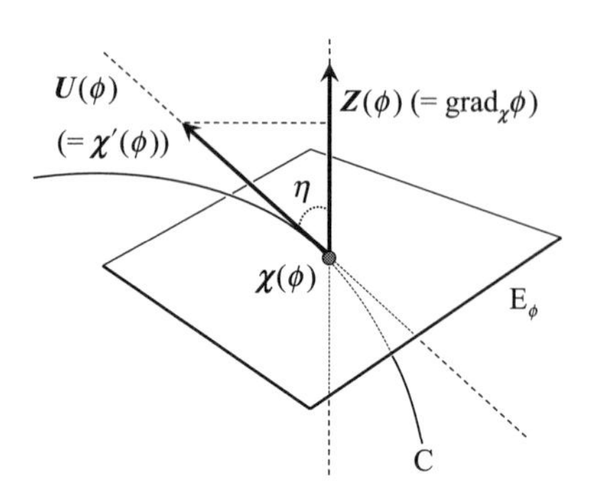

図 4.9　$|\mathrm{grad}_{\boldsymbol{\chi}}\phi| = \sigma(\phi)$ および $|\boldsymbol{\chi}'(\phi)| = [\sigma(\phi)\cos\eta]^{-1}$ より，$(\boldsymbol{Z}(\phi) \cdot \boldsymbol{U}(\phi)) = 1$ が成り立つ。$\boldsymbol{Z}(\phi)$ と $\boldsymbol{U}^*(\phi)$ は同一方向をもつから，これは $\boldsymbol{Z}(\phi) = \boldsymbol{U}^*(\phi)$ を意味する。

4.3　摂動を受けた振動子

時間的に変動する弱い摂動 $\boldsymbol{p}(t)$ を受けた振動子

$$\frac{d\boldsymbol{X}}{dt} = \boldsymbol{F}(\boldsymbol{X}) + \boldsymbol{p}(t) \tag{4.23}$$

を考えよう。前述の位相の定義に従い，恒等式 (4.4) を用いると，位相の発展方程式は

$$\frac{d\phi}{dt} = \mathrm{grad}_{\boldsymbol{X}}\phi \cdot [\boldsymbol{F}(\boldsymbol{X}) + \boldsymbol{p}(t)] = \omega + \mathrm{grad}_{\boldsymbol{X}}\phi \cdot \boldsymbol{p}(t) \tag{4.24}$$

となる。摂動 $\boldsymbol{p}(t)$ のために代表点は一般にリミットサイクル軌道から外れるが，摂動が十分弱ければそのずれは小さいであろう。したがって，(4.24) の最後の表式における位相勾配を，同じ位相 ϕ をもつ C 上の点 $\boldsymbol{\chi}(\phi)$ で評価した位相勾配 $\boldsymbol{Z}(\phi)$ で近似することが許される。これによって位相方程式は

$$\frac{d\phi}{dt} = \omega + \boldsymbol{Z}(\phi) \cdot \boldsymbol{p}(t) \tag{4.25}$$

となる。このように，$\boldsymbol{p}(t)$ の具体的内容を問わなければ位相に関する閉じた記述が得られたことになる。(4.25) は位相記述における最も基本的な式である (Kuramoto, 1984a)。歴史的には，同じ式がいくつかの異なった観点から独立

に導出されている (Izhikevich, 2007)。

後の節で詳述するように，位相縮約は一般に 2 つのステップからなっていて，以上で述べたのはその第一ステップである。すなわち，発展方程式を位相変数のみで表すのが第一ステップである。実は**平均化**という第二の重要なステップがあり，平均化を経由することで多くの系ははるかに扱いやすい形に変換される (Kuramoto, 1984a; Ermentrout and Kopell, 1991)。平均化に関する議論は $\boldsymbol{p}(t)$ の具体的内容に即しながら 4.8 節以降で行う。

$\boldsymbol{p}(t)$ がある方向成分のみ 0 でない値 $p(t)$ をもつ場合，$\boldsymbol{Z}(\phi)$ の対応する成分を $Z(\phi)$ とすると，摂動項は $Z(\phi)p(t)$ となる。インパルス刺激 $p(t) = \epsilon\delta(t)$ が初期位相 ϕ_1 で作用した結果，位相が ϕ_2 にシフトしたとしよう。位相飛躍 $\phi_2 - \phi_1$ は ϵ が小さいかぎり近似的に $\epsilon Z(\phi_1)$ で与えられ，$\phi_2 = \phi_1 + \epsilon Z(\phi_1)$ となる。一般の位相応答は外部刺激の非線形効果を含むのに対して，$\boldsymbol{Z}(\phi)$ で表される位相応答は線形応答である。したがって，以下では一般の位相応答と区別して $\boldsymbol{Z}(\phi)$ を**位相感受性** (phase sensitivity) とよぶことにする。

(4.25) は，リミットサイクル軌道からの代表点の外れが小さいという条件の下に一般的に成り立つ式であって，すべての時刻において摂動項が絶対的に小さいことを要求するものではない。たとえば，$\boldsymbol{p}(t)$ が単発のインパルス刺激の場合には，インパルスの持続時間中は $\boldsymbol{Z}(\phi) \cdot \boldsymbol{p}(t)$ の値はきわめて大きいであろう。しかし，その積分強度が小さいかぎりリミットサイクル軌道からのずれも小さいと期待され，(4.25) は近似的に正しい。

一口にリミットサイクル振動子といってもその具体的な形は千差万別であるが，位相縮約を行うことで振動子それぞれの性質は自然振動数 ω と位相感受性 $\boldsymbol{Z}(\phi)$ というわずか 2 つの量に縮減された。これは大規模な情報圧縮である。振動子がリミットサイクル軌道から大きく外れないかぎり，これら 2 つの基本量で振動子をよく記述できる。特に，多数の振動子からなる集団の理論的解析は，このような大幅な情報圧縮なしではほとんど不可能であろう。

$\boldsymbol{p}(t)$ の内容としては，文字どおりの外部刺激以外に振動子間相互作用を含めさまざまな具体的内容が考えられる。それぞれのケースに従って位相記述の理論をさらに具体化する作業は 4.8 節以降で行う。

4.4　位相方程式のもう一つの導出法

位相方程式 (4.25) は位相縮約における最も基本的な式であるが，以下に述べるように，これまでとはやや異なる見地から同じ式を得ることができる。それは振動子系にかぎらない位相縮約一般に共通する見方を含んでおり，また第 6 章でみるように，具体的な問題に適用するうえで前述の考え方より有利な場合がある。そこで，以下にその概略を述べる。

リミットサイクル振動解を $\boldsymbol{\chi}(\phi)$, $\phi = \omega t + \psi$ と表せば，ψ は任意定数である。非摂動解がこのように任意定数を含むのは，もともと系に備わっていた連続対称性が実現状態によって破れたことの結果である。いまの場合，非摂動力学系は時間をあらわに含まず，したがって，任意の時間並進 $t \to t + t_0$ に対して発展方程式は不変である。これに対して，特定の初期位相 ψ をもつリミットサイクル振動に時間並進の変換を施すと，位相がずれた振動となり，その意味でもとの対称性は実現状態によって破られている。しかし，あらゆる ψ をもつ解全体はもとの対称性を回復している。換言すれば，対称性が回復されるためには ψ は任意定数でなければならない。

振動子系にかぎらず，系の連続対称性が自発的に破れた状態においては一般に任意パラメタが出現する。たとえば，境界条件が無視できるほど大きな空間的広がりをもつ反応拡散系において，Turing パターンとよばれる静的な周期構造が現れることがある。ある周期パターンを任意に平行移動させて得られるパターンも，もとのパターンと同じ資格をもつ解でなければならない。反応拡散系に備わっていた連続的な空間並進対称性が破れた結果，任意の位相パラメタが現れたのである。

位相縮約法は，このように連続対称性が破れた状況において系に弱い摂動がかかった場合に適用可能な一般的方法であり，振動子系に固有の方法ではない。以下に述べる (4.25) の導出法は，すでに述べた導出法に比べると位相縮約一般に共通する見方をよりすなおに表現した方法だといえる。その見方は次のようなものである。すなわち，摂動によって一般に解の挙動はわずかに変化するのであるが，その変化の主要な効果は非摂動解に含まれる任意パラメタをゆっくり変動する変数と見直すことで吸収できると考えるのである。

摂動を受けた振動子 (4.23) に対してこの考え方を適用すると，その解を $\boldsymbol{X}(t) = \boldsymbol{\chi}(\omega t + \psi(t))$ とおき，これが近似的に (4.23) をみたすように $\psi(t)$ の発展方程式を決めることになる。この近似解を (4.23) に代入すると，

$$\boldsymbol{U}(\phi)\frac{d\psi}{dt} = \boldsymbol{p}(t) \tag{4.26}$$

となる。ここに，自明な関係式

$$\omega\frac{d\boldsymbol{\chi}(\phi)}{d\phi} = \boldsymbol{F}\left(\boldsymbol{\chi}(\phi)\right) \tag{4.27}$$

および (4.8) を用いた。(4.26) の両辺と $\boldsymbol{U}^*(\phi)$ すなわち $\boldsymbol{Z}(\phi)$ との内積をとれば，$\dot{\psi} = \boldsymbol{Z}(\phi)\cdot\boldsymbol{p}(t)$ すなわち (4.25) が得られる。

しかし，ここで次のような疑問がわく。まず，(4.26) はそもそも矛盾を含んだ式である。なぜなら，一般に $\boldsymbol{p}(t)$ に含まれるはずの $\boldsymbol{U}(\phi)$ 以外の固有ベクトル成分が左辺に存在しないからである。したがってまた，(4.26) の両辺との内積をとるべきベクトルとして $\boldsymbol{U}^*(\phi)$ ではなくそれ以外の左固有ベクトル成分 $\boldsymbol{v}(\phi)$ を含むベクトル $\boldsymbol{U}^*(\phi) + \boldsymbol{v}(\phi)$ を用いたとすると，$\dot{\psi} = \boldsymbol{Z}(\phi)\cdot\boldsymbol{p}(t) + \boldsymbol{v}(\phi)\cdot\boldsymbol{p}(t)$ となって (4.25) とは結果が異なってしまう。

これは，摂動の効果を任意パラメタの変数化によって完全に吸収することができないという事実を無視したことの結果である。しかし，以下にみるように，最低次近似の位相方程式に関するかぎりは，$\boldsymbol{U}^*(\phi)$ を用いた上記の簡便な方法による結果自体は正しい。

上述の矛盾を避けるためには，真の解を

$$\boldsymbol{X}(t) = \boldsymbol{\chi}(\phi) + \boldsymbol{\rho}(\phi, t), \qquad \boldsymbol{\rho}(\phi, t) = \sum_{l=1}^{n-1} c_l(t)\boldsymbol{u}_l(\phi) \tag{4.28}$$

のように，$\boldsymbol{\chi}(\phi)$ からの微小なずれ $\boldsymbol{\rho}$ を含んだ形で表しておく必要がある。上式で $l=0$ の固有成分，すなわち $\boldsymbol{U}(\phi)$ 成分を $\boldsymbol{\rho}$ に含ませていないことに注意する。リミットサイクル上のどの点からずれを測るかには任意性があるが，上記では，小さなずれベクトルが常に $n-1$ 次元固有空間 E_ϕ 上に乗るようにリミットサイクル上の基準点を選んでいる。すなわち，真の代表点とリミットサイクル上の基準点とは線形近似の範囲で常に同一の等位相面上にあり，したがって，ずれベクトルは位相のずれを含んでいない。(4.28) とともに，

$\dot{\psi} = G(\phi, t)$ すなわち

$$\frac{d\phi}{dt} = \omega + G(\phi, t) \tag{4.29}$$

とおいて，微小な未知量 $\boldsymbol{\rho}$ と G を摂動論的に求めることを考えるのである。

このような考え方を推し進めた系統的な位相縮約の理論は，$\boldsymbol{p}(t)$ の具体的内容に即して定式化されるべきであるが，その一ケースについては 4.17 節で述べる。ここでは，(4.28) とおくことで前述の困難がどのように解決されるかについてのみ簡単に述べておこう。まず，(4.28) を (4.23) に代入する。$\boldsymbol{F}(\boldsymbol{X})$ を

$$\boldsymbol{F}(\boldsymbol{\chi} + \boldsymbol{\rho}) = \boldsymbol{F}(\boldsymbol{\chi}) + \widehat{L}\boldsymbol{\rho} + \boldsymbol{N}(\boldsymbol{\rho})$$

のように $\boldsymbol{\rho}$ の線形部分と非線形部分 $\boldsymbol{N}(\boldsymbol{\rho})$ を用いて表し，(4.29) を用いると次式が得られる：

$$\begin{aligned} G(\phi, t)\boldsymbol{U}(\phi) - \boldsymbol{p}(t) &= \mathcal{L}\boldsymbol{\rho}(\phi, t) + \boldsymbol{N}(\boldsymbol{\rho}) - G(\phi, t)\frac{\partial \boldsymbol{\rho}}{\partial \phi} \\ &\simeq \mathcal{L}\boldsymbol{\rho}(\phi, t). \end{aligned} \tag{4.30}$$

ここに，$\mathcal{L}$ は (4.14) で与えられる。また，最低次近似を問題にしているので，最後の表式では 2 次以上の微小量を無視した。当然ながら，$\boldsymbol{\rho} = \boldsymbol{0}$ とおけば (4.30) は (4.26) に一致する。問題は $\boldsymbol{\rho}$ の線形項 $\mathcal{L}\boldsymbol{\rho}$ の存在であるが，(4.16a) から明らかなように，$\mathcal{L}\boldsymbol{\rho}$ は固有ベクトル成分として $\boldsymbol{U}(\phi)$ を含まない。よって，(4.30) の両辺と $\boldsymbol{U}^*(\phi)$ との内積をとった場合にのみ正しい結果 (4.25) が得られる。$\boldsymbol{U}^*(\phi)$ 以外の固有成分 $\boldsymbol{v}(\phi)$ を含むベクトルとの内積をとった場合は，異なる結果が得られるのではなく，単に位相方程式が閉じた形で得られないというだけであって，そこに何ら矛盾はない。

4.5 Stuart-Landau 振動子のアイソクロンと固有ベクトル

アイソクロンが解析的に求められる振動子モデルとして Stuart-Landau 振動子 (2.65) がある。これは Hopf 分岐点近傍で普遍的に現れる振動子のモデルであった。$A = R\exp(i\Theta)$ で定義される動径 R と偏角 Θ を用いると同式は (2.67a,b) となり，そのリミットサイクル解は $R = 1$, $\Theta = (c_0 - c_2)t$ で与え

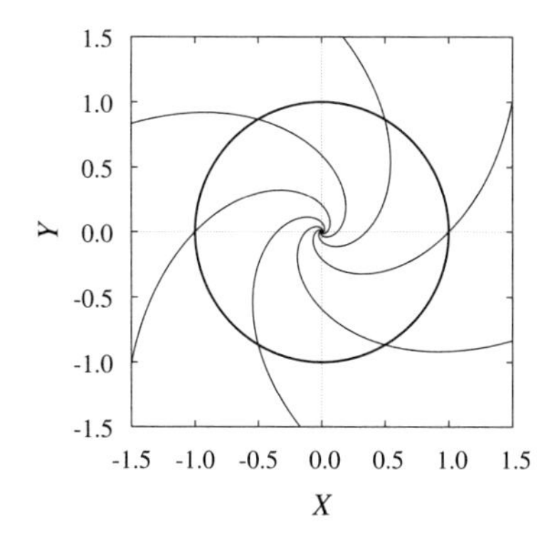

図 4.10　Stuart-Landau 振動子のアイソクロンは 2 次元相空間 $(\mathrm{Re}\,A, \mathrm{Im}\,A) \equiv (X, Y)$ における対数らせんで表される。$c_2 = 1.0$.

られた。この振動子に対して，前章では Θ を位相とよんで記号 ϕ で表したが，本章での大域的な位相 ϕ と Θ とは異なる。そこで，位相場 $\phi(R, \Theta)$ を具体的に求めてみよう。系の回転対称性から，位相場は

$$\phi = \Theta - f(R) \tag{4.31}$$

の形をもつと期待される。リミットサイクル上では $\phi = \Theta$ が成り立つことを要求してよいから，$f(1) = 0$ とする。$\dot{\phi} = c_0 - c_2$ が恒等的に成り立つことから，(4.31) の時間微分をとり (2.67a,b) を用いると，

$$\frac{d\Theta}{dt} - \frac{df}{dR}\frac{dR}{dt} = c_0 - c_2 R^2 - \frac{df}{dR}\left(R - R^3\right) = c_0 - c_2, \tag{4.32}$$

すなわち $df/dR = c_2 R^{-1}$ となる。$f(1) = 0$ をみたすこの解は $f(R) = c_2 \ln R$ である。よって位相場は

$$\phi(R, \Theta) = \Theta - c_2 \ln R \tag{4.33}$$

となり，アイソクロンは対数らせんで与えられる (図 4.10 参照)。$\phi = \Theta$ となるのは一般に閉軌道上のみである。

次に，Stuart-Landau 振動子を $\boldsymbol{X} = (\mathrm{Re}\,A, \mathrm{Im}\,A) \equiv (X, Y)$ に対する 2 次元力学系 $\dot{\boldsymbol{X}} = \boldsymbol{F}(\boldsymbol{X})$ とみなし，この力学系の $\boldsymbol{Z}(\phi)$ すなわち $\boldsymbol{U}^*(\phi)$ を求めよう。リミットサイクル解のまわりでこの力学系を線形化すれば左右の固有ベ

クトルはすべて容易に計算されるが，ここでは上に得られたアイソクロンを用いて幾何学的な考察からそれらを求めてみよう。

まず零固有ベクトル $\boldsymbol{U}(\phi)$ を求める。この量はすでにみたように，$\phi = 0$ における閉軌道の接線ベクトル $\boldsymbol{U}(0)$ に変換 $\widehat{S}(\phi)$ を作用させたものである。いまの場合は，$\widehat{S}(\phi)$ は単に角度 ϕ だけの回転変換にほかならない。(4.8) によって

$$\boldsymbol{U}(0) = (0, 1) \tag{4.34}$$

であり，これに回転行列 $\widehat{S}(\phi)$ を作用させると

$$\boldsymbol{U}(\phi) = (-\sin\phi, \cos\phi) \tag{4.35}$$

となる。

図 4.11 のように，位相 0 のアイソクロン I_0 と C との交点 $(1, 0)$ における I_0 の接線が X 軸となす角を η としよう。I_0 に沿って

$$\left.\frac{d\Theta}{dR}\right|_{R=1} = c_2 = \tan\eta \tag{4.36}$$

が成り立つことから，η が決まる。

系は 0 以外の固有値として -2 をもっている。これに対応する固有ベクトル $\boldsymbol{u}(0)$ は上記接線に沿うベクトルであるから，これを

$$\boldsymbol{u}(0) = (1, \tan\eta) = (1, c_2) \tag{4.37}$$

ととることができる。$\boldsymbol{u}^*(0)$ は $\boldsymbol{U}(0)$ に直交し，かつ $\boldsymbol{u}(0)$ とのスカラー積が 1

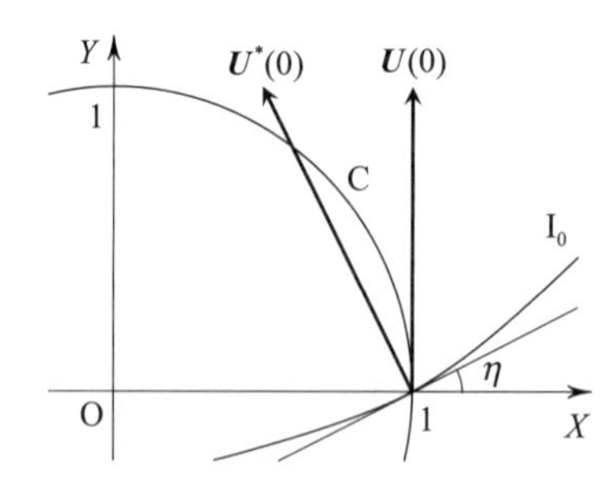

図 4.11　Stuart-Landau 振動子の零固有ベクトル $\boldsymbol{U}(0)$ と左零固有ベクトル $\boldsymbol{U}^*(0)$.

に等しいベクトルであるから，

$$\boldsymbol{u}^*(0) = (1, 0) \tag{4.38}$$

である。また，$\boldsymbol{U}^*(0)$ は $\boldsymbol{u}(0)$ に直交し，かつ $\boldsymbol{U}(0)$ とのスカラー積が 1 に等しいベクトルであるから，

$$\boldsymbol{U}^*(0) = (-c_2, 1) \tag{4.39}$$

となる。$\boldsymbol{U}^*(\phi)$ は一般に (4.13) から求められる。$\widehat{S}^{-1}(\phi) = \widehat{S}(-\phi)$ が成り立つから，

$$\boldsymbol{U}^*(\phi) = \boldsymbol{Z}(\phi) = (-\sin\phi - c_2\cos\phi, \cos\phi - c_2\sin\phi) \tag{4.40}$$

となる。

4.6 位相応答のタイプ

タイプ 1 とタイプ 0

振動子にインパルス刺激を与えると，一般にその位相は飛躍的に変化する。飛躍量はもちろんインパルス強度によって変わるが，どのタイミング (位相状態) で刺激を与えたかにも依存する。外部刺激に対するこのような位相応答の実験は，振動子の実体を探る有力な方法として概日リズム (Czeisler *et al.*, 1989; Khalsa *et al.*, 2003; Ukai *et al.*, 2007; Bagheri, Stelling, and Doyle, 2008) や脳神経系 (Galán, Ermentrout, and Urban, 2005; Tsubo *et al.*, 2007; Tateno and Robinson, 2007) などの生物振動子をはじめさまざまな振動現象に対してなされている。

大域的に定義された位相 $\phi(\boldsymbol{X})$ の立場から位相応答の意味を解釈してみよう。一つの観測量の時系列データのみをみているかぎり，インパルス刺激による位相シフトの大きさは，十分時間が経過して振動パターンの周期性がほぼ回復した後にしかわからない。長時間後の任意の時刻における位相値と，刺激なしで経過したときに同じ時刻で見出されるべき位相値との差が位相シフトである。

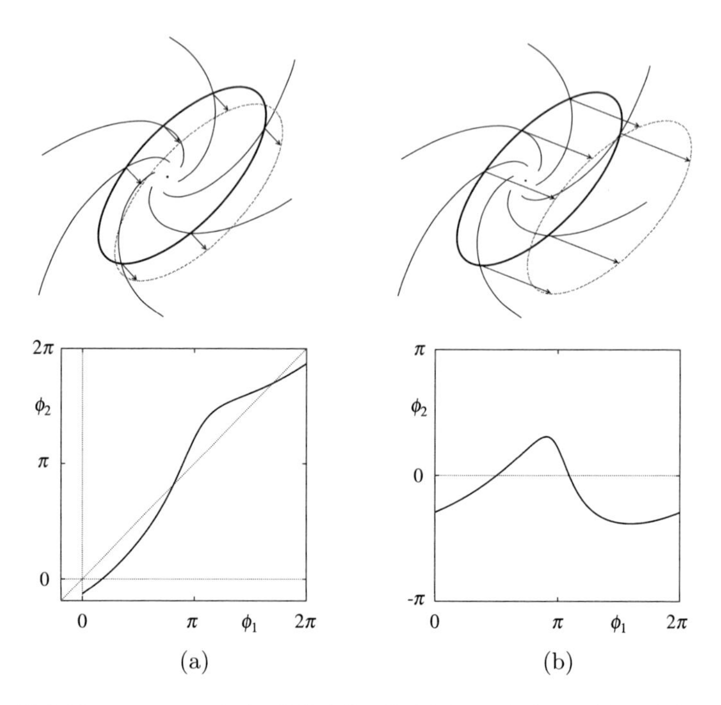

図 4.12　2 つのタイプの位相応答の概念図。タイプ 1 の応答 (a) とタイプ 0 の応答 (b)。それぞれのタイプについて，上図は始状態から終状態への位相飛躍を示し，対応する位相応答曲線が下図に示されている。始状態の位相を 0 から 2π まで変化させると，(a) では終状態も位相の全変域 $[0, 2\pi)$ をカバーするのに対して，(b) ではその一部しかカバーしない (終状態を表す閉曲線は一部のアイソクロンとしか交わらない)。

一方, 位相が相空間で大域的に定義されているなら, 刺激直後に位相シフトは決まっている。リミットサイクル上の位相 ϕ_1 において外部刺激を受けた結果，代表点がアイソクロン I_{ϕ_2} に飛躍したとすれば，位相シフトは $\Delta\phi = \phi_2 - \phi_1$ で与えられるわけである。位相はその後 $\dot{\phi} = \omega$ に従って変化するだけであるから，長時間観測から見出される位相シフトと初期に決まっている位相シフトは一致している。

図 4.12 に示すように，ϕ_1 と ϕ_2 の相互関係は刺激の強度によって定性的に異なる 2 つのタイプに分かれる。第一のタイプでは，ϕ_1 を 0 から 2π まで変化させたとき ϕ_2 も 2π だけ変化する。これは**タイプ 1** とよばれ，外部刺激が比

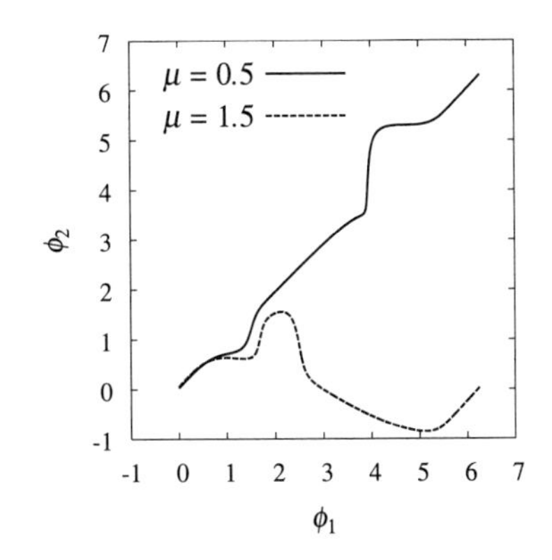

図 4.13 FitzHugh-Nagumo 振動子 (1.5a,b) に対するタイプ 1 とタイプ 0 の位相応答。外部刺激として (1.5a) の右辺に $\mu\delta(t)$ 項を付加した。$\mu = 0.5$ および $\mu = 1.5$ で応答はそれぞれタイプ 1 およびタイプ 0 となる。$a = 0.2$, $b = 0.0$, $c = 10.0$.

較的弱い場合にみられる応答タイプである。これに対して，外部刺激が十分強い場合には**タイプ 0** とよばれる異なった応答性を系は示す。これは，ϕ_1 を 0 から 2π まで変化させたとき ϕ_2 が 2π だけ変化せず，単にもとの値に戻る応答タイプである。したがって，ϕ_2 は位相の全変域 $[0, 2\pi)$ ではなくその一部しかカバーしない。図 4.13 には，FitzHugh-Nagumo モデルに対するタイプ 1 とタイプ 0 の位相応答が示されている。

用語上混乱を招きやすいが，**タイプ I** および**タイプ II** の位相応答という分類もある。外部刺激によって位相が常に進むか常に遅れる場合をタイプ I とよび，初期位相によって位相が進んだり遅れたりする場合をタイプ II とよぶ。リミットサイクル振動の現れ方には Hopf 分岐以外にサドルとノードの対消滅による場合 (サドル・ノード分岐) があるが，前者の分岐によって生じて間もない振動は概してタイプ II を，後者に対してはタイプ I の応答を示すと考えられている (Ermentrout, 1996)。

Stuart-Landau 振動子の位相応答

Stuart-Landau 振動子に対しては，以下のように位相応答曲線が解析的に計算できる。時刻 0 でインパルス刺激を受けた Stuart-Landau 振動子

$$\frac{dA}{dt} = (1 + ic_0)\,A - (1 + ic_2)\,|A|^2\,A + \mu\delta(t) \tag{4.41}$$

を考えよう。刺激強度 μ は実数で正とする。刺激によってリミットサイクル上の代表点 A が A$'$ に飛躍したとする (図 4.14 参照)。極座標表示で点 A を (R_1, Θ_1), 点 A$'$ を (R_2, Θ_2) とする。ただし，$R_1 = 1$ である。前節でこの系の大域的位相が (4.33) で与えられることを示した。これより A と A$'$ の位相はそれぞれ

$$\phi_1 = \Theta_1, \tag{4.42a}$$

$$\phi_2 = \Theta_2 - c_2 \ln R_2 \tag{4.42b}$$

で与えられる。したがって，ϕ_1 と ϕ_2 の関係を見出すには，Θ_2 と R_2 を Θ_1 で表すことができればよい。図 4.14 から明らかなように，次の等式が成り立つ：

$$R_2 \cos\Theta_2 = \cos\Theta_1 + \mu, \tag{4.43a}$$

$$R_2 \sin\Theta_2 = \sin\Theta_1. \tag{4.43b}$$

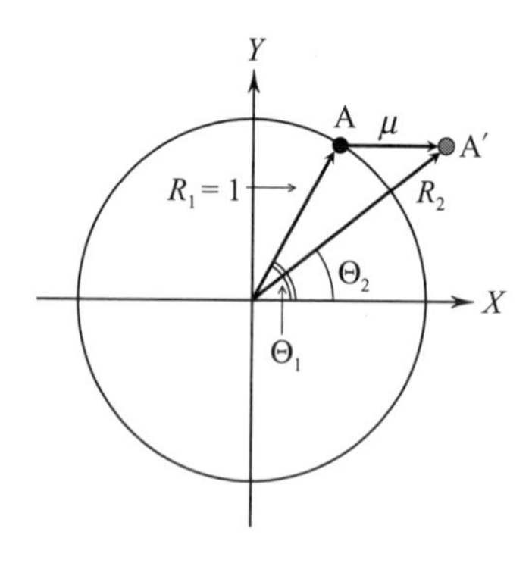

図 4.14　強度 μ のインパルス刺激による Stuart-Landau 振動子の状態飛躍 $(R_1, \Theta_1) \to (R_2, \Theta_2)$.

これらより R_2 を消去すると

$$\Theta_2 = h(\Theta_1) \equiv \begin{cases} \arctan\left(\dfrac{\sin\Theta_1}{\cos\Theta_1+\mu}\right) & (\cos\Theta_1+\mu>0), \\ \arctan\left(\dfrac{\sin\Theta_1}{\cos\Theta_1+\mu}\right)+\pi & (\cos\Theta_1+\mu<0) \end{cases} \tag{4.44}$$

となる。さらに，(4.43b) から

$$R_2 = \frac{\sin\Theta_1}{\sin\Theta_2} = \frac{\sin\phi_1}{\sin h(\phi_1)} \equiv g(\phi_1) \tag{4.45}$$

であるから，ϕ_1 と ϕ_2 との関係は

$$\phi_2 = \Theta_2 - c_2 \ln R_2 = h(\phi_1) - c_2 \ln g(\phi_1) \tag{4.46}$$

となる。

タイプ 1 とタイプ 0 の位相応答はトポロジカルに異なっており，刺激強度を変えていったとき一つのタイプから別のタイプにどのように移行するかは興味がある。Stuart-Landau モデルに対する結果 (4.46) はこの移行過程を含む表式になっている。一般に，タイプ 1 とタイプ 0 との間の遷移はある刺激強度 $\mu=\mu_{\mathrm{c}}$ で起こる。臨界強度 μ_{c} に近づくと，初期位相値 ϕ_1 の値によっては応答がきわめて敏感になる。すなわち，始状態 ϕ_1 がわずかに変わるだけで終状態 ϕ_2 は大きく変化する。$\mu=\mu_{\mathrm{c}}$ では $|d\phi_2/d\phi_1|$ は無限大となる。図 4.15 には 2 つのタイプ間の移り変わりの様子が示されている。

特定の強度 μ_{c} をもつ刺激を特定の初期位相 $\phi_1=\phi_{\mathrm{c}}$ において与えると，ϕ_2 は不定となる。これは刺激によって飛躍した振動子の代表点が図 4.6 の安定多様体 $\mathrm{M_S}$ にちょうど乗ることを意味している。これによって振動は消失する。数学的には永久の消失であるが，物理的にはもちろん一時的な消失である。この位相特異性を実現するためには，$(\mu,\phi_1)=(\mu_{\mathrm{c}},\phi_{\mathrm{c}})$ のように 2 つのパラメタに特別な値を与えればよい。それによってこの数 2 と同じ余次元をもつ $\mathrm{M_S}$ 上の状態を実現することが可能となるのである [4)]。

4.3 節で注意したように，十分弱い外部刺激に対しては，位相感受性の刺激方向成分 $Z(\phi)$ の定数倍がそのまま位相飛躍を与える。Ermentrout はこの事実

4) 概日リズムの位相応答においてこの位相特異性をはじめて実現した仕事として，ショウジョウバエの羽化リズムに関する Winfree の実験がある (Winfree, 1970)。

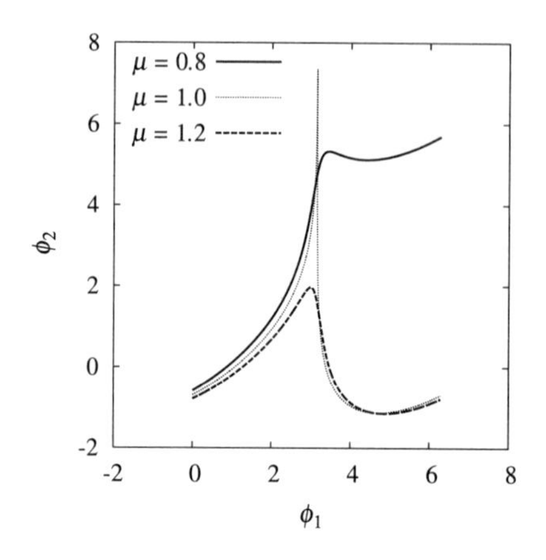

図 4.15　(4.46) で与えられる Stuart-Landau 振動子の位相応答。インパルス刺激の強度 μ を上げていくと，$\mu = 1.0$ 付近を境にタイプ 1 からタイプ 0 に転移する。$c_2 = 1.0$.

に基づいて，Hodgkin-Huxley モデル，Connor モデル，Morris-Lecar モデルなどの代表的な神経振動子モデルに対する位相応答を論じている (Ermentrout, 1996)。Brown らはこのような議論を神経振動子の集団に拡張し，統計的に平均化された位相応答を位相縮約に基づいて議論している (Brown, Moehlis, and Holmes, 2004)。

概日リズムや神経振動子などの位相応答では，得られるデータは一般に粗い。したがって，ランダムにゆらいだデータからノイズの効果を取り除いて得られるべき正しい位相応答曲線をどのように推定するかは重要な問題であり，そのためのデータ解析法が提案されている (Ermentrout, Galán, and Urban, 2007; Ota, Nomura, and Aoyagi, 2009; Ota *et al.*, 2011)。

4.7　位相感受性の数値計算法

位相感受性 $\boldsymbol{Z}(\phi)$ または $\boldsymbol{U}^*(\phi)$ の形が解析的に得られるのは，Stuart-Landau モデルのような特殊な系に対してのみである。一般の振動子モデル (4.1) に対しては数値計算によらなければならない。(4.16b) はそのための有用な式を与える。

同式を $l=0$ の場合に適用すると

$$\omega \frac{d\boldsymbol{U}^*(\phi)}{d\phi} = -\widehat{L}^{\mathrm{t}}(\phi)\boldsymbol{U}^*(\phi) \tag{4.47}$$

となる。ϕ を時間とみなすと，上式は $\boldsymbol{U}^*(\phi)$ の時間発展を記述する線形微分方程式であり，$\boldsymbol{U}^*(\phi)$ はその周期解である [5)]。上式で $\phi=\omega t$ とおき，その解として一般に周期的ではない解を考えるために，同式を (4.5) と類比的に

$$\frac{d\boldsymbol{\rho}(t)}{dt} = -\widehat{L}^{\mathrm{t}}(\omega t)\boldsymbol{\rho}(t) \tag{4.48}$$

と書こう。$\boldsymbol{\rho}(t)=\exp(-\lambda_l t)\boldsymbol{u}_l^*(\omega t)$ が上式をみたすことは (4.16b) から明らかである。より一般に，一次結合

$$\boldsymbol{\rho}(t) = \sum_{l=0}^{n-1} c_l \exp(-\lambda_l t)\boldsymbol{u}_l^*(\omega t)$$

は (4.48) の一般解を与える。

$l=0$ 以外のすべての l に対して $\mathrm{Re}\,\lambda_l < 0$ であるから，この一般解は $t\to\infty$ で発散する。逆に，$t\to-\infty$ では $l=0$ の固有成分すなわち $\boldsymbol{U}^*(\omega t)$ 成分を残して他のすべての成分は 0 となる。したがって $\boldsymbol{U}^*(\phi)$ を数値的に求めるには，任意の初期条件 $\boldsymbol{\rho}(0)$ から出発して，(4.48) の解が周期解に収束するまで同式を時間の負の方向に追跡すればよい。$\boldsymbol{\rho}(t)$ は $\boldsymbol{U}^*(\omega t)$ の定数倍 $\alpha\boldsymbol{U}^*(\omega t)$ に収束するはずである。$\boldsymbol{U}(\phi)$ は (4.8) によって既知とすると，規格化条件 (4.12b) から $(\boldsymbol{\rho}(\phi)\cdot\boldsymbol{U}(\phi))=\alpha$ となって α が決まる。上に述べた $\boldsymbol{U}^*(\phi)$ の数値計算法は**緩和法**または**アジョイント法**とよばれており，神経振動子モデルなどの位相感受性の数値計算で広く用いられる標準的な方法である (Ermentrout, 1996; Ermentrout and Terman, 2010)。

---

5) 位相感受性 $\boldsymbol{Z}(\phi)$ が (4.47) をみたす時間周期解で与えられることは Malkin によってはじめて示された (Malkin, 1949, 1956; Hoppensteadt and Izhikevich, 1997; Izhikevich, 2007)。

4.8　周期外力による同期

弱い周期外力に駆動された振動子を考えよう。(4.25) において $\boldsymbol{p}(t)$ は周期外力を表し，その振動数を ω_1 として $\boldsymbol{p}(t) = \boldsymbol{q}(\omega_1 t)$ と書いておく。$\boldsymbol{q}(\omega_1 t)$ は $\omega_1 t$ の 2π 周期関数である。$\phi = \omega_1 t + \psi$ とおいて，(4.25) を新しい位相変数 ψ に対する式に書き直すと，

$$\frac{d\psi}{dt} = \Delta\omega + \boldsymbol{Z}(\omega_1 t + \psi) \cdot \boldsymbol{q}(\omega_1 t) \tag{4.49}$$

となる。ここに $\Delta\omega = \omega - \omega_1$ は振動子の自然振動数と外力の振動数の差である。$t \to \infty$ における (4.49) の解 ψ が時間的に一定なら，あるいはより一般に ψ の変動が有限の範囲に収まるなら，$\dot{\psi}$ の長時間平均が 0 となるので振動子は外力に同期している。そうでない場合には同期は破れている。したがって，同期・非同期転移が問題となるのは $\Delta\omega$ が $|\boldsymbol{q}|$ と同程度に微小な場合である。

$\Delta\omega$ と $|\boldsymbol{q}|$ がともに微小なら，(4.49) の右辺全体が微小なので ψ はゆっくり変化し，外力が 1 振動する間に ψ はわずかしか変化しない。この遅い運動の発展方程式に $\omega_1 t$ を通じての速い周期的変動が含まれている。そこで，ψ のゆっくりした変化をみるには ψ をひとまず一定とみなし，(4.49) の右辺を外力の 1 周期にわたって時間平均したもので置き換えてよい。これを実行すると

$$\frac{d\psi}{dt} = \Delta\omega + \Gamma(\psi) \tag{4.50}$$

が得られる。ここに $\Gamma(\psi)$ は

$$\Gamma(\psi) = \frac{1}{2\pi} \int_0^{2\pi} d\theta \, \boldsymbol{Z}(\theta + \psi) \cdot \boldsymbol{q}(\theta) \tag{4.51}$$

で与えられる 2π 周期関数である。

(4.50) が安定な定常解をもてば，それは安定な同期状態を表している。図 4.16 には $\dot{\psi}$ が ψ の関数として概念的に示されている。同期解はこの曲線の零点で与えられる。零点まわりの線形化方程式からわかるように，曲線の勾配がそこで負なら同期解は安定，正なら不安定である。2π 周期関数 $\Gamma(\psi)$ をフーリエ展開したとき，その基本波成分が支配的な場合なら零点は高々 2 つであり，一方は安定解，他方は不安定同期解に対応している。明らかに，$\Delta\omega$ のある範囲 $(\Delta\omega)_{\min} < \Delta\omega < (\Delta\omega)_{\max}$ においてのみ同期が可能である。振動

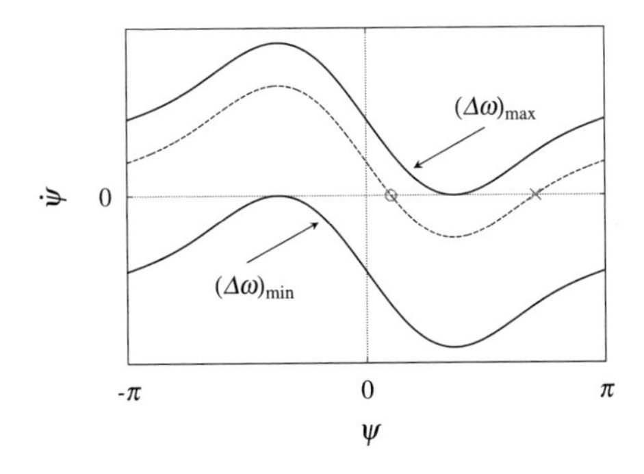

図 4.16　自然振動数と周期外力の振動数の差 $\Delta\omega$ のある範囲内で安定および不安定同期解が存在する。

子の真の振動数 $\widetilde{\omega}$ は $\dot{\phi}$ の長時間平均 $\langle\dot{\phi}\rangle$，すなわち

$$\widetilde{\omega} = \omega_1 + \left\langle \frac{d\psi}{dt} \right\rangle \tag{4.52}$$

で与えられる。同期領域ではもちろん $\widetilde{\omega} = \omega_1$ である。

同期がわずかに破れたとき，$\widetilde{\omega}$ は $\Delta\omega$ とともにどのように変化するだろうか。$\Delta\omega = (\Delta\omega)_{\max} + \epsilon$ とおこう。$\epsilon = 0$ では，曲線 $\Delta\omega + \Gamma(\psi)$ は水平軸 $\dot{\psi} = 0$ とある点 $\psi = \psi_0$ において一般に 2 次の接触をもつ。したがって，十分小さい正の ϵ に対しては，この点の近傍で $\dot{\psi} = \epsilon + \alpha(\psi - \psi_0)^2$ と近似してよい。α は正定数である。一方，$\langle\dot{\psi}\rangle = 2\pi\tau^{-1}$ とおくと，τ は ψ が 2π だけ変化するに要する時間を表している。よって，

$$\begin{aligned}\tau &= \int_0^{\tau} dt = \int_0^{2\pi} d\psi\,\frac{dt}{d\psi} = \int_0^{2\pi} \frac{d\psi}{\Delta\omega + \Gamma(\psi)} \\ &\simeq \int_{-\infty}^{\infty} \frac{d\psi}{\epsilon + \alpha(\psi - \psi_0)^2} = \frac{1}{\sqrt{\epsilon}} \int_{-\infty}^{\infty} \frac{d\psi'}{1 + \alpha\psi'^2} = O\left(\frac{1}{\sqrt{\epsilon}}\right)\end{aligned} \tag{4.53}$$

が成り立つ。上式では，$\psi = \psi_0$ 近傍からの積分への寄与が支配的になることを考慮して積分区間を $(-\infty, \infty)$ に拡張している。これより，

$$\widetilde{\omega} = \omega_1 + \beta\sqrt{\epsilon} \tag{4.54}$$

となり，$\widetilde{\omega}$ は同期・非同期転移点からのずれ ϵ に関して 1/2 乗則に従って変化する。β は正定数である。上の議論では $\Delta\omega = (\Delta\omega)_{\max} + \epsilon$ としたが，

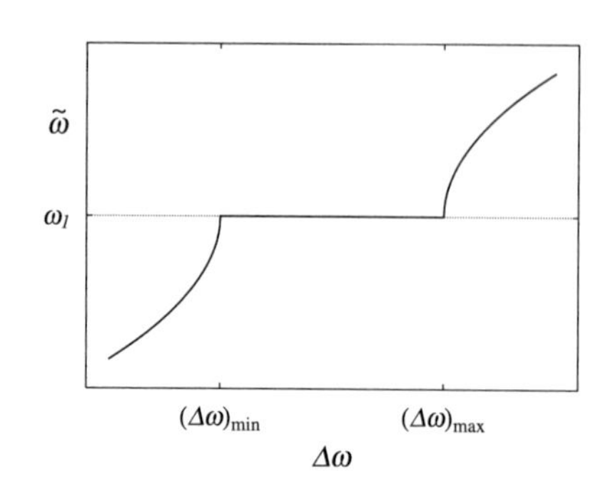

図 4.17　同期の破れによる振動数 $\widetilde{\omega}$ の変化は 1/2 乗則に従う。

$\Delta\omega = (\Delta\omega)_{\min} - \epsilon$ の場合も議論はまったく同様である。よって，$\widetilde{\omega}$ と $\Delta\omega$ との関係は図 4.17 に概念的に示すような特徴をもつ曲線で表される。

以上は 1 : 1 同期に関してであったが，m と n を互いに素な整数として，2 つの周期の比が $m : n$ になるようないわゆる $m : n$ 同期についてはどうであろうか。その場合には，$m\omega - n\omega_1$ を微小量と仮定して，

$$\phi = \frac{n}{m}\omega_1 t + \psi \tag{4.55}$$

とおくのが適当である。これによって，1 : 1 同期の場合と同様に ψ が有界か否かで同期非同期が判定できる。実際，$\omega - (n/m)\omega_1 = \Delta\omega$ とおくと，ψ が従う方程式は

$$\frac{d\psi}{dt} = \Delta\omega + \boldsymbol{Z}\left(\frac{n}{m}\omega_1 t + \psi\right) \cdot \boldsymbol{q}\left(\omega_1 t\right) \tag{4.56}$$

となる。仮定によって上式右辺の 2 つの項はともに微小であり，したがって ψ の変化は遅い。よって ψ を固定したうえで外力の m 周期にわたって上式を時間平均することができる。平均化を行うと (4.50) と同じ形の方程式が得られ，$\Gamma(\psi)$ は

$$\Gamma\left(\psi\right) = \frac{1}{2\pi}\int_0^{2\pi} d\theta\, \boldsymbol{Z}\left(n\theta + \psi\right) \cdot \boldsymbol{q}\left(m\theta\right) \tag{4.57}$$

となる。同期非同期に関する議論は 1 : 1 同期の場合の単なるくりかえしになる。

周期外力による同期現象は，物理学，工学，生物学をはじめ自然科学の広範

な分野に現れる重要な現象である。一つの重要な一般的問題として，あたえられた振動子に対してどのような波形をもつ周期外力が最も効率よく，あるいは効果的に同期を実現するかという問題がある。Tanaka らをはじめとする研究者達によって，位相記述にもとづくこのような問題への取り組みが近年活発になされている (Harada *et al.*, 2010; Zlotnik *et al.*, 2013; Tanaka, 2014a, 2014b; Tanaka *et al.*, 2015; Pikovsky, 2015)。 より複雑な現象として，自然振動数が分布した不均一な弱結合振動子集団を一様な周期外力で駆動することにより，さまざまにクラスター化された同期パターンを実現できることがわかっており，理論と実験の両面から研究がなされている (Zlotnik *et al.*, 2016)。

4.9 弱く結合した振動子系

互いに弱く結合した振動子からなる系では，1 つの振動子が他の振動子から受ける相互作用力の総和はその振動子にとって外部摂動とみなすことができる。まず，わずかに性質の異なる 2 個の振動子からなる系

$$\frac{d\boldsymbol{X}_1}{dt} = \boldsymbol{F}(\boldsymbol{X}_1) + \delta\boldsymbol{f}_1(\boldsymbol{X}_1) + \boldsymbol{g}_{12}(\boldsymbol{X}_1, \boldsymbol{X}_2), \tag{4.58a}$$

$$\frac{d\boldsymbol{X}_2}{dt} = \boldsymbol{F}(\boldsymbol{X}_2) + \delta\boldsymbol{f}_2(\boldsymbol{X}_2) + \boldsymbol{g}_{21}(\boldsymbol{X}_2, \boldsymbol{X}_1) \tag{4.58b}$$

について考えよう。振動子としての性質の違いは $\delta\boldsymbol{f}_1$, $\delta\boldsymbol{f}_2$ で表されている。これらが微小量であるかぎり $\dot{\boldsymbol{X}} = \boldsymbol{F}(\boldsymbol{X})$ で表される「標準振動子」は適当に定義しておけばよい。たとえば，振動子 1 を標準振動子とみなして $\delta\boldsymbol{f}_1 = 0$ としてもよいし，振動子 2 に対して同じことを行ってもよい。いずれにしても位相縮約の結果は変わらない。

以下では，$\delta\boldsymbol{f}_1$ と $\boldsymbol{g}_{12}$ をともに振動子 1 に対する摂動とみなす。振動子 2 に対しては $\delta\boldsymbol{f}_2$ と $\boldsymbol{g}_{21}$ が摂動となる。標準振動子のリミットサイクル解を $\boldsymbol{\chi}(\phi)$, $\phi = \omega t$ としよう。摂動の最低次の効果のみを考慮するかぎり，微小項 $\delta\boldsymbol{f}_1$ と $\boldsymbol{g}_{12}$ に含まれる $\boldsymbol{X}_1$, $\boldsymbol{X}_2$ は，標準振動子のリミットサイクル軌道上で計算された量 $\boldsymbol{\chi}(\phi_1)$, $\boldsymbol{\chi}(\phi_2)$ でそれぞれ置き換えることができる。ここに ϕ_1, ϕ_2 はそれぞれ振動子 1 と 2 の位相である。振動子 2 に対する摂動項に関しても同様の

置き換えを行う。振動子 1 と 2 はまったく並行して扱われるので，以下では振動子 1 にのみ注目して議論を進める。

上記の置き換えを行ったうえで位相方程式 (4.25) を適用すると，

$$\frac{d\phi_1}{dt} = \omega + \boldsymbol{Z}(\phi_1) \cdot \left[\delta \boldsymbol{f}_1(\phi_1) + \boldsymbol{g}_{12}(\phi_1, \phi_2)\right] \tag{4.59}$$

となる。ただし，表記を簡単にするために $\delta \boldsymbol{f}(\boldsymbol{\chi}(\phi_1))$, $\boldsymbol{g}_{12}(\boldsymbol{\chi}(\phi_1), \boldsymbol{\chi}(\phi_2))$ をそれぞれ $\delta \boldsymbol{f}(\phi_1)$, $\boldsymbol{g}_{12}(\phi_1, \phi_2)$ と記した。$\phi_{1,2} = \omega t + \psi_{1,2}$ とおけば，

$$\frac{d\psi_1}{dt} = \boldsymbol{Z}(\omega t + \psi_1) \cdot \left[\delta \boldsymbol{f}_1(\omega t + \psi_1) + \boldsymbol{g}_{12}(\omega t + \psi_1, \omega t + \psi_2)\right] \tag{4.60}$$

となる。$\psi_{1,2}$ はゆっくり変化する変数である。したがって，前節で行ったのと同様の時間平均操作を上式にほどこすことができる。すなわち，ψ_1 と ψ_2 を時間的に一定とみなしたうえで，右辺を標準振動子の周期 $2\pi/\omega$ にわたって時間平均するのである。その結果

$$\frac{d\psi_1}{dt} = \delta\omega_1 + \Gamma_{12}(\psi_1 - \psi_2) \tag{4.61}$$

が得られる。ここに，$\delta\omega_1$ と $\Gamma_{12}(\psi_1 - \psi_2)$ はそれぞれ

$$\delta\omega_1 = \frac{1}{2\pi} \int_0^{2\pi} d\theta\, \boldsymbol{Z}(\theta + \psi_1) \cdot \delta \boldsymbol{f}_1(\theta + \psi_1), \tag{4.62a}$$

$$\Gamma_{12}(\psi_1 - \psi_2) = \frac{1}{2\pi} \int_0^{2\pi} d\theta\, \boldsymbol{Z}(\theta + \psi_1) \cdot \boldsymbol{g}_{12}(\theta + \psi_1, \theta + \psi_2) \tag{4.62b}$$

によって与えられる。$\delta\omega_1$ は ψ_1 に依存しない定数である。このように，振動子としての性質の違いは単に自然振動数の違いに帰着する。また，結合関数 $\Gamma_{12}(\psi_1 - \psi_2)$ は 2 つの振動子の位相差のみに依存する。(4.61) をもとの位相変数 $\phi_{1,2}$ で表し，振動子 2 に対しても同様の方程式を書き下せば，

$$\frac{d\phi_1}{dt} = \omega_1 + \Gamma_{12}(\phi_1 - \phi_2), \tag{4.63a}$$

$$\frac{d\phi_2}{dt} = \omega_2 + \Gamma_{21}(\phi_2 - \phi_1) \tag{4.63b}$$

の形が得られる。ここに，$\omega_{1,2} = \omega + \delta\omega_{1,2}$ である。

以上の結果はただちにより大きな振動子系に拡張でき，似通った性質をもつ

N 個の振動子からなる弱結合ネットワークに対して，

$$\frac{d\phi_j}{dt} = \omega_j + \sum_{j=1}^{N} \Gamma_{jk}(\phi_j - \phi_k) \qquad (j = 1, 2, \ldots, N) \tag{4.64}$$

が成り立つ。これは N 次元の力学系を表しているが，すべての位相を $\phi_j \to \phi_j + \phi_0$ のように一様にシフトしても発展方程式の形は変わらないという特別な対称性をもった力学系になっている。このような対称性が系を解析するうえで大きな利点になることは今後の議論でくりかえしみるであろう。

結合が時間遅れを含む振動子系もしばしば考察される。典型的には，$\boldsymbol{X}_1(t)$ に対する方程式 (4.58a) において，$\boldsymbol{X}_2$ が $\boldsymbol{X}_2(t-\tau)$ のように時間 τ だけ過去の値になっているような場合である。その場合，$\phi_1(t)$ に対する位相方程式 (4.59) の摂動項に現れる ϕ_2 は $\phi_2(t-\tau)$ とみなされる。最低次近似では摂動項を最低次近似で評価してよいので，$\phi_2(t-\tau) = \phi_2(t) - \omega\tau$ とおいてよい。平均化を経由した最終的な位相方程式 (4.63a) においても，$\phi_2(t)$ が $\phi_2(t) - \omega\tau$ に置き換えられるだけである。結局，時間遅れの効果は結合関数 $\Gamma_{12}(\psi)$ を $\Gamma_{12}(\psi+\alpha)$, $\alpha = \omega\tau$ に変化させるだけで，位相方程式自体はもはや時間遅れを含まない。

異種の振動子からなる系

以上では互いに性質の似通った振動子を考えたが，物理的にも力学系としてもまったく異なった振動子の結合系に対して位相縮約は成り立つだろうか。強制振動の場合のように，物理的にまったく異質の振動過程の間にも同期・非同期現象が生じ，位相記述が可能なことから，結合振動子系の場合も同様であると期待される。このような結合振動子対が

$$\frac{d\boldsymbol{X}}{dt} = \boldsymbol{F}(\boldsymbol{X}) + \boldsymbol{g}(\boldsymbol{X}, \boldsymbol{Y}), \tag{4.65a}$$

$$\frac{d\boldsymbol{Y}}{dt} = \boldsymbol{G}(\boldsymbol{Y}) + \boldsymbol{h}(\boldsymbol{Y}, \boldsymbol{X}) \tag{4.65b}$$

で表されるとしよう。$\boldsymbol{X}$ と $\boldsymbol{Y}$ は一般に次元の異なるベクトルである。(4.58a,b) とは異なり，標準的な振動子というものがいまの場合は意味をもたない。したがって，振動子間で共通に位相を定義することができず，それぞ

れの振動子の相空間で位相を定義することになる。$\boldsymbol{g}=\boldsymbol{h}=\boldsymbol{0}$ のとき，それぞれの相空間で，定義された位相を ϕ, θ としよう。すなわち，それらは $\dot{\phi}=\omega_1$, $\dot{\theta}=\omega_2$ をみたすスカラー場である。結合が弱く，$\omega_1 \simeq \omega_2$ という仮定の下に，(4.59) の代わりに

$$\frac{d\phi}{dt}=\omega_1+\boldsymbol{Z}(\phi)\cdot\boldsymbol{g}(\phi,\theta) \tag{4.66}$$

が得られ，他の振動子についても同様であることは明らかであろう。平均化も適用でき，

$$\frac{d\phi}{dt}=\omega_1+\Gamma(\phi-\theta) \tag{4.67}$$

の形の式が得られる。θ に対する式も類似の形をもつ。唯一注意すべきは，位相差 $\phi-\theta$ の値に絶対的な意味がないということである。それぞれの振動子において，位相の原点を閉軌道上のどの点に定めたかによって位相差は異なるからである。この点さえ注意しておけば位相縮約には何の問題もない。

位相のみで記述された振動子 (位相振動子) の運動は単に $\dot{\phi}=\omega$ であり，ここには振動子の個別の性質を反映する量として ω 以外に何もみあたらない。しかし，振動子の個別性はまったく消し去られたわけではなく，それは位相感受性 $\boldsymbol{Z}(\phi)$ に背負わされている。さらに，平均化を行うことで，個別振動子の性質と相互作用の性質の両者が単一の結合関数 $\Gamma(\phi)$ に縮減される。

4.10　相互同期と結合のタイプ

同じ性質をもつ 2 つの振動子が対称に結合していれば，(4.63a,b) は

$$\frac{d\phi_1}{dt}=\omega+\Gamma(\phi_1-\phi_2), \tag{4.68a}$$

$$\frac{d\phi_2}{dt}=\omega+\Gamma(\phi_2-\phi_1) \tag{4.68b}$$

となる。これら 2 式の差をとると，位相差 $\psi=\phi_1-\phi_2$ に対して

$$\frac{d\psi}{dt}=\Gamma(\psi)-\Gamma(-\psi)\equiv 2\Gamma_{\mathrm{a}}(\psi) \tag{4.69}$$

が得られる。ここに $\Gamma_{\mathrm{a}}(\psi)$ は $\Gamma(\psi)$ の反対称部分である。ただし，対称部分 $\Gamma_{\mathrm{s}}(\psi)$ とともに結合関数を $\Gamma(\psi)=\Gamma_{\mathrm{a}}(\psi)+\Gamma_{\mathrm{s}}(\psi)$ と表している。

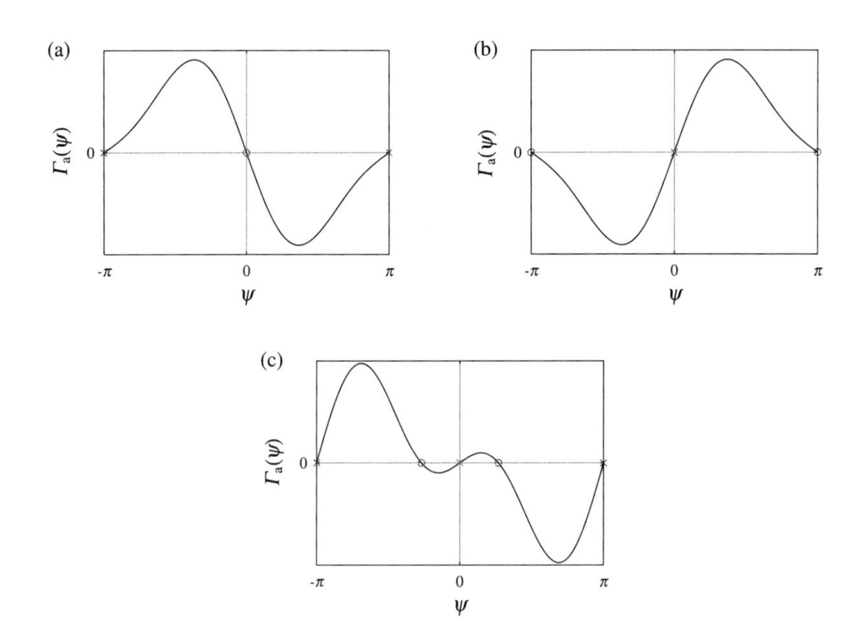

図 4.18　結合の 3 タイプ。(a) 同相結合，(b) 逆相結合，(c) 異相結合。

反対称性 $\Gamma_a(-\psi) = -\Gamma_a(\psi)$ と 2π 周期性 $\Gamma_a(\psi + 2\pi) = \Gamma_a(\psi)$ から

$$\Gamma_a(0) = \Gamma_a(\pm\pi) = 0 \tag{4.70}$$

が成り立つ。したがって，少なくとも $\psi = 0, \pm\pi$ は (4.69) の定常解，すなわち位相ロック状態を与えている。ただし，$\pm\pi$ は同一の物理的状態を表している。$\Gamma_a(\psi)$ の主要なフーリエ成分が基本波である場合には，これ以外に定常解は存在しないであろう。その場合，図 4.18 に概念的に示すように 2 つの場合が可能である。図 4.18(a) では

$$\Gamma'_a(0) < 0, \qquad \Gamma'_a(\pi) > 0 \tag{4.71}$$

であり，$\psi = 0$ が安定解，$\psi = \pm\pi$ が不安定解になっている。よって振動子は同位相で同期する。一方，図 4.18(b) では

$$\Gamma'_a(0) > 0, \qquad \Gamma'_a(\pi) < 0 \tag{4.72}$$

であり，$\psi = 0$ が不安定解，$\psi = \pm\pi$ が安定解になっている。すなわち，振動

子は逆位相 (位相差 π) で同期する。前者のタイプの結合を**同相結合** (in-phase coupling)，後者を**逆相結合** (anti-phase coupling) とよぶ。$\Gamma(\psi)$ の対称部分については，$\Gamma_{\mathrm{s}}'(0) = \Gamma_{\mathrm{s}}'(\pi) = 0$ が恒等的に成り立つ。したがって，同相結合の条件式 (4.71) を

$$\Gamma'(0) < 0, \qquad \Gamma'(\pi) > 0 \tag{4.73}$$

と表してもよい。同様に，逆相結合の条件式 (4.72) を

$$\Gamma'(0) > 0, \qquad \Gamma'(\pi) < 0 \tag{4.74}$$

と表すことができる。

基本波のみを含む結合関数 $\Gamma(\psi) = -\sin(\psi + \alpha)$ はしばしば考察されるモデルであり，$-\pi/2 < \alpha < \pi/2$ なら同相結合，$\pi/2 < \alpha < 3\pi/2$ なら逆相結合である。前節で述べたように，結合に時間遅れがあるとそれは実質的に α を変化させるので，時間遅れによって結合タイプが同相から逆相に，あるいはその逆に変化しうる。

$\Gamma_{\mathrm{a}}(\psi)$ に大きな高調波成分が含まれるときは，図 4.18(c) のように 0 でも π でもない位相差で安定に同期する可能性がある。この結合タイプは**異相結合** (out-of-phase coupling) とよばれる。その場合，$\Gamma_{\mathrm{a}}(\psi)$ の符号を逆転させると $\psi = 0$ および π がともに安定化し，異相同期状態は不安定化する。その結果，初期条件によって同相にも逆相にも同期しうる。

自然振動数の差 $\Delta\omega = \omega_1 - \omega_2$ が 0 でないときには，(4.69) は

$$\frac{d\psi}{dt} = \Delta\omega + 2\Gamma_{\mathrm{a}}(\psi) \tag{4.75}$$

のように一般化される。これは (4.50) と同形である。したがって，2 振動子間の同期・非同期転移に関しては，周期外力によるそれとまったく同様の議論が成り立つ。

$\Gamma(\psi)$ は一般に対称部分と反対称部分をもつが，特別な場合として $\Gamma_{\mathrm{s}}(\psi) = 0$，すなわち奇関数の $\Gamma(\psi)$ がしばしば便利なモデルとして考察される。$\Gamma(\psi)$ が奇関数なら，(4.68a,b) で表される振動子対はちょうど作用反作用の法則が成り立つ 2 つの粒子のように，互いに同じ力を逆向きに及ぼしあっている。その結果，同期した振動の振動数は自然振動数 ω と同一となる。2 振動子の自然

振動数が異なる場合には，自然振動数の平均値で同期することも容易に確かめられるであろう。

奇関数ではない一般の $\Gamma(\psi)$ ではこのような対称性が存在しないので，力の不均衡のために同期後の振動数は自然振動数の平均値とは異なる。$\Gamma(\psi) = -\sin(\psi+\alpha)$ の結合をもつ振動子対として次式を考えてみよう：

$$\frac{d\phi_1}{dt} = \omega_1 - K\left[\sin(\phi_1 - \phi_2 + \alpha) - \sin\alpha\right], \tag{4.76a}$$

$$\frac{d\phi_2}{dt} = \omega_2 - K\left[\sin(\phi_2 - \phi_1 + \alpha) - \sin\alpha\right]. \tag{4.76b}$$

ここに，$K > 0,\ 0 \leq \alpha < \pi/2$ とする。$\alpha = 0$ の場合にのみ $\Gamma(\psi)$ は奇関数である。$\omega_1 - \omega_2 = \Delta\omega$, $(\omega_1 + \omega_2)/2 = \overline{\omega}$ とし，真の振動数を $\widetilde{\omega}_1$, $\widetilde{\omega}_2$ で表すと以下の事実が成り立つことは多少の計算からわかる (Sakaguchi, Shinomoto, and Kuramoto, 1988)。まず，同期のための条件は

$$\left|\frac{\Delta\omega}{2K\cos\alpha}\right| < 1 \tag{4.77}$$

で与えられる。この条件下では

$$\widetilde{\omega}_1 = \widetilde{\omega}_2 = \overline{\omega} - \frac{\Delta\omega}{2}\tan\sqrt{\left(\frac{2K\cos\alpha}{\Delta\omega}\right)^2 - 1} + K\sin\alpha \tag{4.78}$$

が成り立ち，非同期条件下では

$$\widetilde{\omega}_1 = \overline{\omega} + \frac{\Delta\omega}{2}\sqrt{1 - \left(\frac{2K\cos\alpha}{\Delta\omega}\right)^2} + K\sin\alpha, \tag{4.79a}$$

$$\widetilde{\omega}_2 = \overline{\omega} - \frac{\Delta\omega}{2}\sqrt{1 - \left(\frac{2K\cos\alpha}{\Delta\omega}\right)^2} + K\sin\alpha \tag{4.79b}$$

が成り立つ。図 4.19 にはこれらの結果が図示されている。

神経振動子の同期非同期が重要な機能的意義をもつと考えられている脳科学の分野では，現実的な結合振動子モデルに基づいて $\Gamma(\psi)$ が計算されている。よく知られた Hodgkin-Huxley ニューロンのシナプス結合モデルに対しては，van Vreeswijk らや Hansel らによる計算がある (van Vreeswijk, Abbott, and Ermentrout, 1994; Hansel, Mato, and Meunier, 1995)。前者の解析では，興奮

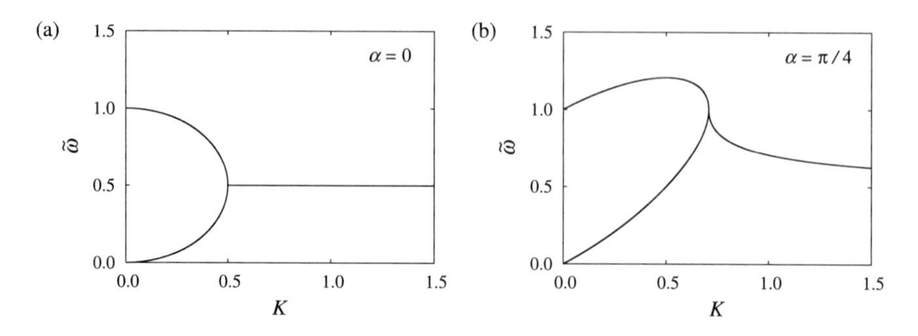

図 4.19　(4.76a,b) で与えられる結合振動子対における各振動子の真の振動数を結合強度 K の関数として表したもの。

性結合であってもニューロン間の同相同期が破れ，逆に，抑制性結合によって同相に同期する場合があることが示された。

Nomura と Aoyagi は，シナプス結合やギャップ結合 (拡散型の線形結合) で相互作用するいくつかの典型的なニューロンモデルに対して $\Gamma(\psi)$ の計算方法の基本を解説している (Nomura and Aoyagi, 2005)。ニューロンモデルとしては，チャタリング・ニューロン (chattering neuron) や迅速スパイク発生介在ニューロン (fast-spiking interneuron) のモデルが調べられている (Aoyagi, Takekawa, and Fukai, 2003; Nomura, Fukai, and Aoyagi, 2003)。 前者は，ガンマ周波数帯 (20 ～ 70 Hz) でのその振動が新皮質や海馬で重要な機能をもつことで知られるニューロンであり，後者は，Hodgkin-Huxley ニューロンとは異質のカリウムイオンチャンネルによって特徴的なスパイク発火を示すことで知られるニューロンである。

4.11　拡散結合をもつ振動子の位相縮約

離散系の場合

以下で「離散的な拡散結合」とよぶのは，化学反応系に即していえば，濃度差に比例した相互作用のことである。(4.58a,b) で与えられる結合振動子系の

特別な場合として，そのような結合をもつ 2 つの同一の振動子

$$\frac{d\boldsymbol{X}_1}{dt} = \boldsymbol{F}(\boldsymbol{X}_1) + \widehat{K}(\boldsymbol{X}_2 - \boldsymbol{X}_1), \tag{4.80a}$$

$$\frac{d\boldsymbol{X}_2}{dt} = \boldsymbol{F}(\boldsymbol{X}_2) + \widehat{K}(\boldsymbol{X}_1 - \boldsymbol{X}_2) \tag{4.80b}$$

を考え，この系の位相縮約を実行しよう。$\delta \boldsymbol{f}_1(\boldsymbol{X}_1) = \boldsymbol{0}$ であり，$\boldsymbol{g}_{12}(\boldsymbol{X}_1, \boldsymbol{X}_2) = \widehat{K}(\boldsymbol{X}_2 - \boldsymbol{X}_1) \simeq \widehat{K}\left[\boldsymbol{\chi}(\phi_2) - \boldsymbol{\chi}(\phi_1)\right]$ としてよいから，振動子 1 に対して位相方程式

$$\frac{d\phi_1}{dt} = \omega + \Gamma_{12}(\phi_1 - \phi_2) \tag{4.81}$$

が成り立つ。ここに，結合関数 Γ_{12} は次式で与えられる：

$$\Gamma_{12}(\psi_1 - \psi_2) = \frac{1}{2\pi} \int_0^{2\pi} d\theta\, \boldsymbol{Z}(\theta + \psi_1) \cdot \widehat{K}\left[\boldsymbol{\chi}(\theta + \psi_2) - \boldsymbol{\chi}(\theta + \psi_1)\right]. \tag{4.82}$$

振動子 2 に対しては添字 1 と 2 を入れ替えた位相方程式が成り立つ。

離散的拡散結合をもつ一対の Stuart-Landau 振動子は次式で与えられる：

$$\frac{dA_1}{dt} = (1 + ic_0)A_1 - (1 + ic_2)|A_1|^2 A_1 + K(1 + ic_1)(A_2 - A_1), \tag{4.83a}$$

$$\frac{dA_2}{dt} = (1 + ic_0)A_2 - (1 + ic_2)|A_2|^2 A_2 + K(1 + ic_1)(A_1 - A_2). \tag{4.83b}$$

ここに，K は小さい正定数とする。この系に対して上記の結果を適用してみよう。

各振動子は $\boldsymbol{X}_{1,2} = (\mathrm{Re}\, A_{1,2},\, \mathrm{Im}\, A_{1,2})$ を状態ベクトルとする 2 次元力学系とみなされ，それらの運動は

$$\frac{d\boldsymbol{X}_{1,2}}{dt} = \boldsymbol{F}(\boldsymbol{X}_{1,2}) + \widehat{K}\left(\boldsymbol{X}_{2,1} - \boldsymbol{X}_{1,2}\right) \tag{4.84}$$

によって与えられる。ここに $\widehat{K}$ は

$$\widehat{K} = K \begin{pmatrix} 1 & -c_1 \\ c_1 & 1 \end{pmatrix} \tag{4.85}$$

である。Stuart-Landau 振動子に対しては $\boldsymbol{Z}(\phi)$ すなわち $\boldsymbol{U}^*(\phi)$ は (4.40) によって与えられ，$\boldsymbol{\chi}(\phi)$ はリミットサイクル解 $\exp(i\phi)$ のベクトル表示

$(\cos\phi, \sin\phi)$ で与えられる。これらを (4.81) と (4.82) に適用すると，平均化をほどこすまでもなく (4.82) の被積分関数は位相差のみの関数となり，

$$\Gamma_{12}(\phi_1 - \phi_2) = -bK\left[\sin(\phi_1 - \phi_2 + \alpha) - \sin\alpha\right] \tag{4.86}$$

となる。ここに $b\ (>0)$ と α は

$$b\cos\alpha = 1 + c_1c_2, \tag{4.87a}$$

$$b\sin\alpha = c_2 - c_1 \tag{4.87b}$$

から決まる定数である。$-\pi/2 < \alpha < \pi/2$ なら $\Gamma'_{12}(0) < 0$, $\Gamma'_{12}(\pi) > 0$ となって結合タイプは同相結合，$|\alpha| > \pi/2$ なら逆相結合タイプになることがわかる。$1 + c_1c_2$ が正から負に変わるとき結合タイプが同相から逆相に変化する。これは，第 3 章で述べた Benjamin-Feir の不安定化条件に一致している。連続場では，近接振動子間の同相同期のわずかな破れが長波長の位相不安定性として現れるのである。以上の議論は振動子対に関するものであるが，4.9 節で述べたように，その結果は多振動子系にただちに拡張することができる。

連続な振動場の場合

連続な振動反応拡散場において成り立つ位相方程式は，離散的拡散結合系に対する位相方程式を連続体近似することによって見出されるであろう。すなわち，(4.81) を振動子格子に拡張した方程式を考え，それに対する位相方程式の長波長近似を考えるのである。しかし，これによらないより簡便な方法で連続場の位相方程式を導出することが可能なので，それについてまず述べよう。

(4.23) において $\boldsymbol{p}(t) = \widehat{D}\nabla^2\boldsymbol{X}$ とおけば，同式は振動反応拡散系を表す。その式を，拡散という「外部摂動」を受けた局所振動子に対する方程式とみなすことでただちに位相縮約を適用できる。ただし，$\boldsymbol{p}(t)$ を微弱な摂動として扱えるためには，$\widehat{D}$ が普通の大きさなら $\nabla^2\boldsymbol{X}$ が微小でなければならない。すなわち，場の空間変化がゆるやかでなければならない。この条件の下に位相方程式 (4.25) は

$$\frac{\partial\phi}{\partial t} = \omega + \boldsymbol{Z}(\phi)\cdot\widehat{D}\nabla^2\boldsymbol{\chi}(\phi) \tag{4.88}$$

となる。摂動項において $\boldsymbol{X}$ はリミットサイクル解で置き換えられている。上

式は，係数が ϕ 自身を含む非線形位相拡散方程式

$$\frac{\partial\phi}{\partial t}=\omega+\nu(\phi)\nabla^2\phi+\mu(\phi)(\nabla\phi)^2 \tag{4.89}$$

を表している。(4.8) と (4.21) を用いると，係数 $\nu(\phi)$ と $\mu(\phi)$ は

$$\nu(\phi)=\left(\boldsymbol{U}^*(\phi)\cdot\widehat{D}\boldsymbol{U}(\phi)\right), \tag{4.90a}$$

$$\mu(\phi)=\left(\boldsymbol{U}^*(\phi)\cdot\widehat{D}\frac{d\boldsymbol{U}(\phi)}{d\phi}\right) \tag{4.90b}$$

によって与えられる。

(4.89) に対しても平均化操作を施すことができる。すなわち，$\phi=\omega t+\psi$ とおいて同式を

$$\frac{\partial\psi}{\partial t}=\nu(\omega t+\psi)\nabla^2\psi+\mu(\omega t+\psi)(\nabla\psi)^2 \tag{4.91}$$

と書き直し，ψ を固定したうえで右辺を 1 周期 $2\pi/\omega$ にわたって時間平均するのである。これによって非線形位相拡散方程式 (3.29) が得られる。このように，非線形位相拡散方程式は複素 Ginzburg-Landau 方程式の縮約方程式であるばかりでなく，長波長現象に関するかぎり振動反応拡散系一般で成り立つきわめて普遍的な方程式なのである [6)]。

先に述べたように，位相振動子の規則格子に対して長波長極限をとることでも連続場の位相方程式を導出することができる。議論を簡単にするために 1 次元格子を考え，振動子は最近接格子点間でのみ結合しているとする。発展方程式は

$$\frac{d\phi_j}{dt}=\omega+\Gamma\left(\phi_j-\phi_{j+1}\right)+\Gamma\left(\phi_j-\phi_{j-1}\right) \tag{4.92}$$

で与えられる。最近接格子点間の距離を a とし，$\phi_j=\phi(x)$, $\phi_{j\pm1}=\phi(x\pm a)$ と書く。ϕ の空間変動の特性波長が a より十分長ければ，x を連続量とみな

6) 振動反応拡散系の位相記述を最初に試みたのは Ortoleva と Ross である (Ortoleva and Ross, 1973)。しかし，彼らは非線形項 $(\nabla\phi)^2$ を高次の微小項として無視したために，非減衰平面波をはじめとする振動場の基本的な性質を説明することができなかった。

して

$$\Gamma\left(\phi(x)-\phi(x+a)\right)+\Gamma\left(\phi(x)-\phi(x-a)\right)\simeq 2\Gamma(0)+\nu\frac{\partial^2\phi}{\partial x^2}+\mu\left(\frac{\partial\phi}{\partial x}\right)^2 \tag{4.93}$$

としてよい。ここに，

$$\nu=-a^2\Gamma'(0), \tag{4.94a}$$

$$\mu=a^2\Gamma''(0) \tag{4.94b}$$

である。したがって，(4.92) は非線形拡散方程式で近似される。

(4.94a) から，結合関数 $\Gamma(\psi)$ が同相タイプ $\Gamma'(0)<0$ なら $\nu>0$ であり，非同相タイプ $\Gamma'(0)>0$ なら $\nu<0$ であることがわかる。また，(4.94b) から，結合関数 $\Gamma(\psi)$ が奇関数の場合には $\mu=0$ であることがわかる。特別な場合として，$\Gamma(\psi)=-\sin(\psi+\alpha)$ に対しては，$\alpha=0,\pi$ なら $\mu=0$ となる。結合が $\Gamma(\psi)=-\sin\psi$ で与えられる位相モデルはしばしば用いられる便利なモデルであるが，振動場のパターンダイナミクスに関連する問題では位相方程式が単なる拡散方程式になる。その結果，位相波の非減衰伝播という重要な性質を欠くことになる。

複素 GL 方程式 (2.87) を 2 成分振動反応拡散系とみなして，非線形位相拡散方程式に関する上記の結果 (4.90a,b) を適用してみよう。拡散行列 $\widehat{D}$ は (4.85) において $K=1$ とおいたもので与えられる。$\boldsymbol{U}(\phi)$ の表式 (4.35) と $\boldsymbol{U}^*(\phi)$ の表式 (4.40) を用いると，再び平均化するまでもなく ν と μ は定数となり，それぞれ (3.24a) と (3.24b) に一致することがわかる。

平均化された位相拡散係数 ν が負の場合は，長波長の位相ゆらぎが不安定成長し，非線形位相拡散方程式は破綻する。弱い不安定性に対しては場は位相乱流状態になり，これを記述する Kuramoto-Sivashinsky 方程式が複素 GL 方程式から導かれることを第 3 章で述べた。3.3 節で紹介した現象論的な方法によれば，一般の振動反応拡散系に対してもこのような弱不安定条件下では Kuramoto-Sivashinsky 方程式が成り立つと期待される。現象論によらずこれを示すためには，最低次近似を超えた高次の位相縮約理論が必要である。これについては 4.17 節で述べる。

4.12 実験から位相結合関数を見出す方法

観測される時系列データのみに基づいて結合振動子系の位相結合関数を推定できる場合がある。Miyazaki と Kinoshita は簡便な方法として以下の方法を提案し，振動する BZ 反応系に適用した (Miyazaki and Kinoshita, 2006a, 2006b)。

よく攪拌された反応槽 (CSTR, continuously stirred tank reactor) 内の反応系を一つのマクロな振動子と考え，このような振動子を 2 つ用意する。2 つの CSTR をつないで物質交換させれば結合振動子系が得られる。結合は対称であり，物質交換を遅くすれば結合は弱くなる。また，振動数は個別に制御できる。これらのことから，適当な条件下でこの系は位相方程式

$$\frac{d\phi_1}{dt} = \omega_1 + \Gamma(\phi_1 - \phi_2), \tag{4.95a}$$

$$\frac{d\phi_2}{dt} = \omega_2 + \Gamma(\phi_2 - \phi_1) \tag{4.95b}$$

によってよく記述できると期待される。

利用できる唯一の観測データは各振動子の振動パターンであり，具体的にはある化学物質の濃度変化の時系列である。これに基づいて結合関数 $\Gamma(\phi)$ の形を決めようというわけである。

2 つの振動子の振動パターンがそれぞれ $X_1(t)$, $X_2(t)$ で与えられているとしよう。結合が弱いので，振動子が互いに同期しているか否かにかかわらず振動パターンはよい周期性をもっている。したがって，任意の時刻 t での位相 $\phi_1(t)$ および $\phi_2(t)$ を振動パターンから近似的に知ることができる。たとえば振動子 1 についていえば，$X_1(t)$ の一つのピークから次のピークまでに位相が 0 から 2π まで一定の速度で増大するとみなせばよい。すなわち，時刻 $t = t_k$ で k 番目のピークが，$t = t_{k+1}$ で $k + 1$ 番目のピークが観測されたとすると，この間の任意の時刻 t における位相は単純な補間によって

$$\phi_1(t) = 2\pi \frac{t - t_k}{t_{k+1} - t_k} \tag{4.96}$$

で与えられるとしてよい。このようにして得られた $\phi_1(t)$ と $\phi_2(t)$ から任意の時刻での位相差 $\psi(t) = \phi_1(t) - \phi_2(t)$ がわかる。

振動子が互いに同期していれば ψ は一定値をとるであろうが，同期していなければ時間とともに ψ は単調に変化し，0 から 2π までをカバーするであろう。実験はこのような非同期条件下で行われる。ψ の時間変化は非常に遅く，1 振動周期の間にごくわずかしか変化しないとしてよい。したがって，各 ψ 値ごとの振動子 1 の周期 $T_1(\psi)$ が意味のある量として観測される。(4.95a) によってこの量は

$$T_1(\psi) = \frac{2\pi}{\omega_1 + \Gamma(\psi)} \tag{4.97}$$

で与えられる。このようにして，各 ψ に対する $T_1(\psi)$ の観測データから $\Gamma(\psi)$ を決めることができる。

時系列データから結合振動子系の位相方程式を推定する方法として，上記とはやや異なるいくつかの方法も提案されている。Tokuda らは，弱い大域結合をもつ N 個の振動子からなる集団に適用可能な方法を提案し，電気化学振動子系に適用している (Tokuda *et al.*, 2007)。また，Kralenmann らによって提案された 2 振動子系に対する方法は，観測データからまず便宜的に定義された位相 θ_1 と θ_2 に対する方程式 $\dot{\theta}_1 = f^{(1)}(\theta_1, \theta_2)$, $\dot{\theta}_2 = f^{(2)}(\theta_1, \theta_2)$ を推定し，次いでこれを位相方程式の標準形に変換するというものである (Kralemann *et al.*, 2007, 2008; Kralemann, Pikovsky, and Rosenblum, 2011; Blaha *et al.*, 2011; Kralemann *et al.*, 2013)。 平均化を行う以前の式 (4.59) に基づいて $\Gamma(\psi)$ を見出す方法もある。これは (4.59) が

$$\dot{\phi}_1 = \omega_1 + KZ(\phi_1)[\chi(\phi_2) - \chi(\phi_1)]$$

の形となることが期待される電気化学振動子系に適用された方法である。電極電位の波形から $\chi(\phi)$ が，位相応答の実験から $Z(\phi)$ がそれぞれ独立にわかるので，結合項を数値的に平均化すれば $\Gamma(\psi)$ がわかる (Kiss, Zhai, and Hudson, 2005)。

ネットワークが集団として示す動的挙動から，いかにしてネットワークの結合構造を推定するかという問題は，振動子系を超えた一般的重要性をもつ。このような立場からのレビュー論文の一つとして，Timme and Casadiego (2014) がある。

4.13 LIF 振動子系の縮約

「位相記述法」というよび名は，位相変数のみで記述するための方法という意味に由来するのであるが，結合振動子系や周期外力下の振動子を扱う場合には，これに加えて平均化操作を行うことでいっそう簡潔な位相記述が得られることがわかった。本節では，平均化のみでも有力な縮約法を与える場合があることを述べる。その例として，第 1 章で述べた LIF モデルによる神経振動子の結合系を取り上げる。

LIF モデルがそれ自身一種の位相モデルであることはそこで述べたとおりである。すなわち，このモデルの唯一の変数 X の運動を円周 1 の円運動とみなし，$X=1$ と $X=0$ を同一状態とみなすのである。X は一定速度で増大する位相変数 ϕ とは異なり，その速度は X とともに変化し不連続性も含んでいる。しかし，X を $\dot{\phi}=\omega$ をみたすような位相 ϕ に変数変換すれば，LIF 振動子系の問題をこれまでに述べてきたような位相振動子系の問題に翻訳できると期待される。

まず，(1.13) で記述される 1 つの独立した LIF 振動子を考えよう。その周期 T は X が 0 から 1 まで変化するに要する時間で与えられるから，

$$T=\int_0^T dt=\int_0^1 \frac{dX}{a-X}=-\Big[\ln(a-X)\Big]_0^1=-\ln\left(1-\frac{1}{a}\right) \tag{4.98}$$

である。振動数は $\omega=-2\pi/\ln(1-a^{-1})$ で与えられる。区間 $[0,1)$ で成り立つ式 (1.13) が区間 $[0,2\pi)$ で成り立つ式 $\dot{\phi}=\omega$ と等価であるための X と ϕ の関係は

$$\phi=M(X)\equiv-\omega\ln\left(1-\frac{X}{a}\right), \tag{4.99}$$

すなわち，

$$X=a\left[1-\exp\left(-\frac{\phi}{\omega}\right)\right] \tag{4.100}$$

で与えられる。

次に，相互作用する 2 つの LIF 振動子系を考えよう。簡単のため，これらの振動子は同一の性質をもつとする。振動子 1 と振動子 2 の状態変数をそれぞれ X および X'，位相を ϕ および ϕ' で表そう。神経振動子系のモデルとし

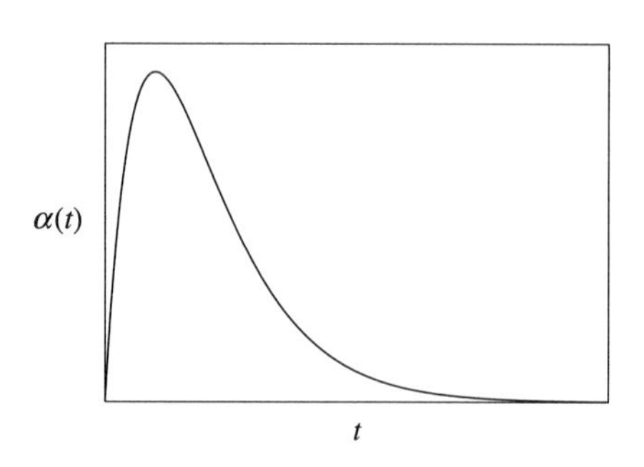

図 4.20　アルファ関数。

て LIF 振動子の結合系を考える場合には，シナプス結合のモデルとして**アルファ関数**とよばれる関数によるパルス的結合モデルがしばしば用いられる。このモデルによれば，振動子 1 の発展方程式は

$$\frac{dX}{dt} = a - X + K\alpha\,(t - t') \tag{4.101}$$

と書かれる。上式の意味は以下のとおりである。まず，前記のように X は円周上の座標であり，$X = 1$ と $X = 0$ は同一の状態とみなされる。K は結合強度を表し，$K > 0$ なら興奮性結合，$K < 0$ なら抑制性結合である。$\alpha(t)$ は

$$\alpha(t) = \begin{cases} \dfrac{t}{\tau^2} \exp\left(-\dfrac{t}{\tau}\right) & (t \geq 0), \\ 0 & (t < 0) \end{cases} \tag{4.102}$$

によって与えられる関数である (図 4.20 参照)。それは規格化条件 $\int_0^\infty \alpha(t)\,dt = 1$ をみたすひと山関数であり，パラメタ τ はその幅の目安を与えている。$\alpha(t - t')$ における t' は $X'(t') = 0$ となる時刻を表す。神経生理学的には，これは神経振動子 2 がスパイク発火する時刻と解釈される。振動子 1 の膜電位の意味をもつ X はこのスパイク発火によるパルス的刺激を受けるが，それがスパイク発火後 $O(\tau)$ 時間程度持続する刺激として振動子 1 に作用することを $\alpha(t - t')$ 項は表している。スパイク発火は一般にくりかえし起こるから，(4.101) の代わりに

$$\frac{dX}{dt} = a - X + K\sum_{n=1}^{\infty} \alpha(t - t_n), \qquad X'(t_n) = 0 \tag{4.103}$$

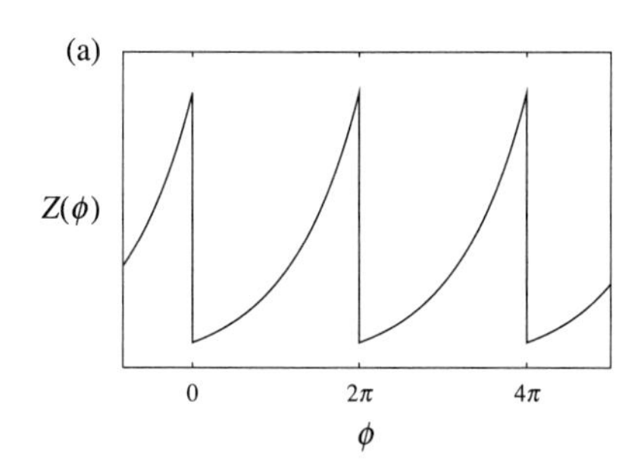

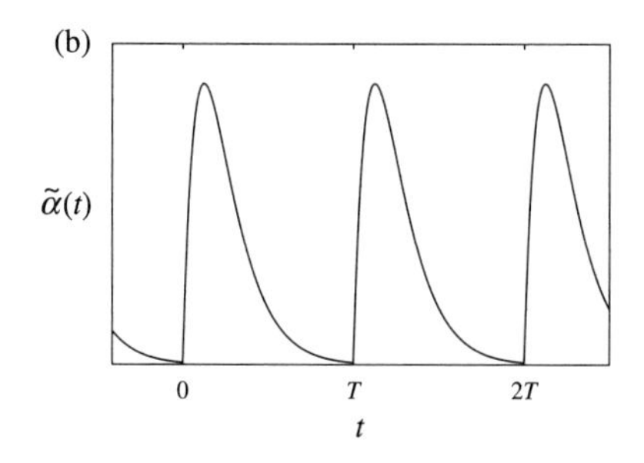

図 4.21　(a) LIF 振動子の位相感受性 $Z(\phi)$. (b) アルファ関数の重ね合わせによってつくられた T 周期関数 $\widetilde{\alpha}(t)$.

と書いておく。

変数変換 (4.99) によって (4.103) は

$$\frac{d\phi}{dt} = \omega + K\frac{dM}{dX}\sum_{n=1}^{\infty}\alpha(t-t_n), \qquad X'(t_n) = 0 \tag{4.104}$$

となる。このように，変数変換によって振動子固有のダイナミクスは単純化された代わりに，そのしわ寄せが結合項に現れる。(4.104) をどのようにして標準形 $\dot{\phi} = \omega + \Gamma(\phi - \phi')$ に帰着させるかが以下の問題である。結合項に時間があらわに含まれるためにこれは一見難しそうにみえるかもしれないが，平均化の考えを用いることで，標準形への変換は以下のように容易に達成される (Kuramoto, 1991; Kori, 2003)。

まず，(4.104) における dM/dX を次式によって ϕ で表す：

$$\frac{dM}{dX} = \frac{\omega}{a-X} = \frac{\omega}{a}\exp\left(\frac{\phi}{\omega}\right) \equiv Z(\phi). \tag{4.105}$$

この $Z(\phi)$ は LIF 振動子の位相感受性を表している。図 4.21(a) に示すように，それは不連続性をもつ 2π 周期関数である。また，アルファ関数の重ね合わせによって，時間の全域で定義された T 周期関数を

$$\widetilde{\alpha}(t) = \sum_{n=-\infty}^{\infty}\alpha(t-nT) \tag{4.106}$$

によって導入しておく (図 4.21(b) 参照)。

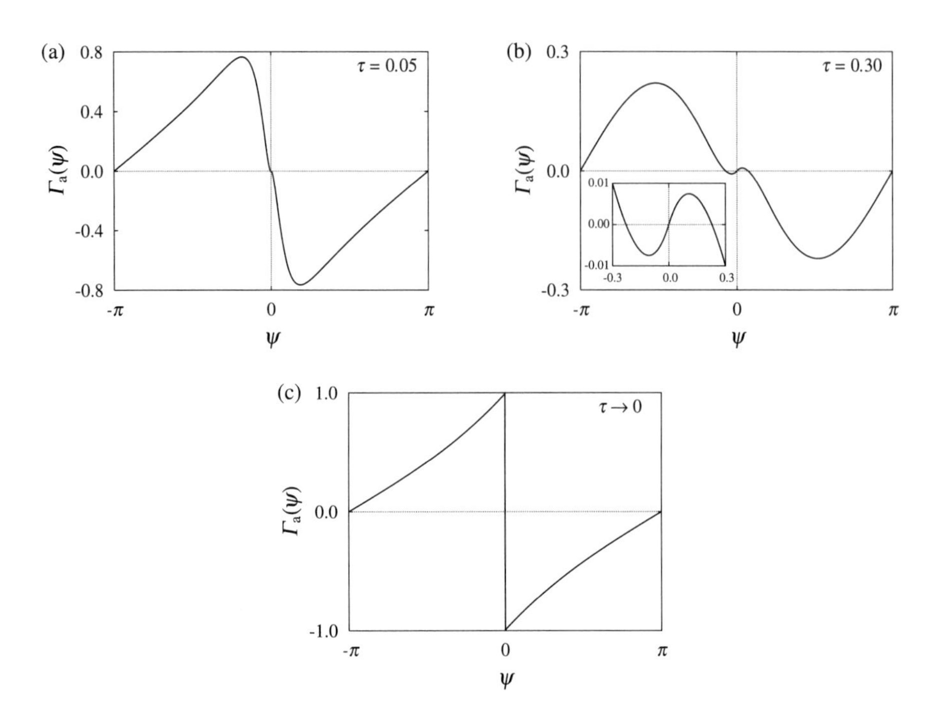

図 4.22　興奮性パルス結合をもつ LIF 振動子系における位相結合関数の反対称部分 $\Gamma_{\mathrm{a}}(\psi)$. パラメタ τ を大きくしていくと，同相結合 (a) から異相結合 (b) に変化する。(c) は $\tau \to 0$ (デルタパルスの極限) における $\Gamma_{\mathrm{a}}(\psi)$.

例によって $\phi(t) = \omega t + \psi(t)$ とおくと，(4.104) は

$$\frac{d\psi}{dt} = KZ\left(\omega t + \psi(t)\right) \sum_{n=-\infty}^{\infty} \alpha(t - t_n) \tag{4.107}$$

と書かれる。上式にあらわに含まれる時間 $t - t_n$ は最低次近似では

$$t - t_n = \frac{1}{\omega}\left[\phi'(t) - 2\pi n\right] \tag{4.108}$$

とおいてよい。なぜなら，最低次近似ゆえに ϕ' は一定速度 ω で増加し，$\phi'(t_n) = 2\pi n$ も上式は満足しているからである。結合項自体が微小なので，そこに含まれる状態変数をそのように最低次近似で評価してよいということは

以前にも述べた。これによって，(4.107) の右辺に対して

$$\sum_{n=-\infty}^{\infty} \alpha(t-t_n) = \sum_{n=-\infty}^{\infty} \alpha\left(\frac{\omega t + \psi'(t) - 2\pi n}{\omega}\right)$$
$$= \sum_{n=-\infty}^{\infty} \alpha\left(\frac{\omega t + \psi'(t)}{\omega} - nT\right) = \widetilde{\alpha}\left(\frac{\omega t + \psi'(t)}{\omega}\right) \quad (4.109)$$

とすることができる。よって同式は

$$\frac{d\psi}{dt} = KZ(\omega t + \psi)\widetilde{\alpha}\left(\frac{\omega t + \psi'(t)}{\omega}\right) \quad (4.110)$$

となり，これに対しては前述の平均化操作が適用できる。平均化の結果は位相方程式の標準形

$$\frac{d\phi}{dt} = \omega + \Gamma\left(\phi - \phi'\right), \quad (4.111)$$

$$\Gamma\left(\phi - \phi'\right) = \frac{K}{2\pi}\int_0^{2\pi} d\theta\, Z(\theta + \phi)\widetilde{\alpha}\left(\frac{\theta + \phi'}{\omega}\right) \quad (4.112)$$

である。

(4.112) の積分は実行できる。簡単のため，パルス刺激の持続時間が振動周期に比べて十分短いという条件，すなわち $\tau \ll T$ を仮定し，被積分関数の $\widetilde{\alpha}$ を単独の α で置き換え，積分区間を 0 から ∞ に広げよう。その結果

$$\Gamma(\psi) = \frac{K}{2\pi a\tau^2}\exp\left(\frac{\psi}{\omega}\right)\left\{f\left(2\pi - \psi\right) - f(0)\right.$$
$$\left. + \exp\left(-\frac{2\pi}{\omega}\right)\Big[f(2\pi) - f(2\pi - \psi)\Big]\right\}, \quad (4.113a)$$

$$f(\psi) = \left(\frac{\psi}{\beta} - \frac{1}{\beta^2}\right)\exp(\beta\psi), \qquad \beta = \frac{\tau - 1}{\omega\tau} \quad (4.113b)$$

となる。

興奮性結合，すなわち $K > 0$ の場合について，$\Gamma(\psi)$ の反対称部分 $\Gamma_{\mathrm{a}}(\psi)$ を図 4.22(a) および (b) に示した。パラメタ τ の値によって同相同期状態 $\phi = \phi'$ は安定にも不安定にもなりうることがわかる。同相同期が不安定な場合には，その比較的近傍に安定な異相同期状態が現れる。

$\tau \to 0$，すなわちデルタパルス的結合の極限では位相結合関数の形は単純で，

$$\Gamma(\psi) = \gamma \exp\left(\frac{\psi}{\omega}\right), \qquad \gamma = \frac{K\omega^2}{2\pi a} \tag{4.114}$$

となる。この場合，図 4.22(c) にみるように，同相同期状態 $\psi = 0$ は $\Gamma_{\mathrm{a}}(\psi)$ の不連続点になっている。この状態は有限の位相差 ψ をもつ状態をすべて吸引するから安定である。

本節で扱った LIF 振動子系以外に，平均化操作のみによる縮約のおかげで詳しい解析が可能になった振動子系として，1.3 節で紹介した Josephson 振動子の弱結合系がある (Wiesenfeld and Swift, 1995)。その場合，結合関数は $\Gamma(\psi) = -\sin(\psi + \alpha)$ の形に帰着する。このような理論は自然振動数にばらつきがある場合にも拡張され，結合が大域的な場合には第 5 章で詳しく論じる Kuramoto モデルに等価な系が得られることがわかっている (Wiesenfeld, Colet, and Strogatz, 1996, 1998)。

4.14　平均化と近恒等変換

平均化操作を行うことで位相方程式はより単純な形に縮約されることがわかったが，それと同じ結果を平均化によらない別の考え方，すなわち位相変数の定義をわずかに変更するという考え方からも導くことができる (Kuramoto, 1984a; Ermentrout and Kopell, 1991; Hoppensteadt and Izhikevich, 1997)。後者の見方は，本節の後半で述べるように，平均化が適用しにくいいくつかの状況にも有効なので，以下にその概要を説明したい。

力学系としての微小な変化

まず，平均化が適用される最も簡単な場合として，(4.58a) において相互作用がなく，個別振動子が力学系としてわずかに変化した場合

$$\frac{d\boldsymbol{X}}{dt} = \boldsymbol{F}(\boldsymbol{X}) + \epsilon\delta\boldsymbol{f}(\boldsymbol{X}) \tag{4.115}$$

を考えよう。上式では $\delta\boldsymbol{f}$ の微小性を表すトレーサー ϵ をあらわに導入した。最終的に $\epsilon = 1$ とおくが，説明がわずらわしくなるのを避けるため，以下では

たとえば $O(|\delta \boldsymbol{f}|^2)$ の量を $O(\epsilon^2)$ などと記すことにする。

自然振動数を ω_0 とすると，(4.115) の位相縮約形は平均化を行う以前の段階では

$$\frac{d\phi}{dt} = \omega_0 + \epsilon\delta\omega(\phi), \tag{4.116a}$$

$$\delta\omega(\phi) = \boldsymbol{Z}(\phi) \cdot \delta \boldsymbol{f}(\phi) \tag{4.116b}$$

と表され，平均化によってこれは

$$\frac{d\phi}{dt} = \omega_0 + \epsilon\omega_1, \tag{4.117a}$$

$$\omega_1 = \frac{1}{2\pi}\int_0^{2\pi} d\theta\, \delta\omega(\theta + \psi) \tag{4.117b}$$

となる。

平均化を行う代わりに新しい位相変数 $\overline{\phi}$ を

$$\phi = \overline{\phi} + \epsilon a\left(\overline{\phi}\right) \tag{4.118}$$

によって導入する。$a(\overline{\phi})$ は 2π 周期性をもつ未知の関数であり，ϕ と $\overline{\phi}$ の原点を一致させるために $a(0) = 0$ を要求する。$\overline{\phi}$ は ϕ と $O(\epsilon)$ だけ異なる変数であり，したがって，(4.118) は恒等変換に近い変数変換 (近恒等変換) を表している。近恒等変換は第 2 章でも弱非線形振動子に対して適用された。

未知関数 $a(\overline{\phi})$ は，

$$\frac{d\overline{\phi}}{dt} = \omega_0 + \epsilon\omega_1 + O\left(\epsilon^2\right) \tag{4.119}$$

のように，ϵ の 1 次までの範囲では $d\overline{\phi}$ が一定の割合で増加するという条件から決められる。ただし，ω_1 は未知量である。(4.118) を時間微分して (4.119) を用いると，

$$\frac{d\phi}{dt} = \left[1 + \epsilon\frac{da(\overline{\phi})}{d\overline{\phi}}\right](\omega_0 + \epsilon\omega_1) + O\left(\epsilon^2\right) \tag{4.120}$$

となる。これと (4.116a) を等置すると

$$\omega_0 + \epsilon\delta\omega\left(\overline{\phi} + \epsilon a(\overline{\phi})\right) = \left[1 + \epsilon\frac{da(\overline{\phi})}{d\overline{\phi}}\right](\omega_0 + \epsilon\omega_1) + O\left(\epsilon^2\right) \tag{4.121}$$

となる。$O(\epsilon)$ までの近似で上式が恒等的に成り立つことを要求すると，$a(\overline{\phi})$ は微分方程式

$$\frac{da(\overline{\phi})}{d\overline{\phi}} = \omega_0^{-1}\left[\delta\omega(\overline{\phi}) - \omega_1\right] \tag{4.122}$$

をみたさなければならない。2π 周期関数の微分 $da(\overline{\phi})/d\phi$ を 0 から 2π まで積分したものが 0 になるという条件から ω_1 が決まり，その条件の下に (4.122) を積分すれば $a(\overline{\phi})$ が求められる。その結果 ω_1 は (4.117b) と同一の式で与えられ，$a(\overline{\phi})$ は

$$a(\overline{\phi}) = \frac{1}{\omega_0}\int_0^{\overline{\phi}} d\theta\ \left[\delta\omega(\theta) - \omega_1\right] \tag{4.123}$$

で与えられる。

結局，平均化で得られた位相方程式は，実は少しだけ定義を変えた位相変数に対する方程式であったと解釈できる。位相の意味がわずかに変わったことに注意したうえで，$\overline{\phi}$ を ϕ と表記を戻すことはいっこうに差し支えない。同期・非同期現象をはじめ，我々が関心をもつ振動子系の現象のほとんどは位相の定義の詳細には依存しない。

弱結合振動子系の場合

近恒等変換は結合振動子系にも適用できる。位相方程式 (4.59) を考えよう。簡単のためまず振動子は同一とし，後でより一般的な場合を考える。同式および振動子 2 に対する式は次の形をもっている：

$$\frac{d\phi_1}{dt} = \omega + \epsilon\gamma_{12}\left(\phi_1, \phi_2\right), \tag{4.124a}$$

$$\frac{d\phi_2}{dt} = \omega + \epsilon\gamma_{21}\left(\phi_2, \phi_1\right). \tag{4.124b}$$

以下では主に振動子 1 に即して述べるが，振動子 2 についても添字 1 と 2 を入れ替えるだけでまったく並行して議論できる。

新しい位相変数 $\overline{\phi}_1$ を近恒等変換

$$\phi_1 = \overline{\phi}_1 + \epsilon b_1\left(\overline{\phi}_1, \overline{\phi}_2\right) \tag{4.125}$$

によって導入しよう。未知関数 $b_1(\overline{\phi}_1, \overline{\phi}_2)$ は，$\overline{\phi}_1$ が $O(\epsilon)$ までの近似で位相差

のみを含む位相方程式

$$\frac{d\overline{\phi}_1}{dt} = \omega + \epsilon\Gamma_{12}\left(\overline{\phi}_1 - \overline{\phi}_2\right) \tag{4.126}$$

に従うという条件から決める。b_1 を一義的にするために，変換によって位相の原点は変わらないという条件

$$b_1(0, \overline{\phi}_2) = 0 \tag{4.127}$$

を要求しておく。

(4.125) を時間微分し，(4.126) およびこれと対をなす振動子 2 に対する式を用いると，

$$\begin{aligned}\frac{d\phi_1}{dt} = &\left[1 + \epsilon\frac{\partial b_1\left(\overline{\phi}_1, \overline{\phi}_2\right)}{\partial\overline{\phi}_1}\right]\left[\omega + \epsilon\Gamma_{12}\left(\overline{\phi}_1 - \overline{\phi}_2\right)\right] \\ &+ \epsilon\frac{\partial b_1(\overline{\phi}_1, \overline{\phi}_2)}{\partial\overline{\phi}_2}\left[\omega + \epsilon\Gamma_{21}\left(\overline{\phi}_2 - \overline{\phi}_1\right)\right]\end{aligned} \tag{4.128}$$

が得られる。一方，上式と (4.124a) すなわち

$$\frac{d\phi_1}{dt} = \omega + \epsilon\gamma_{12}\left[\overline{\phi}_1 + \epsilon b_1(\overline{\phi}_1, \overline{\phi}_2), \overline{\phi}_2 + \epsilon b_2(\overline{\phi}_2, \overline{\phi}_1)\right] \tag{4.129}$$

は同一の式を表していなければならない。それは $O(\epsilon^0)$ では恒等的に成り立っているが，$O(\epsilon)$ でも恒等的に成り立つための条件は

$$\gamma_{12}\left(\overline{\phi}_1, \overline{\phi}_2\right) = \Gamma_{12}\left(\overline{\phi}_1 - \overline{\phi}_2\right) + \omega\left(\frac{\partial}{\partial\overline{\phi}_1} + \frac{\partial}{\partial\overline{\phi}_2}\right)b_1\left(\overline{\phi}_1, \overline{\phi}_2\right) \tag{4.130}$$

である。$\overline{\phi}_{1,2} = \omega t + \overline{\psi}_{1,2}$ とおくと，恒等式

$$\left(\frac{\partial}{\partial\overline{\phi}_1} + \frac{\partial}{\partial\overline{\phi}_2}\right)b_1\left(\overline{\phi}_1, \overline{\phi}_2\right) = \frac{d}{d\theta}b_1\left(\theta + \overline{\psi}_1, \theta + \overline{\psi}_2\right), \quad \theta = \omega t \tag{4.131}$$

が成り立つので，(4.130) は

$$\frac{d}{d\theta}b_1\left(\theta + \overline{\psi}_1, \theta + \overline{\psi}_2\right) = \omega^{-1}\left[\gamma_{12}(\theta + \overline{\psi}_1, \theta + \overline{\psi}_2) - \Gamma_{12}(\overline{\psi}_1 - \overline{\psi}_2)\right] \tag{4.132}$$

となる。(4.122) から ω_1 と $a(\overline{\phi})$ が同時に得られたのと同様の理由によって，(4.132) から $\Gamma_{12}(\overline{\phi}_1 - \overline{\phi}_2)$ と $b_1(\overline{\phi}_1, \overline{\phi}_2)$ が同時に決まり，それらは

$$\Gamma_{12}\left(\overline{\psi}_1 - \overline{\psi}_2\right) = \frac{1}{2\pi}\int_0^{2\pi} d\theta\, \gamma_{12}\left(\theta + \overline{\psi}_1, \theta + \overline{\psi}_2\right) \equiv \overline{\gamma}_{12} \tag{4.133}$$

および

$$\begin{aligned} b_1\left(\overline{\phi}_1, \overline{\phi}_2\right) &= b_1\left(\theta + \overline{\psi}_1, \theta + \overline{\psi}_2\right) \\ &= \omega^{-1}\int_0^{\theta + \overline{\psi}_1} d\theta' \left[\gamma_{12}\left(\theta', \theta' - \overline{\psi}_1 + \overline{\psi}_2\right) - \overline{\gamma}_{12}\right] \end{aligned} \tag{4.134}$$

で与えられる。$\gamma_{12}(\phi_1, \phi_2) = \boldsymbol{Z}(\phi_1) \cdot \boldsymbol{g}_{12}(\phi_1, \phi_2)$ であることに注意すれば，Γ_{12} の表式 (4.133) は平均化によって得られた式 (4.62b) に一致することがわかる。

いくつかの摂動効果が並存する場合

同一でない振動子の結合系では不均一性と結合という 2 つの摂動効果があり，それらをともに標準形に書き換えなければならない。そのためにはどのような変数変換を行えばよいのだろうか。これまでのように，摂動の最低次近似を問題にしているかぎりこれは簡単である。まず，変換 (4.118) をそれぞれの振動子に対して行うと，位相方程式は $O(\epsilon)$ までの近似で

$$\frac{d\overline{\phi}_1}{dt} = \omega_0 + \epsilon\omega_1 + \epsilon\gamma_{12}\left(\overline{\phi}_1, \overline{\phi}_2\right) \tag{4.135}$$

となって，結合項の形に影響は現れない。不均一項が単独に標準形に書き直されただけである。上式で $\overline{\phi}_{1,2}$ を $\phi_{1,2}$ と表記し直し，変換 (4.125) を行えば，同じく $O(\epsilon)$ までの近似で結合項が標準形に書かれ，不均一項に影響はない。すなわち

$$\frac{d\overline{\phi}_1}{dt} = \omega_0 + \epsilon\omega_1 + \epsilon\Gamma_{12}\left(\overline{\phi}_1 - \overline{\phi}_2\right) \tag{4.136}$$

が得られる。要は，摂動の種類ごとにそれが標準形になるような変換を逐次行えばよい。このような「選択的平均化」の考えは，たとえば神経振動子系の制御に適用されている (Schmidt *et al.*, 2014)。

上記の事実は，(まるごとの単純な) 平均化に比べて近恒等変換の考え方が有利な点を示唆している。たとえば，結合振動子系に外的刺激が働く場合として

$$\frac{d\phi_1}{dt} = \omega + \epsilon \boldsymbol{Z}(\phi_1) \cdot \left[\boldsymbol{g}_{12}(\phi_1, \phi_2) + \boldsymbol{p}(t) \right] \tag{4.137}$$

を考えてみよう。$\boldsymbol{p}(t)$ がたとえばインパルス刺激のように速く変化するときには，上式右辺の最終項を時間平均することはできず，だからといって，結合項のみを単独にその時間平均で置き換えることは論理的に許されない。このような場合には，近恒等変換の考え方を適用することで結合項を単独に平均化したのと同じ結果を得ることができる。実際，変換 (4.125) を行っても $O(\epsilon)$ までの近似では外力項の形は不変で，単に $\boldsymbol{Z}(\phi_1) \cdot \boldsymbol{p}(t)$ が $\boldsymbol{Z}(\overline{\phi}_1) \cdot \boldsymbol{p}(t)$ に置き換えられるだけである。

定数係数の非線形位相拡散方程式への変換

連続な振動場の位相方程式 (4.89) に対しても近恒等変換は適用でき，平均化と同じ結果が得られる。空間微分 ∇ を形式的に微小量とみなして $\sqrt{\epsilon}\nabla$ で置き換え，(4.89) を

$$\frac{\partial \phi}{\partial t} = \omega + \epsilon \left[\nu(\phi) \nabla^2 \phi + \mu(\phi) \left(\nabla \phi \right)^2 \right] \tag{4.138}$$

と表しておこう。これに対して空間微分を含む変数変換

$$\phi = \overline{\phi} + \epsilon \left[a\left(\overline{\phi}\right) \nabla^2 \overline{\phi} + b\left(\overline{\phi}\right) \left(\nabla \overline{\phi}\right)^2 \right] \tag{4.139}$$

を適用する。新しい位相 $\overline{\phi}$ は定数係数の位相方程式

$$\frac{\partial \overline{\phi}}{\partial t} = \omega + \epsilon \left[\overline{\nu} \nabla^2 \phi + \overline{\mu} (\nabla \phi)^2 \right] + O\left(\epsilon^2\right) \tag{4.140}$$

をみたすものとする。未知量 $\overline{\nu}$, $\overline{\mu}$, $a(\overline{\phi})$, $b(\overline{\phi})$ が，これまで述べてきたのと同様の方針で容易に求められることは詳しく説明するまでもないであろう。結果は

$$\overline{\nu} = \frac{1}{2\pi} \int_0^{2\pi} d\theta \, \nu(\theta), \tag{4.141a}$$

$$\overline{\mu} = \frac{1}{2\pi} \int_0^{2\pi} d\theta \, \mu(\theta) \tag{4.141b}$$

および

$$a(\overline{\phi}) = \omega^{-1} \int_0^{\overline{\phi}} d\theta \, [\nu(\theta) - \overline{\nu}], \tag{4.142a}$$

$$b(\overline{\phi}) = \omega^{-1} \int_0^{\overline{\phi}} d\theta \, [\mu(\theta) - \overline{\mu}] \tag{4.142b}$$

で与えられる。

近恒等変換による位相方程式の標準形への書き換えは，少なくとも摂動が一種類の場合には任意の高次近似にまで拡張できる。しかし，上の議論では出発点の方程式 (たとえば (4.124a,b)) 自身が最低次近似でのみ正しい式なので，そのような議論を行ってもあまり意味がなかった。4.17 節でみるように，振動反応拡散系に対しては縮約の第一段階で (4.138) を高次にまで一般化した式を得ることができ，近恒等変換によってそれをさらに任意の次数まで摂動展開することができる。

4.15 ランダム外力を含む系の位相縮約

ランダム外力を受けた位相振動子

位相方程式 (4.25) において $\boldsymbol{p}(t)$ が弱いランダム外力を表すとしよう。$\boldsymbol{p}(t)$ は確率論的に定義されるべき量であるが，その統計性自体は時間によらないとする。すなわち**定常確率過程**を考えている。式を見やすくするために，本節では $\boldsymbol{p}(t)$ は 1 成分ベクトル $(\xi(t), 0, 0, \ldots, 0)$ とするが，この制限をはずすことは容易である。また，

$$\langle \xi(t) \rangle = 0 \tag{4.143}$$

を仮定しておこう。上式および以下では統計平均を $\langle \cdots \rangle$ と記すことにする。

(4.25) は

$$\frac{d\phi}{dt} = \omega + \epsilon Z(\phi)\xi(t) \tag{4.144}$$

と表される。ここに $Z(\phi)$ はベクトル $\boldsymbol{Z}(\phi)$ の第一成分を表す。また，外力の弱さを表すパラメタ ϵ をトレーサーとして導入しておいた。最終的には $\epsilon = 1$

とおく。確率的にゆらぐ量を含む (4.144) のような発展方程式 (**確率微分方程式**) は，ランダム力を受けつつ運動するブラウン粒子を記述するモデルとの類似性から，**Langevin 方程式**ともよばれている。

適当な条件の下で，Langevin 方程式 (4.144) は確率分布関数 $P(\phi, t)$ に対する発展方程式，特に **Fokker-Planck 方程式**に変換される。$P(\phi, t)\,d\phi$ は，時刻 t において位相が ϕ と $\phi + d\phi$ の間に見出される確率を表し，全確率は 1 に規格化されているものとする。

ランダム外力が**白色ガウスノイズ**で与えられる場合には，このような変換が可能であることはよく知られている [7)]。以下に示すように，ランダム外力が弱い場合には，よりゆるやかな条件の下に Fokker-Planck 方程式が成り立ち，したがって実質的に白色ガウスノイズを含む Langevin 方程式が成り立つ (Nakao *et al.*, 2010)。非ガウス非白色ノイズで駆動された振動子の位相縮約に関するより一般的な議論もなされている (Goldobin *et al.*, 2010)。

念のため次のことに注意する。Langevin 方程式における ϕ は力学変数であり，$P(\phi, t)$ における ϕ は (時間変化しない) 一種のパラメタである。しかし，ここでは煩雑さを避けてこれらに対して同一の記号を用いている。力学変数としての位相 ϕ を $\phi = \omega t + \psi$ とおくことで導入される ψ についても同様で，ψ の確率分布を以下では $P(\psi, t)$ と記す。

ストロボ的記述による Fokker-Planck 方程式の導出

$P(\phi, t)$ の時間発展を連続的に追跡する代わりに，振動子の自然周期 T ごとのストロボ的な追跡を行ったとしよう。変数 ψ が一定なら，時間 T ごとの観測で系は常にもとの状態に戻っている。したがって，ψ のゆっくりした変化に対応して，ストロボ的に観測された確率分布 $P(\psi, t)$ はゆっくりと変化するであろう。時刻 $t_n = nT$ における ψ の確率分布を $P(\psi, t_n)$ と書き，以下ではこの量の時間変化を問題にする。

時刻 t_n と時刻 t_{n+1} の間に位相が ψ から $\psi + \lambda$ に飛躍するような遷移確率

---

7) 確率過程と Fokker-Planck 方程式に関するいくつかの良書として，Kubo, Toda, and Hashitsume (1985), van Kampen (1992), Risken (1989) および Gardiner (1997) をあげておく。本章を超える内容についてはそれらを適宜参照していただきたい。

密度を $w(\psi,\lambda)$ で表そう。w は

$$\int_{-\infty}^{\infty} d\lambda\, w(\psi,\lambda) = 1 \tag{4.145}$$

のように規格化されているものとする。重要な仮定として，w は時刻 t_n 以前に系がどのように時間発展してきたかにはよらないとする。過去の履歴によらない過程を **Markov 過程**とよぶ。Markov 過程が成り立つためには $\xi(t)$ が一定の条件をみたさなければならないが，これについては後に述べる。また，先に仮定した確率過程の定常性から，w はステップ n にもよらない。w を用いると，時刻 t_n と t_{n+1} における確率分布の間に関係式

$$P\left(\psi, t_{n+1}\right) = \int_{-\infty}^{\infty} d\lambda\, w\left(\psi-\lambda,\lambda\right) P\left(\psi-\lambda, t_n\right) \tag{4.146}$$

が成り立つ。

ψ の変化は十分遅いから，1 ステップごとの ψ の飛躍量 λ は一般に 2π より十分小さいはずであり，ϵ オーダーにとどまるであろう。すなわち，各 ψ 値に対して，$w(\psi,\lambda)$ が λ の関数として ϵ に比例した小さな幅をもつと期待される。あるいは，スケーリング形

$$w\left(\psi,\lambda\right) = \epsilon^{-1}\widetilde{w}\left(\psi, \epsilon^{-1}\lambda\right) \tag{4.147}$$

が成り立つといってもよい。ここに，$\widetilde{w}(\psi,\widetilde{\lambda})$ は ϵ を含まず，

$$\int_{-\infty}^{\infty} d\widetilde{\lambda}\, \widetilde{w}(\psi,\widetilde{\lambda}) = 1 \tag{4.148}$$

のように規格化された関数である。したがって，(4.146) の積分において，積分領域は実質的にごく小さい λ の領域にかぎられる。一方，ψ の関数として $w(\psi,\lambda)$ や $P(\psi,\lambda)$ は通常のなめらかな 2π 周期関数と考えられるから，同式の被積分関数を $w(\psi,\lambda)P(\psi,\lambda)$ のまわりで λ に関してべき展開し，いくつかの低次の項のみを考慮すればよいであろう。すなわち，

$$w\left(\psi-\lambda,\lambda\right) P\left(\psi-\lambda,t_n\right) = \sum_{l=0}^{\infty} \frac{(-\lambda)^l}{l!} \left(\frac{\partial}{\partial\psi}\right)^l \left[w\left(\psi,\lambda\right) P\left(\psi,t_n\right)\right] \tag{4.149}$$

のように展開して，(4.146) を

$$P(\psi, t_{n+1}) = P(\psi, t_n) + T \sum_{l=1}^{\infty} \frac{(-1)^l}{l!} \frac{\partial^l}{\partial \psi^l} [M_l(\psi) P(\psi, t_n)] \tag{4.150}$$

と表す。ここに $M_l(\psi)$ は遷移確率の l 次のモーメント

$$M_l(\psi) = T^{-1} \int_{-\infty}^{\infty} d\lambda\, \lambda^l w(\psi, \lambda) \tag{4.151}$$

である。

$w(\psi, \lambda)$ のスケーリング形 (4.147) から，M_l は高々 $O(\epsilon^l)$ 程度の量であることがわかる。したがって，十分小さい ϵ に対しては M_1 と M_2 を考慮すれば十分であり，ϵ^3 以上の高次モーメントは無視できるであろう。実際には，条件 (4.143) の下では M_1 も $O(\epsilon^2)$ になることが以下の議論からわかる。これら 2 つの項を考慮すると，(4.150) は

$$\frac{1}{T}\{P(\psi, t_{n+1}) - P(\psi, t_n)\} = -\frac{\partial}{\partial \psi} [M_1(\psi) P(\psi, t)] + \frac{1}{2} \frac{\partial^2}{\partial \psi^2} [M_2(\psi) P(\psi, t)] \tag{4.152}$$

と近似される。

(4.152) は，時刻 t_n と t_{n+1} の間で $P(\psi)$ が高々 ϵ 程度の小さな変化しか示さないことを示している。したがって，これを近似的に連続過程とみなして $t_n = t$ とおき，

$$\frac{1}{T}\{P(\psi, t_{n+1}) - P(\psi, t_n)\} = \frac{\partial P(\psi, t)}{\partial t} \tag{4.153}$$

のように差分を微分に置き換える。これによって (4.152) で表される離散過程は微分方程式

$$\frac{\partial P(\psi, t)}{\partial t} = -\frac{\partial}{\partial \psi}\{M_1(\psi) P(\psi, t)\} + \frac{1}{2} \frac{\partial^2}{\partial \psi^2}\{M_2(\psi) P(\psi, t)\} \tag{4.154}$$

で近似される。

確率分布に対する (4.154) の形の発展方程式は Fokker-Planck 方程式とよばれる。右辺第一項はドリフト項とよばれ，ψ の平均的な運動によって引き起こされる P の変化を表している。第二項は拡散項であり，平均的な運動のまわりに分布が広がっていく過程を表している。拡散項がなければ，(4.154) は確

率の保存を表す連続の方程式にほかならず，逆にドリフト項がなければ同式は単なる拡散方程式である。

モーメントの計算

$M_1 = T^{-1}\langle\psi(t+T) - \psi(t)\rangle$ と $M_2 = T^{-1}\langle[\psi(t+T) - \psi(t)]^2\rangle$ の具体的表式を Langevin 方程式 (4.144)，または

$$\frac{d\psi}{dt} = \epsilon Z(\omega t + \psi)\xi(t) \tag{4.155}$$

から求めてみよう。ただし，Fokker-Planck 方程式が成立するための前提条件として，この確率過程を振動周期 T の粗さでみたとき遷移確率が Markov 過程に従う必要があった。そのためには，ランダム力の時間相関

$$C(t) = \langle\xi(t_0)\xi(t_0 + t)\rangle \tag{4.156}$$

が時間 T 以内で十分すみやかに 0 に減衰する必要がある。すなわち，$C(t)$ の相関時間を τ_{c} として，

$$\tau_{\mathrm{c}} \ll T \tag{4.157}$$

を以下では要求する。これがみたされることで，時間 T ごとの ψ のランダム飛躍を統計的に互いに独立な量とみなすことができる。

$\psi(t+T) - \psi(t)$ の表式を得るために，まず (4.155) を時間積分すると，

$$\psi(t+T) - \psi(t) = \epsilon \int_t^{t+T} dt'\, Z\left(\omega t' + \psi\left(t'\right)\right) \xi\left(t'\right) \tag{4.158}$$

となる。$\psi(t+T) - \psi(t)$ はすでに微小量であるから，最低次近似では上式右辺の被積分関数において

$$Z\left(\omega t' + \psi\left(t'\right)\right) \simeq Z\left(\omega t' + \psi(t)\right) \tag{4.159}$$

とおくことができる。よって，この近似では

$$\psi(t+T) - \psi(t) = \epsilon \int_t^{t+T} dt'\, Z\left(\omega t' + \psi(t)\right) \xi\left(t'\right) \tag{4.160}$$

となり，2 次モーメントは次式のように評価できる：

$$\begin{aligned}
M_2 &= \frac{\epsilon^2}{T}\left\langle\left[\int_t^{t+T} dt'\, Z\left(\omega t' + \psi\right)\xi\left(t'\right)\right]^2\right\rangle \\
&= \frac{\epsilon^2}{T}\int_t^{t+T} dt' \int_t^{t+T} dt''\, Z\left(\omega t' + \psi\right) Z\left(\omega t'' + \psi\right) C\left(t' - t''\right) \\
&= \frac{\epsilon^2}{T}\int_0^{T} d\tau_1 \int_{\tau_1 - T}^{\tau_1} d\tau\, Z\left(\omega(t+\tau_1) + \psi\right) Z\left(\omega(t+\tau_1-\tau) + \psi\right) C(\tau) \\
&\simeq \frac{\epsilon^2}{T}\int_{-\infty}^{\infty} d\tau \int_0^{T} d\tau_1\, Z\left(\omega(t+\tau_1) + \psi\right) Z\left(\omega(t+\tau_1-\tau) + \psi\right) C(\tau) \\
&= \frac{\epsilon^2}{2\pi}\int_{-\infty}^{\infty} d\tau \int_0^{2\pi} d\theta\, Z(\theta) Z(\theta - \omega\tau) C(\tau).
\end{aligned} \tag{4.161}$$

ここで $Z(\theta)$ を

$$Z(\theta) = \sum_{l=-\infty}^{\infty} Z_l e^{il\theta} \tag{4.162}$$

のようにフーリエ展開すると，M_2 は

$$M_2 = \epsilon^2 \sum_{l=-\infty}^{\infty} |Z_l|^2 \int_0^{\infty} d\tau\, \cos\left(l\omega\tau\right) C(\tau) \tag{4.163}$$

と表される。ノイズのパワースペクトル

$$I(\omega) = \int_{-\infty}^{\infty} dt\, C(t) e^{i\omega t} = 2\int_0^{\infty} dt\, \cos(\omega t) C(t) \tag{4.164}$$

を用いれば，M_2 は

$$M_2 = \frac{1}{2}\epsilon^2 \sum_{l=-\infty}^{\infty} |Z_l|^2 I(l\omega) \tag{4.165}$$

とも表される。

(4.143) によって，(4.160) の平均は 0 である。したがって，予告したように $O(\epsilon)$ までの近似では $M_1 = 0$ である。しかし，M_2 と同じ ϵ^2 までの近似では M_1 が有限に残る。これをみるために，(4.159) における $\psi(t')$ をただちに $\psi(t)$ で近似するのではなく，(4.160) と同様の近似式

$$\psi\left(t'\right) - \psi\left(t\right) \simeq \epsilon \int_t^{t'} dt''\, Z\left(\omega t'' + \psi(t)\right)\xi\left(t''\right) \tag{4.166}$$

を再度適用して

$$\begin{aligned}
Z\left(\omega t+\psi\left(t'\right)\right) &= Z\left(\omega t'+\psi(t)+\psi\left(t'\right)-\psi(t)\right) \\
&\simeq Z\left(\omega t'+\psi(t)\right)+Z'\left(\omega t'+\psi(t)\right)\left(\psi(t')-\psi(t)\right) \\
&\simeq Z\left(\omega t'+\psi(t)\right)+\epsilon Z'\left(\omega t'+\psi(t)\right)\int_t^{t'} dt''\, Z\left(\omega t''+\psi(t)\right)\xi\left(t''\right)
\end{aligned} \tag{4.167}$$

と表す。この表式を (4.158) に適用すれば，M_1 は

$$\begin{aligned}
M_1 &= T^{-1}\langle\psi(t+T)-\psi(t)\rangle \\
&= \frac{\epsilon^2}{T}\int_t^{t+T} dt'\, Z'\left(\omega t'+\psi(t)\right)\int_t^{t'} dt''\, Z\left(\omega t''+\psi(t)\right)C\left(t'-t''\right) \\
&= \frac{\epsilon^2}{T}\int_0^{T} d\tau_1\int_0^{\tau_1} d\tau\, Z'\left(\omega(t+\tau_1)+\psi(t)\right)Z\left(\omega(t+\tau_1-\tau)+\psi(t)\right)C(\tau) \\
&\simeq \frac{\epsilon^2}{T}\int_0^{T} d\tau_1\int_0^{\infty} d\tau\, Z'\left(\omega(t+\tau_1)+\psi(t)\right)Z\left(\omega(t+\tau_1-\tau)+\psi(t)\right)C(\tau) \\
&= \frac{\epsilon^2}{2\pi}\int_0^{\infty} d\tau\int_0^{2\pi} d\theta\, Z'(\theta)Z(\theta-\omega\tau)C(\tau) \\
&= \epsilon^2\sum_{l=-\infty}^{\infty} l|Z_l|^2\int_0^{\infty} d\tau\, \sin(l\omega\tau)C(\tau)
\end{aligned} \tag{4.168}$$

となる。

以上の議論から明らかなように，モーメント M_1 と M_2 はいずれも ψ によらない定数となる。したがって，Fokker-Planck 方程式 (4.154) を

$$\frac{\partial P(\psi,t)}{\partial t}=-M_1\frac{\partial P}{\partial\psi}+\frac{M_2}{2}\frac{\partial^2 P}{\partial\psi^2} \tag{4.169}$$

と書くことができる。

ランダム外力に対して最も広く用いられるモデルは，時間相関が

$$C(t)=2D\delta(t) \tag{4.170}$$

で与えられる白色ノイズである。その場合，モーメントは

$$M_1 = 0, \tag{4.171a}$$

$$M_2 = \epsilon^2 D \sum_{l=-\infty}^{\infty} |Z_l|^2 \equiv 2\widetilde{D} \tag{4.171b}$$

となる。M_2 の表式は，(4.165) において $I(\omega) = 2D$ とおくことで得られたものである。対応する Fokker-Planck 方程式は $\widetilde{D}$ を拡散係数とする拡散方程式である。

Fokker-Planck 方程式 (4.169) は，ψ を含まない白色ガウスノイズ $\eta(t)$ で駆動された振動子の Langevin 方程式

$$\frac{d\psi}{dt} = M_1 + \eta(t), \tag{4.172a}$$

$$\langle \eta(t_0)\eta(t_0 + t) \rangle = M_2 \delta(t) \tag{4.172b}$$

から導かれる Fokker-Planck 方程式と同一の形をもっている。したがって，これら 2 つの方程式は等価とみなされる。M_1 は振動数を $O(\epsilon^2)$ だけ変化させる効果にすぎないから，もとの振動数 ω に繰り入れることができる。

結局，ノイズの相関時間が 1 周期よりも十分短いかぎり，それを実質的に白色ノイズとみなしてもさしつかえないということが以上でわかった。以上では，1 周期ごとのストロボ描像を用いた議論であったが，$m\,(> 1)$ 周期の間に ψ の変化が十分小さいような整数 m が存在するなら，m 周期ごとのストロボ描像を用いて上記とまったく同じ議論が成り立つ。その場合には，ノイズの相関時間が mT より十分短いならそれを白色ノイズとみなすことができる。

2 振動子系の場合

以上ではノイズを受けた 1 つの振動子を議論したが，複数の振動子からなる場合はどうであろうか。2 振動子系に対してこれがわかれば，多振動子系への拡張はほとんど自明なので，以下では 2 振動子系について述べる。結合はあってもなくてもよく，それぞれの振動子にかかるノイズが互いに独立か否かもさしあたりは問わない。振動子の位相を $\phi_{1,2}$ または $\psi_{1,2} = \phi_{1,2} - \omega t$ で表し，同時確率分布 $P(\psi_1, \psi_2, t)$ が従う Fokker-Planck 方程式の形を求めてみよう。

この場合 (4.146) は

$$P(\psi_1,\psi_2,t_{n+1}) = \int_{-\infty}^{\infty} d\lambda_1 \int_{-\infty}^{\infty} d\lambda_2 \, w\left(\psi_1-\lambda_1,\psi_2-\lambda_2,\lambda_1,\lambda_2\right) P\left(\psi_1-\lambda_1,\psi_2-\lambda_2,t_n\right) \tag{4.173}$$

のように，同時分布 $w(\psi_1,\psi_2,\lambda_1,\lambda_2)$ と $P(\psi_1,\psi_2,t_n)$ を用いて一般化されなければならない。

$P(\psi_1,\psi_2)$ に対する Fokker-Planck 方程式の導出法は 1 振動子の場合とほとんど並行している。すなわち，(4.149) に対応して (4.173) の被積分関数を $w(\psi_1,\psi_2,\lambda_1,\lambda_2)P(\psi_1,\psi_2,t_n)$ のまわりで λ_1, λ_2 に関して 2 重にべき展開し，展開の 2 次までを考慮する。その結果，(4.154) を一般化した式

$$\frac{\partial}{\partial t}P(\psi_1,\psi_2,t) = -\frac{\partial}{\partial\psi_1}\left(M_1^1 P\right) - \frac{\partial}{\partial\psi_2}\left(M_1^2 P\right) + \frac{1}{2}\left[\left(\frac{\partial^2}{\partial\psi_1^2}M_2^{11} + \frac{\partial^2}{\partial\psi_2^2}M_2^{22} + 2\frac{\partial^2}{\partial\psi_1\partial\psi_2}M_2^{12}\right)P\right] \tag{4.174}$$

が得られる。ここに，

$$M_1^{\alpha}(\psi_1,\psi_2) = T^{-1}\int_{-\infty}^{\infty} d\lambda_1 \int_{-\infty}^{\infty} d\lambda_2 \, \lambda_\alpha w(\psi_1,\psi_2,\lambda_1,\lambda_2), \tag{4.175a}$$

$$M_2^{\alpha\beta}(\psi_1,\psi_2) = T^{-1}\int_{-\infty}^{\infty} d\lambda_1 \int_{-\infty}^{\infty} d\lambda_2 \, \lambda_\alpha\lambda_\beta w(\psi_1,\psi_2,\lambda_1,\lambda_2) \tag{4.175b}$$

である。

一方，$M_1^1 = T^{-1}\langle(\psi_1(t+T)-\psi_1(t))\rangle$, $M_2^{11} = T^{-1}\langle[\psi_1(t+T)-\psi_1(t)]^2\rangle$, $M_2^{12} = T^{-1}\langle[\psi_1(t+T)-\psi_1(t)][\psi_2(t+T)-\psi_2(t)]\rangle$ 等々で表されるので，これらのモーメントに対する表式を，1 振動子の場合と同様の近似で求めればよい。これを一般的に行う代わりに，次の 2 つの特別な場合を考えよう。すなわち，

(A) 共通のノイズに駆動される結合をもたない 2 振動子系，

(B) 互いに独立なノイズに駆動される結合振動子対。

簡単のため振動子は同一の性質をもつとし，ノイズは白色で (4.170) によって

相関が与えられるとする。以下ではすべての表記で $\epsilon = 1$ に戻す。

(A) の場合

対応する Langevin 方程式は

$$\frac{d\phi_1}{dt} = \omega + Z(\phi_1)\xi(t), \tag{4.176a}$$

$$\frac{d\phi_2}{dt} = \omega + Z(\phi_2)\xi(t) \tag{4.176b}$$

または

$$\frac{d\psi_1}{dt} = Z(\omega t + \psi_1)\xi(t), \tag{4.177a}$$

$$\frac{d\psi_2}{dt} = Z(\omega t + \psi_2)\xi(t) \tag{4.177b}$$

である。$M_1^1 = M_1^2 = 0$ であり，

$$M_2^{11} = M_2^{22} = 2\widetilde{D} \tag{4.178}$$

となることは明らかである。また，M_2^{12} は

$$\begin{aligned} M_2^{12} &= T^{-1}\int_{-\infty}^{\infty} d\tau \int_0^T d\tau_1\, Z\left(\omega(t+\tau_1)+\psi_1\right) Z\left(\omega(t+\tau_1-\tau)+\psi_2\right) C(\tau) \\ &= \frac{D}{\pi}\int_0^{2\pi} d\theta\, Z(\theta+\psi_1)Z(\theta+\psi_2) \equiv g(\psi_1-\psi_2) \end{aligned} \tag{4.179}$$

のように位相差の周期関数となる。ここに，$g(0) = 2\widetilde{D}$ であることに注意しよう。これより Fokker-Planck 方程式は

$$\frac{\partial}{\partial t}P(\psi_1,\psi_2,t) = \widetilde{D}\left(\frac{\partial^2}{\partial\psi_1^2}+\frac{\partial^2}{\partial\psi_2^2}\right)P + \frac{\partial^2}{\partial\psi_1\partial\psi_2}\left[g(\psi_1-\psi_2)P\right] \tag{4.180}$$

となる。

位相和 $\psi_1 + \psi_2 \equiv \Psi$ と位相差 $\psi_1 - \psi_2 \equiv \psi$ を用いて，$P(\psi_1,\psi_2,t) = R(\Psi,t)S(\psi,t)$ のように，同時分布が Ψ の分布と ψ の分布の積の形に表されると仮定する。これによって Fokker-Planck 方程式は

$$\frac{\partial}{\partial t}R(\Psi,t) = \left[2\widetilde{D} + g(\psi)\right]\frac{\partial^2}{\partial\Psi^2}R(\Psi), \tag{4.181}$$

および

$$\frac{\partial}{\partial t}S(\psi,t)=\frac{\partial^2}{\partial\psi^2}\left\{[g(0)-g(\psi)]\,S(\psi,t)\right\} \tag{4.182}$$

に分離される。(4.182) は次節の議論に用いられる。

(B) の 場 合

対応する Langevin 方程式は

$$\frac{d\phi_1}{dt}=\omega+\Gamma(\phi_1-\phi_2)+Z(\phi_1)\xi_1(t), \tag{4.183a}$$

$$\frac{d\phi_2}{dt}=\omega+\Gamma(\phi_2-\phi_1)+Z(\phi_2)\xi_2(t) \tag{4.183b}$$

または

$$\frac{d\psi_1}{dt}=\Gamma(\psi_1-\psi_2)+Z(\omega t+\psi_1)\xi_1(t), \tag{4.184a}$$

$$\frac{d\psi_2}{dt}=\Gamma(\psi_2-\psi_1)+Z(\omega t+\psi_2)\xi_2(t) \tag{4.184b}$$

である。簡単のため結合は対称と仮定している。それぞれの振動子に働くノイズは独立なので $M_2^{12}=0$ である。また，$M_2^{11}=M_2^{22}=2\widetilde{D}$, $M_1^1=\Gamma(\psi_1-\psi_2)$, $M_1^2=\Gamma(\psi_2-\psi_1)$ も明らかであろう。よって Fokker-Planck 方程式は

$$\frac{\partial}{\partial t}P(\psi_1,\psi_2,t)=-\frac{\partial}{\partial\psi_1}\left[\Gamma(\psi_1-\psi_2)P\right]-\frac{\partial}{\partial\psi_2}\left[\Gamma(\psi_2-\psi_1)P\right]+\widetilde{D}\left(\frac{\partial^2}{\partial\psi_1^2}+\frac{\partial^2}{\partial\psi_2^2}\right)P \tag{4.185}$$

となる。再び $P(\psi_1,\psi_2,t)=R(\Psi,t)S(\psi,t)$ とおけば上式は分離され，

$$\frac{\partial R}{\partial t}=-\left[\Gamma(\psi)+\Gamma(-\psi)\right]\frac{\partial R}{\partial\Psi}+2\widetilde{D}\frac{\partial^2 R}{\partial\Psi^2} \tag{4.186}$$

および

$$\begin{aligned}\frac{\partial S}{\partial t}&=-\frac{\partial}{\partial\psi}\left\{\left[\Gamma(\psi)-\Gamma(-\psi)\right]S\right\}+2\widetilde{D}\frac{\partial^2 S}{\partial\psi^2}\\&=-\frac{\partial}{\partial\psi}\left[2\Gamma_{\mathrm{a}}(\psi)S\right]+2\widetilde{D}\frac{\partial^2 S}{\partial\psi^2}\end{aligned} \tag{4.187}$$

となる。$S(\psi,t)$ に対する式は，(4.69) に白色ガウスノイズを付加して得られる Langevin 方程式と等価になっていることに注意しよう。

位相記述への疑義

1 振動子系の議論に戻って，注意しておくべき一つの論点がある。平均値が 0 のランダム外力は，その振幅のスケールが ϵ であるにもかかわらず，振動子のダイナミクスには $O(\epsilon^2)$ の効果としてのみ効いてくることがこれまでの議論からわかった。正負に均等にゆらぐランダム力の効果が最低次では打ち消しあうからである。しかし，ϵ^2 の効果が本質的であるとすれば，これまでの議論の基礎となっている最低次近似での位相方程式 (4.25) は，はたして正しいであろうか。

(4.25) における $\boldsymbol{Z}(\phi)$ はリミットサイクル上で評価された位相勾配ベクトルであるが，これは近似であり，正しくはリミットサイクル軌道から一般にずれた代表点で評価された位相勾配ベクトルを用いなければならなかった。すなわち，$\boldsymbol{X}(t)=\boldsymbol{\chi}(\phi(t))+\boldsymbol{\rho}(t)$ とおいて閉軌道からのずれ $\boldsymbol{\rho}$ を含む正確な位相勾配ベクトル $\mathrm{grad}_{\boldsymbol{X}}\phi$ を $\boldsymbol{Z}(\phi,\boldsymbol{\rho})$ と書けば，

$$\frac{d\phi}{dt}=\omega+\boldsymbol{Z}(\phi,\boldsymbol{\rho})\cdot\boldsymbol{p}(t) \tag{4.188}$$

が正しい方程式である。問題は，$\boldsymbol{\rho}=\boldsymbol{0}$ とおくことと，そのように近似した式から Fokker-Planck 方程式を導くこととの間に近似の一貫性が破れてはいないかということである。

この問題を調べるために，Yoshimura と Arai はノイズが白色の場合について ϕ と $\boldsymbol{\rho}$ に対する連立した Langevin 方程式を注意深く解析した (Yoshimura and Arai, 2008)。その結果，(4.188) における $\boldsymbol{\rho}$ の効果が位相のドリフト速度に $O(\epsilon^2)$ で寄与することが明らかになった。ドリフト速度に対するこの付加的補正は一般に ϕ の周期関数であるが，前節で述べた近恒等変換によって ϕ 依存性を消去することができるであろう。有限の $\boldsymbol{\rho}$ とノイズの絡み合いの結果として振動子の周期がこのようにわずかに変化するという効果は，たしかに本章で述べた理論では無視されている。しかし，すでに述べたように，ノイズによる周期の微小変化という類似の現象は最低次の位相記述の範囲内で非白色

ノイズの場合にも現れ，先の議論ではこれを特に重視しなかった。振動数の絶対値が重要な意味をもつ場合にはこの種の効果はたしかに無視できないが，そのような結合振動子系の問題はさほど多くないと考えられる。したがって，以下でも最低次近似の位相縮約に基づいて具体的な現象を考察していくことにする [8)]。

4.16　ランダム外力による位相同期

ランダム外力を受けた振動子の振舞を少し詳細に調べると，「ランダム外力ないしノイズによる位相同期」という一見奇妙な現象が現れることがわかる。このような現象に関しては，それを説明するいくつかの初期の試み (Jensen, 1998; Pakdaman, 2002; Gutkin, Ermentrout, and Rudolph, 2003; Rit, 2003) があるが，その後 Teramae と Tanaka は標準的な位相記述に基づく理論 (Teramae and Tanaka, 2004) を提出した [9)]。これを契機として議論は一段と活発化した。

ノイズによる同期現象が注目されるきっかけとなった一つの実験を第 1 章で紹介した。それは Mainen と Sejnowski による神経生理学的実験であった (Mainen and Sejnowski, 1995)。そこで述べたように，実験結果を再解釈すれば，それは同一の性質をもつ複数のリミットサイクル振動子を共通のノイズで駆動するとき，振動子間に結合がないにもかかわらずそれらが位相をそろえて運動するようになるという現象であった。

これを理論的に説明するには 2 つの振動子を考えれば十分である。簡単のため，現実のニューロンでは存在した内部ノイズ (個々の振動子に独立に働くノイズ) は以下では考えない。これらの振動子を共通のノイズで駆動した場合，2 つの振動子が位相をそろえて運動するようになるかどうかを位相記述に基づ

---

8) Yoshimura と Arai による問題提起は，より一般にノイズが有限の相関時間 τ_η をもつ場合について詳しく考察された (Teramae, Nakao, and Ermentrout, 2009; Goldobin *et al.*, 2010)。それによれば，リミットサイクルからの振幅のずれ ρ の緩和時間 τ_ρ と τ_η の比 $\kappa = \tau_\eta/\tau_\rho$ が重要なパラメタとなる。Yoshimura と Arai の議論は $\kappa = 0$ に対するものであり，逆に，$\kappa = \infty$ では振幅効果による振動数のずれは生じない。

9) この仕事とは独立に，Goldobin と Pikovsky は Lyapunov 指数の符号の解析から Teramae-Tanaka 理論と同じ結論を得た (Goldobin and Pikovsky, 2005a)。

いて調べてみよう。Mainen と Sejnowski の実験では，共通ノイズの強度は摂動とみなせるほど弱くない。しかし，以下ではノイズ強度は十分弱いと仮定することで位相記述を適用し，その範囲で一般的な結果が得られるかどうかを検討する。

Fokker-Planck 方程式に基づく方法

モデルとしては前節で考察した (4.176a,b) が適当である。前節では，ノイズの相関時間が十分短いという仮定の下に同式と等価な Fokker-Planck 方程式を導いた。興味があるのは，位相差に関する確率分布 $S(\psi)$ の発展方程式 (4.182) である。時間とともにその解は定常解

$$S_{\mathrm{st}}(\psi) \propto \frac{1}{g(0) - g(\psi)} \tag{4.189}$$

に漸近するであろう。一方，$g(\psi)$ はその定義式 (4.179) から明らかなように偶関数であり，したがって，小さい位相差 ψ に対して定常解の分母は $g(0) - g(\psi) \propto \psi^2$ と表されるであろう。ところが，ψ^{-2} に比例した分布関数はその積分が発散するために規格化することができない。これは全確率が $\psi = 0$ に集中することを意味している。すなわち，$t \to \infty$ において完全な位相同期が実現する。このように，同じ性質をもつリミットサイクル振動子は弱い共通ノイズによって常に位相同期する。しかも，その場合ノイズは条件 (4.157) をみたす一般的なノイズでよい。

直接的な方法

上記のような説明法 (Nakao, Arai, and Kawamura, 2007) とはやや異なり，Fokker-Planck 方程式を経由しないでより直接的に同じ結論を得ることもできる。これはもともと Teramae と Tanaka が用いた方法である。(4.176a,b) を位相差 $\psi = \phi_1 - \phi_2$ について線形化すると

$$\frac{d\psi}{dt} = \lambda(t)\psi \tag{4.190}$$

となる。ここに

$$\lambda(t) = Z'\left(\phi(t)\right)\xi(t) \tag{4.191}$$

であり，上式に含まれる ϕ は (4.144) に従う。(4.190) を積分すると

$$\psi(t) = \psi(0) \exp\left[\int_0^t dt' \, \lambda(t')\right] \tag{4.192}$$

となる。したがって，ψ の瞬間的成長率 $\lambda(t)$ の長時間平均，すなわちその統計平均 $\langle\lambda(t)\rangle$ が負になることが示されれば，$t \to \infty$ で $\psi \to 0$ となること，すなわち完全位相同期が示されたことになる。

$\lambda(t)$ の表式 (4.191) を以下のように近似的に書き換えよう。やり方は前節で M_1 を近似的に計算したのとほとんど同じである。まず，(4.144) を積分すると，

$$\begin{aligned}
\phi(t) &= \omega t + \int_0^t dt' \, Z(\phi(t')) \, \xi(t') + \phi(0) \\
&= \omega t + \int_0^t d\tau \, Z(\phi(t-\tau)) \, \xi(t-\tau) + \phi(0) \\
&\simeq \omega t + \int_0^t d\tau \, Z(\omega t - \omega\tau + \phi(0)) \, \xi(t-\tau) + \phi(0)
\end{aligned} \tag{4.193}$$

となる。よって

$$\begin{aligned}
Z'(\phi(t)) &\simeq Z'\left(\omega t + \phi(0) + \int_0^t d\tau \, Z(\omega t + \phi(0) - \omega\tau) \, \xi(t-\tau)\right) \\
&\simeq Z'(\omega t + \phi(0)) + Z''(\omega t + \phi(0)) \int_0^t d\tau \, Z(\omega t + \phi(0) - \omega\tau) \, \xi(t-\tau)
\end{aligned} \tag{4.194}$$

としてよい。(4.157) をみたす非白色ノイズ (色つきノイズ) に対して (4.191) の統計平均をとろう。その場合，まず初期位相 $\phi(0)$ は固定したうえでランダム力に関する統計平均 $\langle\cdots\rangle_\xi$ を計算すると，

$$\begin{aligned}
\langle\lambda(t)\rangle_\xi &= \langle Z'(\phi(t)) \, \xi(t)\rangle_\xi \\
&= \int_0^t d\tau \, C(\tau) Z''(\omega t + \phi(0)) \, Z(\omega t + \phi(0) - \omega\tau) \\
&\simeq \int_0^\infty d\tau \, C(\tau) Z''(\omega t + \phi(0)) \, Z(\omega t + \phi(0) - \omega\tau)
\end{aligned} \tag{4.195}$$

となる。初期位相 $\phi(0)$ の分布は一様分布と仮定してよいから，これに関する統計平均を行うと最終的に

$$\begin{aligned}\langle \lambda(t) \rangle_\xi &= \frac{1}{2\pi}\int_0^\infty d\tau\, C(\tau)\int_0^{2\pi} d\theta\, Z''(\theta) Z(\theta - \omega\tau) \\ &= -\frac{1}{2\pi}\int_0^\infty d\tau\, C(\tau)\int_0^{2\pi} d\theta\, Z'(\theta) Z'(\theta - \omega\tau) \\ &= -\frac{1}{2}\sum_{l=-\infty}^{\infty} l^2 |Z_l|^2 I(l\omega) < 0 \end{aligned} \tag{4.196}$$

となって，予想どおりの結果が得られた。(4.170) で与えられる白色ノイズに対しては $I(\omega) = 2D$ であるから，

$$\langle \lambda(t) \rangle_\xi = -D \sum_{l=-\infty}^{\infty} l^2 |Z_l|^2 \tag{4.197}$$

となる。

本節の理論はさまざまに一般化されている。たとえば，共通ノイズに加えて各振動子に独立にノイズがかかっている場合への拡張があり (Goldobin and Pikovsky, 2005b; Nakao, Arai, and Kawamura, 2007)，ノイズの有色性がノイズによる集団同期にどのような効果をもたらすかも考察されている (Kurebayashi, Fujiwara, and Ikeguchi, 2012)。また，共通ノイズが 2 値間をランダムにジャンプするいわゆる電信雑音 (telegraphic noise) で与えられる場合 (Nagai, Nakao, and Tsubo, 2005)，ランダムインパルスで与えられる場合 (Nakao *et al.*, 2005; Arai and Nakao, 2008) などへも拡張可能であり，前者に対しては Nagai and Nakao (2009) において，後者に対しては Arai and Nakao (2008) において実験との比較がなされている。理論と実験両面からの研究では，他にレーザー振動子の共通ノイズによる同期現象に関する報告がある (Sunada *et al.*, 2014)。

ノイズが振動子系のコヒーレンスを高めうるという，一見常識に反する事実が共通ノイズによる同期現象の興味深い点である。Ermentrout らは，神経系の情報処理におけるノイズのこのような積極的な役割を論じている (Ermentrout, Galán, and Urban, 2008)。一般に，非線形系は複雑な波形をもつ入力に対して入力の固有の波形に対応した一定の応答を初期条件によらず

示す性質がある。Uchida らはこれを系の一貫性 (consistency) とよんでいる。これは神経振動子系に対する Mainen, Sejnowski, Ermentrout らの信頼性 (reliability) 概念を一般化したものとみることができよう (Uchida, McAllister, and Roy, 2004)。非線形系のこのような性質は，レーザー (Uchida, McAllister, and Roy, 2004) や音響システム (Yoshida, Sato, and Sugamata, 2006)，電気化学振動子系 (Kiss and Hudson, 2004) などでも見出されている。Zhou らは，遺伝子ネットワークに対する共通の外部ノイズによって微生物間のコミュニケーションが達成されることを主張している (Zhou, Chen, and Aihara, 2005)。

結合振動子系に対する共通ノイズの効果についても研究がなされている。この場合，関心の向け方によって問題は 2 つに分かれる。第一は，結合振動子系を 1 つの機能単位とみたとき，それは Mainen と Sejnowski のいう “信頼できるもの (reliable)” でありうるかという問題である。具体的には，同一の構造をもつ互いに独立な結合振動子系を 2 つ用意して，これらに共通ノイズをかけたとき，2 つの結合系が互いに同期した振舞を示すか，という問題に代表されるような問題意識である (Teramae and Fukai, 2008; Lin, Shea-Brown, and Young, 2009a, 2009b)。 第二は，1 つの結合振動子系を構成する振動子間のコヒーレンスが，全系に一様にかかったノイズによって高められるか，という問題である (García-Álvarez *et al.*, 2009; Dodla and Wilson, 2009)。 後者に関係する一つの結果として，空間的に一様なランダム外力によって位相乱流が抑制されることが示された (Teramae and Tanaka, 2006)。

共通ノイズによって独立な振動子が互いに位相同期するなら，自然振動数が振動子間でわずかに違っていても共通ノイズでやはり同期するかにみえるが，それはありえない。各振動子が他の振動子に関する情報をいっさいもたないことからも，振動数の相互調整が起こりえないことは明らかである。共通ノイズによって平均振動数の差は変わらないが，位相差のダイナミクスに間欠的な特徴が現れることが見出されている (Yoshimura, Davis, and Uchida, 2008)。その場合，位相差の定常確率分布も調べられている (Goldobin and Pikovsky, 2005b)。

4.17 振動反応拡散系における系統的な位相縮約

以上に述べてきた位相縮約理論は，摂動に関する最低次の効果のみを考慮した理論であった。結合振動子系のタイプによっては，これを高次の理論に一般化することができる (Kuramoto, 1984a)。本節は，位相縮約理論のこのような一般化に興味のある読者に向けられた一節である。摂動の高次効果を取り入れてはじめて意味のある位相記述となるような場合はそれほど多くないと思われるので，縮約理論そのものよりも実際問題に関心をもつ読者は本節を読みとばしてもかまわない。以下では，空間的に連続な振動場の代表例である振動反応拡散系を扱う。

二段階縮約の系統的実行

系統的な位相縮約においても，最低次近似の理論と同様に縮約理論は二段構造になっている。第一段階では位相のみで閉じた発展方程式が導出され，第二段階では近恒等変換によって方程式が標準的な形に書き直されるのである [10)]。

ゆるやかな空間変動をもつ次の振動反応拡散場を考えよう：

$$\frac{\partial \boldsymbol{X}}{\partial t} = \boldsymbol{F}(\boldsymbol{X}) + \widehat{D}\nabla^2 \boldsymbol{X}. \tag{4.198}$$

局所振動子のリミットサイクル解は 2π 周期関数 $\boldsymbol{\chi}(\omega t + \psi)$ で与えられるとする。ψ は任意定数であり，$\boldsymbol{\chi}(\phi)$ は (4.27) をみたす。拡散項が摂動となって，局所振動子は一般にリミットサイクル軌道からわずかに外れる。そして，そこに位相 ϕ が定義されているなら，ϕ の変化率は ω から少しずれると考えられる。閉軌道からの微小なずれや ϕ の変化率の微小なずれが $\phi(\boldsymbol{r}, t)$ の汎関数で与えられるとすること，すなわち，ϕ の時空変化を通じてのみそれらは時空変化すると考えるのが系統的縮約の基本的な考え方である。これをすなおに式で表せば，第 2 章で述べた逓減摂動法の出発点 (2.33a,b) にきわめて類似した形

$$\boldsymbol{X}(\boldsymbol{r}, t) = \boldsymbol{\chi}(\phi) + \boldsymbol{\rho}[\phi], \tag{4.199a}$$

---

10) 第 2 章の逓減摂動法では，第一および第二段階に相当する手続き，すなわち「自由度の縮減」と「適切な変数の選択」とが同時進行で行われた。位相縮約では通常これらが分離して扱われるので，その点では理論はわかりやすくなっている。

$$\frac{\partial}{\partial t}\phi(\boldsymbol{r},t)=\omega+G[\phi] \tag{4.199b}$$

を縮約形として仮定することになる。ここに，未知の微小量 $\boldsymbol{\rho}[\phi]$, $G[\phi]$ は ϕ の汎関数と仮定されるが，実際には

$$\boldsymbol{\rho}[\phi]=\boldsymbol{\rho}(\phi,\nabla\phi,\nabla^2\phi,\ldots), \tag{4.200a}$$

$$G[\phi]=G(\phi,\nabla\phi,\nabla^2\phi,\ldots) \tag{4.200b}$$

のように，ϕ およびそのさまざまな空間微分の関数としてそれらを求めることができる。ϕ の空間微分は ϕ 自身とは独立な量として扱われるので，これを明示するために無限次元ベクトル $(\nabla\phi,\nabla^2\phi,\ldots)\equiv\boldsymbol{\lambda}$ を用いて，上式を

$$\boldsymbol{\rho}[\phi]=\boldsymbol{\rho}(\phi,\boldsymbol{\lambda}), \tag{4.201a}$$

$$G[\phi]=G(\phi,\boldsymbol{\lambda}) \tag{4.201b}$$

と書いておこう。

(4.199a) において，$\boldsymbol{X}$ を $\boldsymbol{\chi}$ と $\boldsymbol{\rho}$ に分割するやり方には任意性がある。同様の事情は第 2 章の逓減摂動法でも遭遇した。この分割を一義的にする最も自然なやり方は，「$\boldsymbol{\rho}$ は位相のずれを含まない」という条件を要求することである。すなわち，真の状態点 $\boldsymbol{X}$ と基準点 $\boldsymbol{\chi}$ が同じ等位相面上に乗るように後者を選ぶのである。この場合，等位相面をアイソクロン I_ϕ で定義するよりもその線形近似，すなわち $n-1$ 個の有限固有値に対応する Floquet の固有空間 E_ϕ で定義するのがよい。したがって，$\boldsymbol{\rho}$ が位相のずれを含まないという条件は，近似的にではなく正確に

$$(\boldsymbol{U}^*(\phi)\cdot\boldsymbol{\rho}(\phi,\boldsymbol{\lambda}))=0 \tag{4.202}$$

によって表される。

(4.199a,b) で表された縮約形を反応拡散方程式 (4.198) に代入しよう。恒等式 (4.10) を $l=0$ に対して適用すると $\boldsymbol{U}(\phi)\equiv d\boldsymbol{\chi}(\phi)/d\phi=\widehat{S}(\phi)\boldsymbol{U}(0)$ となるが，これを用いると代入の結果として次式が得られる：

$$\left[\widehat{S}(\phi)\boldsymbol{U}(0)+\frac{\partial\boldsymbol{\rho}}{\partial\phi}\right](\omega+G)+\sum_{\nu=1}^{\infty}\frac{\partial\boldsymbol{\rho}}{\partial(\nabla^\nu\phi)}\nabla^\nu(\omega+G)$$

$$=\boldsymbol{F}(\boldsymbol{\chi}(\phi))+\widehat{L}(\phi)\boldsymbol{\rho}+\boldsymbol{N}(\boldsymbol{\rho})+\widehat{D}\nabla^2[\boldsymbol{\chi}(\phi)+\boldsymbol{\rho}]. \tag{4.203}$$

ここに，$\boldsymbol{F}(\boldsymbol{\chi}+\boldsymbol{\rho})=\boldsymbol{F}(\boldsymbol{\chi})+\widehat{L}\boldsymbol{\rho}+\boldsymbol{N}(\boldsymbol{\rho})$ のように，$\boldsymbol{F}$ は $\boldsymbol{\rho}$ に関して線形部分と非線形部分 $\boldsymbol{N}(\boldsymbol{\rho})$ の和の形に書かれるとしている。

恒等式 (4.27) によって，(4.203) の両辺で $\omega\widehat{S}(\phi)\boldsymbol{U}(0)$ と $\boldsymbol{F}(\boldsymbol{\chi})$ は互いに打ち消しあい，同式には微小項のみが残る。これを整理すると，

$$\left[\widehat{L}(\phi)-\omega\frac{\partial}{\partial\phi}\right]\boldsymbol{\rho}(\phi,\boldsymbol{\lambda})=\widehat{S}(\phi)G(\phi,\boldsymbol{\lambda})\boldsymbol{U}(0)+\boldsymbol{B}(\phi,\boldsymbol{\lambda}), \tag{4.204}$$

$$\begin{aligned}\boldsymbol{B}(\phi,\boldsymbol{\lambda})=&-\widehat{D}\nabla^2\boldsymbol{\chi}(\phi)-\widehat{D}\nabla^2\boldsymbol{\rho}(\phi,\boldsymbol{\lambda})-\boldsymbol{N}\left(\boldsymbol{\rho}(\phi,\boldsymbol{\lambda})\right)\\&+\sum_{\nu=0}^{\infty}\frac{\partial\boldsymbol{\rho}(\phi,\boldsymbol{\lambda})}{\partial(\nabla^\nu\phi)}\nabla^\nu G(\phi,\boldsymbol{\lambda})\end{aligned} \tag{4.205}$$

となる。逓減摂動法におけるのと同様に，(4.204) を ϕ の周期関数 $\boldsymbol{\rho}$ に対する非斉次 1 次微分方程式とみなそう。右辺全体を非斉次項とみなすのであるが，そこには $\boldsymbol{\rho}$ 自身も含まれているからもちろん真の非斉次項ではない。しかし，逐次代入的に解を求める立場からは，出発点として $\boldsymbol{B}$ に含まれる $\boldsymbol{\rho}$ がすべて無視されるので，右辺は真の非斉次項になる。さらに，可解条件から $G(\phi,\boldsymbol{\lambda})$ が決まるという構造も逓減摂動法と同じである。

実際に G と $\boldsymbol{\rho}$ を求めるために，(4.204) の両辺に $\widehat{S}^{-1}(\phi)$ を作用させ，同式を次の形に書き直す：

$$\widehat{\Lambda}\widetilde{\boldsymbol{\rho}}(\phi,\boldsymbol{\lambda})=G(\phi,\boldsymbol{\lambda})\boldsymbol{U}(0)+\widehat{S}^{-1}(\phi)\boldsymbol{B}(\phi,\boldsymbol{\lambda}). \tag{4.206}$$

ここに，$\widehat{\Lambda}$ に対する公式 (4.18) が用いられている。また

$$\widetilde{\boldsymbol{\rho}}(\phi,\boldsymbol{\lambda})=\widehat{S}^{-1}(\phi)\boldsymbol{\rho}(\phi,\boldsymbol{\lambda}) \tag{4.207}$$

である。

非斉次項が $\widehat{\Lambda}$ の左零固有ベクトル成分をもってはならないという条件が可解条件である。すなわち，これは非斉次項と $\boldsymbol{U}^*(0)$ とのスカラー積が 0 という条件であり，これから $G(\phi,\boldsymbol{\lambda})$ が

$$G(\phi,\boldsymbol{\lambda})=-\Big(\boldsymbol{U}^*(0)\cdot\widehat{S}^{-1}(\phi)\boldsymbol{B}(\phi,\boldsymbol{\lambda})\Big) \tag{4.208}$$

のように決まる。(4.13) に注意すれば，上式は

$$G(\phi,\boldsymbol{\lambda})=-\left(\boldsymbol{U}^*(\phi)\cdot\boldsymbol{B}(\phi,\boldsymbol{\lambda})\right) \tag{4.209}$$

とも書かれる。その結果，もう一つの未知量 $\widetilde{\boldsymbol{\rho}}$ は

$$\widetilde{\boldsymbol{\rho}}(\phi,\boldsymbol{\lambda})=\widehat{\Lambda}^{-1}\left[G(\phi,\boldsymbol{\lambda})\boldsymbol{U}(0)+\widehat{S}^{-1}(\phi)\boldsymbol{B}(\phi,\boldsymbol{\lambda})\right] \tag{4.210}$$

によって与えられる。ただし，(4.206) が上式と等価であるためには，$\widetilde{\boldsymbol{\rho}}(\phi,\boldsymbol{\lambda})$ が $\widehat{\Lambda}$ の零固有ベクトル成分を含まないという条件，すなわち

$$(\boldsymbol{U}^*(0)\cdot\widetilde{\boldsymbol{\rho}}(\phi,\boldsymbol{\lambda}))=0 \tag{4.211}$$

が必要である。この条件はすでに仮定した (4.202) にほかならない。

対方程式 (4.208) および (4.210) から，G と $\widetilde{\boldsymbol{\rho}}$ を逐次代入的に任意の近似で求めることができる。近似の出発点となる $\boldsymbol{B}$ は，(4.205) において未知の微小量をすべて 0 とおいたもの，すなわち

$$\boldsymbol{B}(\phi,\boldsymbol{\lambda})=-\widehat{D}\nabla^2\boldsymbol{\chi}(\phi) \tag{4.212}$$

である。これより，

$$G(\phi,\boldsymbol{\lambda})=\nu(\phi)\nabla^2\phi+\mu(\phi)(\nabla\phi)^2 \tag{4.213}$$

となり，$\nu(\phi)$ と $\mu(\phi)$ は (4.90a) と (4.90b) にそれぞれ一致することがわかる。よって，平均化を行う以前の最低次近似での位相方程式 (4.89) が得られた。同じく最低次近似での $\widetilde{\boldsymbol{\rho}}$ は，$\widehat{\Lambda}$ の固有ベクトルによる分解の形で書けば

$$\widetilde{\boldsymbol{\rho}}(\phi,\boldsymbol{\lambda})=-\sum_{l\neq 0}\lambda_l^{-1}\left[D_{l0}^{(1)}(\phi)\nabla^2\phi+D_{l0}^{(2)}(\phi)(\nabla\phi)^2\right]\boldsymbol{u}_l \tag{4.214}$$

となる。ここに，

$$D_{lm}^{(1)}(\phi)=\left(\boldsymbol{u}_l^*\cdot\widehat{S}^{-1}(\phi)\widehat{D}\widehat{S}(\phi)\boldsymbol{u}_m\right), \tag{4.215a}$$

$$D_{lm}^{(2)}(\phi)=\left(\boldsymbol{u}_l^*\cdot\widehat{S}^{-1}(\phi)\widehat{D}\widehat{S}'(\phi)\boldsymbol{u}_m\right) \tag{4.215b}$$

である。これらの G と $\widetilde{\boldsymbol{\rho}}$ の表式を (4.205) に代入すれば補正された $\boldsymbol{B}$ が得られ，この $\boldsymbol{B}$ を対方程式 (4.208) および (4.210) に適用すれば補正された G と $\widetilde{\boldsymbol{\rho}}$ が得られる。このような手続きをくりかえせば，G と $\widetilde{\boldsymbol{\rho}}$ の表式をどこまでも修正していくことができよう。

4.14 節で行ったように，∇ を形式的に微小量とみなして，それを $\sqrt{\epsilon}\nabla$ で置き換えたとしよう。その場合，上述のような逐次代入の方法は未知量を ϵ による展開形式で求める方法になっていない。逐次代入の各ステップで現れる種々

の項が ϵ のべきに関して一様でないからである。そこで，ϵ によるべき展開，すなわち ∇ による微分展開の形で解が得られるようにするために，G, $\boldsymbol{\rho}$, $\boldsymbol{B}$ を

$$G(\phi, \boldsymbol{\lambda}) = \epsilon^2 \gamma_1(\phi, \boldsymbol{\lambda}) + \epsilon^4 \gamma_2(\phi, \boldsymbol{\lambda}) + \cdots, \tag{4.216a}$$

$$\boldsymbol{\rho}(\phi, \boldsymbol{\lambda}) = \epsilon^2 \boldsymbol{\rho}_1(\phi, \boldsymbol{\lambda}) + \epsilon^4 \boldsymbol{\rho}_2(\phi, \boldsymbol{\lambda}) + \cdots, \tag{4.216b}$$

$$\boldsymbol{B}(\phi, \boldsymbol{\lambda}) = \epsilon^2 \boldsymbol{B}_1(\phi, \boldsymbol{\lambda}) + \epsilon^4 \boldsymbol{B}_2(\phi, \boldsymbol{\lambda}) + \cdots \tag{4.216c}$$

のようにべき展開する。ここに，いずれの式においても偶べきしか現れない。さらに，各展開係数を $\boldsymbol{\lambda}$ の成分によって分類する。たとえば，ϵ^4 の係数として 5 タイプの項 $\nabla^4\phi$, $(\nabla^2\phi)^2$, $\nabla\phi\nabla^3\phi$, $\nabla^2\phi(\nabla\phi)^2$, $(\nabla\phi)^4$ があるので，

$$\gamma_1(\phi, \boldsymbol{\lambda}) = \gamma_1^{(1)}(\phi)\nabla^2\phi + \gamma_1^{(2)}(\nabla\phi)^2, \tag{4.217a}$$

$$\gamma_2(\phi, \boldsymbol{\lambda}) = \gamma_2^{(1)}\nabla^4\phi + \cdots + \gamma_2^{(5)}(\nabla\phi)^4 \tag{4.217b}$$

のように書くのである。これによって対方程式 (4.208) および (4.210) も，ϵ のべきと項のタイプごとのバランス方程式に分けられ，これらを ϵ の低次から順に解いていけばよい。

ϵ^4 以上のバランス方程式とその解は，表式が長くなるのでここには書き下さない。しかし，G の展開に現れる $\nabla^4\phi$ 項は位相乱流にとって必須なので，その係数 $\gamma_2^{(1)}$ の表式のみを与えておこう。それは

$$\gamma_2^{(1)}(\phi) = -\sum_{l\neq 0} \lambda_l^{-1} D_{0l}^{(1)}(\phi) D_{l0}^{(1)}(\phi) \tag{4.218}$$

である。なお，この $\nabla^4\phi$ 項は，最低次で計算された $-\widehat{D}\nabla^2\boldsymbol{\rho}$ によって $\boldsymbol{B}$ を補正したことに由来する。

以上が系統的位相縮約の第一段階であり，これによって位相方程式が

$$\begin{aligned}\frac{\partial \phi}{\partial t} = \omega &+ \epsilon^2 \left[\gamma_1^{(1)}(\phi)\nabla^2\phi + \gamma_1^{(2)}(\phi)(\nabla\phi)^2\right] \\ &+ \epsilon^4 \left[\gamma_2^{(1)}(\phi)\nabla^4\phi + \cdots\right] + \cdots \end{aligned} \tag{4.219}$$

の形で得られる。上式に現れる係数がすべて定数になるように近恒等変換を行うのが第二段階である。最低次近似でこれを実行する方法は 4.14 節で述べた

が，以下に示すように，これを高次にまで一般化することができる。最低次近似ではそれは平均化による結果に一致したが，その一段上の近似からは平均化で無視された効果を取り入れることになる。

位相変数を変換することで，(4.219) を定数係数の位相方程式

$$\frac{\partial\overline{\phi}}{\partial t} = \omega + \epsilon^2\left[\omega_1^{(1)}\nabla^2\overline{\phi} + \omega_1^{(2)}(\nabla\overline{\phi})^2\right] + \epsilon^4\left[\omega_2^{(1)}\nabla^4\overline{\phi} + \cdots\right] + \cdots \quad (4.220)$$

に書き換えたい。このような変換が

$$\phi = \overline{\phi} + \epsilon^2\left[a_1^{(1)}\nabla^2\overline{\phi} + a_1^{(2)}(\nabla\overline{\phi})^2\right] + \epsilon^4\left[a_2^{(1)}\nabla^4\overline{\phi} + \cdots\right] + \cdots \quad (4.221)$$

によって与えられるとしよう。求めるべき量はすべての $\omega_\nu^{(\sigma)}$ とすべての $a_\nu^{(\sigma)}(\overline{\phi})$ である。

(4.221) を (4.219) に代入して得られる式は (4.220) に一致しなければならない。ϵ の各べきでこの一致条件がみたされるためには，一般の (ν,σ) に対して $a_\nu^{(\sigma)}(\overline{\phi})$ が次の微分方程式をみたさなければならない：

$$\frac{da_\nu^{(\sigma)}}{d\overline{\phi}} = \omega^{-1}\left[b_\nu^{(\sigma)}(\overline{\phi}) - \omega_\nu^{(\sigma)}\right]. \quad (4.222)$$

ここに，$b_\nu^{(\sigma)}$ は ν より低次の未知量 $a_{\nu'}^{(\sigma)}$, $\omega_{\nu'}^{(\sigma)}$ $(\nu' < \nu)$ のみを含み，最低次 $(\nu = 1)$ に対しては

$$b_1^{(\sigma)} = \gamma_1^{(\sigma)} \qquad (\sigma = 1, 2) \quad (4.223)$$

のように既知である。$a_\nu^{(\sigma)}(\overline{\phi})$ は 2π 周期関数であるから，(4.222) を 0 から 2π にわたって積分すれば

$$\omega_\nu^{(\sigma)} = \frac{1}{2\pi}\int_0^{2\pi} d\theta\, b_\nu^{(\sigma)}(\theta) \equiv \left\langle b_\nu^{(\sigma)}\right\rangle \quad (4.224)$$

となり，これを用いて $a_\nu^{(\sigma)}(\overline{\phi})$ は

$$a_\nu^{(\sigma)}(\overline{\phi}) = \omega^{-1}\int_0^{\overline{\phi}} d\theta\left[b_\nu^{(\sigma)}(\theta) - \left\langle b_\nu^{(\sigma)}\right\rangle\right] \quad (4.225)$$

と書かれる。ただし，$a_\nu^{(\sigma)}(0) = 0$ を要求した。これより，既知の $b_1^{(\sigma)}$ を出発点とすれば，逐次的にすべての $\omega_\nu^{(\sigma)}$ と $a_\nu^{(\sigma)}$ が得られることになる。

ちなみに，$\nabla^4\overline{\phi}$ の係数 $\omega_2^{(1)}$ は

$$\omega_2^{(1)} = \left\langle \gamma_2^{(1)}(\overline{\phi}) \right\rangle + \left\langle a_1^{(1)}(\overline{\phi}) \left[\gamma_1^{(1)}(\overline{\phi}) - \omega_1^{(1)} \right] \right\rangle \tag{4.226}$$

で与えられる。上式の右辺第一項は，平均化以前の位相方程式における $\nabla^4\phi$ の係数 $\gamma_2^{(1)}(\phi)$ を単に平均化したものであり，これのみでは正しい $\omega_2^{(1)}$ を与えない。第二項は，$\nabla^2\phi$ 項の係数 $\gamma_1^{(1)}$ の平均化による微小な誤差が，近恒等変換によって $\nabla^4\phi$ 項の係数に繰り入れられることから生じる項である。以上が系統的位相縮約の第二段階であるが，これが第一段階にきわめて類似した理論構造をもっていることに読者は気づかれるであろう。

高次近似が必要な場合

結合振動子の問題において高次近似が必要となる状況が少なくとも一つある。それは，振動場の弱い長波長位相不安定性によって位相乱流が生じる場合である。それを記述する Kuramoto-Sivashinsky 方程式の導出には高次近似が必要である。この方程式は，ϵ^4 までの位相方程式において $\nabla^4\phi$ を除くすべての ϵ^4 項を無視して得られる方程式である。ϵ 以外に位相拡散係数という新しい微小パラメタが現れるために，5 種類の ϵ^4 項のなかで $\nabla^4\phi$ 項が支配的になるのである。その理由を第 3 章ではスケーリングの考えを用いて述べた。ちなみに，スケーリングの考え自体は本節の理論からは自動的にでてこない。本節の理論では，∇ のみを形式的に唯一の微小パラメタとみなしているが，系にもう一つの微小パラメタ $|\nu|$ が陰に含まれていることは考慮されていないからである。

最後に，(4.218) の具体的表式を複素 GL モデル (2.87) に対して求めてみよう。このモデルでは唯一の有限固有値は $\lambda = -2$ であり，(4.85) で与えられる拡散行列 $\widehat{D}$ (ただし，$K = 1$) は角度 ϕ の回転変換 $\widehat{S}(\phi)$ と可換である。これらのことを考慮すると，(4.218) は ϕ によらない定数

$$\gamma_2^{(1)} = \frac{1}{2} D_{01} D_{10} \tag{4.227}$$

となる。ここに，

$$D_{01} = \boldsymbol{U}^*(0) \cdot \widehat{D}\boldsymbol{u}(0), \tag{4.228a}$$

$$D_{10} = \boldsymbol{u}^*(0) \cdot \widehat{D}\boldsymbol{U}(0) \tag{4.228b}$$

であり，$\boldsymbol{U}(0)$, $\boldsymbol{U}^*(0)$, $\boldsymbol{u}(0)$, $\boldsymbol{u}^*(0)$ はそれぞれ (4.34), (4.39), (4.37), (4.38) で与えられている。これより，

$$\gamma_2^{(1)} = -\frac{1}{2}c_1^2(1 + c_2^2) \tag{4.229}$$

となり，これは第 3 章で導出した表式 (3.30) および (3.31) に一致する。

位相記述の拡張の試み

本書では詳述できないが，最近振動子系の位相記述法を，本章で述べてきた以外のさまざまな物理的状況に拡張しようとする試みがなされている。たとえば，強い外力の下においても，その時間的変動が十分にゆるやかなら位相記述は可能であり (Kurebayashi *et al.*, 2013)，さらにこの考えを弱結合振動子系に適用することができる (Park and Ermentrout, 2016)。相互作用が時間遅れをもつ場合の位相縮約法については 4.9 で概説したが，それとは異なり時間遅れ効果がリミットサイクル振動自体に含まれるような振動子の外力への応答問題や，時間遅れの効果そのものによって振動が生じるようなリミットサイクル振動子系の問題に対しても位相記述が適用できる (Kotani *et al.*, 2012; Novicenko and Pyragas, 2012a, 2012b)。いくつかの拡張を含めた位相縮約理論の総合報告も出されている (Nakao, 2016)。

5 振動子の集団ダイナミクス I

前章で詳しく述べた位相記述法は，多数の振動子からなる集団やネットワークの振舞を解析するうえで特に有力な方法である。本章と次章は内容的には一続きであり，このような大自由度系のダイナミクスを位相振動子モデルに基づいて論じる。局所結合をもつ振動場の代表である振動反応拡散系については，位相記述を用いたその解析を第 3 章で一通り述べたので以下の章では扱わない。以下で主に扱うのは，これまでに多くの研究がある大域結合系と，結合距離の長い非局所結合系である。これらの系には平均場理論を適用することができる。すなわち，そこでは結合距離の範囲内に十分多数の振動子が含まれるので，振動子はそれぞれ独立に共通の平均場の下で運動するという描像が成り立つ。個別振動子のこのような振舞の総体が平均場自身を決めることから，平均場理論はしばしば自己無矛盾理論の形をとる。それは，個別振動子と平均場との間に成り立つべき自己無矛盾条件から $t \to \infty$ において実現されるべき集団状態を見出そうとする理論である。本章では，まず同一の位相振動子からなる大域結合系の集団振舞について概観し，続く節では不均一な大域結合集団に自己無矛盾理論を適用することで集団同期転移の現象を説明する。さらに，空間自由度を含む非局所結合系に自己無矛盾理論を拡張し，キメラ状態とよばれるヘテロな集団状態が同一振動子からなる系に現れることを示す。

5.1 大域結合系における位相の完全同期と完全非同期

完全位相同期状態とその安定性

振動子の各々が他のすべての振動子とまったく平等に結合するいわゆる大域結合振動子系は，振動反応拡散系とともに大自由度振動子系の代表的なモデルになっている。位相記述によれば，同じ性質をもつ N 個の振動子からなる大域結合系は次式によって表される：

$$\frac{d\phi_j}{dt} = \omega + \frac{1}{N}\sum_{k=1}^{N}\Gamma(\phi_j - \phi_k). \tag{5.1}$$

本章と次章では主に N を無限大としたときの理論に関心があるので，特に断らないかぎり以下では N は十分大と仮定している。(5.1) において結合項にかかる因子 $1/N$ は各振動子に働く結合力の総和が $N \to \infty$ の極限で有限になるように挿入されている [1]。

変換 $\phi_j \to \phi_j + \omega t$ によって回転系に移れば，(5.1) から ω が消去される。よって以下では $\omega = 0$ とするが，系の振舞を物理的な言葉で解釈する際には振動子系の記述として不自然にならないようしばしば静止系に描像を戻して述べる。

大域結合振動子系 (5.1) の集団状態として次の 2 つのタイプが最も単純なものであろう。第一は，すべての振動子が完全に位相をそろえて運動する**完全位相同期状態**である。第二は，振動子の位相がまったくランダムに 0 から 2π にわたって一様に分布した**完全乱雑位相状態**である。これらの集団状態はどのような条件下で安定または不安定であろうか。

完全位相同期状態は

$$\phi_1(t) = \phi_2(t) = \cdots = \phi_N(t) \equiv \Phi(t), \tag{5.2a}$$

$$\frac{d\Phi}{dt} = \Gamma(0) \tag{5.2b}$$

によって表される。位相をそろえて一塊になった集団や部分集団を以下では**ク**

---

[1] しかし，吊り橋上における歩行者の集団同期現象のような場合には，個別要素の受ける結合力は歩行者の数 N に比例すると考えるのが妥当であり，因子 N^{-1} のない大域結合位相モデルが考察されている (Strogatz *et al.*, 2005; Eckhardt *et al.*, 2007)。

ラスターとよぶ。特に，位相が完全にそろったクラスターであることをはっきりさせたい場合には**点クラスター**とよぶことにする。

全集団が 1 つの点クラスターとなっているとき，そこから 1 つの振動子を初期に引き離したとしよう。以後，その位相 ϕ_j は次式に従って変化する：

$$\frac{d\phi_j}{dt} = \Gamma(\phi_j - \Phi). \tag{5.3}$$

このとき，$t \to \infty$ でこの振動子が再びクラスターに吸収されれば完全位相同期状態は安定であり，そうでなければクラスターは不安定で崩壊する。

その線形安定性を調べるために，$\phi_j = \Phi + \psi$ とおいて ψ に関して (5.3) を線形化すると，

$$\frac{d\psi}{dt} = \Gamma'(0)\psi \tag{5.4}$$

となる。これより，$\Gamma'(0) < 0$ なら，すなわち結合のタイプが同相タイプなら，点クラスターは安定であり，逆相タイプや異相タイプの場合には不安定であることがわかる。

完全乱雑位相状態とその安定性

次に，完全乱雑位相状態の安定性を調べよう。そのためには**位相分布関数** $f(\phi, t)$ を用いるのが考えやすい。$f(\phi, t)\, d\phi$ は，時刻 t において位相が微小区間 $(\phi, \phi + d\phi)$ 内にある振動子の個数に比例し，その積分は 1 に規格化されている。$f(\phi, t)$ を用いると (5.1) は

$$\frac{d\phi_j}{dt} = \int_0^{2\pi} d\phi'\, \Gamma\left(\phi_j - \phi'\right) f\left(\phi', t\right) \equiv V(\phi_j, t) \tag{5.5}$$

と書かれる。上式は，1 次元ポテンシャル中を運動する 1 粒子の純散逸的な運動方程式 $\dot{\phi} = -d\Psi(\phi, t)/d\phi$ と同じ形をもっている。ここに，ポテンシャルは $\Psi(\phi, t) = -\int_0^{\phi} V(\phi', t)\, d\phi'$ で与えられ，一般に時間変化している。ポテンシャルはどの振動子にとっても共通であり，集団全体はその中で運動する相互作用をもたない N 粒子の系とみなすことができる。粒子数 (振動子数) は保存されなければならないから，連続の方程式

$$\frac{\partial}{\partial t} f(\phi, t) = -\frac{\partial}{\partial \phi}\left[V(\phi, t) f(\phi, t)\right] \tag{5.6}$$

が成り立つ。上式に拡散項 $D\partial^2 f/\partial\phi^2$ が付け加われば通常の Fokker-Planck 方程式になる。拡散項をもたない式 (5.6) も以下では Fokker-Planck 方程式とよぶことにする。(5.6) ではドリフト速度 V 自身が分布関数 f を含んでいるので，同式は f に関して非線形である。したがって，このような Fokker-Planck 方程式はしばしば**非線形 Fokker-Planck 方程式**とよばれる。

完全乱雑位相状態は位相が一様に分布した状態であり，$f = f_0 \equiv (2\pi)^{-1}$ で表される。その安定性を調べるために，$f(\phi,t) = f_0 + \rho(\phi,t)$ とおいて，一様分布からのずれ ρ に関して (5.6) を線形化する。線形化方程式は

$$\frac{\partial}{\partial t}\rho(\phi,t) = -f_0\frac{\partial}{\partial\phi}\int_0^{2\pi} d\phi'\,\Gamma(\phi-\phi')\left[\rho(\phi,t)+\rho(\phi',t)\right] \tag{5.7}$$

となる。$\rho(\phi)$ と $\Gamma(\psi)$ はいずれも 2π 周期関数なので，これらを次式のようにフーリエ展開することができる：

$$\rho(\phi,t) = \frac{1}{2\pi}\sum_{l=1}^{\infty}\left[\rho_l(t)e^{il\phi} + \overline{\rho}_l(t)e^{-il\phi}\right], \tag{5.8a}$$

$$\Gamma(\psi) = \Gamma_0 + \sum_{l=1}^{\infty}\left(\Gamma_l e^{il\psi} + \overline{\Gamma}_l e^{-il\psi}\right). \tag{5.8b}$$

ここで $\rho(\phi,t)$ と $\Gamma(\psi)$ はともに実関数なので，$\overline{\rho}_l = \rho_{-l}$, $\overline{\Gamma}_l = \Gamma_{-l}$ である。(5.7) より，各 ρ_l は独立に次式に従うことがわかる：

$$\frac{d\rho_l}{dt} = \sigma_l\rho_l, \tag{5.9a}$$

$$\sigma_l = l\,\mathrm{Im}\,\Gamma_l - il\left(\Gamma_0 - \mathrm{Re}\,\Gamma_l\right). \tag{5.9b}$$

一様分布が安定であるためには，すべての $l\,(\geq 1)$ に対して $\mathrm{Re}\,\sigma_l < 0$，すなわち $\mathrm{Im}\,\Gamma_l < 0$ が成り立つことが必要十分である。この条件を結合のタイプの面から眺めると次のことがいえる。まず，

$$\Gamma'(0) = \sum_{l=1}^{\infty} il\left(\Gamma_l - \overline{\Gamma}_l\right) = -2\sum_{l=1}^{\infty} l\,\mathrm{Im}\,\Gamma_l \tag{5.10}$$

と書かれることに注意する。これより，結合タイプが同相でないという条件 $\Gamma'(0) > 0$ だけでは一様分布の安定性は保証されない。結合関数のフーリエ成分ごとに同相タイプか否かをいうことができるが，それは $\mathrm{Im}\,\Gamma_l$ の符号で決まっている。すなわち，$\mathrm{Im}\,\Gamma_l$ が負なら l 番目の成分は同相タイプであり，正な

ら非同相タイプである。σ_l の表式 (5.9b) は，$\Gamma(\psi)$ のすべてのフーリエ成分が非同相タイプである場合にかぎって一様分布が安定であることを示している。

結合関数の具体例

いくつかの単純な結合関数に対して上記 2 タイプの集団状態の安定性を調べてみよう。$\Gamma(\psi) = -\sin(\psi+\alpha)$ の場合には，$-\pi/2 < \alpha < \pi/2$ なら同相タイプ，$|\alpha| > \pi/2$ なら逆相タイプであった。同相タイプなら完全位相同期状態は安定であり，完全乱雑位相状態は不安定である。逆相タイプの場合には，完全位相同期状態はもちろん不安定であるが，完全乱雑位相状態については，$\sigma_1 < 0$, $\sigma_l = 0$ $(l \geq 2)$ であるから中立安定である。すなわち，位相分布の基本波成分は 0 に減衰するが，それ以外のフーリエ成分は初期の振幅を保ったまま減衰も成長もしない。

2 次の高調波を含む結合関数

$$\Gamma(\psi) = -\sin(\psi+\alpha) + r\sin(2\psi) \tag{5.11}$$

についてはどうであろうか。$r > (\cos\alpha)/2$ なら $\Gamma'(0) > 0$ となるので非同相タイプであり，完全位相同期状態は不安定である。その場合，$-\pi/2 < \alpha < \pi/2$ なら完全乱雑位相状態も不安定である。いずれの集団状態も不安定ならより複雑な集団運動が生じるはずであるが，この問題については 5.3 節で検討する [2)]。

---

2) 自然の系では結合関数は一般にさまざまな高調波成分を含むであろう。それらの成分すべてが非同相タイプであるとは考えにくいので，一様位相分布は一般に不安定であると考えられる。しかし，第 1 章でも述べたように，同期現象の工学的応用におけるように結合振動子を組み込んだシステムを設計する立場にたてば，一見不自然にみえる結合関数も現実的でありうる。その一例として第 1 章でもふれた Tanaka らの研究がある (Tanaka, Nakao, and Shinohara, 2009)。

5.2　Watanabe-Strogatz 変換

3 自由度系への縮減

結合関数が $\Gamma(\psi) = -\sin(\psi + \alpha)$ で与えられる場合，すなわち (5.1) における結合項が $-N^{-1}\sum_{k=1}^{N}\sin(\phi_j - \phi_k + \alpha)$ となる場合に議論を戻そう。先に述べたように，このような大域結合系は集団状態がきわめて単純であるために，それ自体としてはさほど興味を惹く対象ではないかもしれない。しかし，モデルを少し一般化して

$$\frac{d\phi_j}{dt} = \omega - \frac{1}{N}\sum_{k=1}^{N}\sin(\phi_j - \phi_k + \alpha) + \sin(\phi_j + \alpha')\,p(t) \tag{5.12}$$

のように，集団に共通に作用する外力 $p(t)$ が存在する場合などには集団ダイナミクスは自明ではなくなる。上式において，位相感受性は結合関数と同様に 2π 周期関数の基本波成分のみを含むとしている。以下にみるように，このタイプの系や第 1 章でふれた Josephson 振動子の大域結合系を含むあるクラスの位相振動子系はきわめて興味深い数学的構造をもっている。

まず，**秩序パラメタ**とよばれる次のような複素量 $A(t)$ を導入しよう：

$$A(t) = \frac{1}{N}\sum_{j=1}^{N} e^{i\phi_j(t)} \equiv R(t)e^{i\Theta(t)}. \tag{5.13}$$

この量は 5.4 節で述べる集団同期転移に関連して現れる重要な量である。$N \to \infty$ の極限では，A はしばしば位相分布関数 $f(\phi, t)$ を用いて

$$A(t) = \int_0^{2\pi} d\phi\, f(\phi, t)e^{i\phi} \tag{5.14}$$

と表され，A は f の基本波成分で与えられる。

この秩序パラメタを用いると (5.12) は次式の形に表される：

$$\frac{d\phi_j}{dt} = \omega - R(t)\sin[\phi_j - \Theta(t) + \alpha] + \sin(\phi_j + \alpha')\,p(t). \tag{5.15}$$

上式から明らかなように，大域結合系では個別振動子は秩序パラメタを通じてのみ他のすべての振動子からの影響を受け取っている。以下の議論では ω も

時間的に一定である必要はないので，(5.15) を次の形に書いておく：

$$\frac{d\phi_j}{dt} = g(t) + h(t)e^{i\phi_j} + \overline{h}(t)e^{-i\phi_j} \qquad (j = 1, 2, \ldots, N). \tag{5.16}$$

ここで $g(t)$ と $h(t)$ は秩序パラメタを通じてのみ N 個の位相変数に関係している。以下の議論は，(5.12) ないし (5.15) を一般化した (5.16) の形をもつ系に適用できる。N は $N \geq 3$ をみたす任意の数であってよい。重要なのは，g と h が j によらず，N 個の振動子すべてが共通の式に従うという点である。Watanabe と Strogatz は，この N 自由度系が 3 自由度系に縮減されることを示した (Watanabe and Strogatz, 1993, 1994)。ただし，この 3 自由度力学系には $N-3$ 個の独立な任意定数が含まれている。

Watanabe-Strogatz 理論の基本的な考え方は次のように述べられる。各 ϕ_j に対して新しい位相 θ_j を対応させ，両者を j によらない共通の非線形変換 (**Watanabe-Strogatz 変換**) によって関係づける。この変換は 3 つのパラメタ r, Φ, ζ を含んでいる。しかし，これらのパラメタをある発展法則に従う変数とみなすと，すべての θ_j を時間的に一定としたままですべての ϕ_j は (5.16) を正確にみたすことができるのである。そのとき，r, Φ, ζ がみたすべき発展方程式が縮減された 3 次元力学系にほかならない。

では，ϕ_j と θ_j の間には具体的にどのような変換を考えればよいのだろうか。Watanabe-Strogatz 変換と等価な変換として**メビウス変換**として知られる概念があることがわかっている (Goebel, 1995; Marvel, Mirollo, and Strogatz, 2009)。以下の説明では後者の変換を用い，その後で Watanabe-Strogatz 変換との関係を述べることにする。

メビウス変換は単位円上の 2 つの複素量 $z = \exp(i\phi)$ と $w = \exp(i\theta)$ の間の変換であり，次の形で与えられる：

$$z = M(w) = \frac{e^{i\zeta}w + \beta}{1 + \overline{\beta}e^{i\zeta}w}. \tag{5.17}$$

ここに，$\beta = r\exp(i\Phi)$ は複素パラメタ，ζ は実パラメタである。$|w| = 1$ ならたしかに $|z| = 1$ になっている。パラメタ β と ζ を時間変化する量とみなし，w 自身は時間変化しないとする。(5.17) の逆変換は

$$w = e^{-i\zeta}\frac{z - \beta}{1 - \overline{\beta}z} \tag{5.18}$$

である。

すべての $\phi = \phi_j$ に対して上のような変換を行うのであるが，β と ζ は全系で共通とする。$\phi = -i \ln M(w)$ の時間微分をとり，(5.18) を用いてその式を整理すると，次式が得られる：

$$(1 - |\beta|^2) \frac{d\phi}{dt} = \left(i\frac{d\overline{\beta}}{dt} - \overline{\beta}\frac{d\zeta}{dt} \right) e^{i\phi} - \left(i\frac{d\beta}{dt} + \beta\frac{d\zeta}{dt} \right) e^{-i\phi}$$
$$+ \frac{d\zeta}{dt} + i\overline{\beta}\frac{d\beta}{dt} - \beta\left(i\frac{d\overline{\beta}}{dt} - \overline{\beta}\frac{d\zeta}{dt} \right). \tag{5.19}$$

すべての $\phi = \phi_j$ に対して上式が (5.16) と一致することを要求すれば，β と ζ に対する発展方程式が見出され，それらは次の形をもつことがわかる：

$$\frac{d\beta}{dt} = i\left(h\beta^2 + g\beta + \overline{h} \right), \tag{5.20a}$$

$$\frac{d\zeta}{dt} = h\beta + g + \overline{h}\,\overline{\beta}. \tag{5.20b}$$

発展方程式系 (5.20a,b) の解と (5.16) の解 $\phi_j(t)$ $(j = 1, 2, \ldots, N)$ との関係を整理して述べれば次のようになる。まず，与えられた初期条件 $\phi_j(0)$ $(j = 1, 2, \ldots, N)$ から，N 個の θ_j と $\beta(0)$ および $\zeta(0)$ の値が決まる。しかし，$N + 3$ 個の後者に対して 3 つの拘束条件を課さなければこれらを一義的に決めることはできない。便利な拘束条件としては通常次式が選ばれる：

$$\sum_{k=1}^{N} e^{i\theta_k} = 0. \tag{5.21}$$

残る 1 つの拘束条件として，θ_j の一様なシフトに関する自由度を固定すればよい。しかし，(5.17) または (5.18) からわかるように，このようなシフトは ζ の値に吸収できる。したがって，一般性を失うことなく ζ の初期値を常に 0 とすることができる。初期状態に対して変換 (5.18) を適用すると，条件 (5.21) から $\beta(0)$ が決まり，したがって各 $\phi_j(0)$ に対応して θ_j も決まる。

その後の ϕ_j の時間発展は，(5.20a,b) に従う β, ζ の時間発展と変換 (5.17) によって完全に記述される。特別な場合として，もし $t \to \infty$ で $|\beta| \to 1$ が得られるなら，それは集団が完全に位相同期することを意味し，逆に $\beta \to 0$ となるなら，ϕ の分布は一様にシフトした θ の分布に等しくなる。

先に仮定したように，g と h が秩序パラメタを通じて N 個の ϕ_j を含んでいるとしても，各 ϕ_j は力学変数としては β と ζ のみで表されているので，全系のダイナミクスはこれら 3 変数で閉じている。すなわち，系は N 次元相空間における 3 次元の多様体上で時間発展する。ただし，その発展法則は初期条件で決まる θ の分布 $\rho(\theta)$ に依存している。すなわち，拘束条件 (5.21) の下での θ の分布が異なれば異なった 3 次元多様体が選ばれることになる。N が無限大なら，相空間はこのような 3 次元不変多様体の無数の層からなっている。

Watanabe-Strogatz 変換のオリジナルな形は

$$\tan\left(\frac{\phi-\Phi}{2}\right)=\frac{1-r}{1+r}\tan\left(\frac{\theta-\Theta}{2}\right) \tag{5.22}$$

で与えられる。$\Theta=\Phi-\zeta$ とおけば，これはメビウス変換 (5.17) と等価であることがわかる。なぜなら，(5.17) は

$$e^{i(\phi-\Phi)}=\frac{e^{i(\theta-\Theta)}+r}{1+re^{i(\theta-\Theta)}} \tag{5.23}$$

と書かれ，これと恒等式

$$\tan\left(\frac{\phi-\Phi}{2}\right)=i\frac{1-e^{i(\phi-\Phi)}}{1+e^{i(\phi-\Phi)}} \tag{5.24}$$

から (5.22) が得られるからである。

いくつかの応用

Watanabe-Strogatz 変換は，もともと図 1.12 に示したような大域結合 Josephson 振動子系のダイナミクスを調べる目的で提出された。実際，同図で表される並列抵抗負荷をもつ Josephson 振動子アレイは，発展方程式

$$\frac{d\phi_j}{dt}=I-I_{\mathrm{c}}\sin\theta_j+\frac{1}{N}\sum_{k=1}^{N}\sin\phi_k \tag{5.25}$$

によって記述できることが知られており (Tsang *et al.*, 1991)，これはたしかに (5.16) の形をもち，かつ非自明なダイナミクスを示す系になっている。詳しい解析によれば，この系はカオス的振舞を示す (Marvel and Strogatz, 2009; Marvel, Mirollo, and Strogatz, 2009)。

Watanebe-Strogatz 変換による大規模な縮約は，複数の大域結合集団からなる系にも拡張することができる。その一例として，次式の 2 集団モデルが考えられる：

$$\frac{d\phi_j^{\mathrm{a}}}{dt} = \omega_{\mathrm{a}} - \frac{K_{\mathrm{aa}}}{N_{\mathrm{a}}}\sum_{k=1}^{N_{\mathrm{a}}}\sin\left(\phi_j^{\mathrm{a}} - \phi_k^{\mathrm{a}} + \alpha_{\mathrm{aa}}\right) - \frac{K_{\mathrm{ab}}}{N_{\mathrm{b}}}\sum_{k=1}^{N_{\mathrm{b}}}\sin\left(\phi_j^{\mathrm{a}} - \phi_k^{\mathrm{b}} + \alpha_{\mathrm{ab}}\right), \tag{5.26a}$$

$$\frac{d\phi_j^{\mathrm{b}}}{dt} = \omega_{\mathrm{b}} - \frac{K_{\mathrm{bb}}}{N_{\mathrm{b}}}\sum_{k=1}^{N_{\mathrm{b}}}\sin\left(\phi_j^{\mathrm{b}} - \phi_k^{\mathrm{b}} + \alpha_{\mathrm{bb}}\right) - \frac{K_{\mathrm{ba}}}{N_{\mathrm{a}}}\sum_{k=1}^{N_{\mathrm{a}}}\sin\left(\phi_j^{\mathrm{b}} - \phi_k^{\mathrm{a}} + \alpha_{\mathrm{ba}}\right). \tag{5.26b}$$

集団 a, b はそれぞれ N_{a}, N_{b} 個の振動子からなる大域結合系であり，集団間結合も相互にすべてがすべてと一様に結合した大域結合である。それぞれの集団の秩序パラメタ $R_{\mathrm{a,b}}\exp(i\Theta_{\mathrm{a,b}})$ を (5.13) と同様に定義すれば，(5.26a,b) は

$$\frac{d\phi_j^{\mathrm{a}}}{dt} = \omega_{\mathrm{a}} - K_{\mathrm{aa}}R_{\mathrm{a}}\sin\left(\phi_j^{\mathrm{a}} - \Theta_{\mathrm{a}} + \alpha_{\mathrm{aa}}\right) - K_{\mathrm{ab}}R_{\mathrm{b}}\sin\left(\phi_j^{\mathrm{a}} - \Theta_{\mathrm{b}} + \alpha_{\mathrm{ab}}\right), \tag{5.27}$$

および上式で添字 a と b を交換した式で表される。これらが (5.16) と同形の式

$$\frac{d\phi_j^{\mathrm{a}}}{dt} = \omega_{\mathrm{a}} + he^{i\phi_j^{\mathrm{a}}} + \overline{h}e^{-i\phi_j^{\mathrm{a}}}, \tag{5.28}$$

および添字 a と b を交換した式で表されることは明らかである。それぞれの集団に対してメビウス変換 (5.17) を行えば，そこに含まれる 2 組のパラメタ $\beta_{\mathrm{a,b}}$, $\overline{\beta}_{\mathrm{a,b}}$ および $\zeta_{\mathrm{a,b}}$ で全系の発展方程式は閉じ，3 + 3 次元力学系が得られることになる。$\omega_{\mathrm{a}} = \omega_{\mathrm{b}}$, $\alpha_{\mathrm{aa}} = \alpha_{\mathrm{bb}} = \alpha_{\mathrm{ab}} = \alpha_{\mathrm{ba}}$, $K_{\mathrm{aa}} = K_{\mathrm{bb}}$, $K_{\mathrm{ab}} = K_{\mathrm{ba}}$ の場合については具体的な解析がなされており，2 集団間の対称性を破る興味深い集団ダイナミクスが見出されている (Pikovsky and Rosenblum, 2008)。

Poisson 部分多様体

1 集団の議論に戻り，$N \to \infty$ の極限を考えよう。位相分布関数 $f(\phi, t)$ を用いると，(5.16) は

$$\frac{\partial}{\partial t} f(\phi, t) = -\frac{\partial}{\partial \phi}\left\{\left[g + he^{i\phi} + \overline{h}e^{-i\phi}\right] f(\phi, t)\right\} \tag{5.29}$$

と表される。これは無限自由度の系を表しているが，これまでの議論から $f(\phi, t)$ の時間発展は 3 つの自由度のみによって記述されることになる。すなわち，規格化条件をみたす ϕ の 2π 周期実関数すべてを含む関数空間において f の運動はわずか 3 次元の多様体上に拘束されるのである。

θ の分布の形ごとに異なる無数のこのような不変多様体のなかで，特別な不変多様体が存在し，そこには 2 次元の不変な部分多様体が埋め込まれている。すなわち，無限個の θ がある特別な分布をとるような初期位相分布 $f(\phi, 0)$ から出発すると，$f(\phi, t)$ の時間発展が 2 次元的な自由度しかもたなくなるのである。

この特別な θ の分布 $\rho(\theta)$ とは，一様分布 $\rho(\theta) = (2\pi)^{-1}$ である。これに対応する ϕ の分布 f は

$$f(\phi) = \rho(\theta)\frac{d\theta}{d\phi} = \frac{1}{2\pi}\frac{d\theta}{d\phi} \tag{5.30}$$

である。一方，θ と ϕ との関係を与える (5.18) は

$$\theta = -\zeta - i\ln\left(e^{i\phi} - \beta\right) + i\ln\left(1 - \overline{\beta}e^{i\phi}\right) \tag{5.31}$$

と表されるから，位相分布は次の形をもつ：

$$f(\phi) = \frac{1}{2\pi}\frac{1 - r^2}{1 - 2r\cos(\phi - \Phi) + r^2}. \tag{5.32}$$

この位相分布はたしかに 2 つのパラメタ r と Φ しか含まず，これらの時間発展を通じてのみ f は時間発展する。(5.32) で与えられる関数形はしばしば **Poisson 核**とよばれ [3]，これに対応する 2 次元多様体は **Poisson 部分多様体**とよばれる。

---

[3] Dirichlet 境界条件下での単位円盤上の Laplace 方程式の解に現れる積分核を 2 次元 Poisson 核とよぶが，(5.32) がそれと同一の形をもっていることからこの呼称は由来する。

(5.32) より，位相分布の第一フーリエ振幅は

$$\int_0^{2\pi} d\phi\, f(\phi) e^{i\phi} = re^{i\Phi} = \beta \tag{5.33}$$

となり，これはまた (5.14) で定義された複素秩序パラメタ A に等しいことがわかる。したがって，先に仮定したように，(5.20a) において h, $\bar{h}$, g などが複素秩序パラメタ A のみを通じて N 個の ϕ_j に依存しているなら，同式は β すなわち A に関して閉じたダイナミクスを表しており，もう一つの変数 ζ とは独立になる。この 2 自由度ダイナミクスに任意パラメタ θ はもはや含まれない。

上記の議論を複数の大域結合集団からなる複合系に拡張することは容易である。たとえば，2 集団モデル (5.26b) において各集団に対して θ の一様分布を仮定すれば，2 つの複素秩序パラメタの結合系が得られることは明らかであろう。

2 次元の Poisson 部分多様体にダイナミクスを限定することは，本節で考察している大域結合系に対しては可能な解のごく一部しか考えていないことになる。しかし，6.1 節でみるように，集団を構成する振動子に自然振動数のランダムな分布がある場合には，この仮説はきわめて重要な実際的意義をもってくる。

5.3　クラスター化とスロースイッチ現象

同相タイプの大域結合をもつ振動子集団は，それが同じ振動子からなる集団なら完全に位相をそろえた集団振動を示すことを 5.1 節で述べた。しかし，結合が非同相タイプの場合にどのような集団運動がみられるかについては積極的にはまだ何も述べていない。完全乱雑位相状態は，例外的な場合を除いて不安定であった。その場合，集団がいくつかの位相同期した部分集団に分裂する**クラスター化現象** (clustering) がしばしば現れる。実験的にもこのようなクラスター化現象は見出されている (Kiss *et al.*, 2007; Kori *et al.*, 2008)。 Okuda は

非同相タイプの大域結合をもつ位相振動子集団のモデル

$$\frac{d\phi_j}{dt} = \frac{1}{N}\sum_{k=1}^{N}\Gamma(\phi_j - \phi_k), \quad \Gamma'(0) > 0 \tag{5.34}$$

に基づいてクラスター化現象を詳しく考察した (Okuda, 1993)。以下ではこのモデルに基づいて，クラスター化現象やそれが不安定化したときの特徴的な集団ダイナミクス (Hansel, Mato, and Meunier, 1993; Kori and Kuramoto, 2001; Kori, 2003) を論じよう。この種の集団運動は，小さい N に対しても優に生じうるものであるが，表式を簡単化するために以下では N は十分大としている。

2 クラスター状態

結合関数として (5.11) をもつ大域結合系において，$\alpha = 0$ とした場合の集団挙動の一例が図 5.1 に示されている。$r < 0.5$ なら結合は同相タイプなので，集団は完全位相同期を示す。逆に，$r > 0.5$ では異相結合であり，完全位相同期状態は不安定である。また，$\Gamma(\psi)$ の基本波成分については同相タイプなので，完全乱雑位相状態も不安定である。図 5.1(b) は，異相結合の場合に集団全体が 2 つの部分集団に分裂することを示している。各部分集団内では位相同期は完全であり，これら 2 つの点クラスターは一定の位相差を保ちつつ一定の角速度で回転している。このような集団状態を以下では **2 点クラスター状態**あるいは単に 2 クラスター状態とよぶことにする。これを一般化した n 点クラスター状態の意味も自明であろう。完全位相同期状態は 1 点クラスター状態である。

定常に回転する 2 点クラスター状態は，集団状態としては比較的単純なものである。しかし，それが 1 点クラスターや完全乱雑位相状態が不安定化した結果としてなぜ現れるのか，たとえば，なぜ 3 点クラスターではなくて 2 点クラスターなのか，などに答えることは容易ではない。なぜなら，これらに答えるためには，ある集団状態の近傍だけでなく N 次元の相空間を大域的に解析する必要があるからである。これに対して，定常回転 2 点クラスターがたしかに解として存在することや，それがどのような条件下で安定または不安定である

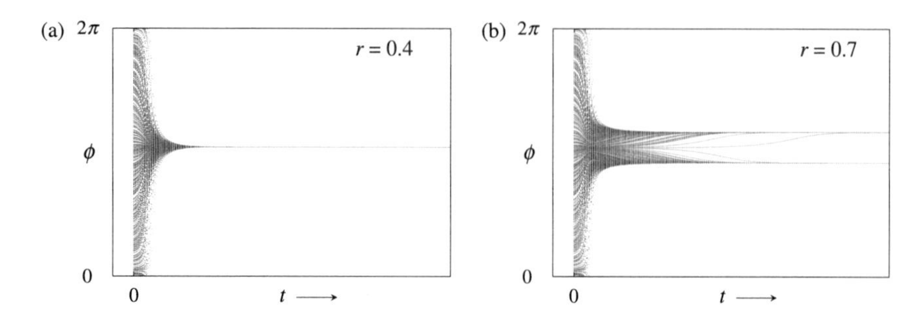

図 5.1　大域結合位相振動子系 (5.34) および (5.11) において，ランダムな初期位相分布が時間とともにクラスター化する様子。ただし，クラスターの位置が一定となるように適当な回転系に乗った表示を用いている。最終状態は $r = 0.4$ では 1 クラスター状態 (a)，$r = 0.7$ では 2 クラスター状態 (b) となる。ともに $\alpha = 0$.

かを解析することは，以下に示すように比較的やさしい [4]。

2 つの点クラスター A と B があり，それぞれ $N_{\rm A}$ および $N_{\rm B}$ 個の振動子を含んでいるとする。以下では，規格化されたサイズ $p = N_{\rm A}/N$ および $1 - p = N_{\rm B}/N$ によってそれぞれクラスターのサイズを表そう。各クラスターの位相を $\Phi_{\rm A}$ および $\Phi_{\rm B}$ とし，位相差を $\Delta = \Phi_{\rm A} - \Phi_{\rm B} \neq 0$ とする。以下では，$0 < \Delta \leq \pi$ ならクラスター A は位相の進んだクラスターであり，$-\pi < \Delta \leq 0$ ならクラスター A は位相が遅れているものとみなす。

振動子は同一で互いに見分けがつかないから，ある 2 クラスター状態に対して変換 $\Delta \to -\Delta, p \to 1 - p$ を同時に施しても 2 クラスター状態は不変に保たれる。したがって，Δ と p の変域をともに全領域 $-\pi < \Delta \leq \pi, 0 < p \leq 1$ にとると，同一の 2 クラスター状態が 2 度現れることになる。これを避けるためには，次のいずれかのやり方で Δ-p 領域を限定すればよい。

(1) $0 < \Delta \leq \pi, \quad 0 < p \leq 1$

(2) $-\pi < \Delta \leq \pi, \quad 1/2 < p \leq 1$

前者の表示法では，位相が進んだクラスターを A クラスター (すなわちサイズ

[4] リミットサイクル振動子ではなく，ロジスティック写像など低次元カオス力学系の大域結合集団でクラスター化現象が広くみられることは，Kaneko によって早くから見出されている (Kaneko, 1990)。その場合，振動子系とは違って多数の点クラスターが共存する状態が現れる。

p のクラスター) としている。後者では，大きいほうのクラスターを A クラスターとしている。

$\Phi_{\rm A}$ と $\Phi_{\rm B}$ に対する発展方程式は，各クラスターに属する 1 振動子の位相に対する発展方程式にほかならないから，次式で与えられる：

$$\frac{d\Phi_{\rm A}}{dt} = p\Gamma(0) + (1-p)\Gamma(\Delta), \tag{5.35a}$$

$$\frac{d\Phi_{\rm B}}{dt} = (1-p)\Gamma(0) + p\Gamma(-\Delta). \tag{5.35b}$$

これら 2 式の差をとると，位相差に対する方程式

$$\frac{d\Delta}{dt} = (2p-1)\Gamma(0) + (1-p)\Gamma(\Delta) - p\Gamma(-\Delta) \tag{5.36}$$

が得られる。リジッドに回転している 2 クラスター状態では $\dot{\Delta} = 0$ であるから，そこでは p と Δ との関係が

$$p = \frac{\Gamma(0) - \Gamma(\Delta)}{2\Gamma(0) - \Gamma(\Delta) - \Gamma(-\Delta)} \tag{5.37}$$

によって与えられる。2 クラスター状態はこのように任意のパラメタ p を含むが，その値は初期条件に依存する。

特別な場合として $p = 1/2$ を考えると，$\Gamma(\Delta) - \Gamma(-\Delta) = 0$ すなわち $\Gamma_{\rm a}(\Delta) = 0$ がみたされなければならないことを (5.37) は示している。これはサイズの等しい 2 つのクラスターが，対称に結合した 2 振動子系の位相ロック状態と同じ位相差で位相ロックされるという当然の結果である。点クラスター自体が崩壊しないかぎり，この位相ロック状態の安定性も 2 振動子系の場合と同じであり，$\Gamma'(\Delta)$ の符号によって安定性が決まっている。結合が異相タイプなら，0 でも π でもない位相差にロックされる。その場合，以下で論じるように点クラスターの一つが崩壊することで興味深い集団挙動が現れる。このような集団運動は $p \neq 1/2$ としても定性的に変わらない。

(5.11) で与えられる結合関数は，非自明な集団ダイナミクスを生じる便利なモデルとしてしばしば用いられる。$\alpha = 1.25$, $r = 0.25$ の場合，$\Gamma(\psi)$ は異相タイプになるが，このパラメタ値での p と Δ の関係 (5.37) を図 5.2 に示す。そこでは，p の値によって 1 つまたは 3 つの定常回転 2 クラスター状態が存在することが図からわかる。同図では p と Δ の変域を $0 < p \leq 1$, $-\pi < \Delta \leq \pi$

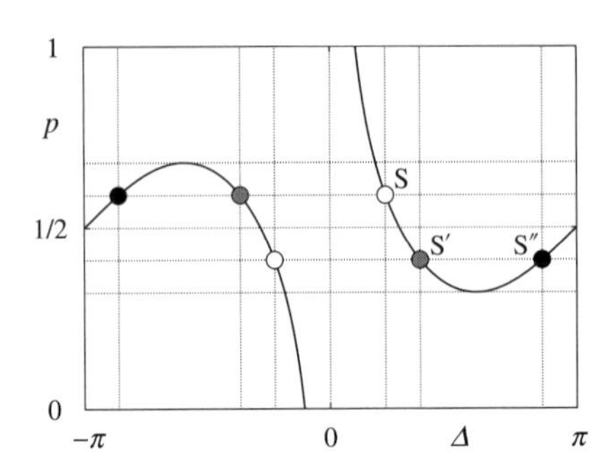

図 5.2　2 クラスター状態におけるクラスターのサイズパラメタ p とクラスター間の位相差 Δ との関係。位相結合関数として $\Gamma(\psi) = -\sin(\psi + 1.25) + 0.25\sin(2\psi)$ を用いている。$0.32 < p < 0.68$ では，ある p に対して白，黒，灰色の丸で示された 3 つの 2 クラスター状態が存在する。

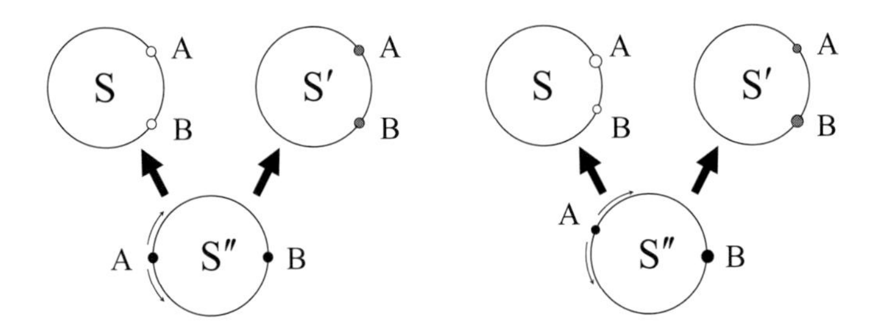

図 5.3　図 5.2 に示された 3 つの 2 クラスター状態 S, S′, S″。左図は $p = 1/2$，右図は $p \neq 1/2$ の場合を示す。いずれの場合も逆位相またはそれに近い 2 クラスター状態 S″ は不安定であり，安定な 2 クラスター状態 S または S′ に移行する。ただし，S と S′ も点クラスター状態としてそれらが安定に維持されるかどうかについては別個に論じなければならない。

としているので，先に述べたように，同一の 2 クラスター状態が 2 度現れる。実際，中心点 $(\Delta, p) = (0, 1/2)$ に関する対蹠点は同一の 2 クラスター状態を表している。このような重複を避けるためには，同図の右または左半分か，上または下半分を考えればよい。

3 つの異なる 2 クラスター状態 S, S′, S″ が可能な場合，これらの解の意味を図 5.3 を参照しながら説明しよう。まず，$p = 1/2$ の場合を考える。この場合 S″ は逆相に同期した 2 クラスター状態である。それは不安定であり，安定な位相差をもつ状態 S または S′ へ向かう分水嶺になっている。ただし，S と

S′ は同一の 2 クラスター状態を表している。

次に，$p \neq 1/2$ では系の対称性が破れ，S″ においてクラスターは完全な逆位相になっていない。ここでも S″ は分水嶺になっており，行き先である S と S′ は互いに異なる 2 クラスター状態を表している。対称性が破れたために，位相の進んだクラスターが相対的に大きいクラスターか小さいクラスターかの区別が生じ，Δ の絶対値も両者で異なる。

クラスター内不安定性とクラスター間不安定性

リジッドに回転する 2 クラスター状態の不安定性には 2 つのタイプがある。一つは，点クラスター間の位置関係が不安定化する場合である。もう一つは，あるクラスターが 1 点状態を維持できなくなることによる不安定化である。後者については，位相の進んだクラスター (先行クラスター) と遅れたクラスター (後追いクラスター) のいずれの不安定性を考えるかで，さらに 2 つの場合に分かれる。結局，不安定性には次の 3 タイプがある。

タイプ 1. 先行クラスターの**クラスター内不安定性**

タイプ 2. 後追いクラスターのクラスター内不安定性

タイプ 3. **クラスター間不安定性**

タイプ 1 と 2 は，それぞれのクラスター内で完全な位相同期を保つことができなくなるタイプの不安定性である。この不安定性が起こるか否かを調べるには，タイプ 1 なら先行クラスター，タイプ 2 なら後追いクラスターに属する振動子の 1 つをクラスターからわずかに引き離し，それが再びクラスターに復帰するか，あるいはますますクラスターから離れていくかを調べればよい。

以下では $0 < \Delta \leq \pi$ に限定した描像，すなわちサイズ p をもつクラスター A を先行クラスターとする描像をとることにする。したがって，タイプ 1 の安定性は，このクラスターから引き離された 1 振動子の位相 ϕ が従う方程式

$$\frac{d\phi}{dt} = p\Gamma(\phi - \Phi_{\mathrm{A}}) + (1-p)\Gamma(\phi - \Phi_{\mathrm{B}}) \tag{5.38}$$

からわかる。クラスター A からの距離 $\phi - \Phi_{\mathrm{A}} \equiv \psi$ について上式を $\dot{\psi} = \lambda_1 \psi$ の形に線形化すると

$$\lambda_1 = p\Gamma'(0) + (1-p)\Gamma'(\Delta) \tag{5.39}$$

となる。λ_1 はタイプ 1 不安定性に関係した実固有値であり，$pN-1$ 重に縮退している。なぜなら，クラスター A の属するどの振動子を引き離しても λ_1 は同一であり，このような pN 個の微小変位は，クラスター全体としての変位が 0 という一つの拘束条件の下で互いに独立だからである。同様に，タイプ 2 不安定性に関係した固有値 λ_2 は

$$\lambda_2 = (1-p)\Gamma'(0) + p\Gamma'(-\Delta) \tag{5.40}$$

で与えられ，その縮退度は $(1-p)N-1$ である。さらに，タイプ 3 の不安定性に関する固有値 λ_3 を得るには，(5.36) をその定常解のまわりで線形化すればよく，

$$\lambda_3 = (1-p)\Gamma'(\Delta) + p\Gamma'(-\Delta) \tag{5.41}$$

となる。この固有値に縮退はない。

以上の 3 つの固有値に加えて，集団全体としての回転に対応する自明な固有値 0 がある。4 つの固有値 λ_1, λ_2, λ_3, 0 の縮退度の和は $(pN-1)+((1-p)N-1)+1+1=N$ となって，当然ながら系全体の自由度に等しい。

2 クラスター状態 S, S′, S″ のうち，S″ については図 5.3 の描像に従って $\lambda_3>0$ となると仮定しよう。S と S′ は，それぞれに関する λ_1, λ_2, λ_3 のすべてが負の場合にかぎって安定である。図 5.3 では $\lambda_3<0$ が暗黙に仮定されているが，事実そうなるのか，また $\lambda_1>0$ または $\lambda_2>0$ の場合に集団はどのように振舞うのかが以下での問題である。

結合関数が (5.11) で与えられる場合について，固有値 λ_1, λ_2, λ_3 を Δ の関数として計算した結果の一例が図 5.4 に示されている。位相差 Δ で位相ロックされた 2 クラスター状態の安定性は，その Δ 値における 3 つの固有値の符号をみればわかる。2 クラスター状態 S, S′, S″ にそれぞれ対応する Δ は図に示した位置にある。S″ が不安定であることは予想どおりとして，S と S′ についても $\lambda_1>0$ となって不安定であることがわかる。$\lambda_1>0$ は位相の進んだクラスターが崩壊するタイプの不安定性であった。不安定化の結果，系はどのように振舞うだろうか。以下に述べるような定性的な考察から，そこに生じる奇妙なダイナミクスを推察することができる。

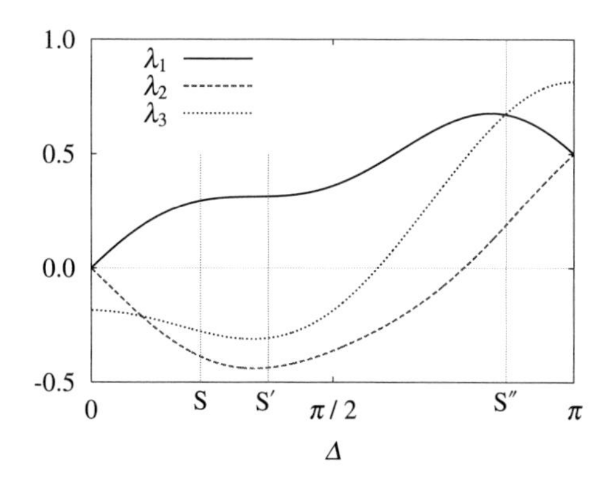

図 5.4 図 5.2 における 2 クラスター状態 S, S′, S″ のそれぞれに対する 3 つの固有値。S と S′ はクラスター間安定 ($\lambda_3 < 0$) であるが，クラスター内不安定であり，$\lambda_1 > 0$ によって位相の進んだクラスターが崩壊する。$\alpha = 1.25$, $r = 0.25$, $p = 0.41$.

スロースイッチ

2 つの点状クラスターが回転運動している初期状態を考えよう。先行クラスター A に属する振動子の位相にわずかな分散を与えたとすると，クラスター内不安定性 ($\lambda_1 > 0$) によってその分散はますます増大する。一方，後追いクラスター B は，初期に多少の分散はあってもクラスター内安定性 ($\lambda_2 < 0$) のために点クラスターに復帰すべく収縮するであろう。これが完全な点クラスターになることはない。しかし，仮にそれを強制的に点クラスターに保ったとすると，系には安定な 2 点クラスター状態が存在することになる。なぜなら，広がった先行クラスター A が B の背後に回ることで (すなわち後追いクラスターになることで) それは収縮し，一方，先行することになった B クラスターは強制的に分散が抑制されているからである。そのような (擬似的な) 安定状態に向けて系は駆動されるであろう。

実際には，わずかな分散を残したクラスター B は，上記の強制をはずせば先行クラスターとなることによってその分散を増大させはじめるであろう。その結果，A と B が入れ替わっただけで状況はほぼ初期のそれに戻ったことになる。そして，A と B が上述のような過程を経て再度その前後関係を入れ替え

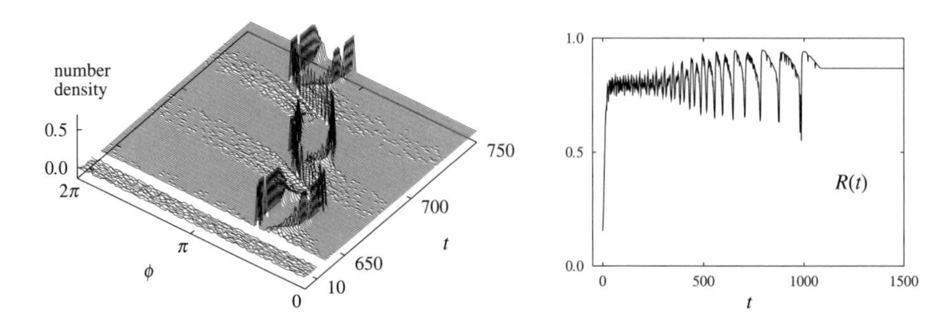

図 5.5　左図は位相分布でみたスロースイッチ現象。右図は同現象での秩序パラメタ $R(t) \equiv N^{-1}\left|\sum_{j=1}^{N}\exp(i\phi_j)\right|$ の振舞。サイクルの周期が時間とともに長くなるが，最終的に R が一定となるのは数値計算上の丸め誤差によって 2 クラスター状態が見かけ上安定化するためである。(H. Kori and Y. Kuramoto, Phys. Rev. E **63**, 046214 (2001) より転載。)

れば，1 サイクルが完了する。

先行クラスターの分散の大きさを適当に定義すると，それは初期状態と 1 サイクルの完了時とで一般に異なるはずである。分散が十分微小なら，サイクルごとにそれは一定の比率で減少するか増大するかであろう。もしそれが逐次減少するなら，多数のサイクルを経た後には，ほぼ 2 点クラスター状態とみなせる時間帯 (すなわち，先行クラスターが十分広がるまでに要する時間) は非常に長くなるであろう。その極限として，系が不安定な 2 点クラスター状態にとどまる時間帯は無限大に伸びるであろう。図 5.5 に示す数値シミュレーションの結果は，系が事実そのように振舞うことを示唆している。

2 点クラスター状態 S と S′ は，ともに N 自由度力学系 (5.34) のサドルポイント (鞍点) である。より正確にはサドル・リミットサイクルであるが，適当な回転系に移ることでこれをサドルポイントとみる立場から述べている。上に述べた系の定性的振舞は，サドル S の近傍からサドル S′ 近傍への遷移の過程および S′ 近傍から S 近傍への帰還の過程を表している。

$t \to \infty$ での極限的なダイナミクスを考えると，S と S′ を結ぶ往路と復路からなるループ (**ヘテロクリニック・ループ**) の存在が示唆される (図 5.6 参照)。S は $pN-1$ 個の正の固有値をもつので，それに等しい次元の不安定多様体を

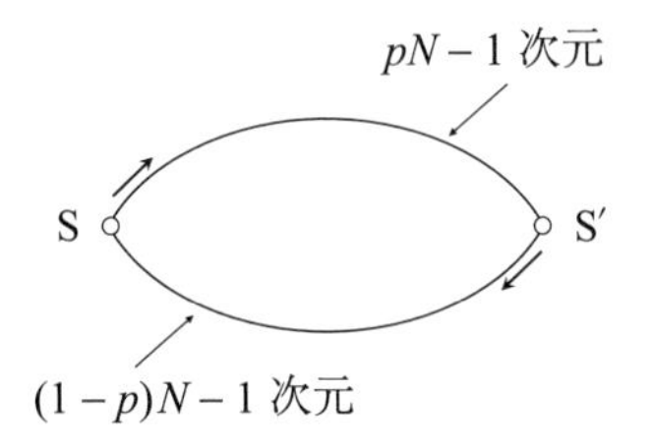

図 5.6　2 クラスター状態 S と S′ を結ぶヘテロクリニック・ループ。S から S′ に向かう $pN-1$ 次元の軌道の束と S′ から S に向かう $(1-p)N-1$ 次元の軌道の束からなる。

もち，同時に負の固有値の数 $(1-p)N-1$ に等しい次元の安定多様体をもっている。S′ は逆に $(1-p)N-1$ 次元の不安定多様体と $pN-1$ 次元の安定多様体をもっている。S の不安定多様体は S′ の安定多様体そのものであり，その全体が S から S′ に向かうヘテロクリニック軌道の束になっている。同様に，S′ の不安定多様体は S の安定多様体そのものであり，その全体が S′ から S に向かうヘテロクリニック軌道の束になっている。

このような系の振舞は**スロースイッチ現象**とよばれている。この現象は Hansel らによってはじめてその可能性が論じられ (Hansel, Mato, and Meunier, 1993)，後に Kori らによってさらに詳しく調べられた (Kori and Kuramoto, 2001; Kori, 2003)。スロースイッチというよび名は，2 点クラスター状態に近い状態が長時間持続し，ある 2 点クラスター状態から別の 2 点クラスター状態へ切り替わる過渡的な時間がそれよりはるかに短いという特徴からきている。

大域結合系におけるヘテロクリニック軌道は，力学系が特別の対称性をもっている場合にのみ存在する。いまの場合，系が同一の振動子からなっているという対称性が重要である。振動子のモデルとして位相モデルを採用したことからくる対称性 (たとえば，発展法則が位相差のみによっているという対称性) はいまの場合は重要ではない。実際，位相縮約を行う以前の結合振動子モデルに対してもヘテロクリニック軌道が存在し，スロースイッチ現象が起こることがシミュレーションによって確認されている (Kori and Kuramoto, 2001)。

不完全なヘテロクリニック軌道

振動子の性質がばらついていたり，振動子ごとに独立のノイズがかかるような場合には，「同一の振動子」という力学系としての対称性が破れるので，完全なヘテロクリニック軌道は存在しない。しかし，このような乱れが小さければ小さいほどサドル S と S′ 近傍に滞在する時間は長く，スロースイッチとよぶにふさわしい現象がみられるであろう。

適当に定義された乱れの大きさ (たとえばノイズ強度) を微小パラメタ ϵ で代表させよう。$t \to \infty$ における漸近的なダイナミクスを考えたとき，$\epsilon \to 0$ では系がサドルポイントのかぎりなく近傍を通過するとすれば，有限の ϵ に対してはサドルポイントからの最短距離は ϵ のべき乗 ϵ^α $(\alpha > 0)$ に比例するであろう。これは，サドルポイントの近傍で ϵ^α に比例した振幅をもつ不安定固有モードが混在することを意味する。したがって，サドル近傍領域 (S の線形領域) を脱出するに要する時間 τ は $\epsilon^\alpha \exp(\lambda\tau) \sim 1$, すなわち

$$\tau \sim \lambda^{-1} |\ln \epsilon| \tag{5.42}$$

と評価される。λ は不安定固有モードの固有値であり，クラスター内不安定性の固有値 λ_1 に等しい。τ はあるサドル間飛躍から次のサドル間飛躍までの時間間隔と同程度である。これが ϵ の減少とともに上式の法則に従って増大することは数値シミュレーションでも確かめられている。(5.42) は対数法則なので，乱れの大きさやサドルポイントからの距離を違ったやり方で定義しても容易には変わらないロバストな法則である。

スロースイッチ現象は実験的にも見出されている (Kiss *et al.*, 2007; Kori *et al.*, 2008)。 それは，第 1 章でも紹介した 64 個の電気化学振動子からなる系においてである。この実験系では，フィードバック制御によって結合関数を自由に変える方法が見出されたことから，さまざまな集団ダイナミクスを実験的に実現する可能性がおおいに広がった [5)]。その一例証がスロースイッチ現象の実現である。自然振動数の多少のばらつきはこの実験系では避けがたいので，ヘテロクリニック軌道は常に不完全である。しかし，実験データはスロースイッチの特徴を明白に示している。

[5)] フィードバックによる位相結合関数の制御法としては，Kano と Kinoshita による方法もある (Kano and Kinoshita, 2008)。

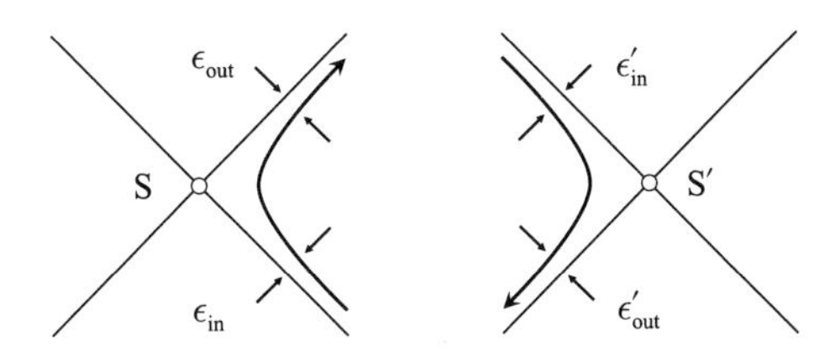

図 5.7　鞍点としての 2 クラスター状態 S および S′ 近傍を通過する軌道。

ヘテロクリニック軌道の安定性

たとえヘテロクリニック・ループが存在しても，それが不安定で代表点がそこから離反していくならスロースイッチ現象は実現しない。ヘテロクリニック・ループの安定性は，以下に述べるように 2 つのサドルに関係した固有値のみで決まる。

サドル S に関する不安定および安定モードの固有値をそれぞれ $\lambda_u\,(>0)$, $\lambda_s\,(<0)$ とし，S′ に対するそれらを $\lambda'_u\,(>0)$, $\lambda'_s\,(<0)$ としよう。λ_u は先行クラスターのクラスター内撹乱に関する固有値 λ_1 に等しく，λ_s は後追いクラスターのクラスター内撹乱に関する固有値 λ_2 に等しい。図 5.7 のように，まず代表点がサドル S の近傍，すなわちその線形領域を通過する状況を考える。S の安定多様体 (またはその線形近似としての安定固有空間) から距離 ϵ_{in} 程度の距離で入射した代表点が，S の近傍から脱出していくとしよう。脱出するに要する時間 τ が $\tau \sim \lambda_u^{-1}|\ln \epsilon_{in}|$ に従って ϵ_{in} とともに変化することはすでに述べた。S 近傍を通過する代表点は，S から離れるとともにその不安定多様体に接近していくが，これは安定固有モードが減衰していくからである。したがって，通過時間 τ の間に不安定多様体からの距離 ϵ_{out} は $\epsilon_{out} \sim \exp(-|\lambda_s|\tau)$ に縮小する。結局，サドル S 近傍を通過するにあたって，ヘテロクリニック軌道からの距離は ϵ_{in} から ϵ_{out} に変化し，二者の関係は

$$\epsilon_{out} \sim \epsilon_{in}^{\frac{|\lambda_s|}{\lambda_u}} \tag{5.43}$$

で与えられる。

S を脱出した代表点が S′ に入射し，そこから脱出する過程 (図 5.7 の右図)

についてもまったく同様の考察が成り立つ。ヘテロクリニック軌道からの距離が $\epsilon'_{\rm in}$ から $\epsilon'_{\rm out}$ に変化したとすれば

$$\epsilon'_{\rm out} \sim {\epsilon'_{\rm in}}^{\frac{|\lambda'_{\rm s}|}{\lambda'_{\rm u}}} \tag{5.44}$$

である。一方，S を脱出してから S′ に入射するまでの時間は相対的に短いから，S を脱出したときのヘテロクリニック軌道からの距離 $\epsilon_{\rm out}$ はそのまま S′ に入射するときの $\epsilon'_{\rm in}$ に等しいとしてよい。その結果，

$$\epsilon'_{\rm out} \sim \epsilon_{\rm in}^{\frac{\lambda_{\rm s}\lambda'_{\rm s}}{\lambda_{\rm u}\lambda'_{\rm u}}} \tag{5.45}$$

が得られる。まったく同様の理由によって，$\epsilon'_{\rm out}$ は $\epsilon_{\rm in}$ の 1 サイクル後の値に等しいとしてよい。よって，ヘテロクリニック軌道に沿いつつ 1 サイクルを完了するごとに，そこからの距離は変換

$$\epsilon_{\rm in} \to \epsilon_{\rm in}^{\frac{\lambda_{\rm s}\lambda'_{\rm s}}{\lambda_{\rm u}\lambda'_{\rm u}}} \tag{5.46}$$

を受けることになる。不等式

$$\frac{\lambda_{\rm s}\lambda'_{\rm s}}{\lambda_{\rm u}\lambda'_{\rm u}} > 1 \tag{5.47}$$

が成り立つなら，サイクルごとにヘテロクリニック軌道からの距離は縮小され，代表点はそれに漸近する。すなわち，ヘテロクリニック軌道は安定である。上式の不等号が逆ならそれは不安定である。

ヘテロクリニック軌道が不安定化した場合に何が起こるかについては，一般的に述べることはできない。Ashwin らは，$N = 3, 4$ という小さな系についてであるが，結合関数 (5.11) を用いて詳細な解析を行い，この問題を議論している (Ashwin, Burylko, and Maistrenko, 2008; Bick *et al.*, 2011)。

位相モデルの限界について

以上では，同一の振動子からなる大域結合系を位相記述の立場から述べたが，結合が強まることで振幅効果が効いてくると，ダイナミクスははるかに複雑化しうる。たとえば，線形結合をもつ Stuart-Landau 振動子系 (4.83a) を大域結合系に一般化すると，弱結合の極限で $\Gamma(\psi) = -\sin(\psi + \alpha)$ タイプの結合をもつ大域結合位相振動子系に縮約されるが，すでに述べたようにその振

舞は単純である。しかし，結合が強くなると，集団がいくつかの位相同期集団に分裂するクラスター化現象や，数個のクラスターによる低次元カオス的振舞，相空間における代表点の連続分布が示す高次元カオス的挙動，点クラスターと連続分布の共存状態など，複雑で多様なダイナミクスが現れる (Hakim and Rappel, 1992; Nakagawa and Kuramoto, 1993, 1995; Chabanol, Hakim, and Rappel, 1997; Takeuchi, Ginelli, and Chaté, 2009)。 また，弱結合の極限では単純な逆相結合をもつ神経振動子の大域結合モデルにおいて，規則的な集団振動とそのバースト的な乱れとが長周期で交代する現象が見出されている (Han, Kurrer, and Kuramoto, 1995)。

5.4　集団同期転移 I

同相タイプの大域結合をもつ振動子集団の議論に戻ろう。完全位相同期が実現するのは，あくまでも集団が同一の性質をもつ振動子からなる場合であった。自然振動数にランダムなばらつきがあれば，位相同期の完全性は破れる。ばらつきが小さいうちは，集団は 1 つのクラスターとしてマクロな振動子のように振舞うであろうが，ばらつきが大きくなるにつれてクラスターから次々と振動子が離脱し，ある臨界条件を境にして集団全体としての平均的な振動はみられなくなるであろう。振動数のばらつきを一定に保って結合強度を変えても，同様の転移現象がみられるはずである。

集団同期転移とよばれるこのような現象は，熱力学的相転移，特に磁気相転移にある面でよく似ている。互いに位相をそろえようとする振動子間相互作用はスピン間の強磁性的相互作用に似ている。位相関係を乱す自然振動数のランダムネスはスピンのランダムな熱運動に似た効果をもつ。エネルギーの次元に換算した相互作用強度と熱運動のエネルギーの比がある値になると，それを境にして自発磁化の発生・消失が起こるが，それと同様に振動子間の結合強度と自然振動数のランダムネスの度合い (たとえばその分布の幅) の比がある値のところで集団同期転移が起こる。

しかし，発生するマクロな秩序は，一方では自発磁化という静的な秩序であり，他方では**集団振動**という真に動的な秩序である。熱力学的相転移に適用できる熱統計力学の理論的枠組みは集団同期転移には適用できないが，以下にみるように，「秩序パラメタ」や「平均場」など相転移理論における基本的な概念のいくつかは後者においても非常に有用である。

Winfree モデルと Kuramoto モデル

集団振動の発生・消失に関するこのような転移現象が存在することを Winfree ははじめて理論的に予言した (Winfree, 1967)。しかも，彼は大域結合をもつ位相振動子モデルという，おそらくこの現象を理論的に説明しうる唯一のモデルを適切にも選択し，後続する多くの研究を先導した。

Winfree の位相モデルは，原論文では発展方程式の形で書き下されていないが，次の形をもつものと理解される：

$$\frac{d\phi_j}{dt} = \omega_j + Z(\phi_j)S(t), \tag{5.48a}$$

$$S(t) = \frac{K}{N}\sum_{k=1}^{N} P(\phi_k). \tag{5.48b}$$

位相縮約の立場からみたとき，Winfree モデルはどのような理論的根拠をもつであろうか。位相縮約を行う以前の力学モデルにおいて，大域結合振動子集団が次式で与えられるとしよう：

$$\frac{d\boldsymbol{X}_j}{dt} = \boldsymbol{F}(\boldsymbol{X}_j) + \delta\boldsymbol{F}_j(\boldsymbol{X}_j) + \frac{K}{N}\sum_{k=1}^{N} \boldsymbol{P}(\boldsymbol{X}_k). \tag{5.49}$$

振動子の性質のばらつきを表す右辺第二項と，大域結合を表す第三項を摂動とみなすと，前章で述べた位相縮約の第一段階を適用して次式が導かれる：

$$\frac{d\phi_j}{dt} = \omega + \delta\omega_j(\phi_j) + \frac{K}{N}Z(\phi_j)\sum_{k=1}^{N} P(\phi_k). \tag{5.50}$$

ただし，$\boldsymbol{P}$ は方向が一定のベクトル $(P, 0, 0, \ldots, 0)$ とし，位相感受性ベクトル $\boldsymbol{Z}(\phi_j)$ の対応する成分を $Z(\phi_j)$ と記した。(5.50) は Winfree モデルとほぼ等価で，両者の違いは自然振動数の分散が後者では ϕ_j に依存している点のみである。

(5.50) に対しては位相縮約の第二段階を適用することができる。すなわち，時間平均化操作ないし近恒等変換を適用するのである。前章の理論を適用す

ると

$$\frac{d\phi_j}{dt} = \omega_j + \frac{K}{N}\sum_{k=1}^{N}\Gamma(\phi_j - \phi_k) \tag{5.51}$$

の形のモデルが得られることは明らかであろう。位相の一様なシフト $\phi_j \to \phi_j + \phi_0$ に対して上式は不変である。このような対称性によるモデルの扱いやすさや，ただ一つの周期関数 $\Gamma(\psi)$ のみを含むという単純さから，第二段階まで進んだこの形のモデルが多くの場合研究の対象になっている。以下の議論もこのモデルに基づいている [6]。

Winfree モデルの一変種とみなされるモデルとして，次式で与えられるパルス結合系を考えてみよう：

$$\frac{d\phi_j}{dt} = \omega_j - \sin(\phi_j + \alpha_0)S(t), \tag{5.52a}$$

$$S(t) = \frac{K_0}{N}\sum_{k=1}^{N}\sum_{n=1}^{\infty}\delta(t - t_{kn} - \tau). \tag{5.52b}$$

ここで t_{kn} は n 回目に $\phi_k = 0$ となる時刻を表している。上式は τ 時間の後にそれがインパルス刺激として振動子 j に届くことを示している。位相感受性 $Z(\phi)$ は単純な形 $-\sin(\phi + \alpha_0)$ で与えられている。他の振動子も同様の式に従う。

パルス結合系を標準的な位相モデルに帰着させる方法は 4.13 節で述べた。上のモデルでは，同節で用いたアルファ関数の代わりにその $\tau \to 0$ の極限であるデルタ関数を用いているので，より簡単に縮約が実行できる。実際，ω_j がある振動数 ω_0 の十分近傍に分布していると仮定しているので，デルタ関数のなかで近似的に

$$t - t_{kn} = \frac{1}{\omega_0}\left[\phi_k(t) - 2\pi n\right] \tag{5.53}$$

とおいてよい。次いで時間平均化を行えば，

$$\frac{d\phi_j}{dt} = \omega_j - \frac{K}{N}\sum_{k=1}^{N}\sin(\phi_j - \phi_k + \alpha) \tag{5.54}$$

---

[6] Winfree モデルに対しても $Z(\phi)$ や $P(\phi)$ の形を適当に仮定すると解析的に取り扱うことができる (Ariaratnam and Strogatz, 2001; Quinn, Rand, and Strogatz, 2007)。

が得られる。ここに $K = 2\pi K_0/\omega_0$, $\alpha = \alpha_0 + \omega_0\tau$ である。結合は同相タイプと仮定しているから，$K > 0$ とすれば $-\pi/2 < \alpha < \pi/2$ である。以下ではこれを仮定する。

(5.54) は **Kuramoto モデル**とよばれ，以下に示すように $N \to \infty$ の極限で比較的容易に解析でき，集団状態が正確にわかる。特に $\alpha = 0$ の場合の解析は容易であり，$\alpha \neq 0$ の場合と区別して前者を狭義の Kuramoto モデル，後者を Kuramoto-Sakaguchi モデルとよぶ場合もある。以下でも $\alpha \neq 0$ を明示する必要がある場合には後者の呼称に従うことにする。これらのモデルは本来はパルス結合系の考察から得られたものではなく，大域的な線形結合をもつ Stuart-Landau 振動子系の位相記述から得られたものであった (Kuramoto, 1975; Kuramoto, 1984a) [7]。

秩序パラメタ

集団モデル (5.54) は適当な条件の下にある意味で厳密に扱うことができる (Kuramoto, 1984a)。以下ではそれを示すためにいくつかの準備をしておく。まず，自然振動数 ω_j の分布を $g(\omega)$ で表す。$N \to \infty$ の極限で $g(\omega)$ は $\omega = \omega_0$ を中心とするひと山のなめらかな対称分布で与えられると仮定し，積分は 1 に規格化されている。5.1 節で述べた理由によって，$\omega_0 = 0$ とおいても一般性を失わないので以下ではそうする。このような $g(\omega)$ の一例は Lorentz 分布

$$g(\omega) = \frac{\gamma}{\pi}\frac{1}{\omega^2 + \gamma^2} \tag{5.55}$$

である。この分布は解析的な計算に便利なので，後の議論でもしばしば用いられる。

集団的な振動の有無が最も重要な事柄なので，集団振動の振幅の目安となる

[7] 集団モデル (5.54) による同期転移の研究は今日まで息長く続いている。2000 年頃までの理論的発展の小史は Strogatz によってレビューされている (Strogatz, 2000)。また，このモデルのさまざまな変形版や応用については Acebrón *et al.* (2005) に詳しい。ただし，これらのレビュー論文以後，6.1 節で解説するような注目すべき理論的進展があった。その成果を含むより新しいレビューとして，Pikovsky and Rosenblum (2015) や，振動子ネットワークへの一般化にウエイトを置いた Rodrigues *et al.* (2016) がある。

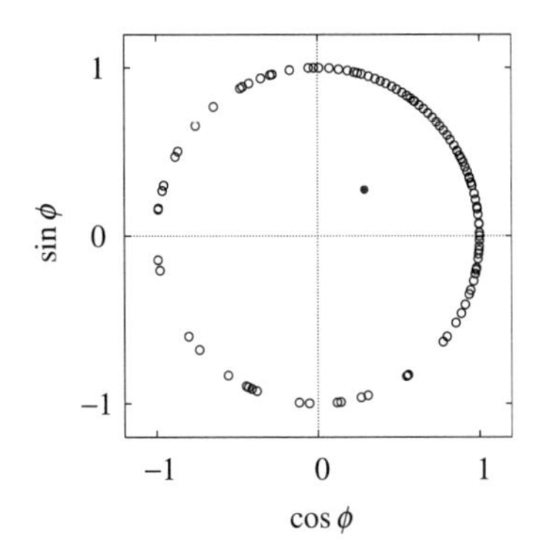

図 5.8　ある時刻の集団状態は単位円上に分布した N 個の点で表示できる。これらの点を同一質量をもつ質点とみなしたとき，その質量中心が丸で示されている。その座標を複素表示したものが秩序パラメタ A である。

複素秩序パラメタ A を (5.13) と同じく次式によって導入しよう：

$$A(t) = R(t)e^{i\Theta(t)} = \frac{1}{N}\sum_{j=1}^{N} e^{i\phi_j(t)} \qquad (R \geq 0). \tag{5.56}$$

ある時刻における集団状態は，図 5.8 に示すように単位円上の N 個の点の分布によって表示できる。この状態面を複素面とすると，各点の座標が $\exp(i\phi_j)$ になっている。秩序パラメタはこれら N 個の複素座標の平均値に等しい。あるいは，各点を同じ質量をもつ粒子とみなせば，秩序パラメタは N 粒子系の重心座標を表している。位相分布 f が一様なら明らかに $R = 0$ である。分布が非一様でその基本波成分が存在するなら $R > 0$ である。R は集団振動の振幅の目安を与える重要な量である。

秩序パラメタを用いると，位相方程式 (5.54) は

$$\frac{d\phi_j}{dt} = \omega_j - KR\sin(\phi_j - \Theta + \alpha), \tag{5.57}$$

または

$$\frac{d\phi_j}{dt} = \omega_j + \frac{1}{2i}\left(H(t)e^{i\phi_j} - \overline{H}(t)e^{-i\phi_j}\right), \tag{5.58}$$
$$H(t) = -KR\exp\left[i(\alpha - \Theta)\right]$$

のように 1 振動子方程式の形に表される。秩序パラメタはすべての振動子を駆

動する共通の**平均場**を表し，この平均場の振舞によって個別振動子の振舞が決定される。そして，N 個の $\phi_j(t)$ の振舞の全体が秩序パラメタ自身を決めている。以下では，このようなつじつまの合った関係を用いて集団状態を見出そうというわけである。

分布関数

形式的に 1 振動子系とみなされた運動方程式 (5.57) または (5.58) と等価な運動方程式を，自然振動数 ω をもつ振動子 (ω 振動子) の位相分布関数 $f(\phi,t,\omega)$ を用いて次式のように表すことができる：

$$\frac{\partial}{\partial t}f(\phi,t,\omega) = -\frac{\partial}{\partial \phi}\left\{\left[\omega + \frac{1}{2i}\left(He^{i\phi} - \overline{H}e^{-i\phi}\right)\right]f(\phi,t,\omega)\right\}. \tag{5.59}$$

ただし，関数 $f(\phi,t,\omega)$ の ϕ に関する積分は 1 に規格化されているとする。上式は (5.29) と同じ形をもっているが，分布関数の物理的意味は両者で異なる。(5.29) における $f(\phi,t)$ は，位相値 ϕ をもつ振動子の数密度であった。一方，(5.59) は単一の ω 振動子が位相値 ϕ をもつ確率密度，すなわち相空間 (1 次元 ϕ 空間) における仮想上の統計的アンサンブルに関する数密度であり，実体的な数密度ではない [8)]。したがって，

$$f(\phi,t) = \int_{-\infty}^{\infty} d\omega\, g(\omega) f(\phi,t,\omega) \tag{5.60}$$

も正確には力学変数としての数密度そのものではない。しかし，個々の振動子の位相は確率的にゆらいでいても，$N \to \infty$ の極限では任意の微小区間 $\Delta\phi$ にわたって数密度を積分した量はマクロな量であり，その統計的なゆらぎは無視できる。よって (5.60) を実体的な数密度と同一視してよい。

(5.14) のように，秩序パラメタは位相分布 $f(\phi,t)$ の第一フーリエ成分に等しい。すなわち，

$$A(t) = R(t)e^{i\Theta(t)} = \int_0^{2\pi} d\phi\, f(\phi,t)e^{i\phi} = \int_0^{2\pi} d\phi \int_{-\infty}^{\infty} d\omega\, g(\omega) f(\phi,t,\omega)e^{i\phi} \tag{5.61}$$

---

8) 自然振動数の無限小の幅のなかに多数の振動子が存在するとして，$f(\phi,t,\omega)$ を実体的な数密度とする見方もある (Pikovsky and Rosenblum, 2008)。しかし，本書ではこの見方をとらない。

である。したがって，個別振動子に対して $\exp(i\phi)$ を分布関数 $f(\phi,t,\omega)$ を用いて統計平均し，さらに集団全体にわたるその平均をとればそれが秩序パラメタを与える。

分布関数による方法は，ノイズを含む系に理論を拡張できるという利点がある (Sakaguchi, 1988)。(5.58) を拡張して，次式のようにノイズ項 $\xi_j(t)$ を導入する：

$$\frac{d\phi_j}{dt} = \omega_j + \frac{1}{2i}\left(H(t)e^{i\phi_j} - \overline{H}(t)e^{-i\phi_j}\right) + \xi_j(t). \tag{5.62}$$

ここで $\xi_j(t)$ は振動子ごとに独立に働く白色ガウスノイズであり，平均値は 0，分散は $\langle \xi_j(t)\xi_k(t')\rangle = 2D\delta_{jk}\delta(t-t')$ によって与えられるとする。これによって (5.59) は次式の Fokker-Planck 方程式に拡張される：

$$\frac{\partial}{\partial t}f(\phi,t,\omega) = -\frac{\partial}{\partial \phi}\left\{\left[\omega + \frac{1}{2i}\left(He^{i\phi} - \overline{H}e^{-i\phi}\right)\right]f(\phi,t,\omega)\right\} + D\frac{\partial^2}{\partial \phi^2}f(\phi,t,\omega). \tag{5.63}$$

自己無矛盾理論による解法

位相方程式 (5.57) に戻ろう。集団状態を知るために，個々の振動子の振舞を $R(t)$ と $\Theta(t)$ を含む形で表したいのであるが，一般に，時間変化する $R(t)$ と $\Theta(t)$ に対して同式の解を解析的に表すことはできない。しかし，我々の第一の関心は長時間後の集団の振舞である。そこで，秩序パラメタないし位相分布の長時間振舞に関して一つの予想をたてる。それは，$t \to \infty$ では位相分布が $f(\phi,t) = f_0(\phi - \Omega t)$ のように一定の角速度 Ω で形を変えず回転するであろうという予想である。Ω は集団振動の振動数であり，求められるべき未知量の一つである。

位相分布が形を変えず一定の振動数 Ω で回転するなら R は時間的に一定であり，Θ は $\Theta = \Omega t + \Theta_0$ のように振舞う。Θ_0 は任意の初期位相である。新しい位相変数 ψ_j を $\phi_j = \Omega t + \psi_j$ で定義すると，(5.57) は

$$\frac{d\psi_j}{dt} = \omega_j - \Omega - KR\sin(\psi_j - \Theta_0 + \alpha) \equiv V(\psi_j, \omega_j) \tag{5.64}$$

となる。ϕ の代わりに ψ に関する分布関数 $f(\psi,t,\omega)$ を用いれば次式が成り

立つ：

$$\frac{\partial}{\partial t} f(\psi, t, \omega) = -\frac{\partial}{\partial \phi}\left\{\left[\omega - \Omega + \frac{1}{2i}\left(He^{i\psi} - \overline{H}e^{-i\psi}\right)\right] f(\psi, t, \omega)\right\}, \quad (5.65)$$

$$H = -KR\exp[i(\alpha - \Theta_0)].$$

秩序パラメタに対するつじつまの合った関係を表す方程式 (**自己無矛盾方程式**) を導くために，$t \to \infty$ における (5.64) の解を考える。R は時間的に一定と仮定しているからこれを見出すのは容易である。方程式 (5.65) を用いるならば，$t \to \infty$ で期待されるその定常解を考えることになる。それが見出されれば，(5.61) の定常な形

$$Re^{i\Theta_0} = \int_0^{2\pi} d\psi\, f(\psi)e^{i\psi} = \int_0^{2\pi} d\psi \int_{-\infty}^{\infty} d\omega\, g(\omega) f(\psi, \omega)e^{i\psi} \quad (5.66)$$

に解を代入することで，秩序パラメタに対する自己無矛盾方程式が得られるであろう。

位相方程式 (5.57) に即して考えると，$|\omega_j - \Omega|$ と KR との大小関係によって解 ψ_j は 2 つのタイプに分かれる。$KR > |\omega_j - \Omega|$ をみたすグループをグループ A とし，$KR < |\omega_j - \Omega|$ をみたすグループをグループ B としよう。前者は集団振動の振動数 Ω に比較的近い自然振動数をもつ振動子群であり，ψ_j は時間的に一定である。すなわち，このグループは集団振動に同期している。後者は自然振動数が Ω から比較的遠い振動子群であり，ψ_j はドリフトする。すなわち，このグループは集団振動に同期しない。

それぞれのグループの ψ_j を $\psi_{\mathrm{A}}(\omega_j)$ および $\psi_{\mathrm{B}}(t, \omega_j)$ で表し，秩序パラメタも

$$Re^{i\Theta_0} = \sum_{j \in \mathrm{A}} e^{i\psi_{\mathrm{A}}(\omega_j)} + \sum_{j \in \mathrm{B}} e^{i\psi_{\mathrm{B}}(t, \omega_j)} \quad (5.67)$$

のように，それぞれのグループからの寄与の和の形に書いておこう。しかし，上式では右辺に時間変化する ψ_B が含まれているにもかかわらず左辺は仮定によって時間的に一定である。グループ B における無数の振動子からの寄与によってこのような時間変化は打ち消されると期待されるが，このような見かけ上の矛盾を避けるには定常分布による表式 (5.66) を用いればよい。位相分布 $f(\psi)$ もそれぞれのグループに分けて，$f(\psi) = f_{\mathrm{A}}(\psi) + f_{\mathrm{B}}(\psi)$ と書き，

(5.66) を

$$
\begin{aligned}
Re^{i\Theta_0} &= \int_0^{2\pi} d\psi \left[f_{\mathrm{A}}(\psi)e^{i\psi} + f_{\mathrm{B}}(\psi)e^{i\psi} \right] \\
&= \int_0^{2\pi} d\psi \int_{KR>|\omega-\Omega|} d\omega\, g(\omega) f(\psi,\omega) e^{i\psi} \\
&\quad + \int_0^{2\pi} d\psi \int_{KR<|\omega-\Omega|} d\omega\, g(\omega) f(\psi,\omega) e^{i\psi}
\end{aligned}
\tag{5.68}
$$

と表しておこう。

各グループの振舞と秩序パラメタへの寄与は，具体的には以下のようになる。なお，以下ではしばらく ω_j, ψ_j の添字 j は省略する。

グループA

(5.64) には定常解が2つ存在するが，安定な解 $\psi_{\mathrm{A}}(\omega)$ は $dV(\psi_{\mathrm{A}},\omega)/d\psi_{\mathrm{A}} < 0$ をみたす解であり，次式で与えられる：

$$
e^{i\psi_{\mathrm{A}}(\omega)} = e^{i(\Theta_0-\alpha)} \left[i\frac{\omega-\Omega}{KR} + \sqrt{1-\left(\frac{\omega-\Omega}{KR}\right)^2} \right]. \tag{5.69}
$$

ω 振動子の分布関数は $f(\psi,\omega) = \delta(\psi - \psi_{\mathrm{A}}(\omega))$ で与えられる。このグループからの秩序パラメタへの寄与は

$$
e^{i(\Theta_0-\alpha)} \int_{|\omega-\Omega|<KR} d\omega\, g(\omega) \left[i\frac{\omega-\Omega}{KR} + \sqrt{1-\left(\frac{\omega-\Omega}{KR}\right)^2} \right] \tag{5.70}
$$

である。明らかに，このグループの振動子の真の振動数 $\widetilde{\omega}$ はすべて同一で

$$
\widetilde{\omega} = \Omega \tag{5.71}
$$

である。

グループ B

(5.64) には定常解は存在せず，$\psi_{\mathrm{B}}(t,\omega)$ は時間とともに単調に増大または減少する。したがって，このグループに対しては先に注意したように定常分布 $f(\psi,\omega)$ を用いるのが適当である。(5.65) の定常解は

$$f(\psi,\omega)=\frac{C}{|\omega-\Omega-KR\sin(\psi-\Theta_0+\alpha)|} \tag{5.72}$$

で与えられる。上式は，位相値 ψ への滞在確率密度が ψ の変化速度に逆比例するという当然の事実を表している。C は規格化定数であり，

$$C=\left|\int_0^{2\pi}\frac{d\psi}{V(\psi,\omega)}\right|^{-1}=\frac{1}{2\pi}\sqrt{(\omega-\Omega)^2-(KR)^2} \tag{5.73}$$

で与えられる。$R=0$ ならもちろん $f(\psi,\omega)=(2\pi)^{-1}$ である。

$f(\psi,\omega)$ による $\exp(i\psi)$ の統計平均は容易に計算でき，

$$\langle\exp(i\psi_{\mathrm{B}}(t,\omega))\rangle=ie^{i(\Theta_0-\alpha)}\frac{\omega-\Omega}{KR}\left[1-\sqrt{1-\left(\frac{KR}{\omega-\Omega}\right)^2}\right] \tag{5.74}$$

となる。したがって，秩序パラメタに対するこのグループからの寄与は

$$ie^{i(\Theta_0-\alpha)}\int_{|\omega-\Omega|>KR}d\omega\, g(\omega)\frac{\omega-\Omega}{KR}\left[1-\sqrt{1-\left(\frac{KR}{\omega-\Omega}\right)^2}\right] \tag{5.75}$$

で与えられる。

ω 振動子の真の振動数を $\widetilde{\omega}=\Omega+2\pi/\widetilde{T}$ と表すと，$\widetilde{T}$ は ψ が 2π だけ増加するに要する時間に等しい (ただし，$\dot{\psi}<0$ なら $\widetilde{T}<0$)。すなわち

$$\widetilde{T}=\int_0^{\widetilde{T}}dt=\int_0^{2\pi}d\psi\left(\frac{d\psi}{dt}\right)^{-1}=\int_0^{2\pi}\frac{d\psi}{V(\psi,\omega)} \tag{5.76}$$

であり，その絶対値は規格化定数 C に等しい。よって，真の振動数 $\widetilde{\omega}$ は

$$\widetilde{\omega}=\Omega+(\omega-\Omega)\sqrt{1-\left(\frac{KR}{\omega-\Omega}\right)^2} \tag{5.77}$$

となる。

秩序パラメタに対する両グループ A, B からの寄与の和を $R\exp(i\Theta_0)$ に等置したものが自己無矛盾方程式である。明らかに Θ_0 は両辺で打ち消しあうの

で任意定数である。したがって，次式の実部と虚部から R と Ω が決まる：

$$Re^{i\alpha} = \int_{|\omega-\Omega|<KR} d\omega\, g(\omega)\left[i\frac{\omega-\Omega}{KR} + \sqrt{1-\left(\frac{\omega-\Omega}{KR}\right)^2}\right]$$
$$+\, i\int_{|\omega-\Omega|>KR} d\omega\, g(\omega)\frac{\omega-\Omega}{KR}\left[1-\sqrt{1-\left(\frac{KR}{\omega-\Omega}\right)^2}\right]. \quad (5.78)$$

$\alpha = 0$ の場合

まず $\alpha = 0$ とした Kuramoto モデルについて (5.78) の解を調べよう。その場合，同式右辺の虚部が消えなければならないが，$g(-\omega) = g(\omega)$ に注意すると，$\Omega = 0$ によってこれがみたされることがわかる。また，非同期グループは秩序パラメタにいっさい寄与しないこともわかる。結局，自己無矛盾方程式は

$$R = \int_{|\omega|<KR} d\omega\, g(\omega)\sqrt{1-\left(\frac{\omega}{KR}\right)^2} \equiv S(R) \quad (5.79)$$

に帰着する。

図 5.9 に示すように，自己無矛盾方程式の解は曲線 $S(R)$ と 45° 線の交点としてグラフィカルに求められる。見やすくするために，図では R は負の領域まで拡張して描いている。$-R$ は状態 R においてマクロな位相 Θ を π だけ反転して得られた状態とみなすことができるが，以下では $R \geq 0$ の解にのみ着目する。

$S(R)$ は R の奇関数であり，小さい R に対して

$$S(R) = R\left[\frac{\pi}{2}Kg(0) + \frac{\pi^3}{16}K^3 g''(0)R^2 + O\left(R^4\right)\right] \quad (5.80)$$

のようにべき展開できる。$R = 0$ が常に解になっていることは明らかである。K には臨界値

$$K_{\mathrm{c}} = \frac{2}{\pi g(0)} \quad (5.81)$$

が存在し，この前後で解の振舞は定性的に変化する。

$(K - K_{\mathrm{c}})/K_{\mathrm{c}} = \mu$ によって分岐パラメタ μ を定義しよう。$g''(0) < 0$ と仮

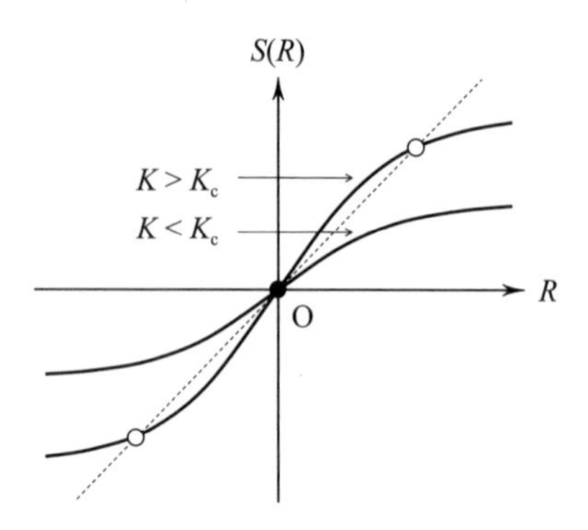

図 5.9　秩序パラメタの動径 R の定常値は，曲線 $S(R)$ と 45° 線との交点で与えられる。結合強度 K が臨界値 K_c を超えると，自明解 $R=0$ 以外に有限の解が現れ，これが集団振動の発生に対応している。

定したので，K が臨界値を超えると小振幅解

$$R \simeq \sqrt{\left|\frac{8g(0)\mu}{K_c^2 g''(0)}\right|} \tag{5.82}$$

が現れ，これが集団振動の発生に対応している。$g(\omega)$ のピークを中心として，完全に同一の振動数状態 $\tilde{\omega}=0$ に凝縮した振動子からなる小さな「核」が形成され，それが結合強度とともに大きくなっていく。μ の増大による秩序パラメタの立ち上がりは 2 次相転移の古典論と同様に 1/2 乗則に従っている。図 5.10 には，Kuramoto モデルに対して集団振動の発生する様子をラスタープロットで示した。

集団振動相における振動数分布

同期グループに含まれる振動子の数を N_A としよう。振動子の総数に対するその割合

$$r = \frac{N_A}{N} \tag{5.83}$$

を秩序パラメタの一種とみなすこともできる。小さい R に対して r は

$$r = \int_{-KR}^{KR} d\omega\, g(\omega) = 2KRg(0) + O\left(R^3\right) \tag{5.84}$$

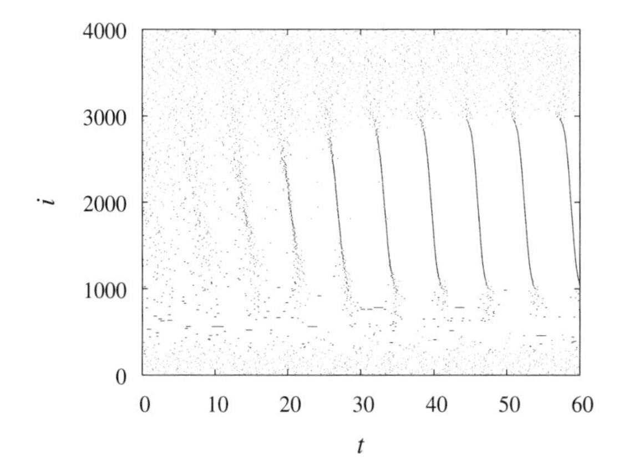

図 5.10　集団振動の発生において同期集団が形成される様子のラスタープロット。4000 個の振動子から 8 個ごとに抽出された 500 個が位相値 0 をとる瞬間がドットで示されている。縦軸 i は振動子の番号であり，自然振動数の大きさの順に配列されている。

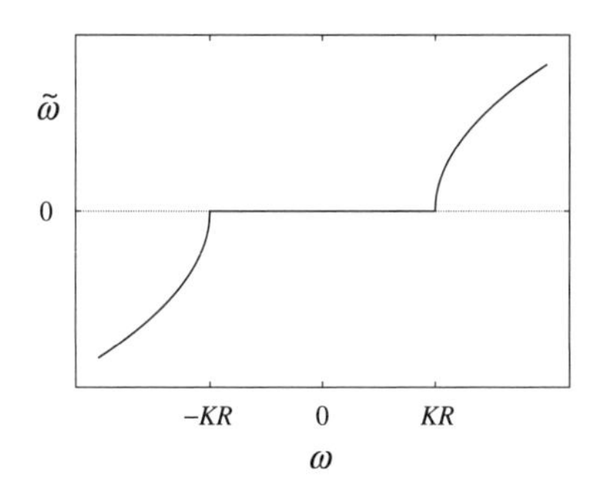

図 5.11　個別振動子の自然振動数 ω とそれらの真の振動数 $\tilde{\omega}$ との関係。

のようにほぼ R に比例する。

集団同期の結果として，ω 振動子の振動数 $\tilde{\omega}$ は自然振動数から一般にずれる。同期および非同期グループの $\tilde{\omega}$ はそれぞれ (5.71) と (5.77) で与えられた。両者をあわせて $\tilde{\omega}$ と ω との関係を図示すれば，図 5.11 のような特徴的な曲線が得られる。このタイプの曲線は図 4.17 に示したものと本質的に同じであり，あらゆる同期非同期現象に共通してみられるものである。

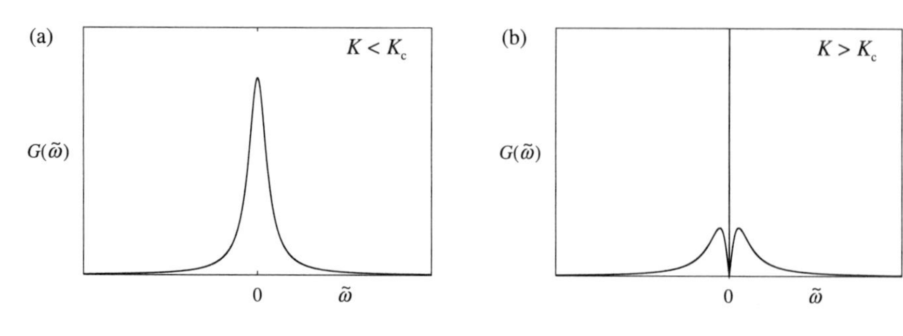

図 5.12　$g(\omega)$ が Lorentz 分布で与えられる場合の真の振動数 $\tilde{\omega}$ の分布 $G(\tilde{\omega})$. $K < K_{\rm c}$ では $g(\omega)$ に一致する (a)。$K > K_{\rm c}$ では，中央のデルタピークは集団振動に同期したグループに対応し，中央に落ち込みをもつ準連続分布は非同期グループに対応する (b)。

$\tilde{\omega}$ の分布 $G(\tilde{\omega})$ と ω の分布 $g(\omega)$ の関係も容易に見出せる。位相分布と同様に，$G(\tilde{\omega})$ も同期グループと非同期グループからの寄与の和

$$G(\tilde{\omega}) = G_{\rm A}(\tilde{\omega}) + G_{\rm B}(\tilde{\omega}) \tag{5.85}$$

の形に書かれる。明らかに

$$G_{\rm A}(\tilde{\omega}) = r\delta\left(\tilde{\omega}\right) \tag{5.86}$$

である。$G_{\rm B}(\tilde{\omega})$ は (5.77) を用いて,

$$\begin{aligned} G_{\rm B}(\tilde{\omega}) &= g\left(\omega(\tilde{\omega})\right)\left|\frac{d\omega}{d\tilde{\omega}}\right| \\ &= g\left(\sqrt{\tilde{\omega}^2 + (KR)^2}\right)\frac{|\tilde{\omega}|}{\sqrt{\tilde{\omega}^2 + (KR)^2}} \end{aligned} \tag{5.87}$$

となる。

図 5.12 に $G(\tilde{\omega})$ の一例を示した。集団振動が存在しない $K < K_{\rm c}$ では，$G(\tilde{\omega})$ は自然振動数の分布と常に同一である。集団振動が現れると，その振動数 0 にデルタピークが現れ，背景に非同期グループによる準連続スペクトルがある。後者は中心に鋭い落ち込みをもつが，これはその付近に自然振動数をもつ振動子が $\tilde{\omega} = 0$ に凝縮した結果と解釈される。実際，$\tilde{\omega} = 0$ で強度が 0 に落ち込むことは，図 5.11 において曲線の水平部分 $\tilde{\omega} = 0$ からの $\tilde{\omega}$ の立ち上がりが無限大の初期勾配をもつことに対応している。集団振動の振幅の増大とと

もにデルタピークの強度は大となり，背景の連続スペクトルは強度が低下しつつ平坦になる。自然振動数の分布が有限区間内にかぎられる場合には，K のある値以上ですべての振動子が同期グループに属する，いわゆる完全同期状態になる。

$g(\omega)$ が Lorentz 分布で与えられる場合

$g(\omega)$ が Lorentz 分布 (5.55) で与えられる場合には，K の全域において解析解を求めることができる。まず，K の臨界値 (5.81) は

$$K_{\mathrm{c}} = 2\gamma \tag{5.88}$$

である。以下はすべて $K > K_{\mathrm{c}}$ 領域における結果である。自己無矛盾方程式 (5.79) における積分は実行でき，

$$R = \sqrt{1 - \frac{K_{\mathrm{c}}}{K}} \tag{5.89}$$

で与えられる。(5.84) の積分も容易に計算でき，

$$r = \frac{2}{\pi} \arctan\left(\frac{2K}{K_{\mathrm{c}}} \sqrt{1 - \frac{K_{\mathrm{c}}}{K}} \right) \tag{5.90}$$

となる。振動数分布 $G(\widetilde{\omega})$ が次式で与えられることも明らかである：

$$G(\widetilde{\omega}) = r\delta(\widetilde{\omega}) + \frac{\gamma}{\pi} \frac{|\widetilde{\omega}|}{\left[\widetilde{\omega}^2 + (KR)^2 + \gamma^2\right] \sqrt{\widetilde{\omega}^2 + (KR)^2}}. \tag{5.91}$$

同期グループと非同期グループの位相分布はそれぞれ次のようになる：

$$f_{\mathrm{A}}(\psi) = \begin{cases} \dfrac{\gamma}{\pi} \dfrac{KR\cos\psi}{(KR\sin\psi)^2 + \gamma^2} & \left(|\psi| \le \dfrac{\pi}{2}\right), \\ 0 & \left(|\psi| > \dfrac{\pi}{2}\right), \end{cases} \tag{5.92a}$$

$$f_{\mathrm{B}}(\psi) = \frac{\gamma}{2\pi} \frac{\sqrt{(KR)^2 + \gamma^2} - KR|\cos\psi|}{(KR\sin\psi)^2 + \gamma^2}. \tag{5.92b}$$

両者をあわせると，$f(\psi)$ は単一の式

$$f(\psi) = \frac{\gamma}{2\pi} \frac{\sqrt{(KR)^2 + \gamma^2} + KR\cos\psi}{(KR\sin\psi)^2 + \gamma^2} \tag{5.93}$$

となる。なお，いま考えている $\alpha = 0$ のモデルでは $\Omega = 0$ なので，$\psi = \phi$ としてよい。

$\alpha \neq 0$ の場合

以上のように，特別の位相結合関数 $\Gamma(\psi) = -\sin\psi$ に対しては，集団状態の安定性の問題を別にすれば集団同期転移はほぼ満足に説明できた。一般の結合関数に対して解析的に議論することは困難であるが，多少の拡張はなされている。Sakaguchi と Kuramoto は，自己無矛盾方程式 (5.78) の解を $-\pi/2 < \alpha < \pi/2$ の場合について調べ，転移点近傍の小さい R に対して解析解を得た (Sakaguchi and Kuramoto, 1986)。その詳細は省くが，$\alpha = 0$ の場合との違いとして次の点は重要である。まず，集団振動の振動数 Ω は分布 $g(\omega)$ の中心から一般にずれ，集団振動の発生も $g(\omega)$ のピークから外れたところからはじまる。その結果，$G(\tilde{\omega})$ は対称な形をもたず，R のみならず Ω を自己無矛盾方程式から見出さなければならない。さらに，非同期グループから秩序パラメタへの寄与がある点も $\alpha = 0$ の場合とは違っている。

振動数分布 $g(\omega)$ が Lorentz 分布 (5.55) で与えられる場合は，$\alpha = 0$ の場合と同様に秩序パラメタに対する解析的表式が臨界点近傍のみでなく K の全域で求められる。これを示すために，まず (5.78) における 2 つの積分項の被積分関数が同一の形をもっていることに注意し，同式を次の形に書く：

$$Re^{i\alpha} = \int_{-\infty}^{\infty} d\omega\, g(\omega) b(\omega), \tag{5.94a}$$

$$b(\omega) = i\frac{\omega - \Omega}{KR} + \sqrt{1 - \left(\frac{\omega - \Omega}{KR}\right)^2}. \tag{5.94b}$$

また，$g(\omega)$ を

$$g(\omega) = \frac{1}{2\pi i}\left(\frac{1}{\omega - i\gamma} - \frac{1}{\omega + i\gamma}\right) \tag{5.95}$$

と表しておく。(5.94a) の積分は，被積分関数を複素 ω の上半面に解析接続することで容易に実行できる。実際，$b(\omega)$ は上半面で解析的であり，被積分関数は $\omega = i\gamma$ に唯一の極をもつ。また $\mathrm{Im}\,\omega \to \infty$ で $|b(\omega)| \to 0$ となることも容易に示される。よって (5.94a) の積分において，積分経路を上半面における半

径無限大の半円で閉じさせることができ，留数定理によって同式は

$$Re^{i\alpha} = i\frac{i\gamma - \Omega}{KR} + \sqrt{1 - \left(\frac{i\gamma - \Omega}{KR}\right)^2} \tag{5.96}$$

となる。上式から R と Ω は容易に求められ，それらはきわめて単純な形

$$R = \sqrt{1 - \frac{2\gamma}{K\cos\alpha}}, \tag{5.97a}$$

$$\Omega = -K\sin\alpha + \gamma\tan\alpha \tag{5.97b}$$

によって与えられる (Kawamura *et al.*, 2010b)。

Kuramoto モデルと現実の系

Kuramoto モデルやその変形版は，現実の集団同期転移を理解するために極度に理想化されたモデルではあるが，現実性をまったく欠いているわけでもない。実際，Wiesenfeld らは図 1.12(b) に示されたような Josephson 振動子の大域結合系が近似的に (5.54) と等価なモデルで表されることを示した (Wiesenfeld, Colet, and Strogatz, 1996)。また，Kuramoto モデルにおける振動子間の直接的な結合の代わりに，媒体を介した間接的な結合を考えることで，たとえば群集の歩調の同期がもたらした吊り橋の大振動という，第 1 章でも言及した現象と類似の現象に適用することができる (Strogatz *et al.*, 2005; Eckhardt *et al.*, 2007; Abdulrehem and Ott, 2009)。高調波を含むより一般的なモデル (5.51) の集団同期転移は，電気化学振動子系でも近似的に実現されている (Kiss, Zhai, and Hudson, 2002; Zhai, Kiss, and Hudson, 2004)。モデルの現実性とは別に，Kuramoto モデルや他の理想化された振動子モデルは，第 1 章で紹介したような集団同期のさまざまな現実例を横断的に俯瞰するための一つの視座を提供するところにも意義がある。

5.5 集団同期転移 II

Kuramoto モデルにおける集団同期転移の存在は前節の議論でほぼ明らかになったが，これまでの議論では少なくとも 2 つの重要な問題が未解決のまま残

されている。

第一の問題は，解として得られた集団状態の安定性である。前節では，$K < K_c$ において $R = 0$ は安定な集団状態であり，K_c を超えるとこれが不安定化し，安定状態として集団振動が現れることを暗に仮定した。数値シミュレーションからもそれは支持される仮定なのであるが，自己無矛盾理論のアプローチからはその当否に答えることはできないのである。

第二の問題は，$\alpha \neq 0$ の場合を含めて，結合関数 $\Gamma(\psi)$ として基本波のみが考慮された Kuramoto モデルがどこまで定性的に正しく集団同期転移を記述できるかという問題である。特に，$\Gamma(\psi)$ の高調波が含まれることで臨界点近傍の集団振舞に定性的な変化が現れることはないかどうかをここでは問題にしている。

これら 2 つの問題をきちんと議論するためにはかなりの技術的詳細に立ち入る必要があるが，それは本書の範囲を超えている。したがって，以下では比較的簡単な考察からこれらの問題に対する解答を示唆するにとどめ，詳細は参考文献に委ねたい。本節の最後では，非大域的な結合をもつ位相振動子系ネットワークの集団同期転移に関する近年の研究について付言しておく。

安定性のパラドックス

以上の議論は，分布関数 $f(\phi, t, \omega)$ に対する Fokker-Planck 方程式 (5.63) の定常解 (ただし，$D = 0$ の場合) に立脚しているが，この定常解は真に安定な分布であろうか。外部ノイズが存在しない場合に主に関心があるが，まず $D \neq 0$ として拡散項を含む Fokker-Planck 方程式を扱い，後に $D \to 0$ の極限を考える。$\alpha = 0$ の Kuramoto モデルにおける非振動相 ($K < K_c$) に対しては安定性解析は比較的容易に行えるので，以下では Strogatz and Mirollo (1991) の議論に従ってその概要を述べよう。$\alpha = 0$ に対して (5.63) は

$$\frac{\partial}{\partial t} f(\phi, t, \omega) = -\frac{\partial}{\partial \phi} \{[\omega + KR\sin(\Theta - \phi)] f(\phi, t, \omega)\} + D\frac{\partial^2}{\partial \phi^2} f(\phi, t, \omega) \tag{5.98}$$

となる。$K < K_{\mathrm{c}}$ では定常分布は $f(\phi, \omega) = (2\pi)^{-1}$ で与えられる。そのまわりで

$$f(\phi, t, \omega) = \frac{1}{2\pi} + \rho(\phi, t, \omega) \tag{5.99}$$

とおき，$\rho(\phi, t, \omega)$ について (5.98) を線形化すると，

$$\frac{\partial \rho}{\partial t} = \left(D\frac{\partial^2}{\partial \phi^2} - \omega \frac{\partial}{\partial \phi} \right) \rho + \frac{KR}{2\pi} \cos(\Theta - \phi) \tag{5.100}$$

が得られる。ここに，秩序パラメタは (5.61) によって

$$Re^{i\Theta} = \int_0^{2\pi} d\phi \int_{-\infty}^{\infty} d\omega\, g(\omega) \rho(\phi, t, \omega) e^{i\phi} \tag{5.101}$$

で与えられる。

ϕ の 2π 周期関数 $\rho(\phi, t, \omega)$ を

$$\rho(\phi, t, \omega) = \frac{1}{2\pi} \left[a(t, \omega) e^{i\phi} + \overline{a}(t, \omega) e^{-i\phi} + \rho'(\phi, t, \omega) \right] \tag{5.102}$$

のようにフーリエ展開しよう。ここに，ρ' は 2 次以上の高調波成分を表す。秩序パラメタには ρ の基本波成分のみが寄与する。すなわち，

$$Re^{i\Theta} = \int_{-\infty}^{\infty} d\omega\, \overline{a}(t, \omega) g(\omega) \tag{5.103}$$

である。

したがって，(5.100) の最終項は次のように表される：

$$\begin{aligned} \frac{KR}{2\pi} \cos(\Theta - \phi) &= \frac{K}{2\pi} \mathrm{Re} \left\{ \left[\int_{-\infty}^{\infty} d\omega\, \overline{a}(t, \omega) g(\omega) \right] e^{-i\phi} \right\} \\ &= \frac{K}{4\pi} \left\{ \left[\int_{-\infty}^{\infty} d\omega\, a(t, \omega) g(\omega) \right] e^{i\phi} + \left[\int_{-\infty}^{\infty} d\omega\, \overline{a}(t, \omega) g(\omega) \right] e^{-i\phi} \right\}. \end{aligned} \tag{5.104}$$

よって，(5.100) は a に対する閉じた式

$$\frac{\partial a}{\partial t} = -(D + i\omega) a + \frac{K}{2} \int_{-\infty}^{\infty} d\omega'\, a(t, \omega') g(\omega') \equiv \widehat{L} a \tag{5.105}$$

を与える。高調波成分については，その線形化方程式はきわめて単純で，

$$\frac{\partial \rho'}{\partial t} = -\omega \frac{\partial \rho'}{\partial \phi} + D \frac{\partial^2 \rho'}{\partial \phi^2} \tag{5.106}$$

となる。

これらの線形化方程式に基づいて定常分布の線形安定性を調べよう。まず，(5.106) から明らかなことは，$D=0$ の場合には高調波成分は $\rho'(\phi-\omega t)$ の形をもつ任意の関数が (5.106) の解になっているという事実である。したがって，定常分布に対して高調波の撹乱を与えてもそれは決して減衰せず，その意味ですでに定常分布は漸近安定ではなく，中立安定であるにすぎない。

基本波成分に関する (5.105) の安定性解析はよりデリケートである。まず，線形演算子 $\widehat{L}$ の固有値 λ を求めてみよう。

$$a(t,\omega)=b(\omega)e^{\lambda t} \tag{5.107}$$

とおいて，これを (5.105) に代入すれば $(\widehat{L}-\lambda)b=0$，すなわち

$$\lambda b(\omega)=-(D+i\omega)b(\omega)+B, \tag{5.108a}$$

$$B=\frac{K}{2}\int_{-\infty}^{\infty}d\omega'\,b(\omega')g(\omega') \tag{5.108b}$$

となる。上式から b を消去すると λ は次式をみたすことがわかる：

$$1=\frac{K}{2}\int_{-\infty}^{\infty}d\omega\,\frac{g(\omega)}{\lambda+D+i\omega}. \tag{5.109}$$

先に仮定したように，$g(\omega)$ は $\omega=0$ を中心とする対称なひと山分布としよう。この条件の下に，(5.109) を満足する λ は高々 1 つしか存在しないこと，存在するとすればそれは実数であることが Mirollo と Strogatz によって証明されている (Mirollo and Strogatz, 1990)。この事実を認めれば，(5.109) を

$$1=\frac{K}{2}\int_{-\infty}^{\infty}d\omega\,\frac{\lambda+D}{(\lambda+D)^2+\omega^2}g(\omega) \tag{5.110}$$

と書いてよい。

K がある臨界値 $K_{\rm c}$ を超えると，(5.110) に $\lambda>0$ の解が現れて定常状態が不安定化すると期待されるから，同式で $\lambda=0$ とおけばそれをみたす K が $K_{\rm c}$ に等しいはずである。すなわち，$K_{\rm c}$ は

$$K_{\rm c}=2\left[\int_{-\infty}^{\infty}d\omega\,\frac{D}{D^2+\omega^2}g(\omega)\right]^{-1} \tag{5.111}$$

で与えられる。上式は (5.81) をノイズを含む場合に一般化した式になっている (Sakaguchi, 1988)。実際，D を 0 に近づけると，上式の積分において $\omega=0$

の近傍からの寄与がますます支配的になるので，

$$\begin{aligned}\lim_{D\to 0} K_{\mathrm{c}} &= \lim_{D\to 0} 2\left[\int_{-\infty}^{\infty} d\omega\, \frac{D}{D^2+\omega^2} g(\omega)\right]^{-1} \\ &= \lim_{D\to 0} 2\left[g(0)D\int_{-\infty}^{\infty} \frac{d\omega}{D^2+\omega^2}\right]^{-1} \\ &= 2\left[g(0)D\,\frac{\pi}{D}\right]^{-1} = \frac{2}{\pi g(0)} \end{aligned} \tag{5.112}$$

となって (5.81) に一致する。

(5.110) をみたす λ が存在するとすれば，それは必ず $\lambda > -D$ をみたすことは明らかである。したがって $D=0$ のとき λ は負になりえない。この場合には，(5.110) は

$$1 = \frac{K}{K_{\mathrm{c}}} - \frac{K\lambda}{2}\int_{-\infty}^{\infty} d\omega\, \frac{g(0)-g(\omega)}{\lambda^2+\omega^2} \tag{5.113}$$

と書くことができるが，$g(0)-g(\omega)>0$ だから，$K<K_{\mathrm{c}}$ では上式を満足する λ は存在しない。$K \gtrsim K_{\mathrm{c}}$ における λ の表式は

$$\lambda = \frac{2(K-K_{\mathrm{c}})}{K_{\mathrm{c}}^2 \int_{-\infty}^{\infty} d\omega\, \omega^{-2}[g(0)-g(\omega)]} \tag{5.114}$$

で与えられる。$g(\omega)$ のフーリエ変換

$$\widehat{g}(\tau) = \int_{-\infty}^{\infty} d\omega\, g(\omega) e^{-i\omega\tau} \tag{5.115}$$

を用いると，$g(0)-g(\omega) = \pi^{-1}\int_0^{\infty} d\tau\, \widehat{g}(\tau)(1-\cos\omega\tau)$ と書けるので，(5.114) は

$$\lambda = \frac{2(K-K_{\mathrm{c}})}{K_{\mathrm{c}}^2 \int_0^{\infty} d\tau\, \tau\widehat{g}(\tau)} \tag{5.116}$$

と表すこともできる。

このように，$K<K_{\mathrm{c}}$ では $\widehat{L}$ の固有値は存在しない。しかし，次のような定性的考察からわかるように，$K<K_{\mathrm{c}}$ においても実質的には固有値 $-(D+i\omega)$ が存在し，$D=0$ ではこれが純虚数になることから，定常分布が中立安定であることがほぼ理解される。(5.105) において，ある ω に対してのみ撹乱 $a(0,\omega)$ を生じさせ，他のすべての ω に対しては $a=0$ とした初期状態を考えよう。

このとき，(5.105) の積分は無限小幅のスライスにすぎないのでこれを 0 とおいてよい。よってこの撹乱は

$$a(t,\omega) = a(0,\omega)\exp[-(D+i\omega)t] \tag{5.117}$$

のように振舞い，$D=0$ では非減衰である。また，この撹乱の存在によって他のすべての a は何らの影響も受けず，$a=0$ のままである。1 つの ω に対してだけでなく，異なる ω に対して無数のこのような撹乱が存在したとしても，それが加算個なら事情は同じであり，それらは互いに独立に (5.117) に従う。このように，それぞれの $a(\omega)$ は実質的に固有値 $\lambda = -(D+i\omega)$ をもつ固有関数のように振舞う。しかし，先に求めた λ とは異なり，正確には $-(D+i\omega)$ を固有値とよぶことはできない。むしろ，これらはすべて固有値よりも一般的な概念である**スペクトル**に属する。(5.109) をみたす λ は離散スペクトルであり，連続無限個の $-(D+i\omega)$ は連続スペクトルである。

実際，Strogatz と Mirollo は，$g(\omega)\neq 0$ であるような任意の ω に対して，$\lambda + D + i\omega = 0$ をみたす λ はすべて $\widehat{L}$ の連続スペクトルに属し，かつこれ以外に連続スペクトルは存在しないことを証明した。スペクトルの定義に基づいたその議論の概略は以下のように述べられる。演算子 $\widehat{L}$ のスペクトルとは，$\widehat{L}-\lambda\widehat{I}$ ($\widehat{I}$ は恒等変換) の逆が存在しないような数 λ の集まりのことである。先に求めた固有値 λ はその一部であるがそのすべてではない。実際，ω の任意の関数を $F(\omega)$ として，これを非斉次項とする方程式 $(\widehat{L}-\lambda)b = F(\omega)$，すなわち

$$-(\lambda + D + i\omega)b + \frac{K}{2}\int_{-\infty}^{\infty} d\omega'\, b(\omega')g(\omega') = F(\omega) \tag{5.118}$$

を考えたとき，これが可解でないような λ が離散固有値以外に無数に存在し，その集合が連続スペクトルを与えるのである。(5.118) に現れる積分項は ω に無関係な定数 B であるから，ある ω に対して λ が $\lambda + D + i\omega = 0$ をみたすなら，(5.118) を満足する $b(\omega)$ を見出すことはできない。したがって，このような λ は少なくとも連続スペクトルの一部をなしていることがわかる。

すべての ω に対するこのような λ で連続スペクトルがつくされることを示すには，どのような ω に対しても $\lambda + D + i\omega = 0$ を満足せず，かつ固有値でも

ない λ に対して (5.118) が可解であることがいえればよい。実際，(5.118) は

$$b(\omega) = \frac{B - F(\omega)}{\lambda + D + i\omega} \tag{5.119}$$

と書かれるが，これと (5.108b) から b を消去すれば，

$$B\left[1 - \frac{K}{2}\int_{-\infty}^{\infty} d\omega \, \frac{g(\omega)}{\lambda + D + i\omega}\right] = -\frac{K}{2}\int_{-\infty}^{\infty} d\omega \, \frac{F(\omega)g(\omega)}{\lambda + D + i\omega} \tag{5.120}$$

が得られる。仮定によって λ は固有値ではないので B の係数は 0 でなく，したがって上式から B は決まり，(5.118) より各 $b(\omega)$ が一義的に決まる。

以上の議論から，$D = 0$ の Kuramoto モデルでは Fokker-Planck 方程式の定常解は $K < K_{\rm c}$ において中立安定でしかありえないことがわかった[9)]。それにもかかわらず，数値シミュレーションの結果をみるかぎり $K < K_{\rm c}$ において秩序パラメタは 0 に減衰し，少なくともマクロには定常状態は中立安定ではなく漸近安定にみえる。一見相矛盾するこれらの事実はどのように整合的に理解されるであろうか。以下では，不完全ではあるがこの疑問に対する一応の解答を与えておこう[10)]。なお，この問題は物理的には 6.1 節の主題とも深く関わっているが，以下の議論はそれとは独立である。

---

9) 集団振動相 $K > K_{\rm c}$ においても，$D = 0$ の Kuramoto モデルでは非同期集団が存在するかぎり虚軸上に連続スペクトルが存在することが明らかになっている (Mirollo and Strogatz, 2007)。

10) この見かけ上の矛盾は，本節の議論が暗黙の前提としているような通常の関数空間 (ヒルベルト空間) におけるスペクトル理論によっては抜本的に解決することが難しい。近年，Chiba は超関数をも自然に扱いうるような大きな空間 (Gelfand の 3 つ組み，あるいは Rigged Hilbert space とよばれる) に関数空間を拡張することでスペクトル理論を一般化し，Kuramoto モデルに対する分岐理論を成功裡に展開している (Chiba, 2015)。そこでは，集団同期転移は一種の分岐現象として記述され，有限自由度力学系に対する分岐理論と同様に中心多様体の存在を示すことができる。そして，その上での秩序パラメタに対する発展方程式から，臨界結合強度前後で集団非同期相と同期相との間に安定性の交代が起こることが自然な形で示されている。しかしながら，Chiba の議論はかなり高度な数学を含み，本書のレベルを超えることから，ここでは文献の提示のみにとどめる。なお，自己無矛盾理論から推測された無秩序相と秩序相の安定性に関する近年の数学的議論としては，他にも (Dietert, 2016) および (Fernandez, Gerard-Varet, and Giacomi, 2016) 等がある。

秩序パラメタの減衰機構

秩序パラメタの表式 (5.103) から想像されるように，各 ω 振動子の位相分布がたとえ定常分布に漸近しなくても，あらゆる振動数にわたる寄与の総和である秩序パラメタ自体は定常値に緩和しうる (Kuramoto and Nishikawa, 1989; Strogatz, Mirollo, and Matthews, 1992)。Kuramoto モデルの対称性から，以下では $\Theta = 0$ とおいて秩序パラメタの動径

$$R(t) = \int_{-\infty}^{\infty} d\omega\, a(t,\omega)g(\omega) \tag{5.121}$$

のダイナミクスを考える。(5.105) は $D = 0$ に対して

$$\frac{\partial a}{\partial t} = -i\omega a + \frac{K}{2}R(t) \tag{5.122}$$

となる。上式の解は次式で与えられる：

$$a(t,\omega) = e^{-i\omega t}a(0,\omega) + \frac{K}{2}\int_0^t d\tau\, e^{-i\omega\tau}R(t-\tau). \tag{5.123}$$

この解を (5.121) に代入すると，R に対する閉じた方程式

$$R(t) = S(t) + \frac{K}{2}\int_0^t d\tau\, R(t-\tau)\widehat{g}(\tau) \tag{5.124}$$

が得られる。ここに，

$$S(t) = \int_{-\infty}^{\infty} d\omega\, a(0,\omega)g(\omega)e^{-i\omega t} \tag{5.125}$$

であり，$\widehat{g}(\tau)$ は (5.115) で与えられる。(5.124) の解の詳細については文献 (Strogatz, Mirollo, and Matthews, 1992) に委ね，以下では 2 つの特別な状況における $R(t)$ の挙動について述べよう。簡単のため初期条件を $a(0,\omega) = 1$ として，(5.124) を

$$R(t) = \widehat{g}(t) + \frac{K}{2}\int_0^t d\tau\, R(t-\tau)\widehat{g}(\tau) \tag{5.126}$$

と書いておく。$g(\omega)$ が $\omega = 0$ で解析的なら $\widehat{g}(t)$ の長時間振舞は指数減衰である。したがって，R の長時間挙動を考えるかぎり，(5.126) の右辺第一項は無視できる。

まず，$g(\omega)$ が Lorentz 分布 (5.55) で与えられる場合を考えてみよう。$\widehat{g}(t) = \exp(-\gamma t)$ であるから，$\widehat{g}(t)$ 項が十分減衰した後の R は

$$R(t) = \exp\left[\left(\frac{K}{2} - \gamma\right)t\right] = \exp\left[\frac{1}{2}(K - K_{\mathrm{c}})t\right] \tag{5.127}$$

となる。予想どおり R は $K < K_{\mathrm{c}}$ において 0 に減衰し，臨界点に近づくほど減衰が遅くなる，いわゆる**臨界緩和現象** (critical slowing down) がみられる。

第二の場合として，$g(\omega)$ は 0 を中心とする一般的なひと山対称分布とするがその具体的な形は仮定せず，その代わりに $K = K_{\mathrm{c}}$ の近傍を考える。そこでは臨界緩和が起こることを見越して，(5.126) における時間積分を近似的に扱おう。すなわち，

$$\begin{aligned} R(t) &\simeq \widehat{g}(t) + \frac{K}{2}\int_0^t d\tau \left[R(t) - \tau\frac{dR(t)}{dt}\right]\widehat{g}(\tau) \\ &\simeq \frac{K}{2}R(t)\int_0^\infty d\tau\, \widehat{g}(\tau) - \frac{K_{\mathrm{c}}}{2}\frac{dR(t)}{dt}\int_0^\infty d\tau\, \tau\widehat{g}(\tau) \end{aligned} \tag{5.128}$$

とするのである。これにより，(5.128) は

$$\frac{dR}{dt} = \frac{\frac{K}{2}\int_0^\infty d\tau\, \widehat{g}(\tau) - 1}{\frac{K_{\mathrm{c}}}{2}\int_0^\infty d\tau\, \tau\widehat{g}(\tau)}R \tag{5.129}$$

となる。$\int_0^\infty \widehat{g}(\tau)\, d\tau = \pi g(0) = 2/K_{\mathrm{c}}$ に注意すれば，上式は

$$\frac{dR}{dt} = \alpha(K - K_{\mathrm{c}})R, \tag{5.130}$$

$$\alpha = \frac{2}{K_{\mathrm{c}}^2\int_0^\infty d\tau\, \tau\widehat{g}(\tau)}$$

となる。このように，再び R の減衰と臨界緩和が示された。$K > K_{\mathrm{c}}$ では R の成長率 $\alpha(K - K_{\mathrm{c}})$ は (5.116) で与えられる固有値 λ に一致していることに注意しよう。K_{c} の前後で成長率は共通の表式で表されるにもかかわらず，$K > K_{\mathrm{c}}$ でのみこれに対応する固有値が存在するのである。

$K < K_{\mathrm{c}}$ における秩序パラメタの減衰機構は，無衝突プラズマで知られている Landau 減衰 (Landau, 1946) の機構ときわめて似ていることが指摘されている (Strogatz, Mirollo, and Matthews, 1992)。自然振動数の分布はプラズマにおける荷電粒子の速度分布に対応している。大域結合振動子系において共通の

平均場の中を個別振動子が運動するように，無衝突プラズマでは長距離のクーロン相互作用によってつくられる共通の電場の中を個々の粒子がドリフトする。そして，粒子間の直接の衝突という散逸機構なしにこの電場が減衰するのが Landau 減衰である。Landau 減衰は，平均場を通じて以外は相互作用のない振動子系において平均場 (秩序パラメタ) が減衰するのと類比的である。このような類似性は単に言葉のうえだけでなく，数式上の対応関係として明確に現れている。

秩序パラメタの減衰は，Landau 減衰と同様にミクロな情報の喪失による真の不可逆過程によるものではない。この事実に由来する現象として，物理学でよく知られたプラズマエコーやスピンエコーに似たエコー現象が Kuramoto モデルにも見出される (Ott *et al.*, 2008)。物理学におけるエコー現象と同様に，系のダイナミクスの記憶が表面上は消えたようにみえても，散逸機構を欠いているためにそれが内部に保持され，適当な外部刺激を与えることでよび戻されるのである。分布 $f(\phi,t,\omega)$ に蓄えられた記憶の回復が，真性粘菌のある種の「知的な」行動パターンに関係しているのではないかという説も提出されている (Saigusa *et al.*, 2008)。

臨界指数の問題

大域結合モデル (5.51) において，$\Gamma(\psi)$ が基本波成分 $\sin\psi$ および $\cos\psi$ のみを含む場合の集団同期転移では，K が $K_{\rm c}$ を超えると十分小さい $\mu\,(\propto K-K_{\rm c})$ に対して秩序パラメタが $R\propto\sqrt{\mu}$ のように立ち上がることを前節でみた。すなわち，$R\propto\mu^{\beta}$ とすると**臨界指数** β は 1/2 であった。$\Gamma(\psi)$ に 2 次高調波が含まれると R のこの振舞が定性的に変化し，$\beta=1$ となる。この事実は Daido によって自己無矛盾理論の立場からはじめて明らかにされた (Daido, 1994, 1996)。 結合関数 $\Gamma(\psi)$ が多くのフーリエ成分をもつ場合は，それらに対応して位相分布のフーリエ成分ごとに秩序パラメタを導入する必要があるので，この場合の自己無矛盾理論では，多次元の自己無矛盾方程式が解析されることになる (Daido, 1992)。

一般の $\Gamma(\psi)$ に対しては，集団振動の発生は必ずしも位相分布の基本波成分の不安定化によるとはかぎらず，高調波成分が最初に不安定化する場合もある。また，以上は $D=0$ の場合であるが $D\neq 0$ ではどうなるかという問題もある。Crawford によれば，位相分布の l 次高調波が最初に不安定化しかつ $D\neq 0$ のとき，$\Gamma(\psi)$ に $2l$ 次高調波が含まれるなら，秩序パラメタは一般に

$$R \propto \sqrt{\mu(\mu + l^2 D)} \tag{5.131}$$

に従って立ち上がる (Crawford, 1995)。すなわち，ノイズが存在しなければ $\beta = 1$ であるが，わずかでもノイズが存在すれば臨界点の十分近傍では $\beta = 1/2$ 法則が回復される。

Crawford のアプローチは Daido のそれと異なり，臨界点近傍で秩序パラメタに対する振幅方程式を導出するというものである。Stuart-Landau 方程式のように，1 次と 3 次の項からなる振幅方程式の平衡解が 3 次項の係数の特異性のために (5.131) のようになるのである。振幅方程式の導出は逓減摂動法のように単純ではない。それは $D\to 0$ で虚軸上に存在する連続スペクトルによる。これら無数の中立安定モードが，離散固有値に対応する臨界モードのダイナミクスに非自明な影響を与えるのである。このような理論の詳細については Crawford と Davies の論文を参照されたい (Crawford and Davies, 1999)。

臨界指数に関して考えうる最も単純な非自明なモデルとして，Kuramoto モデルに 2 次高調波を含めたモデル

$$\frac{d\phi_j}{dt} = \omega_j - \frac{K}{N}\sum_{k=1}^{N}\sin(\phi_j - \phi_k) - \frac{\sigma K}{N}\sum_{k=1}^{N}\sin[2(\phi_j - \phi_k)] \tag{5.132}$$

を考えよう。以下では $K>0$ と仮定するが，σ の符号と大きさは任意とする。自然振動数は $\omega = 0$ を中心とするひと山のなめらかな対称分布で与えられるとする。

Kuramoto モデルと違って，このモデルでは位相分布の基本波と 2 次高調波に対応する 2 種類の秩序パラメタを考える必要がある。それらの動径は $N\to\infty$ の極限で

$$R_1 = \int_0^{2\pi} d\phi \int_{-\infty}^{\infty} d\omega\, g(\omega) f(\phi, t, \omega)\cos\phi, \tag{5.133a}$$

$$R_2 = \int_0^{2\pi} d\phi \int_{-\infty}^{\infty} d\omega\, g(\omega) f(\phi, t, \omega)\cos 2\phi \tag{5.133b}$$

で与えられる。ただし，Kuramoto モデルと同様の系の対称性を考慮して，偏角は最初から $\Theta_1 = \Theta_2 = 0$ とおいている。(5.132) は

$$\frac{d\phi_j}{dt} = \omega_j - KR_1 \sin\phi_j - \sigma K R_2 \sin 2\phi_j \tag{5.134}$$

と表される。

集団的非振動状態 $R_1 = R_2 = 0$ の不安定化が R_1 に対して最初に起こるか，あるいは R_2 に対して最初に起こるかは σ の値による。これをみるには，先に行ったように一様分布 $f(\phi, t, \omega) = (2\pi)^{-1}$ の近傍で成り立つ線形化 Fokker-Planck 方程式から離散固有値を求め，臨界条件を調べればよい。Fokker-Planck 方程式は (5.98) の代わりに

$$\frac{\partial}{\partial t} f(\phi, t, \omega) = -\frac{\partial}{\partial\phi}\left\{[\omega - KR_1 \sin\phi - \sigma K R_2 \sin 2\phi]\, f(\phi, t, \omega)\right\} \tag{5.135}$$

となる。ただし，$D = 0$ としている。一様分布からのずれ $\rho(\phi, t, \omega)$ に対する線形化方程式は

$$\frac{\partial\rho}{\partial t} = -\omega\frac{\partial\rho}{\partial\phi} + \frac{KR_1}{2\pi}\cos\phi + \frac{\sigma K R_2}{\pi}\cos 2\phi \tag{5.136}$$

である。$\rho(\phi, t, \omega)$ をフーリエ展開して

$$\rho(\phi, t, \omega) = \frac{1}{\pi}\left\{a_1(t, \omega)\cos\phi + a_2(t, \omega)\cos 2\phi + \cdots\right\} \tag{5.137}$$

と表すと，秩序パラメタは

$$R_1 = \int_{-\infty}^{\infty} d\omega\, a_1(t, \omega) g(\omega), \tag{5.138a}$$

$$R_2 = \int_{-\infty}^{\infty} d\omega\, a_2(t, \omega) g(\omega) \tag{5.138b}$$

で与えられる。よって (5.136) は a_1 と a_2 に対してそれぞれ独立した式を与え，それらは

$$\frac{\partial a_1}{\partial t} = -i\omega a_1 + \frac{K}{2}\int_{-\infty}^{\infty} d\omega'\, a_1(t, \omega') g(\omega'), \tag{5.139a}$$

$$\frac{\partial a_2}{\partial t} = -2i\omega a_2 + \sigma K \int_{-\infty}^{\infty} d\omega'\, a_2(t, \omega') g(\omega') \tag{5.139b}$$

をみたす。$a_{1,2}(t,\omega)=b_{1,2}(\omega)\exp(\lambda_{1,2}t)$ とおいて，これらを上式に代入すれば離散固有値 $\lambda_{1,2}$ がみたす式が得られる。容易にわかるように，零固有値が現れる臨界点はそれぞれ K または σK が $2/[\pi g(0)]$ に等しくなるときである [11)]。以下では $\sigma<1$ と仮定して，位相分布の基本波が先に不安定化する場合を考える。

Daido の理論によれば，自己無矛盾方程式の解を近似的に計算することで臨界指数が見いだされるはずである。しかし，臨界点近傍で基本波成分に関する秩序パラメタ R_1 の発展方程式がわかるなら，安定性を含めてこの問題はより満足な形で解決される。前に触れた Crawford らの理論では，有限のノイズ強度 D から $D\to 0$ の極限に迫ったが，これとは違って完全にノイズが存在しない系に対して秩序パラメタの従う発展方程式を一般的な結合関数をもつモデルに対して導出することは長年の懸案であった。先に述べたように，虚軸上に連続スペクトルが存在することが，有限自由度力学系に対する分岐理論と同様の理論を構築する上での本質的な障害になっていたのである。しかし，近年 Chiba らによってこの問題は基本的に解決された (Chiba and Nishikawa, 2011; Chiba, 2016)。拡張された関数概念に基づく彼らの理論は高度な数学を含むため，ここではその議論に立ち入ることはできないが，その一帰結としてモデル (5.132) に対して得られた秩序パラメタ R_1 の表式のみを以下に示そう。臨界結合強度 $K_{\rm c}$ 近傍における秩序パラメタは

$$R_1=\frac{2(1-\sigma)}{K_{\rm c}^3C\sigma}(K-K_{\rm c}) \tag{5.140}$$

で与えられる。ここに，C は自然振動数分布 $g(\omega)$ で決まる負の定数である。したがって，$K>K_{\rm c}$ では $\sigma<0$ なら $R_1>0$ の解が存在し，予想されたように臨界指数は 1 である。中心多様体上での秩序パラメタの発展方程式から，この解が安定であること，さらに $0<\sigma<1$ の場合に $K<K_{\rm c}$ で現れる $R_1>0$ の解は不安定であることがわかる。

---

11) より一般に，結合項が $-N^{-1}K\sum_{k=1}^{N}\sum_{m=1}^{\infty}b_m\sin[m(\phi_j-\phi_k)]$ で与えられるとき，m 次高調波は $K=K_{\rm c}(m)=2/[\pi g(0)b_m]$ において不安定化する (Strogatz and Mirollo, 1991)。

非大域的な結合をもつ位相振動子ネットワークの集団同期転移

結合が大域的でない一般のネットワークに拡張された Kuramoto モデルは

$$\dot{\phi}_j = \omega_j - K \sum_{k=1}^{N} A_{jk} \sin(\phi_j - \phi_k) \tag{5.141}$$

で与えられる。特別な場合として，規則格子上の各位相振動子が隣接振動子とのみ相互作用する系を考えることができ，このような系は熱力学的相転移の理論モデルとの類比から興味がもたれる。振動子格子の同期転移に関しては，初期の仕事 (Sakaguchi, Shinomoto, and Kuramoto, 1987, Daido, 1988) で提起された問題が近年再び取り上げられ，詳細な数値解析によって転移の詳細が明らかになってきている (Hong, Park, and Choi, 2004, 2005; Hong, Ha, and Park, 2007; Hong *et al.*, 2007)。

ランダムネットワーク上の位相振動子に関する研究も近年活発化している。Ichinomiya は**スケールフリー・ネットワーク**における同期相転移を平均場理論によって論じた (Ichinomiya, 2004)。そこでは結合関数として狭義の Kuramoto モデルと同じく $-\sin\psi$ タイプが仮定されている。Ko と Ermentrout は，Kuramoto-Sakaguchi タイプの結合関数 $-\sin(\psi+\alpha)$ をもつスケールフリー・ネットワークを考察し，次節で述べるキメラ状の集団の分裂が起こることを論じている (Ko and Ermentrout, 2008)。Restrepo らは，ランダムネットワークに対して平均場理論を含むより一般的な取り扱いを提案し，隣接行列 A_{ij} が対称な場合のみならずこれが非対称な有向ネットワークにも適用している (Restrepo, Ott, and Hunt, 2005, 2006)。 Kori と Mikhailov は，ペースメーカーまたは周期外力を含む同一振動子からなるネットワークモデル

$$\dot{\phi}_j = \omega + K \sum_{k=1}^{N} A_{jk}\Gamma(\phi_j - \phi_k) - \mu B_j \sin(\phi_j - \phi_0), \tag{5.142a}$$

$$\phi_0 = (\omega + \Delta\omega)t \tag{5.142b}$$

を解析し，ネットワーク構造と集団同期の起こりやすさとの関係を論じている (Kori and Mikhailov, 2004, 2006)。

5.6 キメラ状態

これまでの議論から，振動数分布をもつ大域結合系では集団振動の存在下で系が2つの部分集団に分かれる場合のあることがわかった。第一のグループは平均場の振動に同期する振動子のグループであり，第二のグループはそれに同期できない振動子のグループである。

大域結合系にかぎらず，一般に長距離相互作用をもつ系では，多数の振動子がつくりだす平均場によって個々の振動子が独立に駆動されるという描像が成り立ち，したがって平均場理論が成立する。その場合，平均場は必ずしも空間的に一様ではなく，結合距離程度ないしそれ以上の波長でなめらかに空間変化しうる。そうした状況下では，たとえ自然振動数にまったくばらつきがなくても，平均場に同期する振動子グループと同期できない振動子グループが空間的に棲み分ける可能性がある。なぜなら，平均場が大振幅で振動している領域では個別振動子はそれに同期し，逆に小振幅振動の領域では同期しないと考えられるからである。その結果，同期グループと非同期グループはあるシャープな境界をはさんで空間的に共存するであろう。このようなヘテロな集団状態を**キメラ状態**とよんでいる [12)]。

1次元キメラ

この一見奇妙な集団状態の存在が最初に理論的に示されたのは次の位相モデルにおいてであった (Kuramoto and Battogtokh, 2002)：

$$\frac{\partial}{\partial t}\phi(x,t)=\omega-\int_{-1/2}^{1/2}dx'\,G\left(x-x'\right)\sin\left[\phi(x,t)-\phi\left(x',t\right)+\alpha\right], \quad (5.143\text{a})$$

$$G(x)=\frac{\kappa}{2}e^{-\kappa|x|}. \quad (5.143\text{b})$$

上式は単位長をもつ1次元非局所結合位相振動子系を表している。それは空間的に連続な系として表されているが，N 個の格子点をもつ1次元規則格子上に配列された位相振動子系の連続体極限とみなしてもよい。すなわち，シス

12) キメラ (chimera) とは，ライオンの頭部，山羊の胴体，蛇の尾をもつ生き物で，ギリシャ神話に登場する。本章の意味でこの用語を用いたのは Abrams と Strogatz である (Abrams and Strogatz, 2004)。

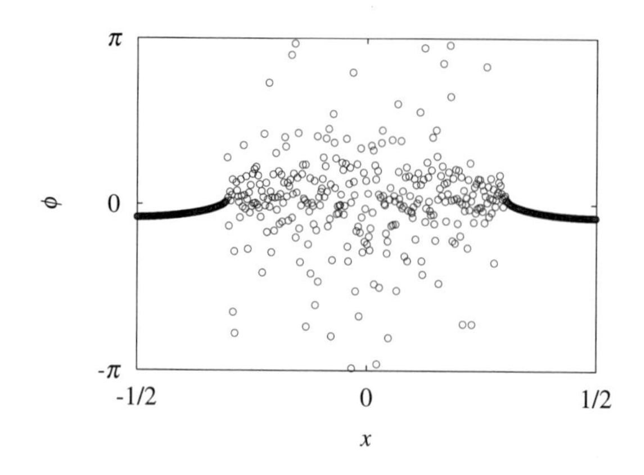

図 5.13　非局所結合をもつ 1 次元位相振動子系 (5.143a,b) のキメラ状態。$\alpha = 1.457$, $\kappa = 4.0$.

テム長と結合距離 κ^{-1} を一定に保ったまま格子点間の間隔を 0 に縮めることで $N \to \infty$ の極限をとるのである。振動子対間の結合は N に反比例して弱めていく。これによって各局所振動子は結合距離内の無数の振動子と結合することになり，大域結合系と同様に平均場理論を近似なしに適用することが可能となる。

周期境界条件の下で，$\alpha = 1.457$, $\kappa = 4.0$ として上記モデルのシミュレーションを行った結果得られた位相パターンのスナップショットを図 5.13 に示した。シミュレーションは $N = 4096$ の 1 次元格子に対してなされている。系の長さは結合距離 κ^{-1} と大差がないので，このパターンは境界条件の影響を強く受けている。

$-\pi/2 < \alpha < \pi/2$ をみたしているので結合は同相タイプであり，したがって空間的に一様な位相パターンは線形安定である。しかし，この一様状態に有限の乱れを与えた状態から出発すると，図のように位相がなめらかに変化している領域 (コヒーレントな領域) とランダムにばらついた領域 (インコヒーレントな領域) が共存する状態が現れ，これがいつまでも持続する。周期境界条件を課しているので，空間並進によって得られるすべてのパターンは同じ資格をもって実現しうる。しかし見やすくするために，図ではインコヒーレントな領域が中央にくるように表示されている。インコヒーレント領域における位相

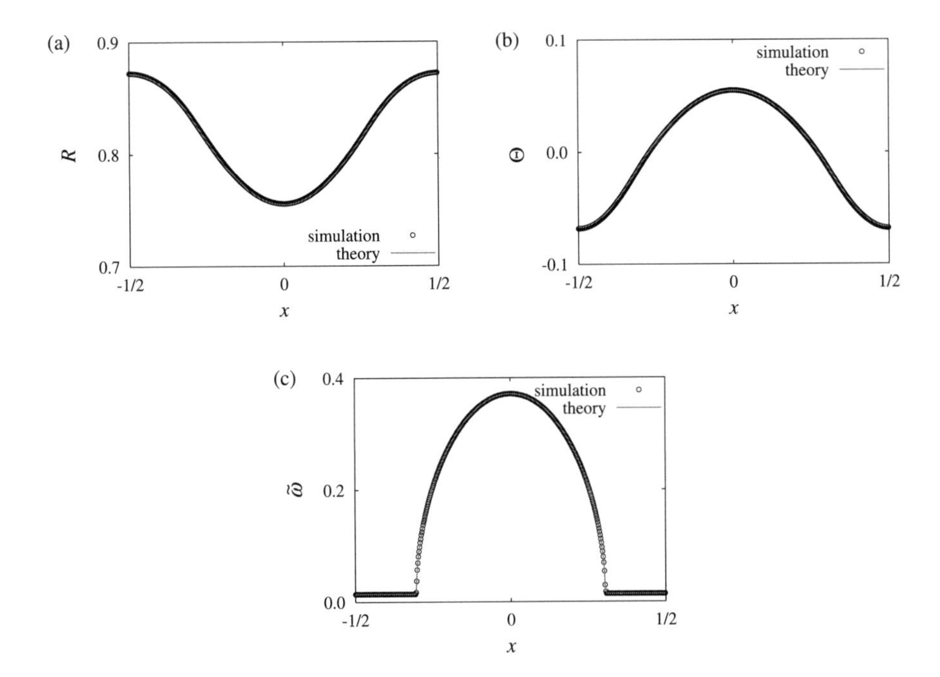

図 5.14　図 5.13 に示したキメラ状態における秩序パラメタと局所振動数の空間パターン。シミュレーションの結果と理論曲線の比較。(a) 秩序パラメタの動径 $R(x)$, (b) 秩序パラメタの偏角 $\Theta(x)$, (c) 局所振動数 $\widetilde{\omega}(x)$. (Y. Kuramoto and D. Battogtokh, Nonlinear Phenom. Complex Syst. **5**, 380 (2002) より転載。)

分布の詳細は時間とともに変化するが，統計的には数密度分布はほぼ定常にみえる。

各振動子の位相はある平均速度で増大する。その速度の空間分布，すなわち局所振動数の空間パターン $\widetilde{\omega}(x)$ は図 5.14(c) のようになっている。明らかにインコヒーレント領域では $\widetilde{\omega}$ は非一様であり，したがって振動子間の相互同期が破れていることがわかる。位相が乱雑化するのはその結果である。一方，コヒーレントな領域では振動子は同一の局所振動数をもっており，相互同期が成り立っている。振動子相互の同期または非同期は，各振動子が個別に平均場に同期するか否かの結果である。

複素秩序パラメタを

$$R(x,t)e^{i\Theta(x,t)} = \int_{-1/2}^{1/2} dx'\, G\,(x-x')\, e^{i\phi(x',t)} \tag{5.144}$$

によって定義しよう。この秩序パラメタは，局所的な複素量 $\exp(i\phi)$ を結合距離のスケールで粗視化した量になっている。$G=1$ ならこれは大域結合系の秩序パラメタ (5.56) と本質的に同一の量を表す。大域結合系に対する式 (5.57) と同様に，位相方程式 (5.143a) はこの秩序パラメタを用いて 1 振動子方程式

$$\frac{\partial}{\partial t}\phi(x,t) = \omega - R(x,t)\sin\left[\phi(x,t) - \Theta(x,t) + \alpha\right] \tag{5.145}$$

の形に書かれる。

図 5.14 の (a) と (b) には，シミュレーションから得られた R と Θ の空間パターンがそれぞれ示されており，後に述べる理論の結果と比較されている。$R(x)$ は時間的にほぼ一定で，中央で最小値をもち，境界で最大となるなめらかな曲線を描いている。Θ については，$\Theta(x,t) = \Omega t + \Theta_0(x)$ のように，パターンが形を変えず一定速度でドリフトする。すなわち，秩序パラメタでみたマクロな状態は単純な振動状態にある。その振幅は系の中心で最も小さく，位相はそこで最も進んでいる。

秩序パラメタのこのような振舞から，図 5.13 に示したキメラパターンが現れる定性的理由を次のように理解することができる。すなわち，秩序パラメタの振幅に臨界値 R_{c} があり，$R < R_{\mathrm{c}}$ となる領域では各振動子が平均場の振動に同期できない。特に，$\widetilde{\omega}(x)$ の形からわかるように，この領域では個々の振動子は平均場の遅い振動に引き止められることなく先走りしている。これと対照的に，$R > R_{\mathrm{c}}$ の領域では，平均場の振動は各振動子がそれに同期できるほど大振幅である。2 つの領域を合わせたこのような個別振動の全体が秩序パラメタ自身を形成している。このことから，5.4 節の自己無矛盾理論と同様の理論がこの現象に対しても適用できると期待される。以下はその概略である。

シミュレーションから得られた事実に従って，以下の理論においても平均場の振幅 $R(x)$ は定常とし，位相は $\Theta = \Omega t + \Theta_0(x)$ のように振舞うと仮定しよう。また，$R(x)$ と $\Theta_0(x)$ は系の中心 $(x=0)$ に関して空間反転対称性をもつと仮定する。

まず，秩序パラメタの運動に乗った位相変数 $\psi = \phi - \Omega t$ を用いて (5.145) を次のように書き直す：

$$\frac{\partial}{\partial t}\psi(x,t) = \omega - \Omega - R(x)\sin\left[\psi(x,t) - \Theta_0(x) + \alpha\right] \equiv V(\psi, x). \quad (5.146)$$

求めるべき量は $R(x)$, $\Theta_0(x)$ および Ω であり，自己無矛盾条件からこれらを見出すことができる。同期と非同期の境目となる R の臨界値 R_c は

$$R_\mathrm{c} = \omega - \Omega \quad (5.147)$$

で与えられる。ここではシミュレーションが示す事実から $\omega > \Omega$ を仮定している。

同じくシミュレーションの結果に基づいて，$|x| > x_\mathrm{c}$ で $R > R_\mathrm{c}$ となり，$|x| < x_\mathrm{c}$ で $R < R_\mathrm{c}$ となるような一対の点 $x = \pm x_\mathrm{c}$ が存在すると仮定しよう。これより，秩序パラメタの定義式 (5.145) における積分を $|x| = x_\mathrm{c}$ を境とする内外 2 領域からの寄与に分け，

$$\begin{aligned} R(x)e^{i\Theta_0(x)} &= \int_{|x'|>x_\mathrm{c}} dx'\, G\left(x - x'\right) e^{i\psi_\mathrm{A}\left(x'\right)} \\ &\quad + \int_{|x'|<x_\mathrm{c}} dx'\, G\left(x - x'\right) e^{i\psi_\mathrm{B}\left(x', t\right)} \end{aligned} \quad (5.148)$$

と書くことができる。$\psi_\mathrm{A}(x)$ は同期領域 (コヒーレント領域) における (5.146) の安定定常解，すなわち $V(\psi_\mathrm{A}, x) = 0$, $\partial V(\psi_\mathrm{A}, x)/\partial\psi_\mathrm{A} < 0$ をみたす解であり，$\psi_\mathrm{B}(x,t)$ は非同期領域 (インコヒーレント領域) における同式の非定常な解である。

秩序パラメタは無数の振動子がつくるセミマクロな量であり，その統計的なゆらぎは無視できる。したがって，(5.148) の右辺，特に非同期領域からの寄与を表す第二項はその統計平均で置き換えることができる。すなわち，

$$\begin{aligned} R(x)e^{i\Theta_0(x)} &= \int_{|x|>x_\mathrm{c}} dx'\, G\left(x - x'\right) e^{i\psi_\mathrm{A}(x')} \\ &\quad + \int_{|x|<x_\mathrm{c}} dx'\, G\left(x - x'\right) \left\langle e^{i\psi_\mathrm{B}\left(x', t\right)} \right\rangle \end{aligned} \quad (5.149)$$

としてよい。

上式を (5.67) と比較すると，両式はほとんど同じ構造をもっていることがわかる。いま扱っている系では，自然振動数は均一である代わりに，個別振動子を駆動する平均場の振幅 R が空間的に非一様であるために実質的に不均一系になっている。この違いはあるが，5.4 節における取り扱いとほぼ同じ取り扱いが適用できるはずである。

まず，同期領域については (5.69) に類似の式

$$e^{i\psi_{\mathrm{A}}(x)} = e^{i(\Theta_0(x)-\alpha)}\left[i\frac{\omega-\Omega}{R(x)} + \sqrt{1-\left(\frac{\omega-\Omega}{R(x)}\right)^2}\right] \tag{5.150}$$

が成り立つ。また，非同期領域でも (5.74) と同じく

$$\left\langle e^{i\psi_{\mathrm{B}}(x,t)}\right\rangle = ie^{i(\Theta_0(x)-\alpha)}\frac{\omega-\Omega}{R(x)}\left[1-\sqrt{1-\left(\frac{R(x)}{\omega-\Omega}\right)^2}\right] \tag{5.151}$$

が成り立つ。(5.150) と (5.151) を (5.149) に代入した式は，空間パターンとしての秩序パラメタ $R(x)$ と $\Theta_0(x)$ を決める自己無矛盾な汎関数方程式

$$R(x)e^{i\Theta_0(x)} = \mathcal{S}\left[R(x), \Theta_0(x); \Omega\right] \tag{5.152}$$

になっている。もちろん，もう一つの未知パラメタ Ω の特別の値に対してのみ上式の解が存在する。

(5.152) は解析的には扱いにくいが，数値的には解くことができる。その数値解は，図 5.14(a) および (b) に示したように，シミュレーションの結果を非常によく再現している。また，$R(x)$, $\Theta_0(x)$ および Ω がわかれば，個々の振動子の局所振動数 $\tilde{\omega}(x)$ が (5.146) に基づいて計算される。それには 5.4 節で示した式 (5.71) と $K=1$ とした (5.77) を適用すればよい。図 5.14(c) にみるように，これもシミュレーションの結果をよく再現する。

Abrams と Strogatz は，上で扱ったモデルを少し修正することでキメラ状態をより詳しく解析することに成功している (Abrams and Strogatz, 2004, 2006)。彼らのモデルでは，解析的に便利な結合核 $G(x)$ として (5.143b) の代わりに $G(x) = (2\pi)^{-1}(1 + A\cos x)$ が用いられた。それ以外は上記のモデルと変わらない。たとえば $A = 0.995$ とすると，図 5.13 に示したのとほぼ同じパターンが得られる。このモデルは 2 つのパラメタ (α, A) を含んでいる。彼らは α-A 空間においてキメラ状態の発生・消失や安定性に関する数学的解析を，シミュ

レーションを併用しつつ詳細に行っている[13]。また，結合関数が位相差の高調波を含む場合について，キメラ状態に及ぼす効果も調べられている (Suda and Okuda, 2015)。Wolfrum らは，キメラ状態周りのスペクトルの詳細な数値解析と，$N \to \infty$ 極限における解析的な考察から，1 次元キメラ状態の安定性を論じた (Wolfrum *et al.*, 2011)。

2 次元キメラと位相特異性のない回転らせん波

上で論じた 1 次元系のキメラ状態は，系のサイズが結合距離と同程度の場合に現れるパターンであり，したがって境界条件の効果が強く効いている。境界条件が問題にならないほど十分広がった系にもキメラ状態は現れる。その一例として，2 次元回転らせん波パターンがキメラ化する例を以下に述べよう (Shima and Kuramoto, 2004)[14]。これに対しては，(5.146) の 2 次元版モデル

$$\frac{\partial}{\partial t}\phi(\boldsymbol{r},t) = \omega - \int d\boldsymbol{r}'\, G\left(|\boldsymbol{r}-\boldsymbol{r}'|\right)\sin\left[\phi(\boldsymbol{r},t) - \phi(\boldsymbol{r}',t) + \alpha\right] \tag{5.153}$$

が用いられた。ここに，結合核 $G(r)$ は第 2 種変形 Bessel 関数 $K_0(\kappa r)$ を用いて

$$G(r) = \frac{\kappa^2 K_0(\kappa r)}{2\pi} \tag{5.154}$$

で与えられる。このような $G(r)$ を選んだ理由は，非局所結合振動子モデルが導出されるにあたっての歴史的経緯によっている (Kuramoto, 1995)。しかし，以下の議論は $G(r)$ の形の詳細には関係がないのでこのことには立ち入らない。ここでは，$G(r)$ が遠方で $G(r) \sim \exp(-r)/\sqrt{r}$ のように振舞うということだけを指摘しておく。

振動反応拡散系において回転らせん波が形成されるための初期条件について

---

13) 上で議論した 1 次元キメラ状態は，あくまでも適当な初期条件の下でのみ可能であり，別の初期条件の下では空間的に一様な状態に帰着する。しかしながら，位相振動子を Stuart-Landau 振動子に置きかえ，非局所結合に非線形性を含ませると，任意の初期条件からキメラ状態を実現することが可能である。また，同じモデルでは，パラメタの変化により，キメラ状態から時空カオス状態への移行が見られる (Bordyugov, Pikovsky, and Rosenblum, 2010)。

14) 1 次元位相振動子系においても，非局所結合が時間遅れを含むならキメラ状態は十分広がった系で現れうる。そこではコヒーレント領域とインコヒーレント領域が交互に並ぶパターンがみられる (Sethia, Sen, and Atay, 2008)。

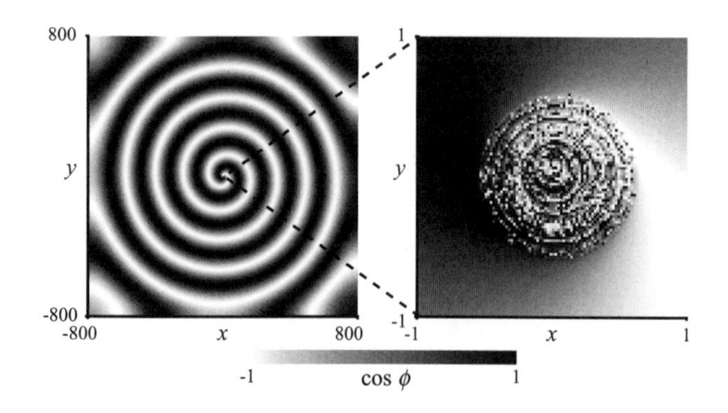

図 5.15　非局所結合をもつ 2 次元位相振動子系 (5.153), (5.154) のらせん波状キメラパターン。らせん波の中心部分を拡大すると位相が乱雑化した領域がみられる。$\alpha = 0.3$. (S. I. Shima and Y. Kuramoto, Phys. Rev. E **69**, 036213 (2004) より転載。)

は第 3 章で述べた。それは，まわりを 1 周するときに位相が 2π または -2π だけ変化するような空間点が存在するという条件であった。このような条件をみたす $\phi(\boldsymbol{r})$ の初期分布の下に上記のモデルの数値シミュレーションを行った結果が図 5.15 に示されている。同図 (a) のように，一見普通のらせん波と変わらないパターンが得られるが，パターンの回転中心付近を拡大してみると，(b) のように円形にくりぬかれた特別の領域が存在することがわかる。その内部では振動子の位相はランダムに分布している。この乱雑位相領域の広がりは結合半径 κ^{-1} と同程度である。

1 次元キメラパターンとまったく並行した議論によって，キメラ状らせん波パターンの発生理由を説明することができる。まず，秩序パラメタを (5.144) にならって

$$R(\boldsymbol{r},t)e^{i\Theta(\boldsymbol{r},t)} = \int d\boldsymbol{r}'\, G(|\boldsymbol{r}-\boldsymbol{r}'|)e^{i\phi(\boldsymbol{r}',t)} \tag{5.155}$$

と定義する。これを用いて (5.153) は

$$\frac{\partial}{\partial t}\phi(\boldsymbol{r},t) = \omega - R(\boldsymbol{r},t)\sin\left[\phi(\boldsymbol{r},t) - \Theta(\boldsymbol{r},t) + \alpha\right] \tag{5.156}$$

と表される。自由境界をもつ 2 次元の正方形領域でなされた上式の数値シミュレーションの結果が図 5.16 であり，後に述べる理論の結果と比較されてい

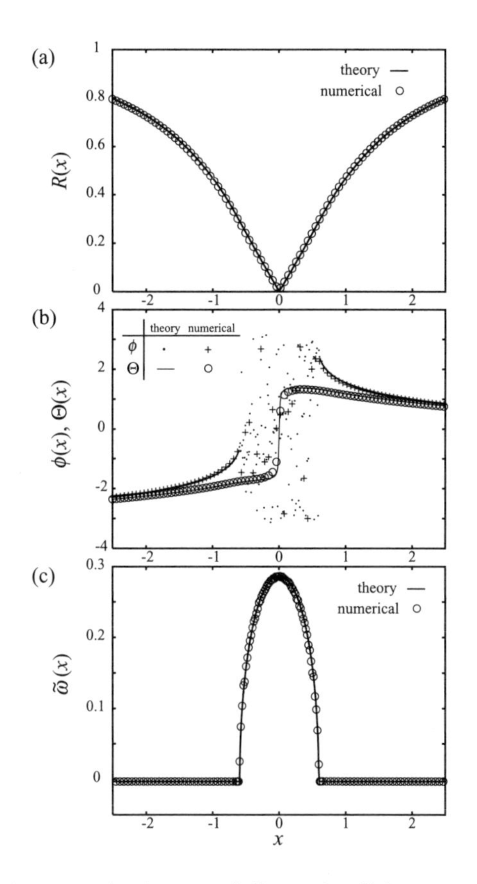

図 5.16　図 5.15 に示したキメラ状態における秩序パラメタと局所振動数の空間パターン。いずれもらせん波の回転中心を原点とする動径方向に沿ったプロフィールであり，シミュレーションの結果と理論結果が比較されている。(a) 秩序パラメタの絶対値 R, (b) 秩序パラメタの偏角 Θ および個別振動子の瞬間的な位相 ϕ の分布 (後者は理論的な確率分布からのランダムな抽出による), (c) 局所振動数 $\widetilde{\omega}$. (S. I. Shima and Y. Kuramoto, Phys. Rev. E **69**, 036213 (2004) より転載。)

る。適当なパラメタ領域で行ったシミュレーションによれば，$R(\boldsymbol{r}, t)$ は十分時間が経過した後には定常となり，系の境界付近を除けばほぼ等方的なパターンを示す。2 次元極座標 (r, θ) を用い，その動径に沿うプロフィール $R(r)$ が図 5.16(a) に示されている。複素 GL モデルのらせん波パターンと同様に，

$R(r)$ は原点でほぼ 0 であり，r とともに増大して遠方で一定値に飽和する傾向を示す。また，マクロな位相 Θ は $\Theta(\boldsymbol{r},t) = \Omega t + \Theta_0(\boldsymbol{r})$ のように一定速度でドリフトし，その空間パターンはほぼ $\Theta_0(\boldsymbol{r}) = \theta + H_0(r)$ の形をもつ (図 5.16(b) 参照)。$H_0(r)$ が遠方で r に比例する傾向を示す点も複素 GL モデルのらせん波と同じである。

個々の振動子はこのような平均場の振動に駆動されているので，平均場の振幅がある臨界値 R_{c} 以下となる半径 $r < r_{\mathrm{c}}$ の円内では平均場に同期できない (図 5.16(c) 参照)。そこでは個別振動子は中心からの距離 r に関係した振動数をもち，そのため位相 ϕ は動径に沿ってたちまち乱雑化する [15)]。一方，外部領域 $r > r_{\mathrm{c}}$ は振動子が平均場に同期したコヒーレントな領域になっている。よってこの系でも (5.148) と同様の式が成り立ち，さらにインコヒーレント領域を統計的に扱えば (5.149) に対応する式

$$R(\boldsymbol{r})e^{i\Theta_0(\boldsymbol{r})} = \int_{|\boldsymbol{r}'|>r_{\mathrm{c}}} d\boldsymbol{r}'\, G\left(|\boldsymbol{r}-\boldsymbol{r}'|\right) e^{i\psi_{\mathrm{A}}(\boldsymbol{r}')} + \int_{|\boldsymbol{r}'|<r_{\mathrm{c}}} d\boldsymbol{r}'\, G\left(|\boldsymbol{r}-\boldsymbol{r}'|\right) \left\langle e^{i\psi_{\mathrm{B}}(\boldsymbol{r}',t)} \right\rangle \tag{5.157}$$

が成り立つ。

上式は空間パターンとしての秩序パラメタをそれ自身の汎関数として与える自己無矛盾方程式

$$R(r)e^{iH_0(r)} = \mathcal{S}\left[R(r), H_0(r); \Omega\right] \tag{5.158}$$

になっている。これについては 1 次元キメラの場合と基本的に同じなので議論をくりかえす必要はないであろう。図 5.16 に示したシミュレーションの結果と理論の比較から，両者が非常によい一致を示すことがわかる。以上は自己無矛盾方程式の数値解析の結果であるが，Martens らは結合核 $G(|\boldsymbol{r}|)$ としてガウス関数を用い，自己無矛盾方程式を解析的に扱うことに成功している (Martens, Laing, and Strogatz, 2010)。

---

15) 理論的には角度方向に沿う位相の乱雑化機構はないが，初期に乱れがあればそれが保存される。図 5.15 の拡大図で，同心円状の溝が見えるのは，数値的にも角度方向に乱れが生じにくいためである。

第3章で振動反応拡散系の回転らせん波パターンを論じたとき，振幅自由度をまったく欠いた位相モデルを用いて位相特異点を含むこのパターンを記述することは不可能である，と述べた。通常の反応拡散系では，パターンの空間的連続性が要求されることから，位相特異点では振幅が0になる必要があるからである。本節で扱っている非局所結合系では，場の空間的連続性は一般に保障されないので位相モデルが破綻する必然的な理由はない。しかし，それは位相モデルを正当化する積極的な理由にもなっていない。らせん波の回転中心付近で位相が乱雑化したのは，単に振幅自由度をもたないモデルを適用したことで生じた人為的な結果ではないかという疑問が残るからである。

こうした疑問に答えるために，振幅自由度をもつ非局所結合振動子モデルを解析して，キメラ状のらせん波パターンが得られるかどうかを調べてみる。このような作業は，らせん波パターンにかぎらず一般にキメラ状態というものが位相結合の特別な形や位相記述自体を超えた一般性をもつものであることを確認するうえでも重要であろう。

振幅自由度をもつモデルとして，次式で与えられる非局所結合 FitzHugh-Nagumo 振動子系を考えよう：

$$\frac{\partial}{\partial t}X(\boldsymbol{r},t) = c(X - X^3 - Y) + K\int d\boldsymbol{r}'\, G\left(|\boldsymbol{r}-\boldsymbol{r}'|\right)\left[X(\boldsymbol{r}',t) - X(\boldsymbol{r},t)\right], \tag{5.159a}$$

$$\frac{\partial}{\partial t}Y(\boldsymbol{r},t) = X - bY + a. \tag{5.159b}$$

上式では，場が空間的に一様なとき結合が0になるように便宜的に $-KX(\boldsymbol{r},t)$ 項を第一式の結合項に含ませている。$G(|\boldsymbol{r}|)$ は (5.154) で与えられる。

パラメタ a, b, c, κ は固定し，結合強度 $K\ (>0)$ を変えていったときに見出されるらせん波パターンの変化を図5.17に示す。K が十分大なら，らせん波は反応拡散系にみられるものと定性的には変わりなく，場に不連続性はみられない。実際，十分強い結合に対しては，場の特性波長は結合距離よりも十分長くなるので，非局所結合は拡散結合で近似され，系は実質的に反応拡散系になる。したがってこの結果は自然である。その場合の相ポートレットは，反応拡散場のらせん波に共通してみられる単連結領域Sをつくる。Sの中央は点の分

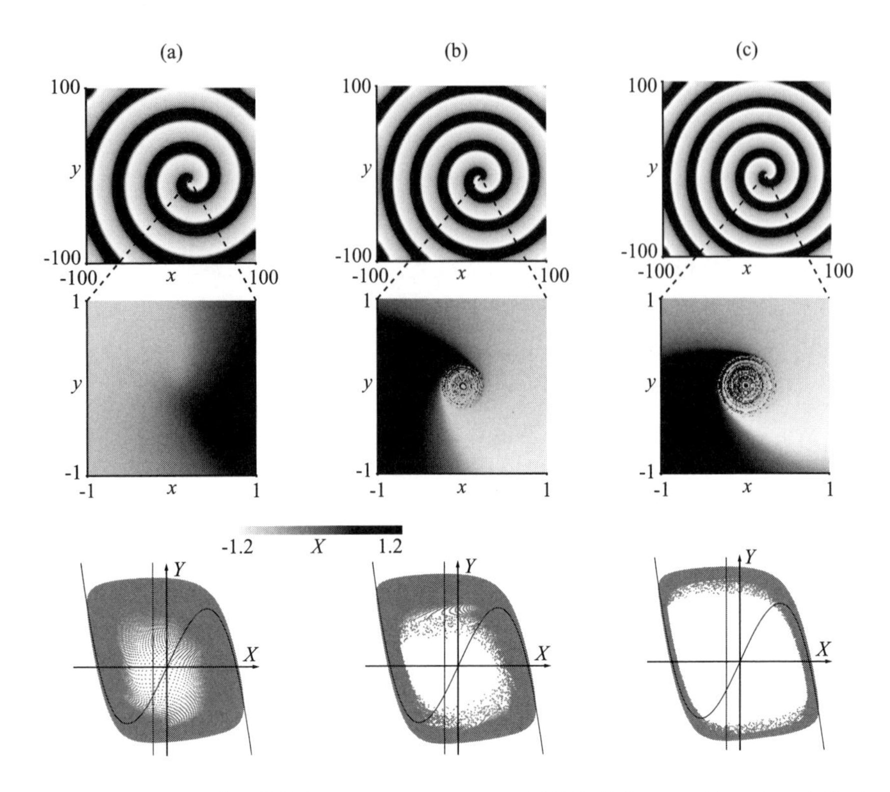

図 5.17　非局所結合 FitzHugh-Nagumo 振動子系 (5.159a,b) のらせん波パターンと相ポートレット。結合強度 K の減少とともに位相乱雑領域が現れ，同時に相ポートレットは単連結性を失う。$a = 0.2$, $b = 0.0$, $c = 10.0$; $K = 10.0$ (a), 5.0 (b), 2.0 (c). (S. I. Shima and Y. Kuramoto, Phys. Rev. E **69**, 036213 (2004) より転載。)

布が粗くみえるが，それは空間離散化の結果であり，連続極限では S は埋め尽くされると期待される。S の中の 1 点はまったく振動しない位相特異点になっている。S の辺縁は，孤立した 1 振動子のリミットサイクル軌道を近似的になぞっている。

結合が弱くなると，K のある値を境として S の中央に空白部分が生じ，相ポートレットは単連結領域ではなくなる。これは場の空間連続性が失われてキメラ構造が現れたことを示唆している。位相特異点は消え，らせんの回転中心付近を含めてすべての振動子が大なり小なり有限振幅で振動している。

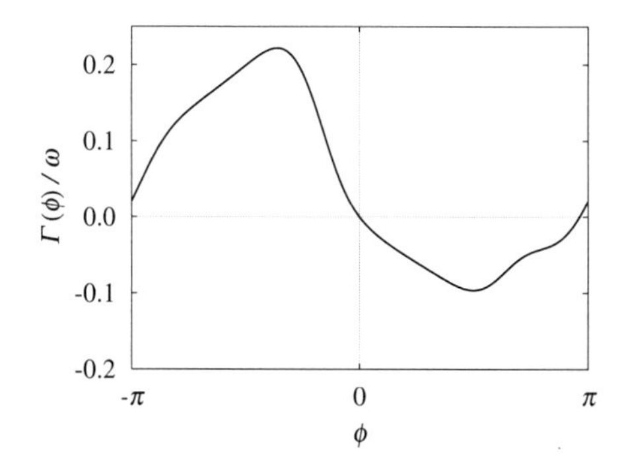

図 5.18　非局所結合 FitzHugh-Nagumo 振動子系 (5.159a,b) と同じく X 値の差に比例した拡散型結合をもつ一対の FitzHugh-Nagumo 振動子に対して位相縮約を行うと，このような位相結合関数が得られる。$a = 0.2$, $b = 0.0$, $c = 10.0$.

結合がさらに弱くなると，S の空白部分はますます大きくなり，相ポートレットはむしろ 1 本のリミットサイクル軌道に近くなる。すなわち，そこでは振幅自由度はもはや重要ではなく，したがって (5.159a,b) を位相縮約しても系をほぼ正しく記述できる状況になっていると考えられる。もちろん，縮約によって得られる位相結合関数は (5.156) で仮定されたような単純な形はもっていない。用いられたパラメタの値の下では，それは図 5.18 に示した複雑な形をもっている。

キメラ状態が現れる状況としては，以上に述べた以外にさまざまなものがある。たとえば，らせん波パターンと同様に位相特異点を含むパターンとして，第 3 章で紹介した Ising 壁がある。上記のような非局所結合位相振動子モデルでも Ising 壁のパターンが得られ，その中心にはらせん波パターンと同様に乱雑位相領域が現れる (Kawamura, 2007a)。理論的には，これまでに述べたのと同様の扱いによってこれを説明することができる。

数学的な詳しい解析が可能な場合として Abrams らの仕事 (Abrams *et al.*, 2008) があり，2 つの大域結合集団が弱く結合した複合系にキメラに似た状態が現れることを論じている。これは本章の意味での非局所結合系とはやや異なるが，集団間結合が集団内結合より弱いという点で距離とともに結合が弱くなる非局所結合系の特別な場合とみなすことができる。

キメラ状態に関する実験的研究の一つとして，光感受性 BZ 反応系を用いた研究が挙げられる (Tinsley, Nkomo, and Showalter, 2012; Nkomo, Tinsley, and Showalter, 2013)。第 1 章で触れたように，BZ 反応を用いて離散的な振動子集団を実現することができ，さらに光感受性を利用すれば非局所結合モデルを設計することもできる。Nkomo らの研究は，このような系において本節で述べた以外の多様なキメラ状態を見出している。機械振動子系におけるキメラ状態 (Martens *et al.*, 2013) や，電気化学振動子系におけるキメラ状態 (Wickramasinghe and Kiss, 2013, 2014) の実験も報告されている。生命現象におけるキメラ状態の可能性や意義の探求は今後の課題である。ちなみに，2 集団結合系に関する上記 Abrams らの論文 (Abrams *et al.*, 2008) において，著者らはこれを左右脳半球のミニマルモデルとみなし，キメラ状態とイルカなどの海洋哺乳動物にみられる半球睡眠・半球覚醒状態に対応させる提案を行っている。より最近では，キメラ状態自体の意味もかなり広く解釈されており，そのような拡張を含めたキメラ状態の総合報告も現れている (Panaggio and Abrams, 2015)。この総合報告では，生命系および非生命系におけるキメラ状態の出現に関していくつかの可能性も示唆されている。

局所結合と大域結合の共存

本章では，位相記述に基づいて，同一の性質をもつ振動子が大域的に結合している場合と，非局所的に結合している場合の集団ダイナミクスについて論じてきた。これに加えて，第 3 章では同じく位相記述による局所結合振動子系に現れる多様なパターンのダイナミクスを考察した。振動子の結合様式という点から見ると，代表的な様式，すなわち局所結合，大域結合，非局所結合の 3 者がこれで出揃ったことになる。しかしながら，これら異なる結合様式が共存するケースも当然ありうる。中でも最も重要なのは局所結合と大域結合が共存する場合であろう。局所結合系に大域的なフィードバックがかかるような場合がその一例であり，事実位相モデルによってそのような集団のダイナミクスが解析されている (Kobayashi and Kori, 2009)。また，筋収縮という生命現象との関係でこのような系が実在するという主張もあり，位相モデルがその場合にも実験的に得られた現象の説明として有効に用いられている (Sato *et al.*, 2013)。

本書では立ち入らないが，そのような系は局所結合系と大域結合系の特徴をともに示しつつも，異種結合共存系にユニークなパターンが出現することが位相記述の枠内でも明らかになっている (Sato and Shima, 2015)。

6 振動子の集団ダイナミクスII

前章で紹介した自己無矛盾方程式に基づく理論には，一つの重要な限界があった。その理論は，マクロな秩序パラメタの運動を自己無矛盾的条件から見出すというものであるが，$t \to \infty$ における単純な集団運動にしか適用できないうえに，得られた集団状態の安定性は不明であった。安定性の問題を含む過渡的な集団ダイナミクスや，外力に対する集団の応答，あらかじめ予想できないような複雑な集団挙動などを論じたい場合には，別のアプローチが必要になる。それはマクロな変数の発展方程式をミクロモデルから導出するというアプローチであり，気体分子の運動法則から流体力学方程式を導出する統計力学理論に似た側面をもつ。これが実際に可能ないくつかの場合が知られているが，本章の目的はその概要を述べることにある。

最初の節で紹介するのは，Kuramoto モデルやその拡張版に対して Ott-Antonsen 仮説を適用し，秩序パラメタの発展方程式を導く理論である。続く節では，平均場理論で扱える位相振動子の集団モデルに逓減摂動法や位相縮約法を適用し，マクロレベルの発展方程式を導出する。すなわち，そこではミクロモデルを導くために用いられた縮約理論をその解析のために再適用しており，それによって集団スケールでの運動法則が抽出されるのである。平均場の考えが成り立たない一般的な結合構造をもつ位相振動子のネットワークに対しても，位相縮約のこのような再適用が可能な場合がある。最終節ではその一ケースについて論じる。

6.1　不均一な振動子集団における秩序パラメタのダイナミクス

Ott-Antonsen の仮説

5.4 節の自己無矛盾理論からは，解として得られた集団状態が安定かどうかを判定するすべがなかったが，5.5 節ではこの問題への部分的な解答が与えられた。しかし，そこでの議論は非振動相 ($K < K_{\mathrm{c}}$) にかぎられ，秩序パラメタの緩和過程が導出されたのも線形領域においてのみであった。これらの制約を超える理論として Ott と Antonsen によって提出された仮説に基づく理論がある (Ott and Antonsen, 2008)。本節ではその概要といくつかの適用例を紹介する。以下では常に $N \to \infty$ の極限を考える。

自然振動数ごとの位相分布 $f(\phi, t, \omega)$ を用いると，Kuramoto-Sakaguchi モデル (5.54) は (5.59) の形に表された。すなわち，このモデルは次の形に書かれる：

$$\frac{\partial}{\partial t} f(\phi, t, \omega) = -\frac{\partial}{\partial \phi} \left\{ \left[\omega - \frac{K}{2i} \left(\overline{A}(t) e^{i(\alpha+\phi)} - A(t) e^{-i(\alpha+\phi)} \right) \right] f(\phi, t, \omega) \right\}. \tag{6.1}$$

ここに複素秩序パラメタ A は (5.61) で与えられ，位相分布の第一フーリエ成分に等しい。(6.1) は (5.29) と同じ形をもっているので，5.2 節で述べた Watanabe-Strogatz 変換あるいはそれと等価なメビウス変換の考えをそれに適用することができる。これによって，ϕ の関数として一見無限の自由度をもつ分布関数 $f(\phi, t, \omega)$ のダイナミクスは，わずか 3 自由度の運動に縮減される。ただし，このような 3 自由度運動に対応する 3 次元不変多様体は無数に存在し，それらのうちいずれが選ばれるかは一般に初期条件による。無限次元の状態空間におけるこれら無数の不変多様体のなかには特別のものが存在し，そこには Poisson 部分多様体とよばれる 2 次元の不変多様体が埋め込まれている。Ott と Antonsen は，個々の ω に対する位相分布のダイナミクスを Poisson 部分多様体上に限定しても，系の集団的性質に関するかぎりこのような制限なしの場合と同じ正しい結果が得られることを主張した。**Ott-Antonsen 仮説**とよばれるこの仮説の根拠については後にあらためてコメントすることにして，これによってどのような結果に導かれるかをまずみよう。

Poisson 部分多様体上では，f は 2 つのパラメタを含む関数 (5.32) で表される。あるいは，これと等価であるが，$f(\phi,\omega,t)$ を自明解 $(2\pi)^{-1}$ のまわりでフーリエ級数展開して

$$f(\phi,t,\omega)=\frac{1}{2\pi}\left\{1+\sum_{l=1}^{\infty}\left[f_l(t,\omega)e^{il\phi}+\overline{f}_l(t,\omega)e^{-il\phi}\right]\right\} \tag{6.2}$$

と書いたとき，

$$f_l(t,\omega)=a(t,\omega)^l \qquad (|a(t,\omega)|<1) \tag{6.3}$$

のようにフーリエ振幅間に単純な関係が成り立っている [1)]。実際，この条件の下に無限級数 (6.2) が Poisson 核の形 (5.32) になることは容易に確認できるであろう。$a(t,\omega)$ はメビウス変換における $\overline{\beta}(t)$ に対応していることが (5.33) からわかる。ちなみに，5.4 節の自己無矛盾理論で用いられた $f(\phi,\omega)$ の定常解は，それがデルタ関数で与えられる極限的な場合を含めて，たしかに (5.32) の形をもっている。なお，以上の議論は Kuramoto-Sakaguchi モデルを前提としているが，同様の議論は結合関数が位相差の基本波に加えて高調波を含む場合には成り立たない。なぜなら，その場合 (6.1) に対応する Fokker-Planck 方程式の解は，(6.3) をみたし得ないからである。

(6.3) を仮定すると，(6.1) から $a(t,\omega)$ に対する発展方程式が得られ，それは次式で与えられる：

$$\frac{da}{dt}=-\frac{K}{2}\left(Aa^2e^{-i\alpha}-\overline{A}e^{i\alpha}\right)-i\omega a. \tag{6.4}$$

ここで A と $\overline{A}$ は

$$A(t)=\int_{-\infty}^{\infty}d\omega\,\overline{a}(t,\omega)g(\omega) \tag{6.5}$$

およびその複素共役である。5.2 節で扱った振動子集団においては，振動子は同一，すなわち $g(\omega)=\delta(\omega)$ であったので，$\overline{a}$ に対応する β が複素秩序パラメタそのものになっていた。したがって，Poisson 部分多様体上で秩序パラメタの発展方程式が閉じた形で得られることはただちに理解できた。実は，自然振動数がランダムに分布していても，$g(\omega)$ が Lorentz 分布 (5.55) の場合には (6.4) から秩序パラメタの発展方程式が閉じた形で得られる。これを示すため

1) この式の記法は (Ott and Antonsen, 2008) のそれとは異なっている。

に，(6.5) を

$$A(t) = \frac{1}{2\pi i}\int_{-\infty}^{\infty} d\omega\,\overline{a}(t,\omega)\left(\frac{1}{\omega - i\gamma} - \frac{1}{\omega + i\gamma}\right) \tag{6.6}$$

と表し，被積分関数を複素 ω の上半面に解析接続する。上半面における $\overline{a}(t,\omega)$ の解析性を仮定すると，被積分関数は $\omega = i\gamma$ に唯一の極をもつ。また，(6.4) から明らかなように，十分大きい $\mathrm{Im}\,\omega$ に対して $\dot{\overline{a}} = -(\mathrm{Im}\,\omega)\overline{a}$ となることから，$\mathrm{Im}\,\omega \to \infty$ で $\overline{a}(t,\omega) \to 0$ であり，被積分関数は十分速く 0 に近づく。したがって，(6.6) の積分を実行するには，実軸を含む十分大きな上半円を積分路にとり，反時計回りに 1 周すればよい。留数定理によって，この積分は極 $\omega = i\gamma$ の留数を $2\pi i$ 倍したものに等しい。よって，

$$A(t) = \overline{a}(t, i\gamma) \tag{6.7}$$

が成り立つ。しかも，$\overline{a}(t,i\gamma)$ が従う発展方程式，すなわち A が従う発展方程式は，(6.4) の複素共役式において $\omega = i\gamma$ とした式に等しい。それは秩序パラメタの発展方程式を閉じた形で与え，Stuart-Landau 方程式

$$\frac{dA}{dt} = (\mu + i\Omega_0)A - g|A|^2 A \tag{6.8}$$

の形をもつ。ここに，

$$\mu = \frac{K\cos\alpha}{2} - \gamma, \tag{6.9a}$$

$$\Omega_0 = -\frac{K\sin\alpha}{2}, \tag{6.9b}$$

$$g = \frac{K}{2}e^{i\alpha} \tag{6.9c}$$

である。(6.8) の時間周期解が 5.4 節の自己無矛盾理論から得られた解に一致することは容易に確かめられる。動径 R に対する式は

$$\frac{dR}{dt} = \left(\frac{K\cos\alpha}{2} - \gamma\right)R - \frac{K\cos\alpha}{2}R^3 \tag{6.10}$$

となり，これは (5.127) すなわち $\dot{R} = (\frac{K}{2} - \gamma)R$ を $\alpha \neq 0$ かつ R の非線形領域に拡張した式になっている。

Ott-Antonsen 仮説の根拠

仮説 (6.3) の理論的根拠に関する Ott と Antonsen の議論 (Ott and Antonsen, 2009) についてコメントしておこう。彼らの仮説自体は，秩序パラメタの発展方程式が得られるかどうかという問題とは別であり，ω 振動子の位相分布が (6.1) を一般化した次式に従う集団に対して適用される仮説である：

$$\frac{\partial}{\partial t}f(\phi,t,\omega)=-\frac{\partial}{\partial\phi}\left\{\left[\omega+\frac{1}{2i}\left(H(t)e^{i\phi}-\overline{H}(t)e^{-i\phi}\right)\right]f(\phi,t,\omega)\right\}. \quad (6.11)$$

ここに $H(t)$ は任意の関数であり，唯一重要なのは H が ω によらないという条件である。

Ott-Antonsen 仮説が正当化されるためには，自然振動数分布 $g(\omega)$ に対して一定の制約が課される。当初は，前小節でも論じた Lorentz 分布に対してのみその正当性が証明されたが，その後の研究で，$g(\omega)$ の解析性に関するある種の条件がみたされれば，この仮説が正当化されることが明らかとなっている (Ott, Hunt, and Antonsen, 2011) [2)]。

Ott と Antonsen によれば，ごく大雑把にいって仮説 (6.3) は次のような意味において正当化される。$f(\phi,t,\omega)$ を (6.3) をみたす部分 $f_0(\phi,t,\omega)$ とそれからのずれ $\delta f(\phi,t,\omega)$ の和の形に書いたとする。これに対応して，$f(\phi,t,\omega)$ を ω で積分して得られる集団の位相分布 $f(\phi,t)$ も $f(\phi,t)=f_0(\phi,t)+\delta f(\phi,t)$ と書かれる。ここに，

$$\delta f(\phi,t)=\int_{-\infty}^{\infty}d\omega\, g(\omega)\delta f(\phi,t,\omega) \quad (6.12)$$

である。Ott と Antonsen は，初期分布に対するゆるやかな条件の下に $t\to\infty$ で $\delta f(\phi,t)\to 0$ となることを示した。すなわち，ω ごとの $\delta f(\phi,t,\omega)$ が 0 に減衰することは一般にありえないが，$f(\phi,t)$ やその基本波成分である秩序パラメタの長時間振舞に関するかぎり，(6.3) を仮定することは十分意味をもつのである。5.5 節で述べたように，Strogatz らは $f(\phi,t,\omega)$ の定常解 $(2\pi)^{-1}$ の安定性が中立的であるにもかかわらず秩序パラメタは 0 に減衰することを示した。換言すれば，たとえ $f(\phi,t,\omega)$ の定常性は成り立っていなくても，$t\to\infty$ における集団状態に関してはそれが成り立つと仮定した場合と同じ結果が得ら

[2)] Lorentz 分布以外の自然振動数分布に対する Ott-Antonsen 理論の適用に関しては，(Omel'chenko and Wolfrum, 2012, 2013, 2016) がある。

れることを示したのである。$f(\phi,t,\omega)$ がたとえ Poisson 核の形をもっていなくても，その形を仮定することで正しい集団ダイナミクスがわかるという Ott と Antonsen の議論は，Strogatz らの主張を非線形領域の過渡的な秩序パラメタダイナミクスに拡張したものとみることができよう [3)]

Ott-Antonsen 仮説の応用例

Watanabe-Strogatz 変換が複数の大域結合集団からなる複合系に適用できることは 5.2 節に述べたが，自然振動数が分布した集団に関する Ott-Antonsen 仮説 (6.3) についても同じことがいえる。単純な場合として，同じサイズの 2 集団 a と b からなる次のような系を考えよう：

$$\frac{d\phi_j^{\mathrm{a}}}{dt} = \omega_j^{\mathrm{a}} - \frac{K}{N}\sum_{k=1}^{N}\sin\left(\phi_j^{\mathrm{a}} - \phi_k^{\mathrm{a}} + \alpha\right) - \frac{J}{N}\sum_{k=1}^{N}\sin\left(\phi_j^{\mathrm{a}} - \phi_k^{\mathrm{b}} + \beta\right), \quad (6.13\mathrm{a})$$

$$\frac{d\phi_j^{\mathrm{b}}}{dt} = \omega_j^{\mathrm{b}} - \frac{K}{N}\sum_{k=1}^{N}\sin\left(\phi_j^{\mathrm{b}} - \phi_k^{\mathrm{b}} + \alpha\right) - \frac{J}{N}\sum_{k=1}^{N}\sin\left(\phi_j^{\mathrm{b}} - \phi_k^{\mathrm{a}} + \beta\right). \quad (6.13\mathrm{b})$$

それぞれの集団における自然振動数の分布は，中心が $-\omega_0$ と ω_0 の Lorentz 分布で与えられるとする。すなわち，

$$g_{\mathrm{a}}(\omega) = \frac{\gamma}{\pi}\frac{1}{(\omega+\omega_0)^2+\gamma^2}, \quad (6.14\mathrm{a})$$

$$g_{\mathrm{b}}(\omega) = \frac{\gamma}{\pi}\frac{1}{(\omega-\omega_0)^2+\gamma^2}. \quad (6.14\mathrm{b})$$

振動数分布以外は両集団は同じ性質をもち，集団間結合も対称としている。集団の秩序パラメタをそれぞれ A_{a} と A_{b} で表す。これらに対する閉じた発展方程式を求めるやり方は 1 集団の場合の単純な拡張である。すなわち，まず 2 集団の分布関数 $f_{\mathrm{a}}(\phi,t,\omega)$ および $f_{\mathrm{b}}(\phi,t,\omega)$ に対する結合発展方程式を書き下す。これより，それぞれの分布の基本波成分 $a_{\mathrm{a}}(t,\omega)$ および $a_{\mathrm{b}}(t,\omega)$ に対する結合発展方程式が得られる。$a_{\mathrm{a}}(t,-\omega_0-i\gamma)=A_{\mathrm{a}}(t)$, $a_{\mathrm{b}}(t,\omega_0-i\gamma)=A_{\mathrm{b}}(t)$

[3)] Ott-Antonsen 理論の部分的な不十分さも指摘されている。たとえば，彼らによれば，結合強度が臨界値以下では適当な初期条件の下に秩序パラメタは指数関数的に 0 に減衰する。しかし，より一般的な初期条件の下では減衰は指数関数的ではないことが Mirollo によって論じられており (Mirollo, 2012)，そこでは秩序パラメタの漸近的な挙動は Ott-Antonsen 理論によって十分カバーされるか否かが論じられている。

であるから，この結合方程式からただちに A_{a} と A_{b} に対する結合発展方程式が得られる。その形は

$$\frac{dA_{\mathrm{a}}}{dt} = (\mu - i\omega_0 + i\Omega_0)\, A_{\mathrm{a}} - g\,|A_{\mathrm{a}}|^2\, A_{\mathrm{a}} + \overline{d}A_{\mathrm{b}} - dA_{\mathrm{a}}^2\overline{A}_{\mathrm{b}}, \quad (6.15\mathrm{a})$$

$$\frac{dA_{\mathrm{b}}}{dt} = (\mu + i\omega_0 + i\Omega_0)\, A_{\mathrm{b}} - g\,|A_{\mathrm{b}}|^2\, A_{\mathrm{b}} + \overline{d}A_{\mathrm{a}} - dA_{\mathrm{b}}^2\overline{A}_{\mathrm{a}} \quad (6.15\mathrm{b})$$

である。ここに，μ, Ω_0, g はそれぞれ (6.9a,b,c) で与えられ，d は

$$d = \frac{J}{2}e^{i\beta} \quad (6.16)$$

で与えられる。

Ott-Antonsen 仮説の強力な点として，$t \to \infty$ における集団運動が必ずしも周期運動に帰着しないような問題に適用できるということがある。実際，以下に示す2つの適用例はいずれも結合方程式 (6.15a,b) がこのような複雑なダイナミクスを生じる例になっている。第一の例として，$K = J$ かつ $\alpha = \beta = 0$ としよう (Martens *et al.*, 2009)。明らかに，2つの集団を合わせた系は Kuramoto モデルで表される単一の大域結合集団になっている。ただし，自然振動数の分布は Lorentz 分布の重ね合わせ

$$g(\omega) = \frac{\gamma}{4\pi}\left[\frac{1}{(\omega - \omega_0)^2 + \gamma^2} + \frac{1}{(\omega + \omega_0)^2 + \gamma^2}\right] \quad (6.17)$$

で与えられる [4]。上のモデルでは振動子の総数は $2N$ になっているが，これを N に変更しよう。Kuramoto モデルの形にあわせるためには，この変更にともなって $K \to K/2$ と置き換えればよい。よって，秩序パラメタの結合発展方程式は

$$\frac{dA_{\mathrm{a}}}{dt} = -(\gamma + i\omega_0)\, A_{\mathrm{a}} + \frac{K}{4}\left[A_{\mathrm{a}} + A_{\mathrm{b}} - (\overline{A}_{\mathrm{a}} + \overline{A}_{\mathrm{b}})A_{\mathrm{a}}^2\right], \quad (6.18\mathrm{a})$$

$$\frac{dA_{\mathrm{b}}}{dt} = -(\gamma - i\omega_0)\, A_{\mathrm{b}} + \frac{K}{4}\left[A_{\mathrm{a}} + A_{\mathrm{b}} - (\overline{A}_{\mathrm{a}} + \overline{A}_{\mathrm{b}})A_{\mathrm{b}}^2\right] \quad (6.18\mathrm{b})$$

[4] $g(\omega)$ が2つのピークをもつ場合，Kuramoto モデルの振舞を明らかにすることはかねてより懸案であった (Kuramoto, 1984a)。Crawford はこれに対して部分的な解答を与えた (Crawford, 1994)。Ott-Antonsen 仮説を用いれば，以下のようにはるかに簡単な議論からより完全な解答が与えられる。

となる [5)]。

(6.18a,b) の解析結果は相図 6.1 に示されている。2 つの量 K/γ と ω_0/γ が系の基本的なパラメタである。$t \to \infty$ における集団状態として 3 つのタイプがあり，それらを A, B, C としよう。A は非振動状態，B は振動状態，C は 2 重周期振動状態である。C は $g(\omega)$ が 2 つのピークをもつ場合に特徴的な集団状態であり，それぞれのピークのまわりに生じた 2 つの集団振動が互いに同期していない状態に対応している。

$\omega_0/\gamma < 1/\sqrt{3}$ の場合には，$g(\omega)$ のピークは単一なので 5.4 節の議論が成り立つ。すなわち，結合強度が (5.81) で与えられる値を超えるとき，A から B への転移が起こる。

逆に，$g(\omega)$ の 2 つのピークが互いに近くない場合，具体的には $\omega_0/\gamma > 1.81\ldots$ の場合には，K の増大とともに A から B へ直接的には移行しない。中間段階として，まずそれぞれのピーク付近から同時に核形成が起こる。この転移に関する臨界結合強度は，2 つのピークが十分離れていれば 5.4 節の理論から予想される値 $2/\pi g(\pm\omega_0)$ に近づくが，一般にはこれからずれている。K が臨界点を超えても，これら 2 つの集団振動は臨界点に近いうちは互いに同期せず独立の周期で振動する。しかし，K がさらに大きくなって核の成長とともに集団間相互作用が強くなると，ついには同期して単一のマクロな振動子として振舞うようになる。ω_0/γ の中間領域，すなわち $1/\sqrt{3} < \omega_0/\gamma < 1.81\ldots$ では，履歴の存在のため集団的挙動はより複雑になり，A と B あるいは B と C の共存状態が現れる [6)]。

(6.15a,b) のもう一つの適用例として，Abrams らは $\gamma = 0$, $\alpha = \beta \leq \pi/2$, $K > J > 0$ の場合を考察した (Abrams *et al.*, 2008)。実は，自然振動数に分布がないこの場合に Ott-Antonsen 仮説を適用するのは問題であり，正しくは Watanabe-Strogatz 変換を適用しなければならない [7)]。しかし，Ott-

---

5) $g(\omega)$ が単純な Lorenz 分布であたえられる場合には，それが複素半平面に 1 つの極をもつことに対応して複素自由度 1 の振幅方程式が得られたが，$g(\omega)$ が 2 つの極をもつ今の場合には，振幅方程式は極の数に対応して 2 個の複素変数を含むことになる。

6) ただし，$g(\omega)$ がひと山分布に非常に近くなると，履歴の有無についてはより注意深い解析が必要となる (Pazó and Montbrió, 2009)。

7) $f(\phi, \omega)$ の定常解は Poisson 核の形をもっているので，定常な集団状態の記述に関しては Ott-Antonsen 仮説は適用できる。

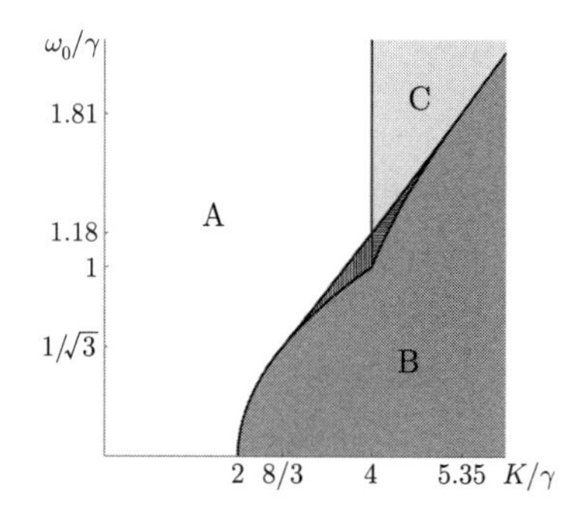

図 6.1 自然振動数の分布が，中心の異なる 2 つの Lorentz 分布の重ね合わせで与えられる場合の Kuramoto モデルの相図。(E. A. Martens, E. Barreto, S. H. Strogatz, E. Ott, P. So, and T. M. Antonsen, Phys. Rev. E **79**, 026204 (2009) より転載。)

Antonsen 仮説に基づく解は少なくとも一つの特解を与えている。このことに注意したうえで，Abrams らは次のような興味深い結果を得ている。それは，2 集団間の対称性を破って集団の一つが完全に同期して振舞い，他の集団は位相が乱雑化するというものである [8]。しかも，位相が乱雑化した集団の秩序パラメタは，その振幅が必ずしも時間的に一定ではなく振動する場合があることも見出されている。ちなみに，Pikovsky と Rosenblum は同じ系に Watanabe-Strogatz 変換を適用することでこれをより完全に扱い，いっそう複雑な集団挙動が乱雑位相集団側に現れることを示した (Pikovsky and Rosenblum, 2008)。同じ系を $\gamma \neq 0$ の場合に拡張すれば Ott-Antonsen 仮説を問題なく適用でき，その解析もなされている (Laing, 2009a)。

Ott-Antonsen 仮説は時間的に変動する外力が集団にかかっている場合にも適用できる。たとえば，周期外力を受けた Kuramoto モデル

$$\frac{d\phi_j}{dt} = \omega_j - \frac{K}{N}\sum_{k=1}^{N}\sin(\phi_j - \phi_k) + M\sin(\Omega t - \phi_j) \tag{6.19}$$

に対応する Fokker-Planck 方程式は (6.11) の形をもち，

$$H(t) = -K\overline{A}(t) - Me^{-i\Omega t} \tag{6.20}$$

[8] このような集団状態を Abrams らがキメラ状態の一種とみなしたことは 5.6 節で述べた。

である。この外力強制系は自己無矛盾理論と数値解析を用いて Sakaguchi が早い時期に解析している (Sakaguchi, 1988) が，Ott-Antonsen 仮説に基づけばより完全な解析が可能である (Antonsen *et al.*, 2008; Childs and Strogatz, 2008)。このような理論の興味深い一応用例として，時差ぼけによる概日リズムの乱れ (特に東方と西方への旅行に関する非対称性) を論じた仕事がある (Lu *et al.*, 2016)。そこでは視交叉上核に存在する時計細胞集団を駆動する明暗の刺激を，外力強制下の位相振動子集団として扱うわけである。

5.4 節でもふれたが，歩行者の同期による吊り橋の大振動という現象に対しても Ott-Antonsen 仮説は適用できる。Abdulrehem と Ott は，Kuramoto モデルの一変形版である Eckhardt らのモデル (Eckhardt *et al.*, 2007) に Ott-Antonsen 仮説を適用し，それを低次元力学系に縮約することに成功している (Abdulrehem and Ott, 2009)。この他，Ott-Antonsen 理論は以下のようにさまざまな振動子集団に拡張されている。前章で論じたように，複数の振動子に働く共通のノイズは，振動子間の同期効果を高めるが，このことから，Kuramoto モデルに共通ノイズを付加すれば集団同期転移が起こりやすくなることが期待される。実際，共通ノイズによって転移を引き起こす臨界結合強度が低下することが理論的に示される (Nagai and Kori, 2010)。自然振動数の分布だけでなく，結合の時間遅れがランダムに分布した大域結合系にも理論は適用され，時間遅れを含まない場合とは著しく異なる集団ダイナミクスが見出されている (Lee, Ott, and Antonsen, 2009)。また，振動子間結合が正負のランダムな値に分布しているような系に対しても平均場理論の考えが適用でき，したがって Ott-Antonsen 理論が適用できるが，この事実に着目して，この種の集団が示す多彩なダイナミクスが論じられている (Hong and Strogatz, 2011a, 2011b, 2012)。 一般的な結合行列 K_{ij} をもつ位相振動子ネットワークの解析は困難であるが，これを回避する一方法として，結合行列を固定した上で個々の振動子自体を Ott-Antonsen 理論が適用できるような統計的集団に置きかえるというアイディアも提案されている (Barlev, Antonsen, and Ott, 2011)。位相差の正弦関数であたえられる結合関数が，その基本波ではなく高調波のみによって支配される場合にも Ott-Antonsen 理論は適用可能であるが，そのような場合に生じるクラスター化現象に関しての議論もある (Skardal,

Ott, and Restrepo, 2011)。ニューロンの集団のようにパルス的な結合をもつ集団は，Kuramoto モデルでは表現できないが Winfree モデルでは表現できる。しかも，Ott-Antonsen 理論はあるタイプの Winfree モデルに適用可能であることがわかっており，この事実を利用してパルス結合振動子集団のダイナミクスを論じた研究もある (Pazó and Montbrió, 2014; Montbrió, Pazó, and Roxin, 2015)。さらに，個別振動子のダイナミクスを $\dot{\phi} = \omega$ から $\dot{\phi} = \omega - b \sin \phi$ のように拡張すれば，b の値によって振動子と興奮性素子のいずれをも表現できる単純なモデルが得られる (Shinomoto and Kuramoto, 1986) が，このことに着目すればそのような素子系のダイナミクスを Ott-Antonsen 理論の枠組みで扱うことができる (Luke, Barreto, and So, 2013, 2014; So, Luke, and Barreto, 2014; Laing, 2014; O'Keeffe and Strogatz, 2016)。Ott-Antonsen 理論の広範な応用に関する総合報告も出されている (Pikovsky and Rosenblum, 2011)。

6.2 ノイズを含む振動子系における集団振動の発生

非線形 Fokker-Planck 方程式

自然振動数がランダムに分布する系の集団同期転移と集団運動については，これまでかなり詳しくみてきた。乱れの原因が自然振動数の分散ではなくランダムノイズによる場合にも，集団振動の発生・消失に関する転移が起こる (Kuramoto, 1984a)。本節では，大域結合系を特別な場合として含む非局所結合振動子集団を扱い，このような集団的転移現象が起こることを示そう。実際，乱れの原因がノイズのみによる場合には，結合が非大域的な系に理論を拡張することは容易である。この拡張によって空間自由度が現れるので，秩序パラメタも一般に空間変化し，転移現象だけでなく集団レベルでのパターンダイナミクスも論じることができる。

非局所結合振動子系のモデルとして，5.6 節のキメラ状態の議論で用いられたものと類似の 1 次元モデル

$$\frac{\partial}{\partial t}\phi(x,t) = \omega + \int_{-\infty}^{\infty} dx' \, G(x-x') \, \Gamma(\phi(x,t) - \phi(x',t)) + \xi(x,t) \quad (6.21)$$

を用いよう。ただし，ここではシステム長を無限大としており，結合関数 $\Gamma(\psi)$

にも特別の形を仮定していない。$\xi(x,t)$ は各局所振動子に独立に働く白色ガウスノイズで，その平均値は 0，相関は

$$\langle \xi(x,t)\xi(x',t')\rangle = \begin{cases} 2D\delta\,(t-t') & (x=x'), \\ 0 & (x \neq x') \end{cases} \tag{6.22}$$

によって与えられるとする [9]。

結合関数 $\Gamma(\psi)$ は同相結合，すなわち $\Gamma'(0)<0$ をみたす結合であるとする。$\Gamma'(0)$ は，(5.10) からわかるようにすべての調和成分からの寄与を含むが，以下では基本波成分が支配的であること，すなわち $l\,\mathrm{Im}\,\Gamma_l$ は $l=\pm 1$ に対して最大となることを要求しよう。積分が 1 に規格化された結合核 $G(x)$ についても，その具体的な形を仮定する必要はない。しかし，過度の一般化を避けるため，$G(x)$ は偶関数で非負，かつ遠方で十分急速に減衰する関数とする。具体的には，ガウス関数，指数関数，階段関数などを念頭においている。特に，$G(x)$ を

$$G(x) = \frac{1}{2\pi}\int_{-\infty}^{\infty} dq\, G_q e^{iqx} \tag{6.23}$$

のようにフーリエ分解したとき，$G_q\,(>0)$ は $q=0$ で最大値 1 をとるものとする。

$\Gamma(\psi)$ と $G(x)$ に関する以上の条件から容易にわかることは，ノイズが存在しなければ空間的に一様な振動が安定であるということである。これをみるために，$\phi(x,t)=[\omega+\Gamma(0)]\,t+\psi(x,t)$ とおいて，一様振動解からの位相のずれ $\psi(x,t)$ に関して (6.21) を線形化する。ノイズがなければ線形化方程式は

$$\frac{\partial}{\partial t}\psi(x,t) = \Gamma'(0)\left[\psi(x,t) - \int_{-\infty}^{\infty} dx'\, G(x-x')\psi(x',t)\right] \tag{6.24}$$

となる。したがって，ψ の空間フーリエ成分 $\psi(x,t)=\psi_q(t)\exp(iqx)$ はそれぞれ独立に上式をみたし，その振幅は $\dot{\psi}_q = \Gamma'(0)(1-G_q)\psi_q$ のように変化す

[9] ノイズの相関時間が有限な色つきノイズの場合への一般化も論じられている (Tönjes, 2010)。ノイズの相関時間が無限大の極限では，系は前章および本章前節で論じたような自然振動数がランダムに分布した振動子集団に帰着する。すなわち，このような理論は，振動子集団に含まれる 2 種の異なるランダムネスの間をつなぐような試みだといえる。

る。$\Gamma'(0)$ と G_q に関する前記の条件から，ψ_0 以外のすべての ψ_q は 0 に減衰し，ψ_0 は任意の定数となることがわかる。よって一様振動は安定である。

ちなみに，$\phi(x)$ の空間変化が十分ゆるやかなら，(6.21) はノイズが存在しないとき非線形位相拡散方程式

$$\frac{\partial \phi}{\partial t} = \omega + \Gamma(0) + \nu \frac{\partial^2 \phi}{\partial x^2} + \mu \left(\frac{\partial \phi}{\partial x} \right)^2 \tag{6.25}$$

で近似される。ここに

$$\nu = -\frac{1}{2}\Gamma'(0) \int_{-\infty}^{\infty} dy\, G(y) y^2, \tag{6.26a}$$

$$\mu = \frac{1}{2}\Gamma''(0) \int_{-\infty}^{\infty} dy\, G(y) y^2 \tag{6.26b}$$

である。$\Gamma'(0) < 0$ ならたしかに位相拡散係数 ν は正であり，少なくとも一様振動の長波長位相不安定性，すなわち BF 不安定性 (第 3 章参照) はない。

(6.21) の右辺第二項で与えられる結合力の積分は，無数の局所振動子からの寄与の総和である。このようなマクロな量は統計的なゆらぎが無視できるので，それを統計平均で置き換えてよい。統計平均は，局所的な位相分布関数 $f(\phi, x, t)$ を用いて

$$\left\langle \int_{-\infty}^{\infty} dx'\, G(x - x')\, \Gamma(\phi(x,t) - \phi(x',t)) \right\rangle$$
$$= \int_{-\infty}^{\infty} dx'\, G(x - x') \int_{0}^{2\pi} d\phi'\, \Gamma(\phi - \phi')\, f(\phi', x', t) \tag{6.27}$$

と表される。$f(\phi, x, t)\, d\phi dx$ は，時刻 t において区間 $(x, x + dx)$ 内に存在する振動子のうちで位相が $(\phi, \phi + d\phi)$ の範囲にあるものの個数に比例し，

$$\int_{0}^{2\pi} d\phi\, f(\phi, x, t) = 1 \tag{6.28}$$

のように各空間点で規格化されているものとする。

この統計平均によって，(6.21) は 1 振動子の Langevin 方程式

$$\frac{\partial}{\partial t}\phi(x,t) = V(\phi,x,t) + \xi(x,t), \tag{6.29a}$$

$$V(\phi,x,t) = \omega + \int_{-\infty}^{\infty} dx'\, G\,(x-x') \int_0^{2\pi} d\phi'\,\Gamma\,(\phi-\phi')\, f\,(\phi',x',t) \tag{6.29b}$$

の形に書かれる。これはさらに Fokker-Planck 方程式

$$\begin{aligned}\frac{\partial}{\partial t}f(\phi,x,t) &= -\frac{\partial}{\partial\phi}\Big[V(\phi,x,t)f(\phi,x,t)\Big] + D\frac{\partial^2}{\partial\phi^2}f(\phi,x,t) \\ &= -\frac{\partial}{\partial\phi}\left\{\left[\omega + \int_{-\infty}^{\infty} dx'\, G\,(x-x') \int_0^{2\pi} d\phi'\,\Gamma\,(\phi-\phi')\, f\,(\phi',x',t)\right]\right. \\ &\qquad\left. \times f(\phi,x,t)\right\} + D\frac{\partial^2}{\partial\phi^2}f(\phi,x,t)\end{aligned} \tag{6.30}$$

と等価である。ただし，これはドリフト速度 V が f を含む非線形 Fokker-Planck 方程式である。

Hopf 分岐点近傍での縮約

以下では，集団振動がまさに発生する状況の近傍で (6.30) の解析を試みよう。すなわち，(6.30) の空間一様な定常解が不安定化して振動解が発生する状況に注目し，その近傍でこの非線形 Fokker-Planck 方程式を逓減摂動法によって縮約するのである。結論からいえば，振動反応拡散系に対する Hopf 分岐点近傍の縮約と同じく，複素 Ginzburg-Landau 方程式が得られる (Shiogai and Kuramoto, 2003; Kawamura, Nakao, and Kuramoto, 2007; Kawamura, 2007b)。

$f=(2\pi)^{-1}$ は常に (6.30) の定常解である。これは集団振動が存在しない状態を表している。十分強いノイズに対して定常解は安定であり，あるノイズ強度以下でそれは不安定化して小振幅の振動解が現れると期待される。これをみるために

$$f(\phi,x,t) = (2\pi)^{-1} + \rho(\phi,x,t)$$

とおき，(6.30) を ρ に関する方程式に書き直す。$\rho(\phi)$ と $\Gamma(\psi)$ をそれぞれ

(5.8a) と (5.8b) のようにフーリエ展開すると，ρ の各フーリエ振幅 ρ_l に対して

$$\frac{\partial}{\partial t}\rho_l(x,t) = -\left[l^2 D + il(\omega+\Gamma_0)\right]\rho_l(x,t) - il\Gamma_l\int_{-\infty}^{\infty} dx'\, G(x-x')\,\rho_l(x',t) - il\int_{-\infty}^{\infty} dx'\, G(x-x') \sum_{l\neq m}\Gamma_m\rho_m(x',t)\,\rho_{l-m}(x,t) \quad (6.31)$$

が成り立つ。

まず，上式において非線形項を無視し，集団的非振動状態 $\rho=0$ の線形安定性を調べよう。十分強いノイズからはじめてそれを弱めていったとき，どのような l に対して，また，どのような空間的波長をもつ $\rho_l(x)$ に対して最初に不安定成長がみられるだろうか。これを調べるため，まず ρ の空間フーリエ成分 $\rho_l(x,t)=\rho_{lq}(t)\exp(iqx)$ が (l,q) ごとに独立に (6.31) の線形化方程式をみたすことに注意する。フーリエ振幅 ρ_{lq} は

$$\frac{d\rho_{lq}}{dt} = \sigma_{lq}\rho_{lq}, \quad (6.32a)$$

$$\sigma_{lq} = \left(l\,\mathrm{Im}\,\Gamma_l\cdot G_q - l^2 D\right) - il\left(\omega+\Gamma_0+\mathrm{Re}\,\Gamma_l\cdot G_q\right) \quad (6.32b)$$

に従い，その成長率 σ_{lq} の実部の符号が集団的非振動状態の安定性を決める。そこに現れる量 $l\,\mathrm{Im}\,\Gamma_l\cdot G_q$ は，$\Gamma(\psi)$ と $G(x)$ に対する先の仮定によって $(l,q)=(\pm1,0)$ に対して最大となる。これは，撹乱 $\rho(\phi,x)$ をさまざまな (l,q) モードに分解したとき，空間的に一様 $(q=0)$ でかつ ϕ に関しては基本波の成分 $(l=\pm1)$ が最も線形成長率が大きく，したがって，ノイズを弱めていったときこのようなモードが最初に不安定化することを示している。その振幅を秩序パラメタとみなすことができるが，(5.61) によって定義した秩序パラメタはいまの場合 $l=-1$ モードの振幅に対応している。そこで以下でもこれに従い，$l=-1$ モードに注目しよう。$l=1$ モードの振幅は秩序パラメタの複素共役を与える。

D を制御パラメタとすれば，臨界点 D_c は

$$D_\mathrm{c} = -\mathrm{Im}\,\Gamma_{-1} \quad (6.33)$$

で与えられる。分岐パラメタ μ を

$$\mu = D_{\rm c} - D \tag{6.34}$$

で定義すると，空間的に一様な $l = -1$ モードの成長率は

$$\sigma_{-1} = \mu + i\left(\omega + \Gamma_0 + \mathrm{Re}\,\Gamma_{-1}\right) = \mu + i\Omega_0 \tag{6.35}$$

と表され，臨界点で純虚数になっている。したがって，第 2 章で述べた Hopf 分岐に関する逓減摂動法がこの系に適用できる。しかも，この系ではすべての振動子の位相を $\phi \to \phi + \phi_0$ のように一様にシフトさせても発展法則が不変である。この特別な対称性のおかげで，以下に示すように縮約は格段にやさしくなる。特に，ゆっくり変化する変数の発展方程式のなかに速く振動する量が含まれるという，一般の Hopf 分岐で遭遇する面倒な事情が生じない。そのため，速い変化を消すための時間平均化操作ないし近恒等変換が不要である。

最初に不安定化するモードが空間的に一様なモードなので，臨界点近傍ではごく長波長のモード以外はすみやかに減衰し，場の特性波長は十分長くなると期待される。このことを利用して，(6.31) に対してあらかじめいくつかの近似を行っておくのが便利である。まず (6.31) の線形項を少し変形して，同式を次の形に表しておく：

$$\begin{aligned}\frac{\partial}{\partial t}\rho_l(x,t) = \sigma_l\rho_l(x,t) - il\int_{-\infty}^{\infty} dx'\, G\left(x-x'\right) \sum_{m\neq l} \Gamma_m \rho_m\left(x',t\right)\rho_{l-m}(x,t) \\ - il\Gamma_l \int_{-\infty}^{\infty} dx'\, G\left(x-x'\right)\left[\rho_l\left(x',t\right) - \rho_l(x,t)\right],\end{aligned} \tag{6.36a}$$

$$\sigma_l = \left(l\,\mathrm{Im}\,\Gamma_l - l^2 D\right) - il(\omega + \Gamma_0 + \mathrm{Re}\,\Gamma_l). \tag{6.36b}$$

$\rho_l(x)$ の特性波長が結合距離よりも十分長いと仮定したので，上式の右辺第二項で $\rho_m(x') = \rho_m(x)$ とおき，$G(x-x')$ を単独に積分する。また，右辺第三項において，

$$\rho_l(x') = \rho_l(x) + (x'-x)\partial_x\rho_l(x) + \left(\frac{1}{2}\right)(x'-x)^2\partial_x^2\rho_l(x) + \cdots$$

のように展開すれば，積分が有限に残る最低次の項は 2 階微分項であり，それ以外は無視してよい。これらの近似は，非線形性および空間的非一様性による

効果が十分弱い摂動とみなされるかぎり，それらを最低次で考慮する縮約方程式の導出においては正当化される。その結果，(6.36a) は

$$\frac{\partial}{\partial t}\rho_l(x,t) = \sigma_l\rho_l - il\sum_{m\neq l}\Gamma_m\rho_m\rho_{l-m} - il\Gamma_l K_2\frac{\partial^2\rho_l}{\partial x^2}, \qquad (6.37a)$$

$$K_2 = \frac{1}{2}\int_{-\infty}^{\infty} dy\, G(y)y^2 \qquad (6.37b)$$

となる。これは状態ベクトル $\boldsymbol{\rho}(x,t) = (\rho_1, \rho_2, \ldots)$ に対する一種の反応拡散方程式の形をもっている。ただし，定常解 $\boldsymbol{\rho} = \mathbf{0}$ のまわりで Jacobi 行列がすでに対角化された反応拡散系である。

(6.37a) を縮約するには，まず拡散項を無視した系

$$\frac{d\rho_l}{dt} = \sigma_l\rho_l - il\sum_{m\neq l}\Gamma_m\rho_m\rho_{l-m} \qquad (6.38)$$

の縮約を行い，次いで拡散項による最低次の補正を取り入れればよい。第 2 章でもこの考えに従ってまず Stuart-Landau 方程式を導出し，次にそれを複素 Ginzburg-Landau 方程式に拡張した。なお，(6.38) は位相分布が空間自由度を含まない大域結合の場合に成り立つ方程式

$$\frac{\partial}{\partial t}f(\phi,t) = -\frac{\partial}{\partial\phi}\left\{\left[\omega + \int_0^{2\pi} d\phi'\,\Gamma(\phi-\phi')\,f(\phi',t)\right]f(\phi,t)\right\} + D\frac{\partial^2}{\partial\phi^2}f(\phi,t) \qquad (6.39)$$

と等価である。

(6.38) の中立解，すなわち同式を線形化しかつ $D = D_{\mathrm{c}}$ とおいたときの $t\to\infty$ における解は

$$\rho_{-1} = Ae^{i\Omega_0 t}, \qquad (6.40a)$$

$$\rho_l = 0 \qquad (|l| > 1) \qquad (6.40b)$$

で与えられる。A は任意の複素振幅であり，秩序パラメタとみなされるべき量である。もとの位相分布ではこの解は

$$f(\phi,t) = \frac{1}{2\pi}\left[1 + Ae^{-i(\phi-\Omega_0 t)} + \overline{A}e^{i(\phi-\Omega_0 t)}\right] \qquad (6.41)$$

と表されるので，中立解は任意の振幅をもつ集団的調和振動を表している。

$\mu\ (= D_{\mathrm{c}} - D)$ の有限性による効果と弱い非線形性の導入による効果を，中立解に含まれる A のゆっくりした運動に吸収するというのが縮約の基本的考えであった。そのような A が従う発展方程式を見出したい。(6.40a) を (6.38) に代入すると，$l = -1$ に対しては

$$\frac{dA}{dt} = \mu A + i \sum_{m \neq -1} \Gamma_m \rho_m \rho_{-1-m} e^{-i\Omega_0 t} \tag{6.42}$$

となり，$|l| > 1$ に対しては近似的に

$$\frac{d\rho_{-2}}{dt} = \sigma_{-2,0}\rho_{-2} + 2i\Gamma_{-1}A^2 e^{2i\Omega_0 t}, \tag{6.43a}$$

$$\frac{d\rho_l}{dt} = \sigma_{l,0}\rho_l \qquad (|l| > 2) \tag{6.43b}$$

となる。ここに，$\sigma_{l,0}$ は σ_l において $D = D_{\mathrm{c}} = -\mathrm{Im}\,\Gamma_{-1}$ としたものであり，

$$\sigma_{l,0} = (l\,\mathrm{Im}\,\Gamma_l + l^2\,\mathrm{Im}\,\Gamma_{-1}) - il(\omega + \Gamma_0 + \mathrm{Re}\,\Gamma_l) \tag{6.44}$$

である。$t \to \infty$ では明らかに

$$\rho_{-2} = \frac{2i\Gamma_{-1}}{2i\Omega_0 - \sigma_{-2,0}} A^2 e^{2i\Omega_0 t}, \tag{6.45a}$$

$$\rho_l = 0 \qquad (|l| > 2) \tag{6.45b}$$

である。したがって (6.42) は

$$\frac{dA}{dt} = \mu A + i(\Gamma_{-2} + \Gamma_1)\rho_{-2}\rho_1 e^{-i\Omega_0 t} \tag{6.46}$$

となり，これと (6.45a) と (6.40a) より Stuart-Landau 方程式

$$\frac{dA}{dt} = \mu A - g|A|^2 A, \tag{6.47a}$$

$$g = \frac{2\Gamma_{-1}(\Gamma_{-2} + \Gamma_1)}{2i\Omega_0 - \sigma_{-2,0}} = \frac{-\Gamma_{-1}(\Gamma_{-2} + \Gamma_1)}{2\mathrm{Im}\,\Gamma_{-1} - i\,\mathrm{Re}\,\Gamma_{-1} + i\Gamma_{-2}} \tag{6.47b}$$

が得られる。

上の議論で無視された拡散項を最低次近似で取り入れるのは容易であり，(6.37a) の $l = -1$ に対する式において拡散項を中立解を用いて評価すればよ

い。これより，(6.47a) は複素 GL 方程式

$$\frac{\partial A}{\partial t} = \mu A - g|A|^2 A + d\frac{\partial^2 A}{\partial x^2}, \tag{6.48a}$$

$$d = iK_2\Gamma_{-1} \tag{6.48b}$$

に一般化される。

複素係数 g と d は，後者の絶対値に関係する K_2 を別にすれば，ともに位相結合関数 $\Gamma(\psi)$ のみで決まっている。単純な結合関数 $\Gamma(\psi) = -\sin(\psi+\alpha)$ に対しては g と d はどのように表されるだろうか。$\Gamma_{\pm 1} = \pm i\exp(\pm i\alpha)/2$, $\Gamma_l = 0$ $(|l| \geq 2)$ であるから，同相結合 $(-\pi/2 < \alpha < \pi/2)$ の場合にのみ $D_{\mathrm{c}} = -\mathrm{Im}\,\Gamma_{-1} = \cos(\alpha)/2 > 0$ となって，転移が可能である。その場合には，

$$g = \frac{1}{4\cos\alpha - 2i\sin\alpha}, \tag{6.49a}$$

$$d = \frac{K_2}{2}\exp(-i\alpha) \tag{6.49b}$$

となる。$\mathrm{Re}\,g > 0$ であるから，この Hopf 分岐は超臨界分岐である。

変数を適当にスケール変換して，複素 GL 方程式を

$$\frac{\partial}{\partial t}A(x,t) = A + (1+ic_1)\frac{\partial^2 A}{\partial x^2} - (1+ic_2)|A|^2 A, \tag{6.50a}$$

$$c_1 = \frac{\mathrm{Im}\,d}{\mathrm{Re}\,d}, \tag{6.50b}$$

$$c_2 = \frac{\mathrm{Im}\,g}{\mathrm{Re}\,g} \tag{6.50c}$$

と表しておく。ただし，超臨界分岐 $(\mathrm{Re}\,g > 0)$ を仮定している。

有限サイズスケーリング

以上に述べた転移現象が，ノイズを含む N 個の位相振動子の集団で実際に起こることを (6.21) の数値シミュレーションによって確かめておこう。シミュレーションでは，(6.21) で表される連続場の代わりにシステム長 L の 1 次元格子モデルを用いている。したがって，有限サイズ効果によるゆらぎが秩序パラメタに現れ，転移はぼやけてくる。L と結合距離は固定し，N を変化させると (すなわち格子定数 $\Delta x = L/N$ を変化させると)，結合距離内に実質的に

含まれる振動子の数が N に比例して変化するために，それにともなって転移のシャープさが変化する。転移の存在を確認するには，十分大きい N に対してシミュレーションを行ってもよいが，それよりも効率の良い方法として**有限サイズスケーリング** (finite-size scaling) の考えに基づくやり方がある。有限サイズスケーリングの概念は，有限系に対する結果から無限系の振舞を推測するための有力な概念であり，熱力学的相転移に関連して広く知られている [10)]。

目下の問題に対して有限サイズ効果を取り入れるために，現象論的な考えに基づいて，まず無限系で成り立つ複素 GL 方程式を有限系のそれに修正しておこう。N の有限性のために，秩序パラメタ A は (6.48a) に実効的なノイズが付加された発展方程式

$$\frac{\partial}{\partial t}A(x,t) = \mu A - g|A|^2 A + N^{-1/2}\eta(t) \tag{6.51}$$

に従うと考える。ただし，転移自体にとって空間自由度の存在は特に重要ではないので，秩序パラメタは空間的に一様として拡散項を無視している。上式の最終項は実効的ノイズを表すが，それにかかる因子 $N^{-1/2}$ は中心極限定理から期待されるものである。すなわち，$O(N)$ 個の振動子に独立に働くノイズの総和が秩序パラメタ A に働く実効的ノイズとなることから，N が十分大ならマクロな量 A に働く実効的ノイズの振幅は $N^{-1/2}$ 法則に従って N とともに減少すると期待されるのである。白色ガウスノイズの総和はやはり白色ガウスノイズであるから，

$$\langle \eta(t)\eta(t')\rangle = 2\tilde{\gamma}\delta(t-t') \tag{6.52}$$

であり，$\tilde{\gamma}$ は N によらない定数である。

有限の N に対しては転移は一般にぼやけるが，N の変化によってその度合が変化する様子に関しては一種の相似則が成り立つ。あるいは同じことであるが，N が変化してもそれに応じていくつかの物理量を適当にスケール変換す

---

10) 集団振動の発生に対して有限サイズスケーリングをはじめて適用したのは Pikovsky と Ruffo である (Pikovsky and Ruffo, 1999)。そこではノイズを含む Kuramoto モデル (ただし，自然振動数は同一) が考察されている。また，時空カオスという決定論的乱れによる集団振動の消失が大域的なフィードバックによって回復される現象にも有限サイズスケーリングは適用され，無限系においてシャープな転移が存在することの確証を与えている (Kawamura and Kuramoto, 2004)。

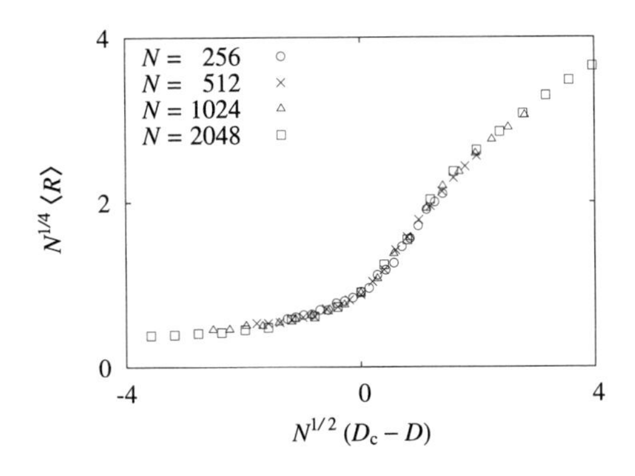

図 6.2　秩序パラメタの統計平均 $\langle R \rangle$ と分岐パラメタ $D_c - D$ を，系のサイズ N の適当なべきによってそれぞれ再スケールすると，両者の関係は N によらず同一の曲線に乗る。(Y. Kawamura, Phys. Rev. E **76**, 047201 (2007) より転載。)

れば，転移のシャープさが不変に保たれる。実際，スケール変換

$$N^{1/4}A = \widetilde{A}, \tag{6.53a}$$

$$N^{-1/2}t = \tau, \tag{6.53b}$$

$$N^{1/2}\mu = \epsilon \tag{6.53c}$$

を行って (6.51) を書き直してみる。c を定数とすると，$\eta(ct) = c^{-1/2}\eta(t)$ となることは (6.52) から明らかなので，(6.51) は

$$\frac{d\widetilde{A}}{d\tau} = \epsilon\widetilde{A} - g|\widetilde{A}|^2\widetilde{A} + \eta(\tau) \tag{6.54}$$

となってもはや N を含まない。したがって，N を変化させても $|\widetilde{A}|$ の統計平均は ϵ の関数として不変である。いい換えれば，$N^{1/4}|A|$ の統計平均と $N^{1/2}\mu$ の関係を示す曲線は N によらず同一のはずである。これを裏付ける数値シミュレーション (Kawamura, 2007b) の結果を図 6.2 に示す。このように，秩序パラメタに対する Langevin 方程式モデル (6.51) から予想される結果は，ミクロモデル ((6.21) の格子モデル化) のシミュレーション結果をよく説明し，$N \to \infty$ ではノイズ項が消えて転移がかぎりなくシャープになることが期待されるのである。

相互作用距離が有限な1次元系では一般に相転移は起こらない，という事実は統計力学でよく知られている。1次元モデルに基づく上記の結果は一見これと矛盾するようであるが，実は矛盾しない。なぜなら，相転移の統計力学でいわれる相互作用距離とは，要素間の最小間隔を単位として測った距離であり，この節で扱われた系はその意味では無限大の相互作用距離をもっているからである。別のいい方をすれば，結合距離内に含まれる振動子の数が十分大であることから平均場的な取り扱いが許され，したがって次元に関係なく相転移は起こるのである。

Benjamin-Feir 不安定性

有限サイズ効果に関する上記の議論では，A を空間的に一様とした。しかし，実際に発生した集団振動は，マクロレベルにおいても必ずしも一様ではない。第3章でみたように，それは平面波でもありうるし，BF 不安定性によってマクロな位相が自発的に不均一化する場合もある。BF 不安定性条件は $1 + c_1 c_2 < 0$ で与えられた。不安定性が弱ければ，複素 GL 方程式は Kuramoto-Sivashinsky 方程式に位相縮約され，位相乱流が現れることは第3章でみた。

さまざまな位相結合関数に対してこの不安定性に関する条件がどうなっているかを調べるのは興味深い。ここでは $\Gamma(\psi) = -\sin(\psi + \alpha)$, $|\alpha| < \pi/2$ について調べてみる。(6.49a,b) および (6.50b,c) を用いると，安定性条件 $1 + c_1 c_2 > 0$ は，$\tan^2 \alpha < 2$ すなわち $|\alpha| < 0.9553\ldots$ で与えられることがわかる。ノイズが存在しない場合には，結合が同相タイプであるかぎり一様振動解は安定であった。しかし，ノイズの効果が繰り込まれたマクロレベルの実効的なダイナミクスに関しては，たとえ同相結合であっても，$0.9553\ldots < |\alpha| < \pi/2$ なら一様振動は不安定化するのである。ノイズによって引き起こされた位相乱流については次節であらためて取り上げる。

一様な振動解が安定なら，ある臨界波数 $k_{\mathrm{c}}\,(= O(\sqrt{\mu}))$ 以下のさまざまな波数をもつ平面波もまた安定である。第3章でみたように，秩序パラメタが複素 GL 方程式で記述されるかぎりこれは当然の結果であった。しかし，「乱れた振動媒質中を波は減衰することなくどこまでも伝播できるか」という一般的な問題との関連で眺めると，それはきわめて意義深い結果でもある。いまの場合，媒質の乱れは構造的な乱れではなくノイズによるものであるが，その場合にかぎれば，位相の波という形で情報が乱れに打ち勝って無限の遠方まで運ばれるための条件は，まさに集団振動の発生条件そのものになっている。すなわち，乱れの強度 D が低下してある臨界値 D_{c} に達すると，まずかぎりなく長波長の非減衰波を系に励起することができ，乱れがさらに弱くなると，波長が $O((D_{\mathrm{c}}-D)^{-1/2})$ 程度以上の波長をもつ平面波が非減衰伝播できるようになるのである。

ランダムな振動媒質中を波が減衰することなく伝わることができるということは生命活動にとっても欠かせない事実だと考えられ，また応用上大きな意義をもつものと期待される。構造的な乱れをもつ振動場に対してはそのような理論は未発達であるが，自然振動数がランダムに分布した非局所結合位相モデルに Ott-Antonsen 仮説を適用する試み (Laing, 2009b; Lee *et al.*, 2011; Kawamura, 2014a; Omel'chenko, Wolfrum, and Laing, 2014; Wolfrum, Gurevich, and Omel'chenko, 2016) はそのような研究につながる考察である。

6.3 集団レベルの位相記述 I

位相縮約の再適用

前節では，ノイズを含む振動子集団における集団振動の発生について述べた。ノイズが弱く，系が集団振動の発生点 $D=D_{\mathrm{c}}$ から十分離れていれば発達した集団振動が存在する。以下で論じるのは，そのような状況を扱う理論である (Kawamura, Nakao, and Kuramoto, 2007)。

集団振動が存在するなら，それは非線形 Fokker-Planck 方程式 (6.30) の空間的に一様で安定な時間周期解

$$f_0(\phi-\Theta), \qquad \Theta=\Omega t+\Theta_0 \tag{6.55}$$

で与えられる。Θ はマクロな振動の位相であり，Θ_0 は任意の定数である [11]。

[11] Θ_0 の任意性は，2 種類の並進対称性の破れ，すなわち位相 ϕ に関する並進対称性の破れと時間 t の並進対称性の破れの両者に由来している。

集団振動の発生点近傍では $f_0(\varphi)$, $\varphi=\phi-\Theta$ の形は前節であらわに求められたが，一般にそれは次式をみたしている：

$$\frac{d}{d\varphi}\left\{\left[\Omega-\omega-\int_0^{2\pi}d\varphi'\,f_0\left(\varphi'\right)\Gamma\left(\varphi-\varphi'\right)\right]f_0(\varphi)\right\}+D\frac{d^2f_0(\varphi)}{d\varphi^2}=0. \tag{6.56}$$

ここで，非線形 Fokker-Planck 方程式 (6.30) と振動反応拡散系 $\partial\boldsymbol{X}/\partial t=\boldsymbol{F}(\boldsymbol{X})+\widehat{D}\partial^2\boldsymbol{X}/\partial x^2$ との類比について注意を喚起しておきたい。分布 $f(\phi,x,t)$ は状態ベクトル $\boldsymbol{X}(x,t)$ に対応し，ϕ は状態ベクトルの成分の番号 j に対応している。振動反応拡散系においては，空間的に一様な時間周期解 $\boldsymbol{\chi}$ は孤立した局所リミットサイクル振動子 $\dot{\boldsymbol{X}}=\boldsymbol{F}(\boldsymbol{X})$ の時間周期解でもあった。それと同様に，f_0 も空間的に一様な集団振動を表すと同時に孤立した局所振動子の振動を表している。ただし，この場合の局所振動子は，物理的には結合距離程度の広がりをもつ局所集団がつくりだすセミマクロな振動子とみなすのが自然であろう。非線形 Fokker-Planck 方程式 (6.30) は，このようなセミマクロな振動子の結合場を表している。以下では，場の特性波長が十分長い状況を考える。反応拡散系でも同様に場の特性波長が十分長い状況を考え，そこでは拡散項を局所振動子に働く弱い摂動とみなすことができた。第 4 章ではこの見方に従って位相縮約を適用したのであった。非線形 Fokker-Planck 方程式に対しても，以下でみるように空間的非一様性による小さな効果を局所振動子に働く摂動項として分離して取り出すことができる。すなわち，(6.30) は摂動を受けた 1 つのセミマクロな局所振動子に対する発展方程式とみなされ，これに位相縮約を適用するのである。

結合振動子のミクロモデル (6.21) 自身が位相縮約によって導出されたモデルであったが，このミクロモデルと等価な非線形 Fokker-Planck 方程式 (6.30) に対して，再度位相縮約を適用することが実際可能である。位相縮約のこの再適用における「位相」とは，もはやミクロな位相 ϕ ではなく，セミマクロな振動子の位相 Θ であり，それは分布関数 f の回転運動における位相 (たとえばそのピークの位置) で表される。

(6.30) を変形して，摂動を受けた 1 つのリミットサイクル振動子 $\dot{\boldsymbol{X}}=\boldsymbol{F}(\boldsymbol{X})+\boldsymbol{p}(t)$ に類似の形に表そう。場のゆるやかな空間変化に由来する部分を非局所結合から取り出すと，最低次近似ではそれは拡散項で表されることを前節でみた。しかし，後にみるように，非局所結合をこのように拡散近似することが不十分となる場合がある。それに備えて，以下では 4 次の空間微分まで考慮しておこう。さらに，後の議論のために，空間的に一様な弱い外部刺激を導入して摂動に含めておく。ミクロモデルが導かれるもとになる力学系モデルにおいて，$\dot{\boldsymbol{X}}_j = \boldsymbol{F}(\boldsymbol{X}_j) + \cdots + \boldsymbol{q}(t)$ のように，この外力が付加項 $\boldsymbol{q}(t)$ で表されるとして，ミクロモデル (6.21) に $\boldsymbol{Z}(\phi) \cdot \boldsymbol{q}(t)$ を付け加えておく。

場の空間変化に起因する摂動と外力による摂動をともに考慮すると，ドリフト速度 $V(\phi, x, t)$ の表式 (6.29b) は次式のように修正される：

$$V(\phi, x, t) = V_0 + V_1, \tag{6.57a}$$

$$V_0(\phi, x, t) = \omega + \int_0^{2\pi} d\phi' \, \Gamma(\phi - \phi') \, f(\phi', x, t), \tag{6.57b}$$

$$\begin{aligned} V_1(\phi, x, t) = &\int_0^{2\pi} d\phi' \, \Gamma(\phi - \phi') \left[K_2 \frac{\partial^2}{\partial x^2} f(\phi', x, t) + K_4 \frac{\partial^4}{\partial x^4} f(\phi', x, t) \right] \\ &+ \boldsymbol{Z}(\phi) \cdot \boldsymbol{q}(t). \end{aligned} \tag{6.57c}$$

ここに V_0 はドリフト速度の非摂動部分であり，V_1 は摂動部分である。K_2 は (6.37b) によって与えられ，K_4 は

$$K_4 = \frac{1}{4!} \int_{-\infty}^{\infty} dy \, G(y) y^4 \tag{6.58}$$

によって与えられる。これより，非線形 Fokker-Planck 方程式は

$$\frac{\partial f}{\partial t} = -\frac{\partial}{\partial \phi}(V_0 f) + D \frac{\partial^2 f}{\partial \phi^2} + P(t), \tag{6.59a}$$

$$\begin{aligned} P(t) = -\frac{\partial}{\partial \phi} \Bigg\{ &\int_0^{2\pi} d\phi' \, \Gamma(\phi - \phi') \Bigg[K_2 \frac{\partial^2}{\partial x^2} f(\phi', x, t) \\ &+ K_4 \frac{\partial^4}{\partial x^4} f(\phi', x, t) \Bigg] f(\phi, x, t) \Bigg\} - \frac{\partial}{\partial \phi} \left[\boldsymbol{Z}(\phi) f(\phi, x, t) \right] \cdot \boldsymbol{q}(t) \end{aligned} \tag{6.59b}$$

のように非摂動部分と摂動部分 $P(t)$ に分けて書かれる。

まず，最低次近似で (6.59a) の位相縮約を行おう。ここでは 4.4 節で述べた考え方を適用する。すなわち，摂動を受けた位相分布は近似的に時間周期解 (6.55) と同じ形をもつが，そこでは Θ_0 はもはや任意の位相定数ではなく，長スケールの時間的空間的変動をもつ場の変数 $\Theta_0(x,t)$ になっている，とみなすのである。このような近似解

$$f(\phi,x,t) = f_0\left(\phi - \Omega t - \Theta_0(x,t)\right) \tag{6.60}$$

を (6.59a) に代入し，同式が以下に述べるような意味において最もよくみたされるための条件から $\Theta_0(x,t)$ の時間発展則を見出すのである。$P(t)$ において 4 次の空間微分を含む項は高次の摂動となるので，いま考えている最低次近似ではこれを無視する。

(6.60) を (6.59a) に代入してみよう。$df_0(\varphi)/d\varphi = U(\varphi)$ とおけば

$$\frac{\partial f_0(\varphi)}{\partial t} = -U(\varphi)\left(\Omega + \frac{\partial \Theta_0}{\partial t}\right), \tag{6.61a}$$

$$\frac{\partial^2 f_0(\varphi')}{\partial x^2} = -U(\varphi')\frac{\partial^2 \Theta_0}{\partial x^2} + \frac{dU(\varphi')}{d\varphi'}\left(\frac{\partial \Theta_0}{\partial x}\right)^2 \tag{6.61b}$$

となることに注意する。また，非摂動解がみたす式 (6.56) にも注意する。これらにより (6.59a) は次の形に書かれる：

$$U(\varphi)\frac{\partial \Theta_0}{\partial t} = Q(t), \tag{6.62a}$$

$$Q = -K_2\frac{d}{d\varphi}\left[a_0(\varphi)f_0(\varphi)\right]\frac{\partial^2\Theta_0}{\partial x^2} + K_2\frac{d}{d\varphi}\left[b_0(\varphi)f_0(\varphi)\right]\left(\frac{\partial\Theta_0}{\partial x}\right)^2$$
$$+\frac{d}{d\varphi}\left(\boldsymbol{Z}(\varphi+\Theta)f_0(\varphi)\right)\cdot\boldsymbol{p}(t). \tag{6.62b}$$

ここに，

$$a_0(\varphi) = \int_0^{2\pi} d\varphi'\,\Gamma(\varphi-\varphi')\,U(\varphi'), \tag{6.63a}$$

$$b_0(\varphi) = \int_0^{2\pi} d\varphi'\,\Gamma(\varphi-\varphi')\,\frac{d}{d\varphi'}U(\varphi') \tag{6.63b}$$

である。

ここで (6.62a) と (4.26) の類似性に注意する。後者では $\boldsymbol{U}(\phi)$ はリミットサイクル解のまわりで定義される固有値 0 の右固有ベクトルであった。これに対応して，$U(\varphi)$ は時間周期解 (6.55) のまわりで非摂動 Fokker-Planck 方程式を線形化したときの固有値 0 の固有関数である。すなわち，

$$f(\phi, t) = f_0(\varphi) + u(\varphi, t) \tag{6.64}$$

とおいて非摂動 Fokker-Planck 方程式を ρ に関して線形化すると

$$\begin{aligned}\frac{\partial}{\partial t}\rho(\varphi, t) = \frac{d}{d\varphi}\Biggl\{&\left[\Omega - \omega - \int_0^{2\pi} d\varphi' \, \Gamma(\varphi - \varphi') \, f_0(\varphi')\right]\rho(\varphi, t) \\ &- f_0(\varphi)\int_0^{2\pi} d\varphi' \, \Gamma(\varphi - \varphi') \, \rho(\varphi', t)\Biggr\} + D\frac{\partial^2}{\partial\varphi^2}\rho(\varphi, t) \\ \equiv \widehat{L}_0\rho(\varphi, t)&\end{aligned} \tag{6.65}$$

となり，$U(\varphi)$ はたしかに

$$\widehat{L}_0 U(\varphi) = 0 \tag{6.66}$$

をみたしている。実際，f_0 がみたす式 (6.56) を φ で微分した式はまさに (6.66) に一致する。

零固有関数を導入したので，あわせてここで $\widehat{L}_0$ のすべての固有値 $\lambda_0 \equiv 0$, λ_1, λ_2, ... にそれぞれ対応する固有関数 $u_0(\varphi) \equiv U(\varphi)$, $u_1(\varphi)$, $u_2(\varphi)$, ... を導入しておこう。$\widehat{L}_0$ は一般に自己随伴演算子ではないので，その随伴演算子 $\widehat{L}_0^\dagger$ も定義しておく必要がある。そのために，φ の任意の 2π 周期関数 $A(\varphi)$ と $B(\varphi)$ の内積 $[A, B]$ を

$$[A, B] = \int_0^{2\pi} d\varphi \, A(\varphi) B(\varphi) \tag{6.67}$$

によって定義する。$\widehat{L}_0^\dagger$ は

$$\left[A, \widehat{L}B\right] = \left[\widehat{L}^\dagger A, B\right] \tag{6.68}$$

をみたす演算子である。その具体的表式は

$$\widehat{L}_0^\dagger \rho(\varphi) = (\omega - \Omega)\frac{d}{d\varphi}\rho(\varphi) + \int_0^{2\pi} d\varphi' \, \Gamma(\varphi - \varphi') f_0(\varphi) \frac{d}{d\varphi}\rho(\varphi)$$
$$+ \int_0^{2\pi} d\varphi' \, \Gamma(\varphi' - \varphi) f_0(\varphi') \frac{d}{d\varphi'}\rho(\varphi') + D\frac{d^2}{d\varphi^2}\rho(\varphi) \quad (6.69)$$

で与えられる。

$\widehat{L}_0^\dagger$ の固有関数を $u_0^*(\varphi) \equiv U^*(\varphi)$, $u_1^*(\varphi)$, $u_2^*(\varphi)$, ... としよう。固有値に縮退はなく，$\widehat{L}_0$ と $\widehat{L}_0^\dagger$ の固有関数の間には通常の規格直交関係が成り立っているとする。特に，関係式 $[U^*, U] = 1$ および $[U^*, u_l] = [u_l^*, U] = 0$ $(l \neq 0)$ は以下で用いられる。

マクロな位相方程式の議論に戻って，$U^*(\varphi)$ と (6.62a) との内積をとれば，Θ に対する発展方程式

$$\frac{\partial \Theta}{\partial t} = \Omega + [U^*, Q(t)] \quad (6.70)$$

が得られる。(6.62a) の両辺との内積をとるべきベクトルとして，なぜ $U^*(\varphi)$ が選ばれなければならないかは，4.4 節で述べたとおりである。以下では，位相方程式 (6.70) の応用として 2 つの具体的問題を取り上げよう。それらは，「ノイズによって引き起こされる時空カオス」および「集団的位相感受性」である。

ノイズによって引き起こされる時空カオス

外力 $\boldsymbol{q}(t)$ が存在しない場合を考えよう。その場合，(6.70) はマクロな非線形位相拡散方程式

$$\frac{\partial \Theta}{\partial t} = \Omega + \nu \frac{\partial^2 \Theta}{\partial x^2} + \mu \left(\frac{\partial \Theta}{\partial x} \right)^2 \quad (6.71)$$

となり，係数 ν, μ は

$$\nu = -K_2 \int_0^{2\pi} d\varphi \, U^*(\varphi) \frac{d}{d\varphi} \left[a_0(\varphi) f_0(\varphi) \right], \quad (6.72a)$$

$$\mu = K_2 \int_0^{2\pi} d\varphi \, U^*(\varphi) \frac{d}{d\varphi} \left[b_0(\varphi) f_0(\varphi) \right] \quad (6.72b)$$

で与えられる。

ここで問題になるのは ν の符号である。ミクロモデルにおける位相結合関数が同相タイプであっても，マクロには $\nu < 0$ となって一様振動が不安定化する可能性がある。ミクロレベルでは起こりえなかった BF 不安定性がマクロレベルで起こりうるのである。不安定性が弱ければその結果は位相乱流である。以下ではこれが実際に起こることを示そう。

BF 不安定性が非線形 Fokker-Planck 方程式の Hopf 分岐点近傍で起こりうることは 6.2 節ですでに述べた。結合関数が同相タイプであっても，このような不安定性を生じるパラメタ領域がたしかに存在した。本節での関心は，分岐点から遠く離れた状況にそれがどのようにつながっていくかである。

結合関数 $\Gamma(\psi)$ が具体的に与えられれば，ν の表式 (6.72a) の数値計算からその符号がわかる。$\Gamma(\psi)$ として単純な同相結合

$$\Gamma(\psi) = -\sin(\psi + \alpha) \qquad (-\pi/2 < \alpha < \pi/2) \tag{6.73}$$

を仮定しよう。積分核 $G(x)$ の 2 次モーメント $K_2\,(>0)$ が 1 に等しくなるように空間スケールを選べば，非線形 Fokker-Planck 方程式 (6.59a) (ただし，$\boldsymbol{q} = \mathbf{0}$) に含まれるパラメタは D と α のみであり，したがって ν もこれらのみで決定される。

図 6.3 には，パラメタ D と α が張る空間において時間周期解が存在する領域と，その領域内で ν が正または負になる部分領域が示されている。6.2 節でみたように，Hopf 分岐線は $D = D_{\mathrm{c}}(\alpha) = -\mathrm{Im}\,\Gamma_{-1} = \cos(\alpha)/2$ で与えられるから，$D < D_{\mathrm{c}}(\alpha)$ で時間周期解が存在する。明らかにこの領域内で $\nu < 0$ となる部分領域が存在している。分岐点近傍で BF 不安定性の臨界点は $\alpha = \alpha_{\mathrm{c}}$, $\tan^2 \alpha_{\mathrm{c}} = 2$ で与えられた。これより，臨界線 $\nu(D, \alpha) = 0$ の分岐線上での終端は $(D, \alpha) = (D_{\mathrm{c}}(\alpha_{\mathrm{c}}), \alpha_{\mathrm{c}}) = (0.2886\ldots, 0.9553\ldots)$ で与えられることがわかる。

第 3 章の議論から，分岐点近傍では弱い BF 不安定性に対して複素 GL 方程式が Kuramoto-Sivashinsky 方程式に縮約され，位相乱流が現れることがわかっている。分岐点から遠く離れている場合も，マクロな位相方程式は (6.71) の一般化として空間微分に関する展開形

$$\frac{\partial \Theta}{\partial t} = \Omega + \nu \frac{\partial^2 \Theta}{\partial x^2} + \mu \left(\frac{\partial \Theta}{\partial x} \right)^2 - \kappa \frac{\partial^4 \Theta}{\partial x^4} + \cdots \tag{6.74}$$

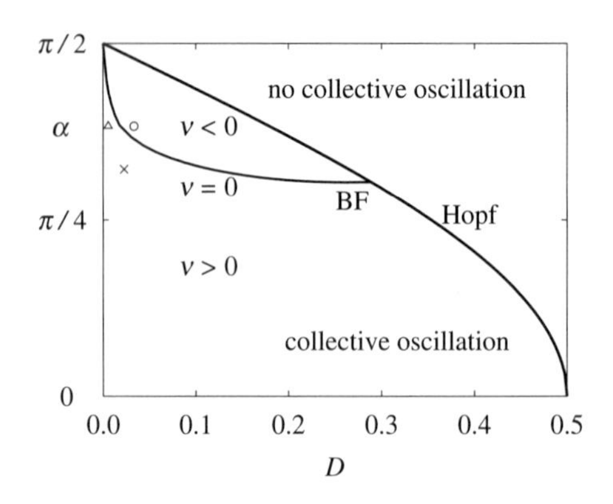

図 6.3　(6.21), (6.22), (6.73) で与えられる系と等価な Fokker-Planck 方程式の解析によって得られる相図。"Hopf" は Hopf 分岐線 $D = D_c(\alpha)$ を，"BF" は Hopf 分岐点における Benjamin-Feir 不安定性の臨界点を表す。集団振動相 $D < D_c$ においてマクロな位相の拡散係数 ν が負となる領域が存在する。(Y. Kawamura, H. Nakao, and Y. Kuramoto, Phys. Rev. E **75**, 036209 (2007) より転載。)

で表されるであろう。3.3 節に述べたスケーリングの考え方は上式にも適用することができる。それによれば，$|\nu|$ が微小かつ $\kappa > 0$ なら，上式右辺であらわに書かれていない空間微分項は高次の微小項として無視され，やはり Kuramoto-Sivashinsky 方程式が得られる [12)]。

係数 ν と μ の表式はそれぞれ (6.72a) および (6.72b) で与えられたが，κ は最低次近似の位相縮約からはわからない。その表式を得るために，ここでは同じく 3.3 節で述べた現象論的な方法を用いよう。それは，一様振動解 (6.55) のまわりで線形化された非線形 Fokker-Planck 方程式の固有値スペクトルを計算し，それを (6.74) と比較することで線形項の係数 ν, κ, ... を決めるやり方である。結果は次式で与えられる：

---

12) ノイズのかわりに自然振動数がランダムに分布した非局所結合系に対しても，Ott-Antonsen 理論を適用することで，位相乱流が生じ得ること，また Kuramoto-Sivashinsky 方程式が導出できることが示される (Kawamura, 2014a)。

$$\kappa = K_2^2 \sum_{l \neq 0} \lambda_l^{-1} \left\{ \int_0^{2\pi} d\varphi \, U^*(\varphi) \frac{d}{d\varphi} \left[a_l(\varphi) f_0(\varphi) \right] \right\}$$
$$\times \left\{ \int_0^{2\pi} d\varphi \, u_l^*(\varphi) \frac{d}{d\varphi} \left[a_0(\varphi) f_0(\varphi) \right] \right\}$$
$$+ K_4 \int_0^{2\pi} d\varphi \, U^*(\varphi) \frac{d}{d\varphi} \left[a_0(\varphi) f_0(\varphi) \right]. \tag{6.75}$$

ここに，

$$a_l(\varphi) = \int_0^{2\pi} d\varphi' \, \Gamma(\varphi - \varphi') \, u_l(\varphi') \tag{6.76}$$

である。κ に対するこの表式の導出は本節の最後に示す。

$\nu < 0$ の領域が実際に時空カオス領域になっていることを，もとの位相振動子モデル (6.21) に対する数値シミュレーションから確かめよう。ノイズの効果を繰り込んだ実効的なマクロダイナミクスをみるには，時間的空間的に変動する平均場の振舞を追跡するのが適当であろう。平均場としては，(5.144) を無限大の系に拡張した複素秩序パラメタ

$$R(x,t) \exp\left[i\widetilde{\Theta}(x,t) \right] = \int_{-\infty}^{\infty} dx' \, G(x - x') \exp\left[i\phi(x', t) \right] \tag{6.77}$$

を用いる。5.6 節のキメラ状態との関連で注意したように，この秩序パラメタはおおまかには $\exp(i\phi)$ を結合距離の範囲で平均化した量になっている。(6.77) で記号 $\widetilde{\Theta}$ を用いたのは，(6.55) で定義される位相 Θ とは一般に異なるからである。(6.77) で定義した秩序パラメタと Θ との関係は，同式の右辺を次のように変形してみれば容易にわかる：

$$\int_{-\infty}^{\infty} dx' \, G(x - x') \exp\left[i\phi(x', t) \right]$$
$$= \int_{-\infty}^{\infty} dx' \, G(x - x') \int_0^{2\pi} d\phi \, e^{i\phi} f(\phi, x', t)$$
$$\simeq \int_{-\infty}^{\infty} dx' \, G(x - x') \int_0^{2\pi} d\phi \, e^{i\phi} f_0\left(\phi - \Theta(x', t)\right)$$
$$= \int_{-\infty}^{\infty} dx' \, G(x - x') \, e^{i\Theta(x', t)} \int_0^{2\pi} d\varphi \, e^{i\varphi} f_0(\varphi). \tag{6.78}$$

すなわち，いま考えているように結合距離内で場がほぼ一様とみなせる状況においてのみ

$$\widetilde{\Theta} = \Theta, \tag{6.79a}$$

$$R = \int_0^{2\pi} d\varphi\, e^{i\varphi} f_0(\varphi) \tag{6.79b}$$

とおくことができる。

図 6.4 は，モデル方程式

$$\frac{\partial}{\partial t}\phi(x,t) = \omega - \frac{1}{2}\int_{-\infty}^{\infty} dx'\, e^{-\left|x-x'\right|} \sin(\phi - \phi' + \alpha) + \xi(x,t) \tag{6.80}$$

に対して行ったシミュレーションの結果の一部であり，理論結果を支持している。ただし，シミュレーションは有限長で十分密に振動子が配列された 1 次元格子に対して行われている。図では，$\nu < 0$ および $\nu > 0$ のパラメタ領域からそれぞれ 2 点および 1 点を選び，これらの点における $R(x,t)$ の時間発展と，ある瞬間におけるミクロな位相 $\phi(x,t)$ のパターンが示されている。ノイズの存在のために，$\nu > 0$ の領域でも ϕ のパターンはランダムにゆらいでいるが，秩序パラメタはほとんど一様にみえる。一方，$\nu < 0$ の領域では，位相の乱れははるかに激しく，秩序パラメタのカオス的なゆらぎはノイズレベルをはるかに超えている。ノイズによって系のマクロなダイナミクスが変質しうることは前節の議論からすでに明らかであるが，興味深いのは，ノイズが通常考えられるようにダイナミクスを平均化する (すなわち時間的にも空間的にも振舞を単調にする) のでなく，逆に複雑化するという点である。

最後に，(6.75), (6.76) の導出を示しておこう。κ の正しい表式を得るためには，(6.57c) のようにドリフト項に 4 次の空間微分まで含めておく必要があるので以下ではそうする。そのうえで $f = f_0(\varphi) + \rho(\varphi, x, t)$, $\varphi = \phi - \Omega t$ とおき，Fokker-Planck 方程式 (6.59a) (ただし，$\boldsymbol{q} = \boldsymbol{0}$) を ρ について線形化する。その平面波解 $\rho(\varphi, x, t) \propto U_q(\varphi) \exp(iqx + \lambda_q t)$ の線形成長率 λ_q は次式をみたす：

$$\lambda_q U_q = \left(\widehat{L}_0 + q^2 \widehat{L}_1 + q^4 \widehat{L}_2\right) U_q. \tag{6.81}$$

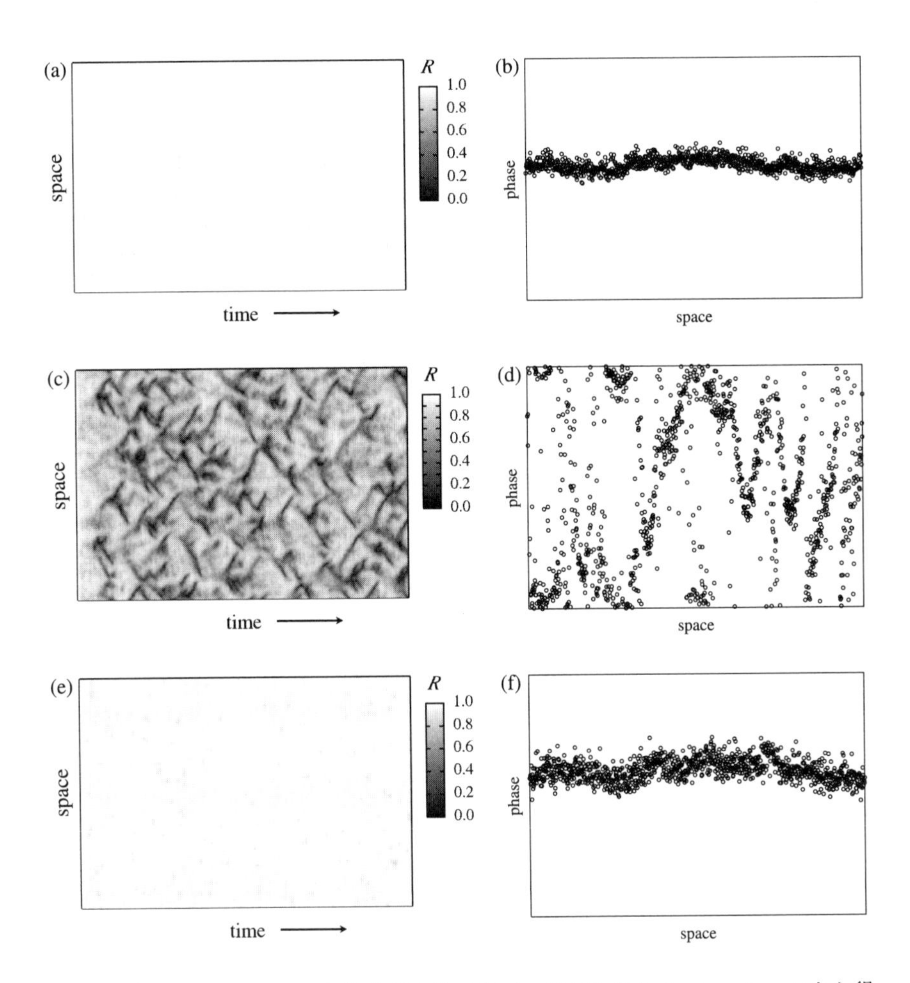

図 6.4　Langevin 方程式 (6.21), (6.22), (6.73) のシミュレーションから得られた秩序パラメタ $R(x,t)$ の時空パターン (左図) と個別振動子の位相 $\phi(x)$ の瞬間的パターン (右図)。図 6.3 において △, ○, × の 3 点で計算された結果がそれぞれ (a) と (b), (c) と (d), (e) と (f) で与えられる。(Y. Kawamura, H. Nakao, and Y. Kuramoto, Phys. Rev. E **75**, 036209 (2007) より転載。)

ここに, $\widehat{L}_0$ は (6.65) で定義され, $\widehat{L}_1$ と $\widehat{L}_2$ はそれぞれ

$$\widehat{L}_1 U_q(\varphi) = K_2 \frac{d}{d\varphi}\left[f_0(\varphi) \int_0^{2\pi} d\varphi' \, \Gamma(\varphi - \varphi') U_q(\varphi') \right], \qquad (6.82\text{a})$$

$$\widehat{L}_2 U_q(\varphi) = -K_4 \frac{d}{d\varphi}\left[f_0(\varphi)\int_0^{2\pi} d\varphi'\,\Gamma(\varphi-\varphi')U_q(\varphi')\right] \tag{6.82b}$$

によって与えられる。(6.81) から固有値が $\lambda_q = \Lambda_1 q^2 + \Lambda_2 q^4 + \cdots$ のように波数展開の形で求められれば，(6.74) の線形化方程式から示唆される固有値スペクトル $\lambda_q = -\nu q^2 - \kappa q^4 + \cdots$ と比較することで $\nu, \kappa, \ldots$ が得られる。

ここでは $q \to 0$ で $U_q \to U$, $\lambda_q \to 0$ につながる固有値の分枝 (位相分枝) を問題にしている。そこで，$q^2 \equiv \epsilon$ とおき，固有値と固有関数を ϵ でそれぞれ

$$\lambda_q = \epsilon\lambda_1 + \epsilon^2\lambda_2 + \cdots, \qquad U_q(\varphi) = U(\varphi) + \epsilon\sum_{l\neq 0} c_l u_l(\varphi) + \cdots$$

のようにべき展開し，(6.81) を

$$\begin{aligned}&\left(\epsilon\lambda_1 + \epsilon^2\lambda_2 + \cdots\right)\left[U(\varphi) + \epsilon\sum_{l\neq 0} c_l u_l(\varphi) + \cdots\right]\\ &\quad = \left(\widehat{L}_0 + \epsilon\widehat{L}_1 + \epsilon^2\widehat{L}_2\right)\left[U(\varphi) + \epsilon\sum_{l\neq 0} c_l u_l(\varphi) + \cdots\right]\end{aligned} \tag{6.83}$$

と書き，ϵ の各次数で上式が恒等的に成り立つことを要求する。固有値と固有関数は ϵ の低次から逐次求められる。

ϵ^0 オーダーのバランス方程式 $\widehat{L}_0 U = 0$ は自動的に成り立っている。ϵ^1 のバランス方程式において，両辺と U^* との内積をとれば，

$$\Lambda_1 = \left[U^*, \widehat{L}_1 U\right] = K_2 \int_0^{2\pi} d\varphi\, U^*(\varphi)\frac{d}{d\varphi}\left[a_0(\varphi) f_0(\varphi)\right] = -\nu \tag{6.84}$$

となって，先に得られた結果が確認された。同じバランス方程式の両辺と u_l^* との内積をとれば，

$$c_l = -\lambda_l^{-1}\left[u_l^*, \widehat{L}_1 U\right] \tag{6.85}$$

となって，固有関数に対する最低次の補正が得られる。ϵ^2 のバランス方程式の両辺と U^* との内積をとれば，

$$\begin{aligned}\Lambda_2 &= \sum_{l\neq 0}\left[U^*, \widehat{L}_1 u_l\right] c_l + \left[U^*, \widehat{L}_2 U\right]\\ &= -\sum_{l\neq 0}\lambda_l^{-1}\left[U^*, \widehat{L}_1 u_l\right]\left[u_l^*, \widehat{L}_1 U\right] + \left[U^*, \widehat{L}_2 U\right]\end{aligned} \tag{6.86}$$

が得られる。これを $-\kappa$ と等置し，その具体的表式を書き下したものが (6.75), (6.76) である。

以上では，時空カオスがノイズによって引き起こされる可能性を論じたが，ノイズではなく振動子の自然振動数がランダムにばらつくことによっても同様の現象が期待される。実際，Ott-Antonsen 理論を適用することでこのことを理論的に実証できる (Kawamura, 2014a; Wolfrum, Gurevich, and Omel'chenko, 2016)。

集団的位相感受性

前節の議論では無視された外部刺激の効果を考え，それに対する集団の応答を調べよう (Kawamura *et al.*, 2008)。以下では，マクロな位相が空間的に一様な場合，あるいは空間変化というものがそもそも意味をもたない結合距離無限大の極限を考える。そこでは外力のみが摂動となるので，(6.70) は (4.25) と類似の形

$$\frac{d\Theta}{dt} = \Omega + \boldsymbol{\zeta}(\Theta) \cdot \boldsymbol{q}(t) \tag{6.87}$$

になる。ここに，$\boldsymbol{\zeta}(\Theta)$ は集団レベルでの位相感受性であり，

$$\begin{aligned}\boldsymbol{\zeta}(\Theta) &= \int_0^{2\pi} d\varphi\, U^*(\varphi) \frac{d}{d\varphi}\Big[\boldsymbol{Z}(\varphi+\Theta) f_0(\varphi)\Big] \\ &= \int_0^{2\pi} d\varphi\, \boldsymbol{Z}(\varphi+\Theta) k_0(\varphi),\end{aligned} \tag{6.88}$$

$$k_0(\varphi) = -f_0(\varphi)\frac{dU^*(\varphi)}{d\varphi} \tag{6.89}$$

で与えられる。$k_0(\varphi)$ は次式をみたす：

$$\int_0^{2\pi} d\varphi\, k_0(\varphi) = \int_0^{2\pi} d\varphi\, U^*(\varphi)\frac{df_0(\varphi)}{d\varphi} = \int_0^{2\pi} d\varphi\, U^*(\varphi) U(\varphi) = 1. \tag{6.90}$$

$\boldsymbol{Z}(\phi)$ は個別振動子のいわばミクロな位相感受性であった。$f_0(\varphi)$ や $U^*(\varphi)$ などの統計量を介してミクロとマクロの位相感受性を関連づけた式が (6.88) である。ちなみに，ノイズが存在しないために振動子が完全に位相同期して $f_0(\varphi) = \delta(\varphi)$ となる場合には，$\boldsymbol{\zeta}(\Theta) = \boldsymbol{Z}(\Theta)$ となって位相感受性はミクロと

マクロで一致する。

理論式 (6.88) の妥当性を確認するために，振幅自由度を含む振動子集団のモデルに対して直接シミュレーションを行い，弱い外部刺激に対する集団的位相応答を調べてみよう。位相応答を数値実験で「測定」し，これを線形応答とみなして位相感受性を評価し，(6.88) の数値計算によって得られる位相感受性と比較するのである。振動子集団のモデルとしては，白色ガウスノイズを含む大域結合 Stuart-Landau 振動子の集団を採用し，これに外部刺激 $q(t)$ を与える。すなわち，次式を用いる：

$$\frac{dW_j}{dt} = (1 + i\omega_0)W_j - (1 + ic)|W_j|^2 W_j + \frac{K_0}{N}\sum_{k=1}^{N} W_k + \eta_j(t) + q(t). \quad (6.91)$$

ここに，複素ノイズ $\eta_j(t) = \eta_j^R(t) + i\eta_j^I(t)$ は実部と虚部が独立で

$$\langle \eta_j^R(t)\eta_k^R(t')\rangle = \langle \eta_j^I(t)\eta_k^I(t')\rangle = 2D_0\delta_{jk}\delta(t - t')$$

をみたす白色ガウスノイズである。また，$q(t)$ は W_j の実部にのみ作用するとしている。集団振動が存在する弱ノイズ領域において，$q(t)$ を単発のインパルス刺激として与える。それによるマクロな振動パターンの位相のシフトから集団的応答を知ることができる。これは位相応答の実験で行われるやり方と同じである。

一方，理論の側からは，結合強度とノイズおよび外部刺激がいずれも弱いという条件の下に，第 4 章で述べた位相縮約を (6.91) に適用できる。これにより次の位相振動子モデルが得られる：

$$\frac{d\phi_j}{dt} = \omega - \frac{K}{N}\sum_{k=1}^{N}\sin(\phi_j - \phi_k + \alpha) + \xi_j(t) + \boldsymbol{Z}(\phi_j)\cdot\boldsymbol{q}(t). \quad (6.92)$$

ここに $\boldsymbol{q}(t) = (q(t), 0)$ であり，$\boldsymbol{Z}(\phi)$ は (4.40) (ただし，$c_2 = c$) で与えられる。(6.92) は非線形 Fokker-Planck 方程式に変換され，外部刺激が十分弱いという仮定 (すなわち，(6.92) の最終項を摂動として扱えるという仮定) の下に再度位相縮約が実行でき，マクロな位相方程式 (6.87) が得られるわけである。そして，非線形 Fokker-Planck 方程式の数値解析から $f_0(\varphi)$ と $U^*(\varphi)$ を求め，公式 (6.88) に従って $\boldsymbol{\zeta}(\Theta)$ を求めるのである。

図 6.5 は理論と数値シミュレーションを比較した結果の一部を示している。

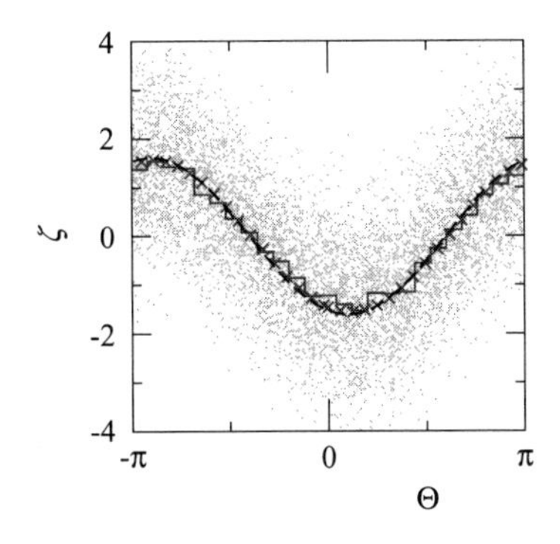

図 6.5　大域結合 Stuart-Landau 振動子系 (6.91) の集団的位相感受性 $\boldsymbol{\zeta}(\Theta)$ の第一成分 ζ. $D = 0.009$. ドットで示された直接シミュレーションによるデータを区分的に平均化したものが階段状の曲線で示されている。後者は理論的表式 (6.88) の数値計算によって得られた曲線 (破線) とよく一致する。(Y. Kawamura, H. Nakao, K. Arai, H. Kori, and Y. Kuramoto, Phys. Rev. Lett. **101**, 024101 (2008) より転載。)

位相縮約を 2 度適用しなければならないので，外部刺激をかなり弱くしており，その結果として集団位相感受性のデータは，マクロな量であるにもかかわらずノイズのためにかなりばらつきが大きくなっている。しかし，その平均値は理論曲線とよく一致している。

なお，以上の議論は相互作用する複数の集団のダイナミクスにも拡張できることがわかっており，(Kawamura *et al.*, 2010a; Kawamura, 2014b), たとえば，結合が同相結合タイプであっても，条件によって 2 つの集団の集団振動は逆位相に同期しうるという興味ある結果が示されている。その場合は，結合する相手方の集団からの影響を外部刺激とみなすわけである。

6.4　集団レベルの位相記述 II

集団レベルで位相記述が可能な振動子系として，これまでに扱ったのとは異なるタイプの系がある。それは，ノイズを含まない代わりに自然振動数にばらつきがあり，かつ完全な内部同期が成立している位相振動子のネットワークである (Kori *et al.*, 2009)。本節では，このような系について以下の 2 つの事柄を議論しよう。第一に，集団的位相感受性の一般公式を導出する。第二に，このような集団が複数個ある状況を考え，それらが互いに弱く結合した複合集団に対してマクロな位相で記述された位相方程式を導出する。前節においても，マクロな位相場 $\Theta(x,t)$ の時空記述と外部刺激に対する Θ の応答という 2 つの問題を，基本的に同じアイディアに基づいて論じた。本節でも，これらに対応する 2 つの問題を共通の考え方で取り扱おうというわけである (ただし，提示の順序は前節とは逆になっている)。

集団的位相感受性

外部刺激を受けた位相振動子ネットワークの標準的なモデルとして次式を考えよう：

$$\frac{d\phi_j}{dt} = \omega_j + \sum_{k=1}^{N} \Gamma_{jk}(\phi_j - \phi_k) + P_j(\phi_j, t), \quad P_j(\phi_j, t) = Z(\phi_j) p_j(t). \tag{6.93}$$

ネットワークの構造やサイズ N は任意である。表式を簡単にするため，縮約を行う以前の力学系モデルに現れる外部刺激項は，$\boldsymbol{p}_j(t) = (p_j(t), 0, 0, \ldots, 0)$ のように一定の方向をもつベクトルで表されると仮定している。$Z(\phi_j)$ は j 番目の振動子に対する位相感受性ベクトルの第一成分であり，振動子間でのその違いは小さいとして無視されている。以下では外部刺激のない結合位相振動子系全体を非摂動系とみなし，P_j をこの集団にかかる弱い摂動として扱う。

以下の理論における最も重要な仮定は，$P_j = 0$ とした非摂動系においてすべての振動子が完全に同期した状態にあり，したがって，振動子間の位相関係が完全に固定されているという仮定である。位相が完全にそろった完全位相同期状態と区別するために，これを「完全位相ロック状態」とよぶことにする。ちなみに，同一の振動子からなる系でかつ振動子対結合がすべて同相タイプであっても，完全位相ロック状態になるとはかぎらない。キメラ状態を生じるモデル (5.143a) はこのことを示す一例である [13]。

---

[13] 自然振動数が不均一に分布した位相振動子系における完全位相ロック状態の存在条件や安定性は Ermentrout (1992) が論じている。$\Gamma(\psi) = -\sin\psi$ 型の結合をもつ大域結合系にかぎっての詳しい考察としては Mirollo and Strogatz (2005) がある。また，振動子が互いに同一であるが位相振動子ではない，より一般の振動子からなるネットワークの完全位相同期条件は Nishikawa and Motter (2006a, 2006b) によって論じられている。

(6.93) は，状態ベクトル $(\phi_1, \phi_2, \ldots, \phi_N) \equiv \boldsymbol{X}$ に対する N 次元力学系

$$\frac{d\boldsymbol{X}}{dt} = \boldsymbol{F}(\boldsymbol{X}) + \boldsymbol{P}(\boldsymbol{X}, t) \tag{6.94}$$

とみることができる。ここに，

$$F_j(\boldsymbol{X}) = \omega_j + \sum_{k=1}^{N} \Gamma_{jk}(\phi_j - \phi_k) \tag{6.95}$$

である。完全位相ロックという仮定によって，非摂動力学系 $\dot{\boldsymbol{X}} = \boldsymbol{F}(\boldsymbol{X})$ は 1 つの大きなリミットサイクル振動子として振舞う。この事実こそ完全に位相ロックしたネットワークが位相記述可能な系となる理由にほかならない。ちなみに，Kuramoto モデルも $K > K_{\mathrm{c}}$ では 1 つのマクロなリミットサイクル振動子のように振舞うことをみた。しかし，5.5 節で注意したように，非同期振動子のグループが存在する不完全位相ロック状態においては，この系を大自由度力学系としてみるかぎり集団振動状態は中立安定であり，リミットサイクル解とはなっていない。なぜなら，Fokker-Planck 方程式の時間周期解のまわりで虚軸上に連続スペクトルが存在するからである (Mirollo and Strogatz, 2007)。したがって，本節のような方法を直接これに適用することはできない。しかしこのような系に対しても，たとえば Ott と Antonsen が行ったように複素秩序パラメタに対する発展方程式が閉じた形で得られるなら，それは実質上 2 自由度のリミットサイクル振動子を表しており，マクロな位相記述は可能である。この考えを用いると，たとえばこの種の集団が複数あって互いに弱く結合しているような系も扱うことができる (Kawamura *et al.*, 2010b)。先にも触れたが，2 集団間の同相結合はかならずしも両者の同相同期をもたらさない。

完全に位相ロックしたネットワークの議論に戻ろう。このマクロなリミットサイクル振動子の振動数を Ω とし，リミットサイクル解を 2π 周期関数 $\boldsymbol{\chi}(\Theta)$ で表そう。ここに，$\Theta = \Omega t + \Theta_0$ であり，Θ_0 は任意定数である。$\boldsymbol{\chi}$ の具体的な形はきわめて単純で，

$$\boldsymbol{\chi}(\Theta) = \left(\Theta + \psi_1^0, \Theta + \psi_2^0, \ldots, \Theta + \psi_N^0\right) \tag{6.96}$$

で与えられる。ここに ψ_j^0 $(j = 1, 2, \ldots, N)$ は，完全に固定された振動子間の位相関係を表している。

4.4 節に述べた位相縮約の考え方を (6.94) に適用しよう。すなわち，摂動 $\boldsymbol{P}$ の効果によって，非摂動解 $\boldsymbol{\chi}$ に含まれていた任意定数 Θ_0 をゆっくり運動する変数と見直す。Θ_0 は近似的に

$$\boldsymbol{U}\frac{d\Theta_0}{dt} = \boldsymbol{P}(\boldsymbol{X}, t) \tag{6.97}$$

に従う。$\boldsymbol{U}$ はリミットサイクル解まわりの零固有ベクトルであり，

$$\boldsymbol{U} = \frac{d\boldsymbol{\chi}(\Theta)}{d\Theta} = (1, 1, \ldots, 1) \tag{6.98}$$

のように単純な形をもっている。最低次近似では $\boldsymbol{P}(\boldsymbol{X}, t) \simeq \boldsymbol{P}(\boldsymbol{\chi}(\Theta), t)$ としてよい。したがって，(6.97) の両辺と左零固有ベクトル $\boldsymbol{U}^*$ のスカラー積をとると，

$$\frac{d\Theta}{dt} = \Omega + \boldsymbol{U}^* \cdot \boldsymbol{P}(\boldsymbol{\chi}(\Theta), t) = \Omega + \sum_{j=1}^{N} w_j Z(\Theta + \psi_j^0) p_j(t) \tag{6.99}$$

となる。ここに $\boldsymbol{U}^*$ を

$$\boldsymbol{U}^* = (w_1, w_2, \ldots, w_N) \tag{6.100}$$

のように成分表示している。

外部刺激が集団に一様にかかる場合には，$p_j(t) = p(t)$ とおいてマクロな位相方程式は

$$\frac{d\Theta}{dt} = \Omega + \zeta(\Theta) p(t) \tag{6.101}$$

となる。$\zeta(\Theta)$ は集団としての位相感受性を表し，

$$\zeta(\Theta) = \sum_{j=1}^{N} w_j Z(\Theta + \psi_j^0) \tag{6.102}$$

のように，個別振動子のそれぞれの位相における位相感受性 Z を重み w_j で平均した量になっている。実際，$(\boldsymbol{U}^* \cdot \boldsymbol{U}) = 1$ より，重み w_j は

$$\sum_{j=1}^{N} w_j = 1 \tag{6.103}$$

のように総和が 1 に規格化されている。振動子の位相が完全に一致している場合は，ミクロとマクロの位相感受性は一致する。

以上の議論から，すべての振動子が互いに位相ロックした位相振動子のネットワークでは，集団としての位相感受性は個別振動子の位相感受性と単純な関

係で結ばれていることがわかった。その関係を決める最も重要な量が左零固有ベクトル $\boldsymbol{U}^*$ である。

理論解析を行ううえで集団モデル (6.93) がもつ大きな利点は，$\boldsymbol{U}^*$ の構造が具体的にわかるという点にある。それは，力学系 $\dot{\boldsymbol{X}} = \boldsymbol{F}(\boldsymbol{X})$ が次のような対称性を備えているからである。$\boldsymbol{X}(t) = \boldsymbol{\chi}(\Theta) + \boldsymbol{u}(t)$ とおき，時間周期解からのずれ $\boldsymbol{u}$ に関して非摂動力学系を線形化した式を

$$\frac{d\boldsymbol{u}}{dt} = \widehat{L}\boldsymbol{u} \tag{6.104}$$

と書こう。Jacobi 行列 $\widehat{L}$ の行列要素は

$$L_{jk} = \delta_{jk} \sum_{l \neq j}^{N} \Gamma'_{jl}\left(\psi_j^0 - \psi_l^0\right) - (1 - \delta_{jk})\,\Gamma'_{jk}\left(\psi_j^0 - \psi_k^0\right) \tag{6.105}$$

で与えられる。一般に，時間周期解まわりの Jacobi 行列はその解と同じ周期で時間変動するが，上記の Jacobi 行列は時間的に一定である。これは $\boldsymbol{F}(\boldsymbol{X})$ が位相差のみで表されたことの結果である。Stuart-Landau 振動子や前節で扱った非線形 Fokker-Planck 方程式においても，適当な回転系に乗れば Jacobi 行列や線形演算子 $\widehat{L}_0$ は時間的に一定であった。このような性質なしでは系の解析はほとんど不可能だったはずである。

上記の性質に加えて，$\widehat{L}$ は以下のような特別な性質をもっている。まず，$\widehat{L}$ が固有値 0 をもつことから，

$$\det \widehat{L} = 0 \tag{6.106}$$

は明らかである。また，$\widehat{L}$ の零固有ベクトル $\boldsymbol{U}$ は単純な形 (6.98) で与えられた。したがって，$\widehat{L}\boldsymbol{U} = 0$ より

$$\sum_{k=1}^{N} L_{jk} = 0 \tag{6.107}$$

が成り立ち，$\boldsymbol{U}^*\widehat{L} = 0$ より

$$\sum_{j=1}^{N} w_j L_{jk} = 0 \tag{6.108}$$

が成り立つ。また，w_j が (6.103) のように規格化されていることにも注意する。

ちなみに，$\widehat{L}$ はグラフ理論で知られているいわゆる **Laplace 行列**と同じ構造をもっている。重み付き有向グラフにおいて，重み付き隣接行列を $\widehat{W}$ とし，対角要素が $\sum_{k\neq j} W_{jk} \equiv D_{jj}$ で与えられる対角行列を $\widehat{D}$ とする。$\widehat{D}-\widehat{W}$ によって定義される行列が Laplace 行列である。$W_{jk}=\Gamma'_{jk}(\psi_j^0-\psi_k^0)$ とおけば，$\widehat{L}$ が Laplace 行列になっていることは明らかであろう。Laplace 行列の余因子や固有値スペクトルは，ネットワーク構造に関する重要な情報を含んでいる[14]。

$\widehat{L}$ の性質 (6.106) および (6.107) を用いると，左零固有ベクトルの解析的表式が得られる。結果は単純で，$\widehat{L}$ から j 行 k 列を除去した $N-1$ 次正方行列を $\widehat{L}(j,k)$ とすると，$w_j \propto \det\,\widehat{L}(j,j)$ が成り立つ。条件 (6.103) に注意すると，

$$w_j=\frac{M_j}{\sum_{k=1}^{N} M_k},\qquad M_j=\det\,\widehat{L}(j,j) \tag{6.109}$$

である。上式の証明は本節の最後に示す。なお，$\Gamma_{jk}(\psi)\propto -\sin\psi$ 型のモデルに代表されるように，結合関数が奇関数でかつすべての結合対について $\Gamma_{jk}(\phi_j-\phi_k)=\Gamma_{kj}(\phi_k-\phi_j)$ のように対称に結合したネットワークに対しては，$\widehat{L}$ は対称行列になる。その場合はベクトル $\boldsymbol{U}$ と $\boldsymbol{U}^*$ は互いに平行なので，$w_j=N^{-1}(1,1,\ldots,1)$ となる[15]。

左零固有ベクトルは緩和法とよばれる方法によって数値的に計算できることを 4.7 節で述べた。いま扱っている問題では，Jacobi 行列が時間的に一定なので左零固有ベクトルの数値計算ははるかに容易である。解析的か数値的かは別にして，位相ロックした振動子集団において，集団的な位相感受性を決定する左零固有ベクトルが比較的容易に計算できるという事実は重要である。上記

[14] Laplace 行列の構造がネットワークの動的振舞に密接に関係していることは，本節で論じる問題以外にもさまざまに議論されている。たとえば，完全に位相ロックした位相振動子集団の集団振動数と Laplace 行列の固有値および固有関数との間には一定の関係が存在する (Tönjes and Blasius, 2009)。また，振動子ネットワークを含む一般的なネットワークにおいて，いずれの個別要素が全系の挙動に最も強い影響力をもつかについても Laplace 行列から知ることができる (Masuda, Kawamura, and Kori, 2009, 2010)。

[15] より一般に，$\sum_{j=1}^{N} L_{jk}=0$ なら $w_j=N^{-1}(1,1,\ldots,1)$ が成り立つ。$\widehat{L}$ に対するこの条件は単純な意味をもっている。有向グラフの理論における用語を用いれば，それは各ノードごとに入次数 (indegree) と出次数 (outdegree) が等しいことを意味している。

のような理論はさまざまな応用が考えられる。たとえば，第 4 章に述べた，共通ノイズのよる振動子の位相同期の理論と組み合わせることで，独立な 2 つの完全位相同期集団の相互の位相同期を論じることができる (Kawamura and Nakao, 2016)。

複数の完全位相ロック集団からなるネットワーク

複数の振動子集団からなる系のダイナミクスに関しては多くの研究があり，そのいくつかについてはこれまでの議論のなかでもふれてきた。その多くは大域結合集団の結合系に関するものであるが，そこでは各集団に含まれる乱れがノイズによる場合と自然振動数の分布による場合とが考えられる。前者については，比較的早い時期の研究として Okuda and Kuramoto (1991) がある。後者については Kuramoto-Sakaguchi モデル (5.54) の結合系が解析されているが，解析法としては自己無矛盾理論に基づくもの (Montbrió, Kurths, and Blasius, 2004; Barreto *et al.*, 2008; Sheeba *et al.*, 2008, 2009) と Ott-Antonsen 仮説に基づくもの (Abrams *et al.*, 2008; Laing, 2009a, 2009b) とがある。

これらとは違って，以下では完全に位相ロックした非大域結合ネットワークが複数個存在し，それらが弱い結合でつながっている状況を考える (Kori *et al.*, 2009; Kawamura, 2014c)。先に述べた位相感受性の理論と基本的に同じ考えに基づいて，このような複合ネットワークのマクロな位相記述が得られる。系の構造としてはさまざまなものが考えられるが，まず基本的な考え方を示すために 2 つのネットワーク a および b が弱く結合した系を考えよう。位相縮約によって，このような系のミクロモデルは一般に次の形をもつであろう。すなわち，集団 a に対しては

$$\frac{d\phi_j^{\mathrm{a}}}{dt} = \omega_j^{\mathrm{a}} + \sum_{k=1}^{N_{\mathrm{a}}} \Gamma_{jk}^{\mathrm{a}} \left(\phi_j^{\mathrm{a}} - \phi_k^{\mathrm{a}}\right) + Z\left(\phi_j^{\mathrm{a}}\right) p_j^{\mathrm{a}} \left(\phi_1^{\mathrm{b}}, \phi_2^{\mathrm{b}}, \ldots, \phi_{N_{\mathrm{b}}}^{\mathrm{b}}\right), \tag{6.110}$$

集団 b に対しては上式で添字 a と b を入れ替えた式が成り立つ。上式は (6.93) と類似の形で書かれている。以下でも，p_j^{a} で表された集団 b からの影響を一種の弱い外部刺激とみなしている。したがって，この扱いが許されるためには，集団間結合は集団内結合より十分弱くなければならない。以下ではこれを仮定する。

それぞれの集団は，相手方からの影響がなければ完全に位相ロックしており，その時間周期解が $\boldsymbol{\chi}_{\rm a}(\Theta_{\rm a})$ および $\boldsymbol{\chi}_{\rm b}(\Theta_{\rm b})$ で与えられている。本節のこれまでの議論から，マクロな位相方程式をただちに書き下すことができる。それが (6.99) に類似の形

$$\frac{d\Theta_{\rm a}}{dt} = \Omega_{\rm a} + \sum_{j=1}^{N_{\rm a}} w_j^{\rm a} Z\left(\Theta_{\rm a} + \psi_j^{0{\rm a}}\right) p_j^{\rm a}\left(\Theta_{\rm b}\right) \tag{6.111}$$

で与えられることはもはや説明を要しないであろう。ここに，$p_j^{\rm a}(\Theta_{\rm b} + \psi_1^{0{\rm b}}, \Theta_{\rm b} + \psi_2^{0{\rm b}}, \ldots, \Theta_{\rm b} + \psi_{N_{\rm b}}^{0{\rm b}})$ を $p_j^{\rm a}(\Theta_{\rm b})$ と略記した。

外部刺激を受けたネットワークと違って，(6.111) に対しては位相縮約の第二段階，すなわち時間平均化が適用できる。これを行うと位相方程式は次の形に表される：

$$\frac{d\Theta_{\rm a}}{dt} = \Omega_{\rm a} + \gamma_{\rm ab}(\Theta_{\rm a} - \Theta_{\rm b}). \tag{6.112}$$

ここに，集団位相結合関数 $\gamma_{\rm ab}$ は

$$\gamma_{\rm ab}(\Theta_{\rm a} - \Theta_{\rm b}) = \frac{1}{2\pi}\int_0^{2\pi} d\lambda \sum_{j=1}^{N_{\rm a}} w_j^{\rm a} Z\left(\Theta_{\rm a} + \psi_j^{0{\rm a}} + \lambda\right) p_j^{\rm a}\left(\Theta_{\rm b} + \lambda\right) \tag{6.113}$$

によって与えられる。(6.112) はただちに多くのネットワークからなる系に拡張されるが，結果は自明なので省略する。

複合ネットワークに対する上記の理論の具体的応用も，多くは今後の研究に委ねられている。前節では，ノイズの存在のために集団レベルでの振動の発生や BF 不安定化などの転移現象が生じることをみた。パラメタの変化によって引き起こされるマクロダイナミクスのこのような定性的変化は，ミクロとマクロを関連づけるという意味での統計力学的な理論なしには容易にうかがい知ることができないであろう。本節の複合ネットワークにおいても，たとえば，ネットワーク内結合の強さを変えていくとある臨界点でネットワーク間のマクロな位相関係が同相から異相へ変化する場合のあることが知られている (Kori *et al.*, 2009)。このような現象は，(6.110) のようなミクロモデルのみをどれほど仔細にみてもわかることではない。

集団レベルの位相記述を拡張する試み

前節と本節で論じた集団レベルの位相記述の考え方と技法は，結合振動子系にとどまるものではなく，一見異質な他の物理系にもさまざまに拡張可能であることが最近わかってきた。それは，系の構成要素がたとえ振動子でなくても，全体としてマクロな振動子として振舞っていたり，空間並進対称性などマクロな位相の自由度をもっているような物理系への拡張である。本理論が適用されたこのような系として，大域結合をもつ興奮性素子の集団 (Kawamura, Nakao and Kuramoto, 2011)，時間周期的パターンを生じている反応拡散系 (Nakao, Yanagita, and Kawamura, 2014)，振動対流を示す流体 (Kawamura and Nakao, 2013, 2014, 2015) などが挙げられる。

(6.109) の証明

以下では (6.109) が成り立つことを示す (Biggs, 1997; Kori *et al.*, 2009; Masuda, Kawamura, and Kori, 2009)。w_j と同じく M_j に対して

$$\sum_{j=1}^{N} M_j L_{jk} = 0 \tag{6.114}$$

が任意の k に対して成り立つことが示されれば十分である。これを証明するために，まず $N \times N$ 行列の行列式に対する余因子展開の公式を思い出そう。それを $\det \widehat{L}$ に適用すると (6.106) は

$$\det \widehat{L} = \sum_{j=1}^{N} D(j,k) L_{jk} = 0 \tag{6.115}$$

となり，これは任意の k に対して成り立つ。ここに，$D(j,k)$ は $\widehat{L}$ の (j,k)–余因子，すなわち

$$D(j,k) = (-1)^{j+k} \det \widehat{L}(j,k) \tag{6.116}$$

である。一方，$M_j = D(j,j)$ であるから，$D(j,k)$ が

$$D(j,1) = D(j,2) = \cdots = D(j,N) \tag{6.117}$$

のように k によらないことが示されれば，(6.114) が示されたことになる。

(6.117) が成り立つことは，$\det \widehat{L}(j,k)$ と $\det \widehat{L}(j,k+1)$ との関係からわか

る。すなわち，

$$\det\ \widehat{L}(j,k) = -\det\ \widehat{L}(j,k+1) \tag{6.118}$$

のように，k が 1 だけ変化するごとに $\det\ \widehat{L}(j,k)$ の符号が交代することから (6.117) が結論される。(6.118) を示すために，$\widehat{L}$ から j 行のみを除去した行列を $\widehat{L}(j)$ とし，これを $\widehat{L}(j) = [\boldsymbol{l}_1, \boldsymbol{l}_2, \ldots, \boldsymbol{l}_N]$ のように N 個の $N-1$ 次元列ベクトル $\boldsymbol{l}_j$ で表示しよう。(6.107) によって，$\boldsymbol{l}_1 + \boldsymbol{l}_2 + \cdots + \boldsymbol{l}_N = 0$ となることに注意する。これより，明らかに次式が成り立つ：

$$\begin{aligned}\det\ \widehat{L}(j,1) &= \det\,[\boldsymbol{l}_2, \boldsymbol{l}_3, \ldots, \boldsymbol{l}_N] \\ &= \det\,[\boldsymbol{l}_2 + \boldsymbol{l}_3 + \cdots + \boldsymbol{l}_N, \boldsymbol{l}_3, \ldots, \boldsymbol{l}_N] \\ &= \det\,[-\boldsymbol{l}_1, \boldsymbol{l}_3, \ldots, \boldsymbol{l}_N] = -\det\ \widehat{L}(j,2).\end{aligned} \tag{6.119}$$

以下同様にして，k のシフトによって $\det\ \widehat{L}(j,k)$ の符号が交代することがわかる。

参考文献 References

末尾の[ ]内に本文中の引用ページを示した。

[1] M. M. Abdulrehem and E. Ott, Low dimensional description of pedestrian-induced oscillation of the Millennium Bridge, Chaos **19**, 013129 (2009). [245, 284]

[2] D. M. Abrams and S. H. Strogatz, Chimera states for coupled oscillators, Phys. Rev. Lett. **93**, 174102 (2004). [259, 264]

[3] D. M. Abrams and S. H. Strogatz, Chimera states in a ring of nonlocally coupled oscillators, Int. J. Bifurcation Chaos Appl. Sci. Eng. **16**, 21 (2006). [264]

[4] D. M. Abrams, R. E. Mirollo, S. H. Strogatz, and D. A. Wiley, Solvable model for chimera states of coupled oscillators, Phys. Rev. Lett. **101**, 084103 (2008). [271, 272, 282, 317]

[5] J. A. Acebrón, L. L. Bonilla, C. J. Pérez Vicente, F. Ritort, and R. Spigler, The Kuramoto model: A simple paradigm for synchronization phenomena, Rev. Mod. Phys. **77**, 137 (2005). [232]

[6] I. Aihara, Modeling synchronized calling behavior of Japanese tree frogs, Phys. Rev. E **80**, 011918 (2009). [6]

[7] I. Aihara, R. Takeda, T. Mizumoto, T. Otsuka, T. Takahashi, and H. G. Okuno, and K. Aihara, Complex and transitive synchronization in a frustrated system of calling frogs, Phys. Rev. E **83**, 031913 (2011). [6, 7]

[8] I. Aihara, T. Mizumoto, T. Otsuka, H. Awano, K. Nagira, H. G. Okuno, and K. Aihara, Spatio-temporal dynamics in collective frog choruses examined by mathematical modeling and field observations, Sci. Rep. **4**, 3891 (2014). [6, 7]

[9] T. M. Antonsen, R. T. Faghih, M. Girvan, E. Ott, and J. H. Platig, External periodic driving of large systems of globally coupled phase oscillators, Chaos **18**, 037112 (2008). [284]

[10] S. Aoi, T. Yamashita, and K. Tsuchiya, Hysteresis in the gait transition of a quadruped investigated using simple body mechanical and oscillator network models, Phys. Rev. E **83**, 061909 (2011). [32]

[11] T. Aoyagi, T. Takekawa, and T. Fukai, Gamma rhythmic bursts: coherence control in networks of cortical pyramidal neurons, Neural Comput. **15**, 1035 (2003). [162]

[12] K. Arai and H. Nakao, Phase coherence in an ensemble of uncoupled limit-cycle

oscillators receiving common Poisson impulses, Phys. Rev. E **77**, 036218 (2008). [195(2)]

[13] I. S. Aranson and L. Kramer, The world of the complex Ginzburg-Landau equation, Rev. Mod. Phys. **74**, 99 (2002). [73, 100]

[14] A. Arenas, A. Díaz-Guilera, J. Kurths, Y. Moreno, and C. Zhou, Synchronization in complex networks, Phys. Rep. **469**, 93 (2008). [32]

[15] J. T. Ariaratnam and S. H. Strogatz, Phase diagram for the Winfree model of coupled nonlinear oscillators, Phys. Rev. Lett. **86**, 4278 (2001). [231]

[16] A. Arneodo, P. Coullet, and C. Tresser, A possible new mechanism for the onset of turbulence, Phys. Lett. A **81**, 197 (1981). [124]

[17] P. Ashwin, O. Burylko, and Y. Maistrenko, Bifurcation to heteroclinic cycles and sensitivity in three and four coupled phase oscillators, Physica D **237**, 454 (2008). [228]

[18] N. Bagheri, J. Stelling, and F. J. Doyle III, Circadian phase resetting via single and multiple control targets, PLoS Comput. Biol. **4**, e1000104 (2008). [145]

[19] G. Barlev, T. M. Antonsen, and E. Ott, The dynamics of network coupled phase oscillators: An ensemble approach, Chaos **21**, 025103 (2011). [284]

[20] E. Barreto, B. R. Hunt, E. Ott, and P. So, Synchronization in networks of networks: The onset of coherent collective behavior in systems of interacting populations of heterogeneous oscillators, Phys. Rev. E **77**, 036107 (2008). [317]

[21] D. Battogtokh and A. S. Mikhailov, Controlling turbulence in the complex Ginzburg-Landau equation, Physica D **90**, 84 (1996). [67]

[22] N. Bekki and K. Nozaki, Formations of spatial patterns and holes in the generalized Ginzburg-Landau equation, Phys. Lett. A **110**, 133 (1985). [107]

[23] T. B. Benjamin and J. E. Feir, The disintegration of wave trains on deep water, J. Fluid Mech. **27**, 417 (1967). [81]

[24] M. Bennett, M. F. Scatz, H. Rockwood, and K. Wiesenfeld, Huygens's clocks, Proc. R. Soc. London A **458**, 563 (2002). [6]

[25] C. Bick, M. Timme, D. Paulikat, D. Rathlev, and P. Ashwin, Chaos in symmetric phase oscillator networks, Phys. Rev. Lett. **107**, 244101 (2011). [228]

[26] N. Biggs, Algebraic potential theory on graphs, Bull. London Math. Soc. **29**, 641 (1997). [319]

[27] K. A. Blaha, A. Pikovsky, M. Rosenblum, M. T. Clark, C. G. Rusin, and J. L. Hudson, Reconstruction of two-dimensional phase dynamics from experiments on coupled oscillators, Phys. Rev. E **84**, 046201 (2011). [168]

[28] S. Boccaletti, J. Kurths, G. Osipov, D. L. Valladares, and C. Zhou, The synchronization of chaotic systems, Phys. Rep. **366**, 1 (2002). [5]

[29] N. N. Bogoliubov and Y. A. Mitropolsky, *Asymptotic Methods in the Theory of Non-Linear Oscillations* (Gordon and Breach, New York, 1961). [益子正教訳：非線型振動論 – 漸近的方法 (共立出版, 1961).] [49]

[30] T. Bohr, M. H. Jensen, G. Paladin, and A. Vulpiani, *Dynamical Systems Approach to Turbulence* (Cambridge University Press, Cambridge, 2005). [73, 110, 113]

[31] G. Bordyugov, A. Pikovsky, and M. Rosenblum, Self-emerging and turbulent chimeras in oscillator chains, Phys. Rev. E **82**, 035205(R) (2010). [265]

[32] E. Brown, J. Moehlis, and P. Holmes, On the phase reduction and response dynamics of neural oscillator populations, Neural Comput. **16**, 673 (2004). [150]

[33] J. Buck and E. Buck, Mechanism of rhythmic synchronous flashing of fireflies, Science **159**, 1319 (1968). [9]

[34] J. M. Burgers, *The Non-Linear Diffusion Equation: Asymptotic Solutions and Statistical Problems* (Reidel, Dordrecht, 1974). [85]

[35] J. Burguete, H. Chaté, F. Daviaud, and N. Mukolobwiez, Bekki-Nozaki amplitude holes in hydrothermal nonlinear waves, Phys. Rev. Lett. **82**, 3252 (1999). [109]

[36] V. Castets, E. Dulos, J. Boissonade, and P. De Kepper, Experimental evidence of a sustained standing Turing-type nonequilibrium chemical pattern, Phys. Rev. Lett. **64**, 2953 (1990). [22]

[37] M.-L. Chabanol, V. Hakim, and W.-J. Rappel, Collective chaos and noise in the globally coupled complex Ginzburg-Landau equation, Physica D **103**, 273 (1997). [229]

[38] H. Chaté and P. Manneville, Stability of the Bekki-Nozaki hole solutions to the one-dimensional complex Ginzburg-Landau equation, Phys. Lett. A **171**, 183 (1992). [108]

[39] H. Chaté, Spatiotemporal intermittency regimes of the one-dimensional complex Ginzburg-Landau equation, Nonlinearity **7**, 185 (1994). [116]

[40] H. Chaté and P. Manneville, Phase diagram of the two-dimensional complex Ginzburg-Landau equation, Physica A **224**, 348 (1996). [105]

[41] L.-Y. Chen, N. Goldenfeld, and Y. Oono, Renormalization group theory for global asymptotic analysis, Phys. Rev. Lett. **73**, 1311 (1994). [37]

[42] L.-Y. Chen, N. Goldenfeld, and Y. Oono, Renormalization group and singular perturbations: Multiple scales, boundary layers, and reductive perturbation the-

ory, Phys. Rev. E **54**, 376 (1996). [37]

[43] H. Chiba and I. Nishikawa, Center manifold reduction for large populations of globally coupled phase oscillators, Chaos **21**, 043103 (2011). [257]

[44] H. Chiba, A proof of the Kuramoto conjecture for a bifurcation structure of the infinite dimensional Kuramoto model, Ergodic Theory and Dynamical Systems **35**, 762 (2015). [251]

[45] H. Chiba, A center manifold reduction of the Kuramoto-Daido model with a phase-lag, arXiv:1609.04126 (2016). [257]

[46] L. M. Childs and S. H. Strogatz, Stability diagram for the forced Kuramoto model, Chaos **18**, 043128 (2008). [284]

[47] E. A. Coddington and N. Levinson, *Theory of Ordinary Differential Equations* (McGraw-Hill, New York, 1955). [129]

[48] P. Coullet, J. Lega, B. Houchmanzadeh, and J. Lajzerowicz, Breaking chirality in nonequilibrium systems, Phys. Rev. Lett. **65**, 1352 (1990). [117, 124]

[49] P. Coullet and K. Emilsson, Pattern formation in the strong resonant forcing of spatially distributed oscillators, Physica A **188**, 190 (1992a). [71, 117(2), 126]

[50] P. Coullet and K. Emilsson, Strong resonances of spatially distributed oscillators: a laboratory to study patterns and defects, Physica D **61**, 119 (1992b). [71, 117(2)]

[51] J. D. Crawford, Introduction to bifurcation theory, Rev. Mod. Phys. **63**, 991 (1991). [36]

[52] J. D. Crawford, Amplitude expansions for instabilities in populations of globally-coupled oscillators, J. Stat. Phys. **74**, 1047 (1994). [281]

[53] J. D. Crawford, Scaling and singularities in the entrainment of globally coupled oscillators, Phys. Rev. Lett. **74**, 4341 (1995). [255]

[54] J. D. Crawford and K. T. R. Davies, Synchronization of globally coupled phase oscillators: singularities and scaling for general couplings, Physica D **125**, 1 (1999). [255]

[55] M. C. Cross and P. C. Hohenberg, Pattern formation outside of equilibrium, Rev. Mod. Phys. **65**, 851 (1993). [110]

[56] C. A. Czeisler, R. E. Kronauer, J. S. Allan, J. F. Duffy, M. E. Jewett, E. N. Brown, and J. M. Ronda, Bright light induction of strong (type 0) resetting of the human circadian pacemaker, Science **244**, 1328 (1989). [145]

[57] H. Daido, Lower critical dimension for populations of oscillators with randomly distributed frequencies: A renormalization-group analysis, Phys. Rev. Lett. **61**, 231 (1988). [258]

[58] H. Daido, Order function and macroscopic mutual entrainment in uniformly coupled limit-cycle oscillators, Prog. Theor. Phys. **88**, 1213 (1992). [254]

[59] H. Daido, Generic scaling at the onset of macroscopic mutual entrainment in limit-cycle oscillators with uniform all-to-all coupling, Phys. Rev. Lett. **73**, 760 (1994). [254]

[60] H. Daido, Onset of cooperative entrainment in limit-cycle oscillators with uniform all-to-all interactions: bifurcation of the order function, Physica D **91**, 24 (1996). [254]

[61] T. Danino, O. Mondragón-Palomino, L. Tsimring, and J. Hasty, A synchronized quorum of genetic clocks, Nature **463**, 326 (2010). [9]

[62] S. Danø, P. G. Sørensen, and F. Hynne, Sustained oscillations in living cells, Nature **402**, 320 (1999). [10, 11]

[63] P. De Kepper, V. Castets, E. Dulos, and J. Boissonade, Turing-type chemical patterns in the chlorite-iodide-malonic acid reaction, Physica D **49**, 161 (1991). [22]

[64] S. De Monte, F. d'Ovidio, S. Danø, and P. G. Sørensen, Dynamical quorum sensing: Population density encoded in cellular dynamics, Proc. Natl. Acad. Sci. USA **104**, 18377 (2007). [11]

[65] H. Dietert, Stability and bifurcation for the Kuramoto model, Journal de Mathematiques Pures et Appliquees **105**, 451 (2016). [251]

[66] R. Dilão, Antiphase and in-phase synchronization of nonlinear oscillators: The Huygens's clock system, Chaos **19**, 023118 (2009). [6]

[67] R. Dodla and C. J. Wilson, Asynchronous response of coupled pacemaker neurons, Phys. Rev. Lett. **102**, 068102 (2009). [196]

[68] B. Eckhardt, E. Ott, S. H. Strogatz, D. M. Abrams, and A. McRobie, Modeling walker synchronization on the Millennium Bridge, Phys. Rev. E **75**, 021110 (2007). [10, 206, 245, 284]

[69] D. A. Egolf and H. S. Greenside, Characterization of the transition from defect to phase turbulence, Phys. Rev. Lett. **74**, 1751 (1995). [115]

[70] S.-I. Ei, K. Fujii, and T. Kunihiro, Renormalization group method for reduction of evolution equations: Invariant manifolds and envelopes, Ann. Phys. **280**, 236 (2000). [37]

[71] M. B. Elowitz and S. Leibler, A synthetic oscillatory network of transcriptional regulators, Nature **403**, 335 (2000). [4, 9]

[72] G. B. Ermentrout and N. Kopell, Multiple pulse interactions and averaging in

systems of coupled neural oscillators, J. Math. Biol. **29**, 195 (1991). [139, 174]

[73] G. B. Ermentrout, Stable periodic solutions to discrete and continuum arrays of weakly coupled nonlinear oscillators, SIAM J. Appl. Math. **52**, 1665 (1992). [312]

[74] G. B. Ermentrout, Type I membranes, phase resetting curves, and synchrony, Neural Comput. **8**, 979 (1996). [147, 150, 151]

[75] G. B. Ermentrout, R. F. Galán, and N. N. Urban, Relating neural dynamics to neural coding, Phys. Rev. Lett. **99**, 248103 (2007). [150]

[76] G. B. Ermentrout, R. F. Galán, and N. N. Urban, Reliability, synchrony and noise, Trends Neurosci. **31**, 428 (2008). [16, 195]

[77] G. B. Ermentrout and D. H. Terman, *Mathematical Foundations of Neuroscience* (Springer, New York, 2010). [151]

[78] B. Fernandez, D. Gerard-Varet, and G. Giacomi, Landau damping in the Kuramoto model, Annales Henri Poincare **17**, 1793 (2016). [251]

[79] R. J. Field, E. Körös, and R. M. Noyes, Oscillations in chemical systems. II. Thorough analysis of temporal oscillation in the bromate-cerium-malonic acid system, J. Am. Chem. Soc. **94**, 8649 (1972). [19]

[80] R. FitzHugh, Impulses and physiological states in theoretical models of nerve membrane, Biophys. J. **1**, 445 (1961). [18, 19]

[81] P. Foerster, S. C. Müller, and B. Hess, Curvature and spiral geometry in aggregation patterns of Dictyostelium discoideum, Development **109**, 11 (1990). [31]

[82] H. Fukuda, N. Nakamichi, M. Hisatsune, H. Murase, and T. Mizuno, Synchronization of plant circadian oscillators with a phase delay effect of the vein network, Phys. Rev. Lett. **99**, 098102 (2007). [14]

[83] H. Fukuda, I. T. Tokuda, S. Hashimoto, and N. Hayasaka, Quantitative analysis of phase wave of gene expression in the mammalian central circadian clock network, PLoS ONE **6**, e23568 (2011). [14]

[84] H. Fukuda, K. Ukai, and T. Oyama, Self-arrangement of cellular circadian rhythms through phase-resetting in plant roots, Phys. Rev. E **86**, 041917 (2012). [14]

[85] H. Fukuda, H. Murase, and I. T. Tokuda, Controlling circadian rhythms by dark-pulse perturbations in arabidopsis thaliana, Sci. Rep. **3**, 1533 (2013). [14]

[86] T. Funato, Y. Yamamoto, S. Aoi, T. Imai, T. Aoyagi, N. Tomita, and K. Tsuchiya, Evaluation of the phase-dependent rhythm control of human walking using phase response curves, PLoS Comput. Biol. **12**, e1004950 (2016). [32]

[87] R. F. Galán, G. B. Ermentrout, and N. N. Urban, Efficient estimation of phase-

resetting curves in real neurons and its significance for neural-network modeling, Phys. Rev. Lett. **94**, 158101 (2005). [145]

[88] J. M. Gambaudo, Perturbation of a Hopf bifurcation by an external time-periodic forcing, J. Diff. Eq. **57**, 172 (1985). [71]

[89] D. García-Álvarez, A. Bahraminasab, A. Stefanovska, and P. V. E. McClintock, Competition between noise and coupling in the induction of synchronisation, Eur. Phys. Lett. **88**, 30005 (2009). [196]

[90] V. García-Morales and K. Krischer, The complex Ginzburg-Landau equation: an introduction, Contemporary Physics **53**, 79 (2012). [73]

[91] C. W. Gardiner, *Handbook of Stochastic Methods: For Physics, Chemistry and the Natural Sciences* (Springer, Berlin, 1997). [181]

[92] L. Gil, Space and time intermittency behavior of a one-dimensional complex Ginzburg-Landau equation, Nonlinearity **4**, 1213 (1991). [116]

[93] P. Glansdorff and I. Prigogine, *Thermodynamic Theory of Structure, Stability and Fluctuations* (Wiley, London, 1971). [松本 元・竹山協三訳：構造・安定性・ゆらぎ——その熱力学的理論 (みすず書房, 1977).] [3]

[94] C. J. Goebel, Comment on "Constants of motion for superconductor arrays", Physica D **80**, 18 (1995). [211]

[95] D. S. Goldobin and A. Pikovsky, Synchronization of self-sustained oscillators by common white noise, Physica A **351**, 126 (2005a). [192]

[96] D. S. Goldobin and A. Pikovsky, Synchronization and desynchronization of self-sustained oscillators by common noise, Phys. Rev. E **71**, 045201 (2005b). [195, 196]

[97] D. S. Goldobin, J. N. Teramae, H. Nakao, and G. B. Ermentrout, Dynamics of limit-cycle oscillators subject to general noise, Phys. Rev. Lett. **105**, 154101 (2010). [181, 192]

[98] P. Grassberger and I. Procaccia, Measuring the strangeness of strange attractors, Physica D **9**, 189 (1983). [115]

[99] T. Gregor, K. Fujimoto, N. Masaki, and S. Sawai, The onset of collective behavior in social amoebae, Science **328**, 1021 (2010). [10]

[100] J. Guckenheimer, Isochrons and phaseless sets, J. Math. Biol. **1**, 259 (1975). [132]

[101] J. Guckenheimer and P. Holmes, *Nonlinear Oscillations, Dynamical Systems, and Bifurcations of Vector Fields* (Springer, Berlin, 1983). [3, 36]

[102] B. Gutkin, G. B. Ermentrout, and M. Rudolph, Spike generating dynamics and the conditions for spike-time precision in cortical neurons, J. Comput. Neurosci.

15, 91 (2003). [192]

[103] P. Hadley and M. R. Beasley, Dynamical states and stability of linear arrays of Josephson junctions, Appl. Phys. Lett. **50**, 621 (1987). [26]

[104] P. S. Hagan, Spiral waves in reaction-diffusion equations, SIAM J. Appl. Math. **42**, 762 (1982). [102]

[105] D. Haim, O. Lev, L. M. Pismen, and M. Sheintuch, Modeling periodic and chaotic dynamics in anodic nickel dissolution, J. Phys. Chem. **96**, 2676 (1992). [31]

[106] V. Hakim and W.-J. Rappel, Dynamics of the globally coupled complex Ginzburg-Landau equation, Phys. Rev. A **46**, R7347 (1992). [229]

[107] C. Hammond, H. Bergman, and P. Brown, Pathological synchronization in Parkinson's disease: networks, models and treatments, Trends Neurosci. **30**, 357 (2007). [9]

[108] S. K. Han, C. Kurrer, and Y. Kuramoto, Dephasing and bursting in coupled neural oscillators, Phys. Rev. Lett. **75**, 3190 (1995). [229]

[109] D. Hansel, G. Mato, and C. Meunier, Clustering and slow switching in globally coupled phase oscillators, Phys. Rev. E **48**, 3470 (1993). [217, 225]

[110] D. Hansel, G. Mato, and C. Meunier, Synchrony in excitatory neural networks, Neural Comput. **7**, 307 (1995). [161]

[111] T. Harada, H. Tanaka, M. J. Hankins, and I. Z. Kiss, Optimal waveform for the entrainment of a weakly forced oscillator, Phys. Rev. Lett. **105**, 088301 (2010). [155]

[112] A. L. Hodgkin and A. F. Huxley, A quantitative description of membrane current and its application to conduction and excitation in nerve, J. Physiol. **117**, 500 (1952). [19]

[113] H. Hong, H. Park, and M. Y. Choi, Collective phase synchronization in locally-coupled limit-cycle oscillators, Phys. Rev. E **70**, 045204 (2004). [258]

[114] H. Hong, H. Park, and M. Y. Choi, Collective synchronization in spatially extended systems of coupled oscillators with random frequencies, Phys. Rev. E **72**, 036217 (2005). [258]

[115] H. Hong, M. Ha, and H. Park, Finite-size scaling in complex networks, Phys. Rev. Lett. **98**, 258701 (2007). [258]

[116] H. Hong, H. Chaté, H. Park, and L.-H. Tang, Entrainment transition in populations of random frequency oscillators, Phys. Rev. Lett. **99**, 184101 (2007). [258]

[117] H. Hong and S. H. Strogatz, Kuramoto model of coupled oscillators with positive

and negative coupling parameters: An example of conformist and contrarian oscillators, Phys. Rev. Lett. **106**, 054102 (2011a). [284]

[118] H. Hong and S. H. Strogatz, Conformists and contrarians in a Kuramoto model with identical natural frequencies, Phys. Rev. E **84**, 046202 (2011b). [284]

[119] H. Hong and S. H. Strogatz, Mean-field behavior in coupled oscillators with attractive and repulsive interactions, Phys. Rev. E **85**, 056210 (2012). [284]

[120] F. C. Hoppensteadt and E. M. Izhikevich, *Weakly Connected Neural Networks* (Springer, New York, 1997). [151, 174]

[121] J. M. Hyman and B. Nicolaenko, The Kuramoto-Sivashinsky equation: A bridge between PDE's and dynamical systems, Physica D **18**, 113 (1986). [110]

[122] T. Ichinomiya, Frequency synchronization in random oscillator network, Phys. Rev. E **70**, 026116 (2004). [258]

[123] R. Imbihl and G. Ertl, Oscillatory kinetics in heterogeneous catalysis, Chem. Rev. **95**, 697 (1995). [89]

[124] M. Ipsen, L. Kramer, and P. G. Sørensen, Amplitude equations for description of chemical reaction diffusion systems, Phys. Rep. **337**, 193 (2000). [73]

[125] E. M. Izhikevich, *Dynamical Systems in Neuroscience: The Geometry of Excitability and Bursting* (MIT Press, Cambridge, MA, 2007). [139, 151]

[126] S. Jakubith, H. H. Rotermund, W. Engel, A. von Oertzen, and G. Ertl, Spatiotemporal concentration patterns in a surface reaction: Propagating and standing waves, rotating spirals, and turbulence, Phys. Rev. Lett. **65**, 3013 (1990). [89]

[127] J. Javaloyes, M. Perrin, and A. Politi, Collective atomic recoil laser as a synchronization transition, Phys. Rev. E **78**, 011108 (2008). [12]

[128] R. V. Jensen, Synchronization of randomly driven nonlinear oscillators, Phys. Rev. E **58**, R6907 (1998). [192]

[129] B. D. Josephson, Possible new effects in superconductive tunnelling, Phys. Lett. **1**, 251 (1962). [25]

[130] K. Kamino, K. Fujimoto, and S. Sawai, The collective oscillations in developing cells: Insights from simple systems, Dev. Growth Diff. **53**, 503 (2011). [10]

[131] K. Kaneko, Clustering, coding, switching, hierarchical ordering, and control in a network of chaotic elements, Physica D **41**, 137 (1990). [218]

[132] T. Kano and S. Kinoshita, Method to control the coupling function using multilinear feedback, Phys. Rev. E **78**, 056210 (2008). [226]

[133] M. Kapitaniak, K. Czolczynski, P. Perlikowski, A. Stefanski, and T. Kapitaniak,

Synchronization of clocks, Phys. Rep. **517**, 1 (2012). [6]

[134] Y. Kawamura and Y. Kuramoto, Onset of collective oscillation in chemical turbulence under global feedback, Phys. Rev. E **69**, 016202 (2004). [67, 294]

[135] Y. Kawamura, H. Nakao, and Y. Kuramoto, Noise-induced turbulence in nonlocally coupled oscillators, Phys. Rev. E **75**, 036209 (2007). [288, 297, 304, 307]

[136] Y. Kawamura, Chimera Ising walls in forced nonlocally coupled oscillators, Phys. Rev. E **75**, 056204 (2007a). [271]

[137] Y. Kawamura, Hole structures in nonlocally coupled noisy phase oscillators, Phys. Rev. E **76**, 047201 (2007b). [288, 295(2)]

[138] Y. Kawamura, H. Nakao, K. Arai, H. Kori, and Y. Kuramoto, Collective phase sensitivity, Phys. Rev. Lett. **101**, 024101 (2008). [309, 311]

[139] Y. Kawamura, H. Nakao, K. Arai, H. Kori, and Y. Kuramoto, Phase synchronization between collective rhythms of globally coupled oscillator groups: Noisy identical case, Chaos **20**, 043109 (2010a). [311]

[140] Y. Kawamura, H. Nakao, K. Arai, H. Kori, and Y. Kuramoto, Phase synchronization between collective rhythms of globally coupled oscillator groups: Noiseless non-identical case, Chaos **20**, 043110 (2010b). [245, 313]

[141] Y. Kawamura, H. Nakao, and Y. Kuramoto, Collective phase description of globally coupled excitable elements, Phys. Rev. E **84**, 046211 (2011). [319]

[142] Y. Kawamura and H. Nakao, Collective phase description of oscillatory convection, Chaos **23**, 043129 (2013). [319]

[143] Y. Kawamura and H. Nakao, Noise-induced synchronization of oscillatory convection and its optimization, Phys. Rev. E **89**, 012912 (2014). [319]

[144] Y. Kawamura, From the Kuramoto-Sakaguchi model to the Kuramoto-Sivashinsky equation, Phys. Rev. E **89**, 010901(R) (2014a). [297, 304, 309]

[145] Y. Kawamura, Collective phase dynamics of globally coupled oscillators: Noise-induced anti-phase synchronization, Physica D **270**, 20 (2014b). [311]

[146] Y. Kawamura, Phase synchronization between collective rhythms of fully locked oscillator groups, Sci. Rep. **4**, 4832 (2014c). [317]

[147] Y. Kawamura and H. Nakao, Phase description of oscillatory convection with a spatially translational mode, Physica D **295-296**, 11 (2015). [319]

[148] Y. Kawamura and H. Nakao, Optimization of noise-induced synchronization of oscillator networks, Phys. Rev. E **94**, 032201 (2016). [317]

[149] S. B. S. Khalsa, M. E. Jewett, C. Cajochen, and C. A. Czeisler, A phase response curve to single bright light pulses in human subjects, J. Physiol. **549**, 945 (2003).

[145]

[150] M. Kim, M. Bertram, M. Pollmann, A. von Oertzen, A. S. Mikhailov, H. H. Rotermund, and G. Ertl, Controlling chemical turbulence by global delayed feedback: pattern formation in catalytic CO oxidation on Pt(110), Science **292**, 1357 (2001). [66, 89]

[151] I. Z. Kiss, Y. Zhai, and J. L. Hudson, Emerging coherence in a population of chemical oscillators, Science **296**, 1676 (2002). [12, 13, 245]

[152] I. Z. Kiss and J. L. Hudson, Noise-aided synchronization of coupled chaotic electrochemical oscillators, Phys. Rev. E **70**, 026210 (2004). [196]

[153] I. Z. Kiss, Y. Zhai, and J. L. Hudson, Predicting mutual entrainment of oscillators with experiment-based phase models, Phys. Rev. Lett. **94**, 248301 (2005). [168]

[154] I. Z. Kiss, C. G. Rusin, H. Kori, and J. L. Hudson, Engineering complex dynamical structures: sequential patterns and desynchronization, Science **316**, 1886 (2007). [12, 31, 66, 216, 226]

[155] H. Kitahata, J. Taguchi, M. Nagayama, T. Sakurai, Y. Ikura, A. Osa, Y. Sumino, M. Tanaka, E. Yokoyama, and H. Miike, Oscillation and synchronization in the combustion of candles, J. Phys. Chem. A **113**, 8164 (2009). [6]

[156] T.-W. Ko and G. B. Ermentrout, Partially locked states in coupled oscillators due to inhomogeneous coupling, Phys. Rev. E **78**, 016203 (2008). [258]

[157] M. U. Kobayashi and T. Mizuguchi, Chaotically oscillating interfaces in a parametrically forced system, Phys. Rev. E **73**, 016212 (2006). [124]

[158] Y. Kobayashi and H. Kori, Design principle of multi-cluster and desynchronized states in oscillatory media via nonlinear global feedback, New J. Phys. **11**, 033018 (2009). [272]

[159] M. I. Kohira, H. Kitahata, N. Magome, and K. Yoshikawa, Plastic bottle oscillator as an on-off-type oscillator: Experiments, modeling, and stability analyses of single and coupled systems, Phys. Rev. E **85**, 026204 (2012). [6]

[160] N. Kopell and L. N. Howard, Plane wave solutions to reaction-diffusion equations, Stud. Appl. Math. **52**, 291 (1973). [79]

[161] H. Kori and Y. Kuramoto, Slow switching in globally coupled oscillators: robustness and occurrence through delayed coupling, Phys. Rev. E **63**, 046214 (2001). [217, 224, 225(2)]

[162] H. Kori, Slow switching in a population of delayed pulse-coupled oscillators, Phys. Rev. E **68**, 021919 (2003). [171, 217, 225]

[163] H. Kori and A. S. Mikhailov, Entrainment of randomly coupled oscillator net-

works by a pacemaker, Phys. Rev. Lett. **93**, 254101 (2004). [258]

[164] H. Kori and A. S. Mikhailov, Strong effects of network architecture in the entrainment of coupled oscillator systems, Phys. Rev. E **74**, 066115 (2006). [258]

[165] H. Kori, C. G. Rusin, I. Z. Kiss, and J. L. Hudson, Synchronization engineering: Theoretical framework and application to dynamical clustering, Chaos **18**, 026111 (2008). [31, 216, 226]

[166] H. Kori, Y. Kawamura, H. Nakao, K. Arai, and Y. Kuramoto, Collective-phase description of coupled oscillators with general network structure, Phys. Rev. E **80**, 036207 (2009). [311, 317, 318, 319]

[167] 郡宏・森田善久, 生物リズムと力学系 (共立出版, 2011). [3]

[168] H. Kori, Y. Kuramoto, S. Jain, I. Z. Kiss, and J. L. Hudson, Clustering in globally coupled oscillators near a Hopf bifurcation: Theory and experiments, Phys. Rev. E **89**, 062906 (2014). [67]

[169] K. Kotani, I. Yamaguchi, Y. Ogawa, Y. Jimbo, H. Nakao, and G. B. Ermentrout, Adjoint method provides phase response functions for delay-induced oscillations, Phys. Rev. Lett. **109**, 044101 (2012). [204]

[170] S. Yu. Kourtchatov, V. V. Likhanskii, A. P. Napartovich, F. T. Arecchi, and A. Lapucci, Theory of phase locking of globally coupled laser arrays, Phys. Rev. A **52**, 4089 (1995). [12]

[171] G. Kozyreff, A. G. Vladimirov, and P. Mandel, Global coupling with time delay in an array of semiconductor lasers, Phys. Rev. Lett. **85**, 3809 (2000). [12]

[172] G. Kozyreff, A. G. Vladimirov, and P. Mandel, Dynamics of a semiconductor laser array with delayed global coupling, Phys. Rev. E **64**, 016613 (2001). [12]

[173] B. Kralemann, L. Cimponeriu, M. Rosenblum, A. Pikovsky, and R. Mrowka, Uncovering interaction of coupled oscillators from data, Phys. Rev. E **76**, 055201(R) (2007). [168]

[174] B. Kralemann, L. Cimponeriu, M. Rosenblum, A. Pikovsky, and R. Mrowka, Phase dynamics of coupled oscillators reconstructed from data, Phys. Rev. E **77**, 066205 (2008). [168]

[175] B. Kralemann, A. Pikovsky, and M. Rosenblum, Reconstructing phase dynamics of oscillator networks, Chaos **21**, 025104 (2011). [168]

[176] B. Kralemann, M. Frühwirth, A. Pikovsky, M. Rosenblum, T. Kenner, J. Schaefer, and M. Moser, In vivo cardiac phase response curve elucidates human respiratory heart rate variability, Nature Communications **4**, 2418 (2013). [168]

[177] R. Kubo, M. Toda, and N. Hashitsume, *Statistical Physics II: Nonequilibrium*

Statistical Mechanics (Springer, Berlin, 1985). [181]

[178] L. Kuhnert, A new optical photochemical memory device in a light-sensitive chemical active medium, Nature **319**, 393 (1986). [21]

[179] Y. Kuramoto and T. Tsuzuki, Reductive perturbation approach to chemical instabilities, Prog. Theor. Phys. **52**, 1399 (1974). [23, 36, 64]

[180] Y. Kuramoto and T. Tsuzuki, On the formation of dissipative structures in reaction-diffusion systems – reductive perturbation approach –, Prog. Theor. Phys. **54**, 687 (1975). [64]

[181] Y. Kuramoto, Self-entrainment of a population of coupled non-linear oscillators, in *International Symposium on Mathematical Problems in Theoretical Physics*, edited by H. Araki, Lecture Notes in Physics Vol. **39** (Springer, Berlin, 1975) p. 420. [232]

[182] Y. Kuramoto and T. Tsuzuki, Persistent propagation of concentration waves in dissipative media far from thermal equilibrium, Prog. Theor. Phys. **55**, 356 (1976). [83, 89]

[183] Y. Kuramoto and T. Yamada, Turbulent state in chemical reactions, Prog. Theor. Phys. **56**, 679 (1976a). [89]

[184] Y. Kuramoto and T. Yamada, Pattern formation in oscillatory chemical reactions, Prog. Theor. Phys. **56**, 724 (1976b). [92]

[185] Y. Kuramoto, Diffusion-induced chaos in reaction systems, Prog. Theor. Phys. Suppl. **64**, 346 (1978). [89]

[186] Y. Kuramoto and S. Koga, Turbulized rotating chemical waves, Prog. Theor. Phys. **66**, 1081 (1981). [105]

[187] Y. Kuramoto, *Chemical Oscillations, Waves, and Turbulence* (Springer, New York, 1984a; Dover, New York, 2003). [35, 92, 138, 139, 174, 197, 232(2), 281, 285]

[188] Y. Kuramoto, Phase dynamics of weakly unstable periodic structures, Prog. Theor. Phys. **71**, 1182 (1984b). [86]

[189] 蔵本由紀，動的縮約の構造，物性研究 **49**, 299 (1987). [41]

[190] Y. Kuramoto and I. Nishikawa, Onset of collective rhythms in large population of coupled oscillators, in *Cooperative Dynamics in Complex Physical Systems*, edited by H. Takayama (Springer, Berlin, 1989) p.300. [252]

[191] Y. Kuramoto, Collective synchronization of pulse-coupled oscillators and excitable units, Physica D **50**, 15 (1991). [171]

[192] Y. Kuramoto, Scaling behavior of turbulent oscillators with non-local interaction,

Prog. Theor. Phys. **94**, 321 (1995). [68, 265]

[193] Y. Kuramoto and D. Battogtokh, Coexistence of coherence and incoherence in nonlocally coupled phase oscillators, Nonlinear Phenom. Complex Syst. **5**, 380 (2002). [259, 261]

[194] 蔵本由紀編，リズム現象の世界 (東京大学出版会，2005). [5]

[195] 蔵本由紀, 非線形科学 同期する世界 (集英社新書, 2011). [3]

[196] W. Kurebayashi, K. Fujiwara, and T. Ikeguchi, Colored noise induces synchronization of limit cycle oscillators, Eur. Phys. Lett. **97**, 50009 (2012). [195]

[197] W. Kurebayashi, S. Shirasaka, and H. Nakao, Phase reduction method for strongly perturbed limit cycle oscillators, Phys. Rev. Lett. **111**, 214101 (2013). [204]

[198] C. R. Laing, Chimera states in heterogeneous networks, Chaos **19**, 013113 (2009a). [283, 317]

[199] C. R. Laing, The dynamics of chimera states in heterogeneous Kuramoto networks, Physica D **238**, 1569 (2009b). [297, 317]

[200] C. R. Laing, Derivation of a neural field model from a network of theta neurons, Phys. Rev. E **90**, 010901(R) (2014). [285]

[201] L. D. Landau, On the problem of turbulence, C. R. Dokl. Acad. Sci. URSS **44**, 31 (1944). [60]

[202] L. D. Landau, On the vibrations of the electronic plasma, J. Phys. USSR **10**, 25 (1946). [253]

[203] W. S. Lee, E. Ott, and T. M. Antonsen, Large coupled oscillator systems with heterogeneous interaction delays, Phys. Rev. Lett. **103**, 044101 (2009). [284]

[204] W. S. Lee, J. G. Restrepo, E. Ott, and T. M. Antonsen, Dynamics and pattern formation in large systems of spatially-coupled oscillators with finite response times, Chaos **21**, 023122 (2011). [297]

[205] J. Lega, B. Janiaud, S. Jucquois, and V. Croquette, Localized phase jumps in wave trains, Phys. Rev. A **45**, 5596 (1992). [109]

[206] I. Lengyel and I. R. Epstein, Modeling of Turing structures in the chlorite-iodide-malonic acid-starch reaction system, Science **251**, 650 (1991). [22]

[207] K. K. Lin, E. Shea-Brown, and L.-S. Young, Spike-time reliability of layered neural oscillator networks, J. Comput. Neurosci. **27**, 135 (2009a). [196]

[208] K. K. Lin, E. Shea-Brown, and L.-S. Young, Reliability of coupled oscillators, J. Nonlinear Sci. **19**, 497 (2009b). [196]

[209] Z. Lu, K. Klein-Cardeña, S. Lee, T. M. Antonsen, M. Girvan, and E. Ott, Resyn-

chronization of circadian oscillators and the east-west asymmetry of jet-lag, Chaos **26**, 094811 (2016). [284]

[210] T. B. Luke, E. Barreto, and P. So, Complete classification of the macroscopic behavior of a heterogeneous network of theta neurons, Neural Comput. **25**, 3207 (2013). [285]

[211] T. B. Luke, E. Barreto, and P. So, Macroscopic complexity from an autonomous network of networks of theta neurons, Front. Comput. Neurosci. **8**, 145 (2014). [285]

[212] Z. F. Mainen and T. J. Sejnowski, Reliability of spike timing in neocortical neurons, Science **268**, 1503 (1995). [14, 15, 16, 192]

[213] I. G. Malkin, *Methods of Poincare and Liapunov in Theory of Non-Linear Oscillations* (1949). [in Russian: "Metodi Puankare i Liapunova v teorii nelineinix kolebanii", Gostexizdat, Moscow.] [151]

[214] I. G. Malkin, *Some Problems in Nonlinear Oscillation Theory* (1956). [in Russian: "Nekotorye zadachi teorii nelineinix kolebanii", Gostexizdat, Moscow.] [151]

[215] P. Manneville, Liapounov exponents for the Kuramoto-Sivashinsky model, in *Macroscopic Modeling of Turbulent Flows and Fluid Mixtures*, edited by O. Pironne, Lecture Notes in Physics Vol. **230** (Springer, Berlin, 1985) p. 319. [113]

[216] P. Manneville, *Dissipative Structures and Weak Turbulence* (Academic Press, Boston, 1990). [110, 115]

[217] P. Manneville and H. Chaté, Phase turbulence in the two-dimensional complex Ginzburg-Landau equation, Physica D **96**, 30 (1996). [110]

[218] J. E. Marsden and M. McCracken, *The Hopf Bifurcation and Its Applications* (Springer, New York, 1976). [36]

[219] E. A. Martens, E. Barreto, S. H. Strogatz, E. Ott, P. So, and T. M. Antonsen, Exact results for the Kuramoto model with a bimodal frequency distribution, Phys. Rev. E **79**, 026204 (2009). [281, 283]

[220] E. A. Martens, C. R. Laing, and S. H. Strogatz, Solvable model of spiral wave chimeras, Phys. Rev. Lett. **104**, 044101 (2010). [268]

[221] E. A. Martens, S. Thutupalli, A. Fourriere, and O. Hallatschek, Chimera states in mechanical oscillator networks, Proc. Natl. Acad. Sci. USA **110**, 10563 (2013). [272]

[222] S. A. Marvel and S. H. Strogatz, Invariant submanifold for series arrays of Josephson junctions, Chaos **19**, 013132 (2009). [213]

[223] S. A. Marvel, R. E. Mirollo, and S. H. Strogatz, Identical phase oscillators with global sinusoidal coupling evolve by Möbius group action, Chaos **19**, 043104 (2009). [211, 213]

[224] N. Masuda, Y. Kawamura, and H. Kori, Analysis of relative influence of nodes in directed networks, Phys. Rev. E **80**, 046114 (2009). [316, 319]

[225] N. Masuda, Y. Kawamura, and H. Kori, Collective fluctuations in networks of noisy components, New J. Phys. **12**, 093007 (2010). [316]

[226] P. C. Matthews and S. M. Cox, One-dimensional pattern formation with Galilean invariance near a stationary bifurcation, Phys. Rev. E **62**, R1473 (2000). [89]

[227] D. M. Michelson and G. I. Sivashinsky, Nonlinear analysis of hydrodynamic instability in laminar flames. II. Numerical experiments, Acta Astronautica **4**, 1207 (1977). [89]

[228] 三池秀敏・森 義仁・山口智彦，非平衡系の科学 III: 反応・拡散系のダイナミクス (講談社, 1997). [21]

[229] A. S. Mikhailov and K. Showalter, Control of waves, patterns and turbulence in chemical systems, Phys. Rep. **425**, 79 (2006). [13, 73, 117]

[230] J. G. Milton, Introduction to Focus Issue: Bipedal Locomotion – From Robots to Humans, Chaos **19**, 026101 (2009) and Focus Issue Articles. [32]

[231] R. E. Mirollo and S. H. Strogatz, Amplitude death in an array of limit-cycle oscillators, J. Stat. Phys. **60**, 245 (1990). [248]

[232] R. E. Mirollo and S. H. Strogatz, The spectrum of the locked state for the Kuramoto model of coupled oscillators, Physica D **205**, 249 (2005). [312]

[233] R. E. Mirollo and S. H. Strogatz, The spectrum of the partially locked state for the Kuramoto model, J. Nonlinear Sci. **17**, 309 (2007). [251, 313]

[234] R. E. Mirollo, The asymptotic behavior of the order parameter for the infinite-N Kuramoto model, Chaos **22**, 043118 (2012). [280]

[235] T. Miyano and T. Tsutsui, Data synchronization in a network of coupled phase oscillators, Phys. Rev. Lett. **98**, 024101 (2007). [33]

[236] J. Miyazaki and S. Kinoshita, Determination of a coupling function in multicoupled oscillators, Phys. Rev. Lett. **96**, 194101 (2006a). [167]

[237] J. Miyazaki and S. Kinoshita, Method for determining a coupling function in coupled oscillators with application to Belousov-Zhabotinsky oscillators, Phys. Rev. E **74**, 056209 (2006b). [167]

[238] T. Mizuguchi and S. Sasa, Oscillating interfaces in parametrically forced systems, Prog. Theor. Phys. **89**, 599 (1993). [124]

[239] A. Moiseff and J. Copeland, Firefly synchrony: a behavioral strategy to minimize visual clutter, Science **329**, 181 (2010). [9]

[240] O. Mondragón-Palomino, T. Danino, J. Selimkhanov, L. Tsimring, and J. Hasty, Entrainment of a population of synthetic genetic oscillators, Science **333**, 1315 (2011). [9]

[241] E. Montbrió, J. Kurths, and B. Blasius, Synchronization of two interacting populations of oscillators, Phys. Rev. E **70**, 056125 (2004). [317]

[242] E. Montbrió, D. Pazó, and A. Roxin, Macroscopic description for networks of spiking neurons, Phys. Rev. X **5**, 021028 (2015). [285]

[243] E. Mosekilde, Y. Maistrenko, and D. Postnov, *Chaotic Synchronization: Applications to Living Systems* (World Scientific, Singapore, 2002). [5]

[244] A. E. Motter, S. A. Myers, M. Anghel, and T. Nishikawa, Spontaneous synchrony in power-grid networks, Nature Physics **9**, 191 (2013). [32]

[245] K. Nagai, H. Nakao, and Y. Tsubo, Synchrony of neural oscillators induced by random telegraphic currents, Phys. Rev. E **71**, 036217 (2005). [195]

[246] K. Nagai and H. Nakao, Experimental synchronization of circuit oscillations induced by common telegraph noise, Phys. Rev. E **79**, 036205 (2009). [195]

[247] K. H. Nagai and H. Kori, Noise-induced synchronization of a large population of globally coupled nonidentical oscillators, Phys. Rev. E **81**, 065202(R) (2010). [284]

[248] J. Nagumo, S. Arimoto, and S. Yoshizawa, An active pulse transmission line simulating nerve axon, Proc. IRE **50**, 2061 (1962). [19]

[249] N. Nakagawa and Y. Kuramoto, Collective chaos in a population of globally coupled oscillators, Prog. Theor. Phys. **89**, 313 (1993). [229]

[250] N. Nakagawa and Y. Kuramoto, Anomalous Lyapunov spectrum in globally coupled oscillators, Physica D **80**, 307 (1995). [229]

[251] H. Nakao, K. Arai, K. Nagai, Y. Tsubo, and Y. Kuramoto, Synchrony of limit-cycle oscillators induced by random external impulses, Phys. Rev. E **72**, 026220 (2005). [195]

[252] H. Nakao, K. Arai, and Y. Kawamura, Noise-induced synchronization and clustering in ensembles of uncoupled limit-cycle oscillators, Phys. Rev. Lett. **98**, 184101 (2007). [193, 195]

[253] H. Nakao, J. N. Teramae, D. S. Goldobin, and Y. Kuramoto, Effective long-time phase dynamics of limit-cycle oscillators driven by weak colored noise, Chaos **20**, 033126 (2010). [181]

[254] H. Nakao, T. Yanagita, and Y. Kawamura, Phase-reduction approach to synchronization of spatiotemporal rhythms in reaction-diffusion systems, Phys. Rev. X **4**, 021032 (2014). [319]

[255] H. Nakao, Phase reduction approach to synchronisation of nonlinear oscillators, Contemporary Physics **57**, 188 (2016). [204]

[256] Z. Néda, E. Ravasz, Y. Brechet, T. Vicsek, and A.-L. Barabási, Self-organizing processes: The sound of many hands clapping, Nature **403**, 849 (2000a). [31]

[257] Z. Néda, E. Ravasz, T. Vicsek, Y. Brechet, and A.-L. Barabási, Physics of the rhythmic applause, Phys. Rev. E **61**, 6987 (2000b). [31]

[258] A. C. Newell and J. A. Whitehead, Finite bandwidth, finite amplitude convection, J. Fluid Mech. **38**, 279 (1969). [64]

[259] A. C. Newell, Envelope equations, Lectures in Appl. Math. **15**, 157 (1974). [81]

[260] G. Nicolis and I. Prigogine, *Self-Organization in Nonequilibrium Systems: From Dissipative Structures to Order through Fluctuations* (Wiley, New York, 1977). [小畠陽之助・相沢洋二訳：散逸構造——自己秩序形成の物理学的基礎 (岩波書店, 1980).] [23]

[261] 西川郁子, 振動同期を用いた交通信号機制御法について, システム/制御/情報 **52**, 163 (2008). [32]

[262] T. Nishikawa and A. E. Motter, Synchronization is optimal in non-diagonalizable networks, Phys. Rev. E **73**, 065106(R) (2006a). [312]

[263] T. Nishikawa and A. E. Motter, Maximum performance at minimum cost in network synchronization, Physica D **224**, 77 (2006b). [312]

[264] T. Nishikawa and A. E. Motter, Comparative analysis of existing models for power-grid synchronization, New J. Phys. **17**, 015012 (2015). [32]

[265] 西浦廉政, 非平衡ダイナミクスの数理 (岩波書店, 2009). [37]

[266] S. Nkomo, M. R. Tinsley, and K. Showalter, Chimera states in populations of nonlocally coupled chemical oscillators, Phys. Rev. Lett. **110**, 244102 (2013). [272]

[267] M. Nomura, T. Fukai, and T. Aoyagi, Synchrony of fast-spiking interneurons interconnected by GABAergic and electrical synapses, Neural Comput. **15**, 2179 (2003). [162]

[268] M. Nomura and T. Aoyagi, Stability of synchronous solutions in weakly coupled neuron networks, Prog. Theor. Phys. **113**, 911 (2005). [162]

[269] V. Novicenko and K. Pyragas, Phase reduction of weakly perturbed limit cycle oscillations in time-delay systems, Physica D **241**, 1090 (2012a). [204]

[270] V. Novicenko and K. Pyragas, Phase-reduction-theory-based treatment of extended delayed feedback control algorithm in the presence of a small time delay mismatch, Phys. Rev. E **86**, 026204 (2012b). [204]

[271] K. Nozaki and Y. Oono, Renormalization-group theoretical reduction, Phys. Rev. E **63**, 046101 (2001). [37]

[272] K. P. O'Keeffe and S. H. Strogatz, Dynamics of a population of oscillatory and excitable elements, Phys. Rev. E **93**, 062203 (2016). [285]

[273] K. Okuda and Y. Kuramoto, Mutual entrainment between populations of coupled oscillators, Prog. Theor. Phys. **86**, 1159 (1991). [317]

[274] K. Okuda, Variety and generality of clustering in globally coupled oscillators, Physica D **63**, 424 (1993). [217]

[275] R. Olfati-Saber, J. A. Fax, and R. M. Murray, Consensus and cooperation in networked multi-agent systems, Proc. IEEE **95**, 215 (2007). [32]

[276] O. E. Omel'chenko and M. Wolfrum, Nonuniversal transitions to synchrony in the Sakaguchi-Kuramoto model, Phys. Rev. Lett. **109**, 164101 (2012). [279]

[277] O. E. Omel'chenko and M. Wolfrum, Bifurcations in the Sakaguchi-Kuramoto model, Physica D **263**, 74 (2013). [279]

[278] O. E. Omel'chenko, M. Wolfrum, and C. R. Laing, Partially coherent twisted states in arrays of coupled phase oscillators, Chaos **24**, 023102 (2014). [297]

[279] O. E. Omel'chenko and M. Wolfrum, Is there an impact of small phase lags in the Kuramoto model? Chaos **26**, 094806 (2016). [279]

[280] P. Ortoleva and J. Ross, Phase waves in oscillatory chemical reactions, J. Chem. Phys. **58**, 5673 (1973). [165]

[281] K. Ota, M. Nomura, and T. Aoyagi, Weighted spike-triggered average of a fluctuating stimulus yielding the phase response curve, Phys. Rev. Lett. **103**, 024101 (2009). [150]

[282] K. Ota, T. Omori, S. Watanabe, H. Miyakawa, M. Okada, and T. Aonishi, Measurement of infinitesimal phase response curves from noisy real neurons, Phys. Rev. E **84**, 041902 (2011). [150]

[283] E. Ott, *Chaos in Dynamical Systems* (Cambridge University Press, Second Edition, Cambridge, 2002). [115]

[284] E. Ott and T. M. Antonsen, Low dimensional behavior of large systems of globally coupled oscillators, Chaos **18**, 037113 (2008). [276, 277]

[285] E. Ott, J. H. Platig, T. M. Antonsen, and M. Girvan, Echo phenomena in large systems of coupled oscillators, Chaos **18**, 037115 (2008). [254]

[286] E. Ott and T. M. Antonsen, Long time evolution of phase oscillator systems, Chaos **19**, 023117 (2009). [279]

[287] E. Ott, B. R. Hunt, and T. M. Antonsen, Comment on "Long time evolution of phase oscillator systems" [Chaos **19**, 023117 (2009)], Chaos **21**, 025112 (2011). [279]

[288] Q. Ouyang and H. Swinney, Transition from a uniform state to hexagonal and striped Turing patterns, Nature **352**, 610 (1991). [22]

[289] K. Pakdaman, The reliability of the stochastic active rotator, Neural Comput. **14**, 781 (2002). [192]

[290] M. J. Panaggio and D. M. Abrams, Chimera states: Coexistence of coherence and incoherence in networks of coupled oscillators, Nonlinearity **28**, R67 (2015). [272]

[291] J. Pantaleone, Synchronization of metronomes, Am. J. Phys. **70**, 992 (2002). [6]

[292] Y. Park and G. B. Ermentrout, Weakly coupled oscillators in a slowly varying world, J. Comput. Neurosci. **40**, 269 (2016). [204]

[293] D. Pazó and E. Montbrió, Existence of hysteresis in the Kuramoto model with bimodal frequency distributions, Phys. Rev. E **80**, 046215 (2009). [282]

[294] D. Pazó and E. Montbrió, Low-dimensional dynamics of populations of pulse-coupled oscillators, Phys. Rev. X **4**, 011009 (2014). [285]

[295] C. S. Peskin, *Mathematical Aspects of Heart Physiology* (Courant Institute of Mathematical Sciences, 1975). [24]

[296] A. Pikovsky and S. Ruffo, Finite-size effects in a population of interacting oscillators, Phys. Rev. E **59**, 1633 (1999). [294]

[297] A. Pikovsky, M. Rosenblum, and J. Kurths, *Synchronization: A Universal Concept in Nonlinear Sciences* (Cambridge University Press, Cambridge, 2001). [徳田 功訳：同期理論の基礎と応用 (丸善, 2009).] [3, 5]

[298] A. Pikovsky and M. Rosenblum, Partially integrable dynamics of hierarchical populations of coupled oscillators, Phys. Rev. Lett. **101**, 264103 (2008). [214, 234, 283]

[299] A. Pikovsky and M. Rosenblum, Dynamics of heterogeneous oscillator ensembles in terms of collective variables, Physica D **240**, 872 (2011). [285]

[300] A. Pikovsky and M. Rosenblum, Dynamics of globally coupled oscillators: progress and perspectives, Chaos **25**, 097616 (2015). [232]

[301] A. Pikovsky, Maximizing coherence of oscillations by external locking, Phys. Rev. Lett. **115**, 070602 (2015). [155]

[302] O. V. Popovych, C. Hauptmann, and P. A. Tass, Effective desynchronization by nonlinear delayed feedback, Phys. Rev. Lett. **94**, 164102 (2005). [10]

[303] O. V. Popovych, C. Hauptmann, and P. A. Tass, Desynchronization and decoupling of interacting oscillators by nonlinear delayed feedback, Int. J. Bifurcation Chaos Appl. Sci. Eng. **16**, 1977 (2006). [10]

[304] S. Popp, O. Stiller, I. S. Aranson, A. Weber, and L. Kramer, Localized hole solutions and spatiotemporal chaos in the 1D complex Ginzburg-Landau equation, Phys. Rev. Lett. **70**, 3880 (1993). [108]

[305] S. Popp, O. Stiller, I. S. Aranson, and L. Kramer, Hole solutions in the 1D complex Ginzburg-Landau equation, Physica D **84**, 398 (1995). [108]

[306] I. Prigogine and R. Lefever, Symmetry breaking instabilities in dissipative systems. II, J. Chem. Phys. **48**, 1695 (1968). [23]

[307] D. D. Quinn, R. H. Rand, and S. H. Strogatz, Singular unlocking transition in the Winfree model of coupled oscillators, Phys. Rev. E **75**, 036218 (2007). [231]

[308] S. M. Reppert and D. R. Weaver, Coordination of circadian timing in mammals, Nature **418**, 935 (2002). [9]

[309] J. G. Restrepo, E. Ott, and B. R. Hunt, Onset of synchronization in large networks of coupled oscillators, Phys. Rev. E **71**, 036151 (2005). [258]

[310] J. G. Restrepo, E. Ott, and B. R. Hunt, Synchronization in large directed networks of coupled phase oscillators, Chaos **16**, 015107 (2006). [258]

[311] H. Risken, *The Fokker-Planck Equation: Methods of Solutions and Applications* (Springer, Berlin, 1989). [181]

[312] J. Rit, Evaluation of entrainment of a nonlinear neural oscillator to white noise, Phys. Rev. E **68**, 041915 (2003). [192]

[313] F. A. Rodrigues, T. K. DM. Peron, P. Ji, and J. Kurths, The Kuramoto model in complex networks, Phys. Rep. **610**, 1 (2016). [232]

[314] M. Rosenblum and A. Pikovsky, Controlling synchronization in an ensemble of globally coupled oscillators, Phys. Rev. Lett. **92**, 114102 (2004a). [10]

[315] M. Rosenblum and A. Pikovsky, Delayed feedback control of collective synchrony: An approach to suppression of pathological brain rhythms, Phys. Rev. E **70**, 041904 (2004b). [10]

[316] O. Rudzick and A. S. Mikhailov, Front reversals, wave traps, and twisted spirals in periodically forced oscillatory media, Phys. Rev. Lett. **96**, 018302 (2006). [122]

[317] T. Saigusa, A. Tero, T. Nakagaki, and Y. Kuramoto, Amoebae anticipate periodic events, Phys. Rev. Lett. **100**, 018101 (2008). [254]

[318] H. Sakaguchi and Y. Kuramoto, A soluble active rotator model showing phase transitions via mutual entrainment, Prog. Theor. Phys. **76**, 576 (1986). [244]

[319] H. Sakaguchi, S. Shinomoto, and Y. Kuramoto, Local and global self-entrainments in oscillator lattices, Prog. Theor. Phys. **77**, 1005 (1987). [258]

[320] H. Sakaguchi, Cooperative phenomena in coupled oscillator systems under external fields, Prog. Theor. Phys. **79**, 39 (1988). [235, 248, 284]

[321] H. Sakaguchi, S. Shinomoto, and Y. Kuramoto, Mutual entrainment in oscillator lattices with nonvariational type interaction, Prog. Theor. Phys. **79**, 1069 (1988). [161]

[322] H. Sakaguchi, Instability of the hole solution in the complex Ginzburg-Landau equation, Prog. Theor. Phys. **85**, 417 (1991). [107]

[323] S. Sasa and T. Iwamoto, Stability of phase-singular solutions to the one-dimensional complex Ginzburg-Landau equation, Phys. Lett. A **175**, 289 (1993). [108]

[324] K. Sato, Y. Kuramoto, M. Ohtaki, Y. Shimamoto, and S. Ishiwata, Locally and globally coupled oscillators in muscle, Phys. Rev. Lett. **111**, 108104 (2013). [272]

[325] K. Sato and S. I. Shima, Various oscillation patterns in phase models with locally attractive and globally repulsive couplings, Phys. Rev. E **92**, 042922 (2015). [273]

[326] G. S. Schmidt, D. Wilson, F. Allgöwer, and J. Moehlis, Selective averaging with application to phase reduction and neural control, Nonlinear Theory and Its Applications IEICE **5**, 424 (2014). [178]

[327] L. A. Segel, The non-linear interaction of two disturbances in the thermal convection problem, J. Fluid Mech. **14**, 97 (1962). [64]

[328] G. C. Sethia, A. Sen, and F. M. Atay, Clustered chimera states in delay-coupled oscillator systems, Phys. Rev. Lett. **100**, 144102 (2008). [265]

[329] X. Shao, Y. Wu, J. Zhang, H. Wang, and Q. Ouyang, Inward propagating chemical waves in a single-phase reaction-diffusion system, Phys. Rev. Lett. **100**, 198304 (2008). [22, 30]

[330] J. H. Sheeba, V. K. Chandrasekar, A. Stefanovska, and P. V. E. McClintock, Routes to synchrony between asymmetrically interacting oscillator ensembles, Phys. Rev. E **78**, 025201(R) (2008). [317]

[331] J. H. Sheeba, V. K. Chandrasekar, A. Stefanovska, and P. V. E. McClintock, Asymmetry-induced effects in coupled phase-oscillator ensembles: Routes to synchronization, Phys. Rev. E **79**, 046210 (2009). [317]

[332] S. I. Shima and Y. Kuramoto, Rotating spiral waves with phase-randomized core

in nonlocally coupled oscillators, Phys. Rev. E **69**, 036213 (2004). [265, 266, 267, 270]

[333] S. Shinomoto and Y. Kuramoto, Phase transitions in active rotator systems, Prog. Theor. Phys. **75**, 1105 (1986). [285]

[334] Y. Shiogai and Y. Kuramoto, Wave propagation in nonlocally coupled oscillators with noise, Prog. Theor. Phys. Suppl. **150**, 435 (2003). [288]

[335] B. I. Shraiman, A. Pumir, W. van Saarloos, P. C. Hohenberg, H. Chaté, and M. Holen, Spatiotemporal chaos in the one-dimensional complex Ginzburg-Landau equation, Physica D **57**, 241 (1992). [115]

[336] G. I. Sivashinsky, Nonlinear analysis of hydrodynamic instability in laminar flames. I. Derivation of basic equations, Acta Astronautica **4**, 1177 (1977). [89]

[337] P. S. Skardal, E. Ott, and J. G. Restrepo, Cluster synchrony in systems of coupled phase oscillators with higher-order coupling, Phys. Rev. E **84**, 036208 (2011). [285]

[338] H. M. Smith, Synchronous flashing of fireflies, Science **82**, 151 (1935). [9]

[339] P. So, T. B. Luke, and E. Barreto, Networks of theta neurons with time-varying excitability: Macroscopic chaos, multistability, and final-state uncertainty, Physica D **267**, 16 (2014). [285]

[340] K. Stewartson and J. T. Stuart, A non-linear instability theory for a wave system in plane Poiseuille flow, J. Fluid Mech. **48**, 529 (1971). [64]

[341] S. H. Strogatz and R. E. Mirollo, Stability of incoherence in a population of coupled oscillators, J. Stat. Phys. **63**, 613 (1991). [246, 257]

[342] S. H. Strogatz, R. E. Mirollo, and P. C. Matthews, Coupled nonlinear oscillators below the synchronization threshold: Relaxation by generalized Landau damping, Phys. Rev. Lett. **68**, 2730 (1992). [252(2), 253]

[343] S. H. Strogatz and R. E. Mirollo, Splay states in globally coupled Josephson arrays: Analytical prediction of Floquet multipliers, Phys. Rev. E **47**, 220 (1993). [26]

[344] S. H. Strogatz, From Kuramoto to Crawford: exploring the onset of synchronization in populations of coupled oscillators, Physica D **143**, 1 (2000). [232]

[345] S. H. Strogatz, *Nonlinear Dynamics and Chaos: With Applications to Physics, Biology, Chemistry, and Engineering* (Westview Press, MA, 2001). [田中久陽・中尾裕也・千葉逸人訳：非線形ダイナミクスとカオス (丸善, 2015).] [3, 36]

[346] S. H. Strogatz, *Sync: How Order Emerges from Chaos in the Universe, Nature, and Daily Life* (Hyperion Books, New York, 2003). [蔵本由紀監修／長尾 力訳：

SYNC (早川書房，2005).] [3, 10]

[347] S. H. Strogatz, D. M. Abrams, A. McRobie, B. Eckhardt, and E. Ott, Theoretical mechanics: Crowd synchrony on the Millennium Bridge, Nature **438**, 43 (2005). [10, 206, 245]

[348] J. T. Stuart, On the non-linear mechanics of wave disturbances in stable and unstable parallel flows, Part 1. The basic behaviour in plane Poiseuille flow, J. Fluid Mech. **9**, 353 (1960). [60]

[349] J. T. Stuart and R. C. DiPrima, On the mathematics of Taylor-vortex flows in cylinders of finite length, Proc. R. Soc. London A **372**, 357 (1980). [77]

[350] Y. Suda and K. Okuda, Persistent chimera states in nonlocally coupled phase oscillators, Phys. Rev. E **92**, 060901(R) (2015). [265]

[351] S. Sunada, K. Arai, K. Yoshimura, and M. Adachi, Optical phase synchronization by injection of common broadband low-coherent light, Phys. Rev. Lett. **112**, 204101 (2014). [195]

[352] K. A. Takeuchi, F. Ginelli, and H. Chaté, Lyapunov analysis captures the collective dynamics of large chaotic systems, Phys. Rev. Lett. **103**, 154103 (2009). [229]

[353] D. Tanaka and Y. Kuramoto, Complex Ginzburg-Landau equation with nonlocal coupling, Phys. Rev. E **68**, 026219 (2003). [69]

[354] D. Tanaka, Chemical turbulence equivalent to Nikolaevskii turbulence, Phys. Rev. E **70**, 015202 (2004). [89]

[355] D. Tanaka, General chemotactic model of oscillators, Phys. Rev. Lett. **99**, 134103 (2007). [69]

[356] 田中久陽，同期現象の科学の最近の進展，電子情報通信学会誌 **80**, 1175 (1997). [32]

[357] 田中久陽・大石進一，同期技術と同期現象，日本物理学会誌 **53**, 200 (1998). [32]

[358] H. Tanaka, H. Nakao, and K. Shinohara, Self-organizing timing allocation mechanism in distributed wireless sensor networks, IEICE Electron. Express **6**, 1562 (2009). [32, 209]

[359] H. Tanaka, Synchronization limit of weakly forced nonlinear oscillators, J. Phys. A: Math. Theor. **47**, 402002 (2014a). [155]

[360] H. Tanaka, Optimal entrainment with smooth, pulse, and square signals in weakly forced nonlinear oscillators, Physica D **288**, 1 (2014b). [155]

[361] H. Tanaka, I. Nishikawa, J. Kurths, Y. Chen, and I. Z. Kiss, Optimal synchronization of oscillatory chemical reactions with complex pulse, square, and smooth waveforms signals maximizes Tsallis entropy, Eur. Phys. Lett. **111**, 50007 (2015).

[155]

[362] T. Taniuti and C.-C. Wei, Reductive perturbation method in nonlinear wave propagation. I, J. Phys. Soc. Jpn. **24**, 941 (1968). [36]

[363] T. Taniuti, Reductive perturbation method and far fields of wave equations, Prog. Theor. Phys. Suppl. **55**, 1 (1974). [36]

[364] P. A. Tass, *Phase Resetting in Medicine and Biology: Stochastic Modelling and Data Analysis* (Springer, New York, 1999). [10]

[365] T. Tateno and H. P. C. Robinson, Phase resetting curves and oscillatory stability in interneurons of rat somatosensory cortex, Biophys. J. **92**, 683 (2007). [145]

[366] A. F. Taylor, M. R. Tinsley, F. Wang, Z. Huang, and K. Showalter, Dynamical quorum sensing and synchronization in large populations of chemical oscillators, Science **323**, 614 (2009). [12]

[367] J. N. Teramae and D. Tanaka, Robustness of the noise-induced phase synchronization in a general class of limit cycle oscillators, Phys. Rev. Lett. **93**, 204103 (2004). [192]

[368] J. N. Teramae and D. Tanaka, Noise induced phase synchronization of a general class of limit cycle oscillators, Prog. Theor. Phys. Suppl. **161**, 360 (2006). [196]

[369] J. N. Teramae and T. Fukai, Temporal precision of spike response to fluctuating input in pulse-coupled networks of oscillating neurons, Phys. Rev. Lett. **101**, 248105 (2008). [196]

[370] J. N. Teramae, H. Nakao, and G. B. Ermentrout, Stochastic phase reduction for a general class of noisy limit cycle oscillators, Phys. Rev. Lett. **102**, 194102 (2009). [192]

[371] M. Timme and J. Casadiego, Revealing networks from dynamics: an introduction, J. Phys. A: Math. Theor. **47**, 343001 (2014). [168]

[372] M. R. Tinsley, S. Nkomo, and K. Showalter, Chimera and phase-cluster states in populations of coupled chemical oscillators, Nature Physics **8**, 662 (2012). [272]

[373] R. Tönjes and B. Blasius, Perturbation analysis of complete synchronization in networks of phase oscillators, Phys. Rev. E **80**, 026202 (2009). [316]

[374] R. Tönjes, Synchronization transition in the Kuramoto model with colored noise, Phys. Rev. E **81**, 055201(R) (2010). [286]

[375] I. T. Tokuda, S. Jain, I. Z. Kiss, and J. L. Hudson, Inferring phase equations from multivariate time series, Phys. Rev. Lett. **99**, 064101 (2007). [168]

[376] R. Toth, A. F. Taylor, and M. R. Tinsley, Collective behavior of a population of chemically coupled oscillators, J. Phys. Chem. B **110**, 10170 (2006). [12, 21]

[377] M. I. Tribelsky and K. Tsuboi, New scenario for transition to turbulence?, Phys. Rev. Lett. **76**, 1631 (1996). [89]

[378] M. I. Tribelsky and M. G. Velarde, Short-wavelength instability in systems with slow long-wavelength dynamics, Phys. Rev. E **54**, 4973 (1996). [89]

[379] K. Y. Tsang, R. E. Mirollo, S. H. Strogatz, and K. Wiesenfeld, Dynamics of a globally coupled oscillator array, Physica D **48**, 102 (1991). [26, 213]

[380] Y. Tsubo, M. Takada, A. D. Reyes, and T. Fukai, Layer and frequency dependencies of phase response properties of pyramidal neurons in rat motor cortex, Eur. J. Neurosci. **25**, 3429 (2007). [145]

[381] J. J. Tyson and P. C. Fife, Target patterns in a realistic model of the Belousov-Zhabotinsky reaction, J. Chem. Phys. **73**, 2224 (1980). [19]

[382] A. Uchida, R. McAllister, and R. Roy, Consistency of nonlinear system response to complex drive signals, Phys. Rev. Lett. **93**, 244102 (2004). [196(2)]

[383] P. J. Uhlhaas and W. Singer, Neural synchrony in brain disorders: relevance for cognitive dysfunctions and pathophysiology, Neuron **52**, 155 (2006). [9]

[384] H. Ukai, T. J. Kobayashi, M. Nagano, K. Masumoto, M. Sujino, T. Kondo, K. Yagita, Y. Shigeyoshi, and H. R. Ueda, Melanopsin-dependent photo-perturbation reveals desynchronization underlying the singularity of mammalian circadian clocks, Nat. Cell Biol. **9**, 1327 (2007). [13, 145]

[385] N. G. van Kampen, *Stochastic Processes in Physics and Chemistry* (North-Holland, Amsterdam, 1992). [181]

[386] C. van Vreeswijk, L. F. Abbott, and G. B. Ermentrout, When inhibition not excitation synchronizes neural firing, J. Comput. Neurosci. **1**, 313 (1994). [161]

[387] V. K. Vanag and I. R. Epstein, Inwardly rotating spiral waves in a reaction-diffusion system, Science **294**, 835 (2001). [21(2)]

[388] V. K. Vanag and I. R. Epstein, Packet waves in a reaction-diffusion system, Phys. Rev. Lett. **88**, 088303 (2002). [21]

[389] C. von Cube, S. Slama, D. Kruse, C. Zimmermann, Ph. W. Courteille, G. R. M. Robb, N. Piovella, and R. Bonifacio, Self-synchronization and dissipation-induced threshold in collective atomic recoil lasing, Phys. Rev. Lett. **93**, 083601 (2004). [12]

[390] T. J. Walker, Acoustic synchrony: Two mechanisms in the snowy tree cricket, Science **166**, 891 (1969). [6]

[391] S. Watanabe and S. H. Strogatz, Integrability of a globally coupled oscillator array, Phys. Rev. Lett. **70**, 2391 (1993). [211]

[392] S. Watanabe and S. H. Strogatz, Constants of motion for superconducting Josephson arrays, Physica D **74**, 197 (1994). [211]

[393] M. Wickramasinghe and I. Z. Kiss, Spatially organized dynamical states in chemical oscillator networks: Synchronization, dynamical differentiation, and chimera patterns, PLoS ONE **8**, e80586 (2013). [272]

[394] M. Wickramasinghe and I. Z. Kiss, Spatially organized partial synchronization through the chimera mechanism in a network of electrochemical reactions, Phys. Chem. Chem. Phys. **16**, 18360 (2014). [272]

[395] K. Wiesenfeld and J. W. Swift, Averaged equations for Josephson junction series arrays, Phys. Rev. E **51**, 1020 (1995). [26, 174]

[396] K. Wiesenfeld, P. Colet, and S. H. Strogatz, Synchronization transitions in a disordered Josephson series array, Phys. Rev. Lett. **76**, 404 (1996). [174, 245]

[397] K. Wiesenfeld, P. Colet, and S. H. Strogatz, Frequency locking in Josephson arrays: Connection with the Kuramoto model, Phys. Rev. E **57**, 1563 (1998). [174]

[398] A. T. Winfree, Biological rhythms and the behavior of populations of coupled oscillators, J. Theor. Biol. **16**, 15 (1967). [230]

[399] A. T. Winfree, Integrated view of resetting a circadian clock, J. Theor. Biol. **28**, 327 (1970). [149]

[400] A. T. Winfree, Patterns of phase compromise in biological cycles, J. Math. Biol. **1**, 73 (1974) [130, 132]

[401] A. T. Winfree, *The Geometry of Biological Time* (Springer, New York, 1980; Springer, Second Edition, New York, 2001). [4, 10]

[402] M. Wolfrum, O. E. Omel'chenko, S. Yanchuk, and Y. L. Maistrenko, Spectral properties of chimera states, Chaos **21**, 013112 (2011). [265]

[403] M. Wolfrum, S. V. Gurevich, and O. E. Omel'chenko, Turbulence in the Ott-Antonsen equation for arrays of coupled phase oscillator, Nonlinearity **29**, 257 (2016). [297, 309]

[404] T. Yamada and Y. Kuramoto, Spiral waves in a nonlinear dissipative system, Prog. Theor. Phys. **55**, 2035 (1976a). [89]

[405] T. Yamada and Y. Kuramoto, A reduced model showing chemical turbulence, Prog. Theor. Phys. **56**, 681 (1976b). [103]

[406] K. Yoshida, K. Sato, and A. Sugamata, Noise-induced synchronization of uncoupled nonlinear systems, J. Sound Vib. **290**, 34 (2006). [196]

[407] K. Yoshimura and K. Arai, Phase reduction of stochastic limit cycle oscillators,

Phys. Rev. Lett. **101**, 154101 (2008). [191]

[408] K. Yoshimura, P. Davis, and A. Uchida, Invariance of frequency difference in nonresonant entrainment of detuned oscillators induced by common white noise, Prog. Theor. Phys. **120**, 621 (2008). [196]

[409] Y. Zhai, I. Z. Kiss, and J. L. Hudson, Emerging coherence of oscillating chemical reactions on arrays: experiments and simulations, Ind. Eng. Chem. Res. **43**, 315 (2004). [245]

[410] T. Zhou, L. Chen, and K. Aihara, Molecular communication through stochastic synchronization induced by extracellular fluctuations, Phys. Rev. Lett. **95**, 178103 (2005). [196]

[411] A. Zlotnik, Y. Chen, I. Z. Kiss, H. Tanaka, and J.-S. Li, Optimal waveform for fast entrainment of weakly forced nonlinear oscillators, Phys. Rev. Lett. **111**, 024102 (2013). [155]

[412] A. Zlotnik, R. Nagao, I. Z. Kiss, and J.-S. Li, Phase-selective entrainment of nonlinear oscillator ensembles, Nature Communications **7**, 10788 (2016). [155]

索　引 index

[タ]

[著者略歴]

蔵本　由紀（くらもと　よしき）

理学博士，京都大学名誉教授
1940年大阪府生まれ．1969年３月京都大学大学院博士課程修了．同年４月九州大学助手．1976年4月京都大学助教授．1977年独国シュツットガルト大学訪問教授（１ヵ年）．1981年４月京都大学基礎物理学研究所教授．1985年４月京都大学理学部教授．2004年３月退官．同年より2015年３月まで北海道大学特任教授，国際高等研究所副所長等を歴任．2005年度朝日賞受賞．
主要な著書：*Chemical Oscillations, Waves, and Turbulence* (Springer, 1984), Dover (2003).『新しい自然学』（岩波書店，2002［筑摩書房，2016］）．『非線形科学』（集英社，2007）．『非線形科学　同期する世界』（集英社，2014）など．

河村　洋史（かわむら　ようじ）

博士（理学），海洋研究開発機構主任研究員
1979年山口県生まれ．2007年３月京都大学大学院理学研究科博士後期課程修了，同年４月海洋研究開発機構研究員，2017年４月海洋研究開発機構主任研究員，現在に至る．
主要な著書：『同期現象の数理』（共著，培風館，2010）．

同期現象の科学
——位相記述によるアプローチ

2017年３月10日　初版第一刷発行
2024年５月25日　初版第二刷発行

著　者　蔵　本　由　紀
　　　　河　村　洋　史
発行人　足　立　芳　宏
発行所　京都大学学術出版会
京都市左京区吉田近衛町69
京都大学吉田南構内（〒606-8315）
電 話　075（761）6182
FAX　075（761）6190
URL　http://www.kyoto-up.or.jp
印刷・製本　亜細亜印刷株式会社
装　幀　鷺草デザイン事務所

ISBN978-4-8140-0053-1　定価はカバーに表示してあります